Maya 特效案例制作

刘永刚　编著

东南大学出版社
SOUTHEAST UNIVERSITY PRESS
·南京·

内容提要

本书对影视动画软件 Maya 中的相关动力学模块 Particle、nDynamic、Fluid、Bullet、Bifrost 与 MASH 通过案例形式进行了详细阐述，详列如下：Particle 模块案例有射箭、爆炸、扫射、龙卷风；nDynamic 模块案例有 crowdBugs、舞者短裙、落叶、翻滚的汽车、角色长发；Bullet 模块案例是撞碎的雕像；Fluid 模块案例有火焰喷射、烟尘爆炸、燃烧的房屋；Bifrost 模块案例是红酒；MASH 模块案例是 HUD 模拟。以上内容前五章需要读者有一定的粒子表达式基础知识，而其余章节读者只需按说明逐步操作即可获得相应的效果。希望读者在不断的反复操作实践中掌握相关知识点，并做到举一反三。

图书在版编目(CIP)数据

Maya 特效案例制作/刘永刚编著. —南京：东南大学出版社，2020.11

高等院校动漫系列教材. 第 2 辑

ISBN 978-7-5641-9250-1

Ⅰ. ①M… Ⅱ. ①刘… Ⅲ. ①三维动画软件—高等学校—教材 Ⅳ. ①TP391.41

中国版本图书馆 CIP 数据核字(2020)第 238417 号

Maya 特效案例制作

编　　著：刘永刚
出版发行：东南大学出版社
出 版 人：江建中
社　　址：南京市四牌楼 2 号(邮编：210096)
网　　址：http://www.seupress.com
责任编辑：李　玉
经　　销：全国各地新华书店
印　　刷：江苏扬中印刷有限公司
开　　本：787mm×1092mm　1/16
印　　张：19.25
字　　数：582 千字
印　　数：1—2800
版　　次：2020 年 11 月第 1 版
印　　次：2020 年 11 月第 1 次印刷
书　　号：ISBN 978-7-5641-9250-1
定　　价：56.00 元

前　言

作为一门视听结合的影视艺术，优秀的动画作品总能让所有人愉悦，让观者或臣服于故事创意的构思巧妙，或感叹于情节发展的曲折回旋，或惊叹于场景画面的真实唯美……，但欣赏之后，我们也许会问，谁创作了它们，又使用了什么技术？回答很简单，CG从业者，使用了CG技术。

你许是院校的动画专业学生，或是动画培训机构的学员，亦或是动画的自学爱好者，无论目前处在哪个圈圈内，找到一套适合自己的教程，都可以让自己获益匪浅，从而起到事半功倍的效果。

动画制作流程复杂，环节众多，仅三维制作部分就由模型、材质、绑定、动画、特效、渲染等环节构成。一部动画作品的诞生是许多人共同协作并为其奋斗的结果，作为想要致力于此的你，可能在未来的工作中只负责一个环节，但其中以特效环节最能让人心向往之，但必须指出的是，从事特效的人对其它模块的应用虽然可能并不非常出色，但一定会十分了解。

本书内容是关于三维动画制作中特效制作的，以Maya为制作软件，共15章，涵盖Particle、nParticle、nCloth、nHair、Bullet、Fluid、Bifrost、MASH等。由于本人认为Particle表达式应用是Maya动力学比较重要的部分，这部分内容对于读者后续理解MASH，或是在将来使用Houdini时理解Particle与Point的统一性都有益处，因此泼墨较多。本书以案例制作为主，没有较基础的属性或菜单讲解，需要读者要有一定的探究精神，通过案例制作来拓展自己的知识体系。

在当前影视行业中，由于Maya自身底层架构设计上的局限，使其在面对高端特效（更逼真的视觉效果、更高的自由度和可定制性）制作时不如Houdini那样自由，但是必须指出的是Maya也在改变，虽然步子较慢，而从本人经验来看，若想进入CG行业，以动画制作全流程为目标的 Maya 还是必须要了解的。

本书能够付梓，非常感谢东南大学出版社李玉老师，李玉老师温和、善良、认真，每次校正过程中出现歧义都要咨询我的意见，而这些错误都是自己在写作中过于随意所造成，实在罪过，非常感谢李玉老师在本书出版中的辛勤付出。

本书内容还算丰富，也有一定的技术参考性，适合作为高校相关课程的教材，也适合作为相关培训机构的培训教材，还可作为动画专业工作者或爱好者的自学读物。

最后，本书在使用中一定会有各种错误，也希望广大使用者提出批评并指正。

目　　录

第一章 消失光环

本章内容是来源于一实际项目片头的简化版，其特点是旋转的星球不断释放出五彩的光环，场景截屏效果与渲染效果分别如图 1－1 和图 1－2 所示。

图 1－1

图 1－2

首先进行场景准备，先完成星球和摄像机的准备，具体制作过程受本书的主旨所限，不详细阐述，星球场景初步效果如图 1－3 所示。

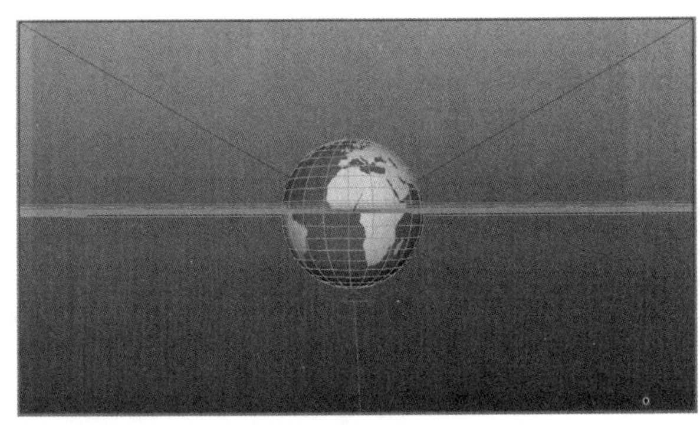

图 1－3

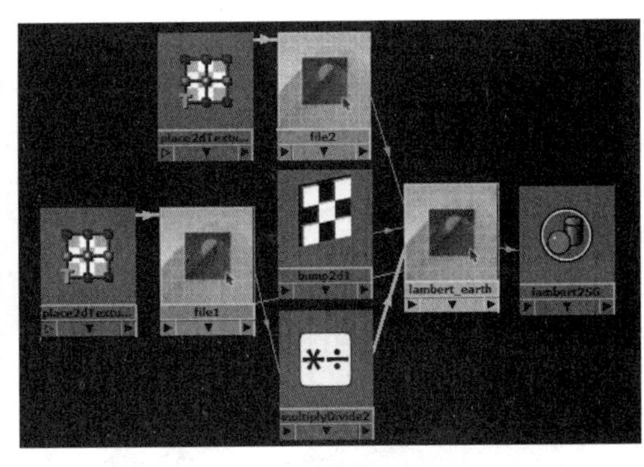

图 1－4

星球材质节点如图 1－4 所示。

材质节点中 File1 和 File2 的贴图效果如图 1－5 所示。

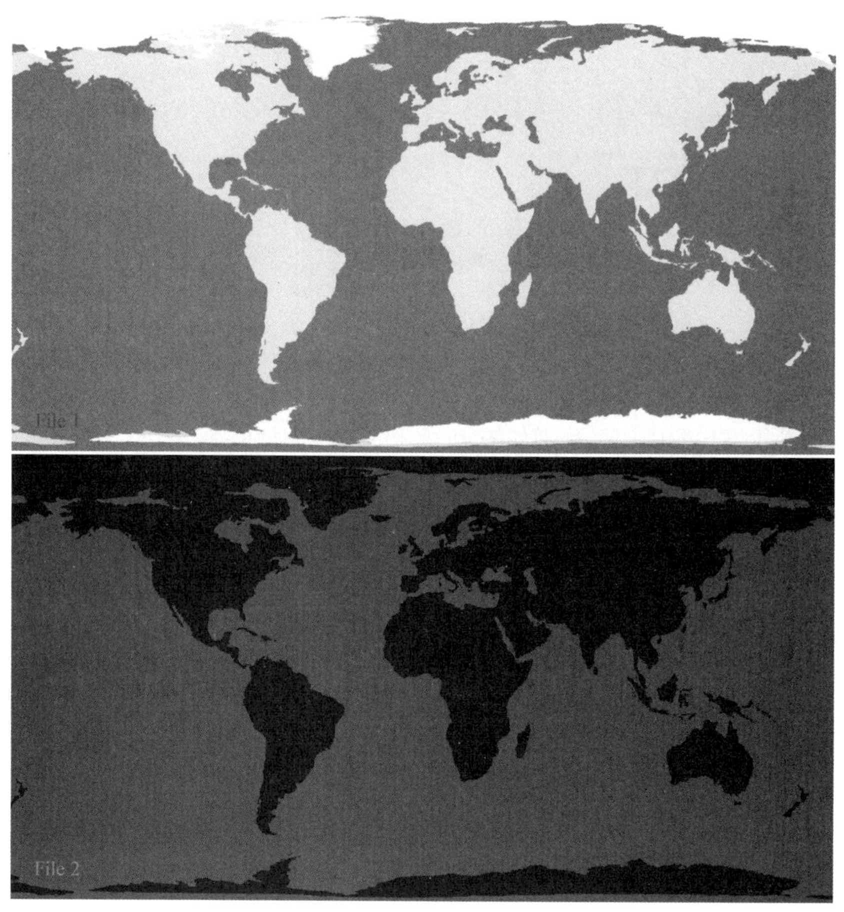

图 1－5

在摄像机 Cam 的背景图上我们进行了设置，即使用了 ramp 贴图，ramp 贴图调整效果如图 1－6 所示。

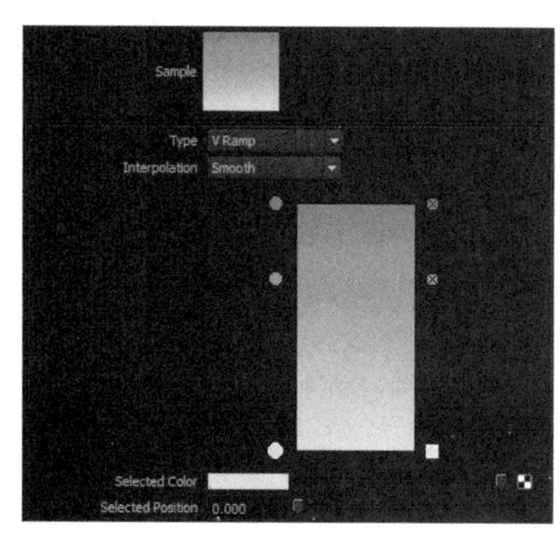

图 1－6

图 1－7

此时渲染场景效果如图 1－7 所示。

由于光环需要进行粒子替代，因此在场景中先完成光环实体模型及材质的准备。在场景中创建 15 个片状圆环，可以采用复制的方法实现，效果如图 1－8 所示。

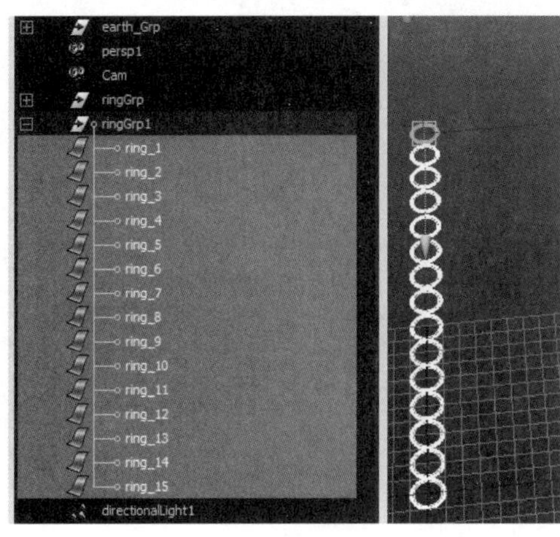

图 1－8

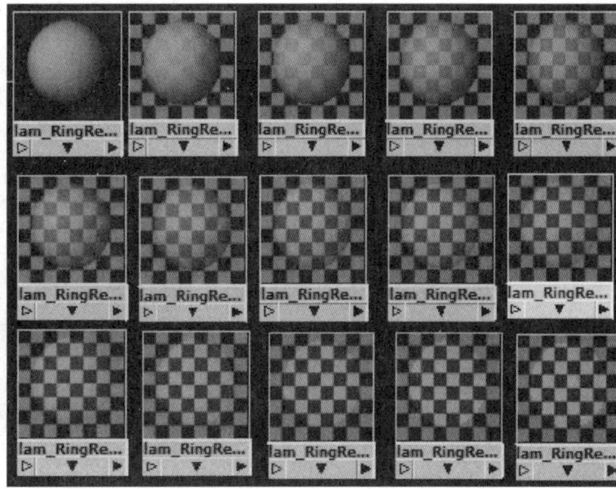

图 1－9

圆环的材质显示如图 1－9 所示。

圆环的材质都一样，只有透明度逐渐递增，从完全不透明到完全透明，圆环材质的辉光属性都开启，此时 15 个圆环渲染效果如图 1－10 所示。

图 1－10

在材质设定上本例较麻烦地使用了 15 个材质球依次设定透明度，如果我们借助 Mel 会很快地实现该效果，但是在粒子替代中有时会出现透明度不发生改变的情况，但 Mel 的实现方法本人会在后边介绍给大家。

在场景与替换模型准备完毕后，我们要在场景中创建粒子了。首先将 Maya 模块切换到 Dynamics，执行 Particle \ Create Emitter 选项，在弹出的 Emitter Options 选项设置效果如图 1－11 所示。

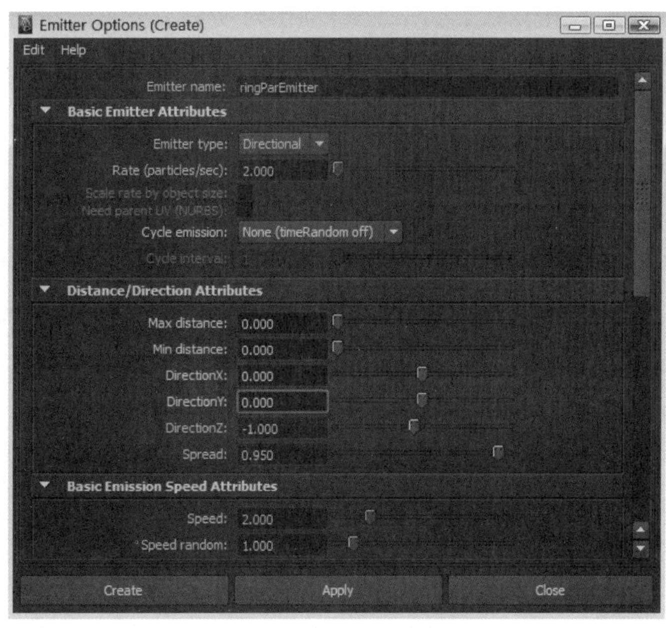

图 1－11

设置完成后在 Maya 的预

设面板中将 Looping 设为 Once，将 Playback Speed 设为 Play every frame，设置效果如图 1－12 所示。

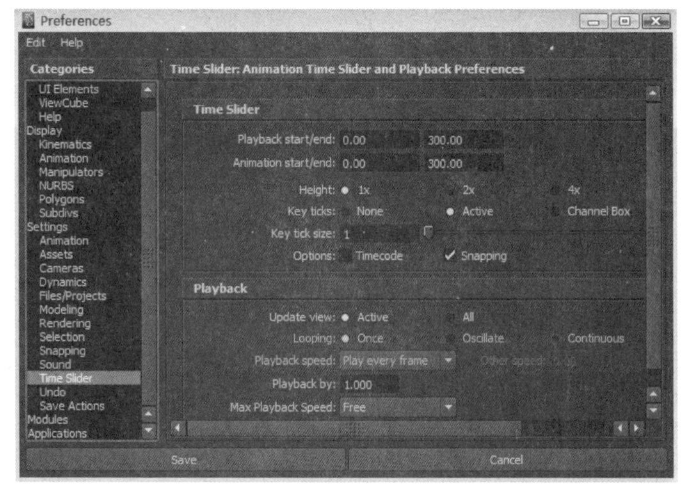

图 1－12

此时播放场景，由于粒子的形态默认情况下是 point，因此不容易观察，此时可在 Outliner 视图中选择粒子，并按“Ctrl＋a”打开粒子的属性编辑器，在属性编辑器的 Render Attributes 选项中将 Particle Render Type 由 points 改为 Spheres，并将 Radius 由原来的 0.5 设为 0.15，设置效果与场景显示如图 1－13 所示。

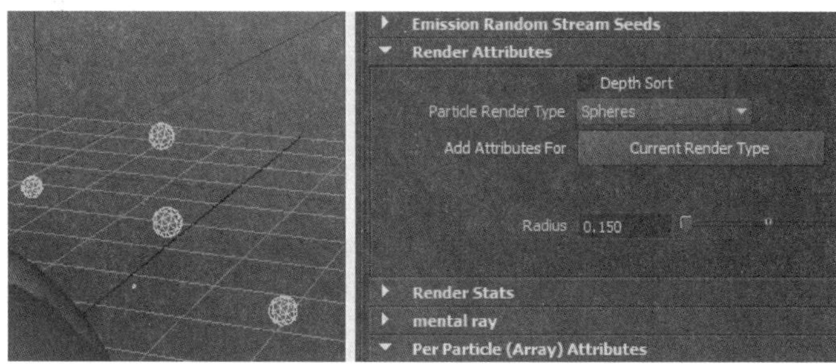

图 1－13

然后在大纲视图中依次选择 15 个圆环，并执行 Particles\Instancer\(Replacement)，在弹出的设置窗口中维持默认选项即可，但注意模型的选择顺序不要出错，窗口效果如图 1－14所示。

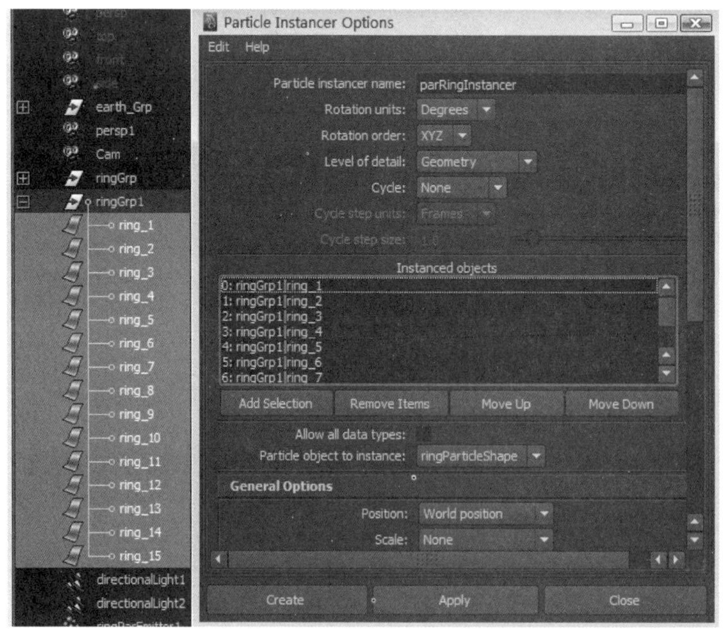

图 1－14

此时场景显示效果如图 1－15 所示。

在图 1－15 中所示的圆环我们需要进行一下旋转，这样使其在场景中的显示能作为星球的背景。

图 1－15

此时既然已经使用了粒子替代，那么对于圆环的旋转我们就可以通过控制粒子的方式来实现，首先为粒子添加一新属性。方法是选中粒子并打开属性编辑器，找到其 Add Dynamic Attributes 卷展栏，并点击该卷展栏下的 General 选项，在新弹出的 Add Attribute 选项中，在 Long name 中输入 cusInsObjRotPPVec，将 DataType 设为 Vector，将 Attribute Type 设为 Per particle(array)，详细设置过程如图 1－16 所示。

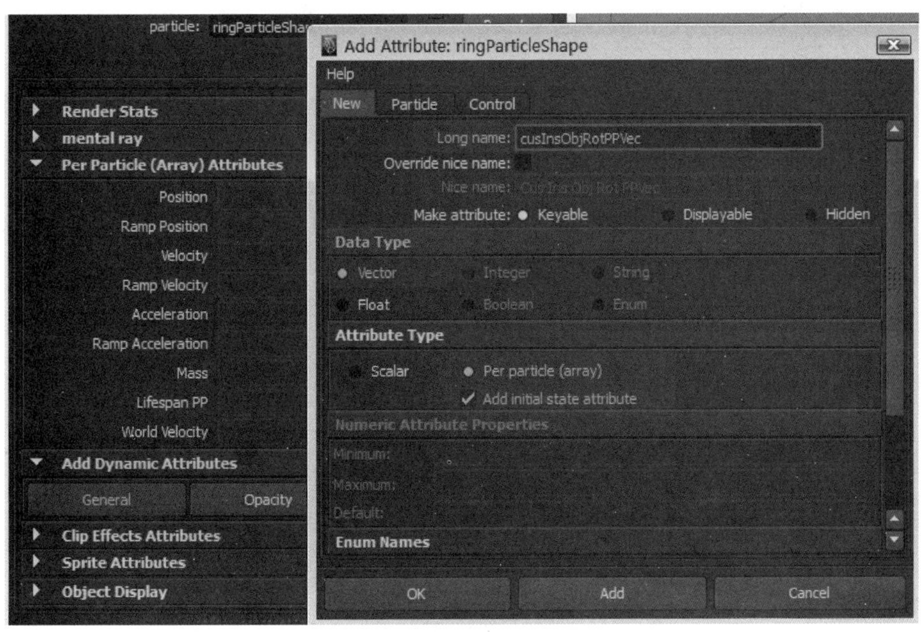

图 1－16

关于向粒子增加新属性的方法请读者掌握，另外注意新属性的名字应该具有很好的识别性，这样方便使用。在新属性添加之后它会出现在粒子的 Per Particle(Array) Attributes 列表中，然后在该属性上右击鼠标，在弹出的菜单中选择 Creation Expression…，过程如图 1 - 17 所示。

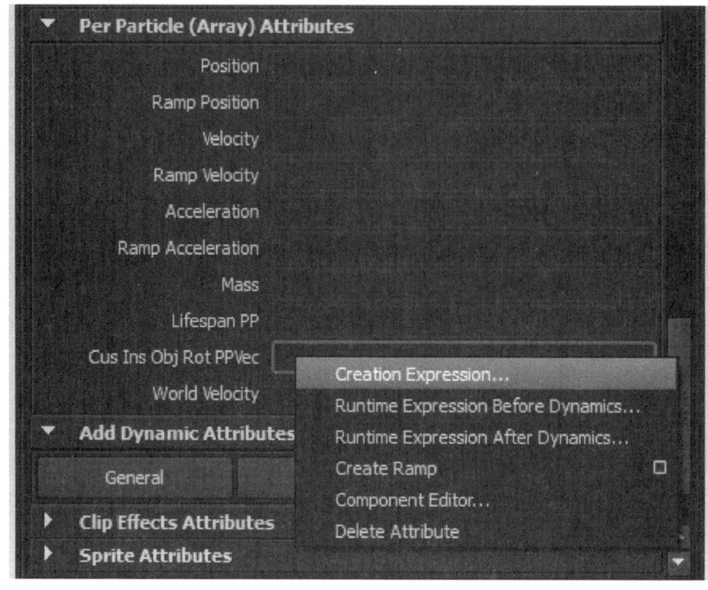

图 1 - 17

在弹出的 Expression Editor 窗口中，为新建属性添加表达式语句如下：

```
ringParticleShape.cusInsObjRotPPVec=<<90,0,0>>;
```

表达式输入效果如图 1 - 18 所示。

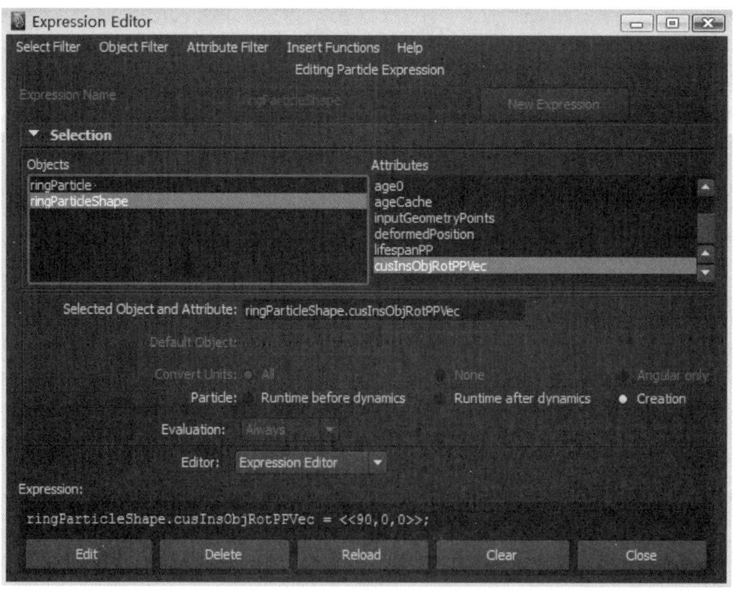

图 1 - 18

在表达式输入完毕后还不能立即起作用，需要在粒子的替换属性中进行相应的链接才可以，此时在粒子属性编辑器中的 Instancer 选项中找到 Rotation Options 卷展栏，将 Rptation 设置选项有 None 改为我们的新建属性 cusInsObjRotPPVec，设置过程如图 1－19 所示。

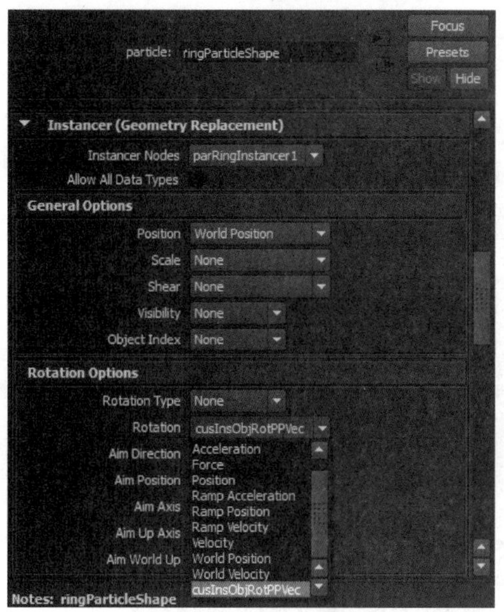

图 1－19

图 1－20

此时会发现场景中的替换物体会立刻翻转，场景显示效果如图 1－20 所示。

此时在渲染相机视图显示如图 1－21 所示。

渲染效果如图 1－22 所示。

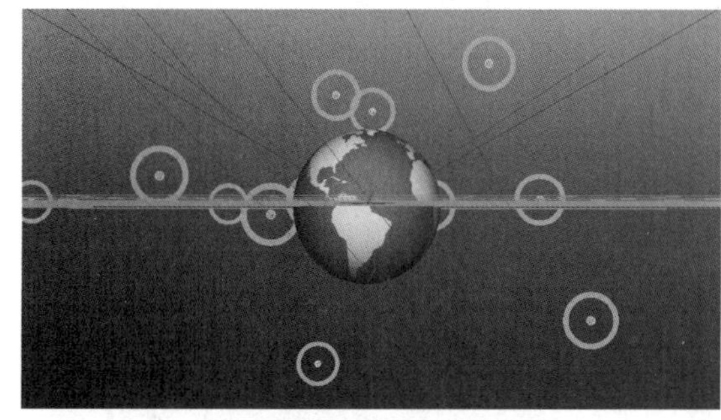

图 1－21

图 1－22

此时我们要实现圆环的替代变换。首先为粒子新建一每粒子浮点属性，命名为 cusInsObjIndexPP(具体创建过程略)，然后为该表达式输入运行表达式(Runtime before dynamics)如下语句：

```
float $indexPP=trunc(linstep(0,lifespanPP,age)*15);
ringParticleShape.cusInsObjIndexPP=$indexPP;
```

此语句中重在 linstep 函数的意义，linstep 函数的意义是在给定的两个定值之间通过一个变量的变化来线性生成 0 到 1 之间的浮点数，当变量小于最小定值时一直输出为 0，当变量大于最大定值时，维持输出 1；此处的 trunc 函数则是去除浮点数的小数，从而将其变为整数。表达式输入效果如图 1－23 所示。

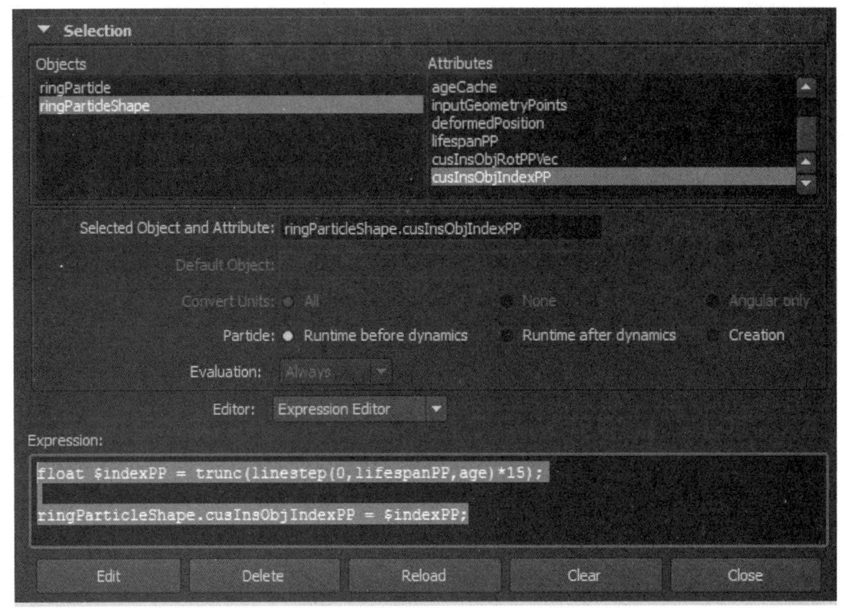

图 1－23

此时我们为粒子的生命值 lifespanPP 写入创建表达式，表达式语句如下：

```
ringParticleShape.lifespanPP = rand(4,8);
```

输入效果如图 1－24 所示。

此时可以通过修改粒子的渲染属性将其由 Sphere 修改为 Numeric，然后在 Attribute Name 中输入仙剑属性 cusInsObjIndexPP，设置过程如图 1－25 所示。

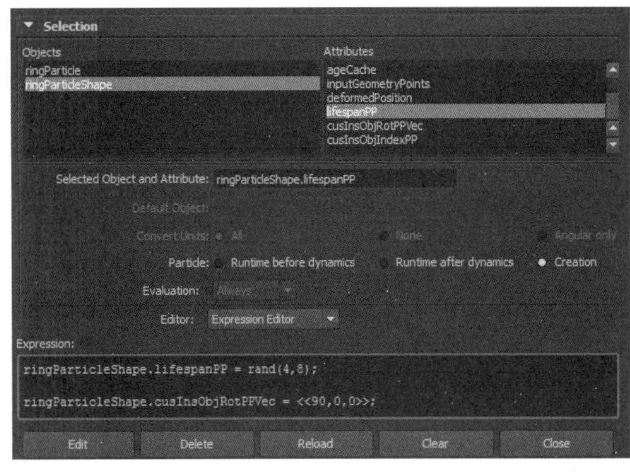

图 1－24

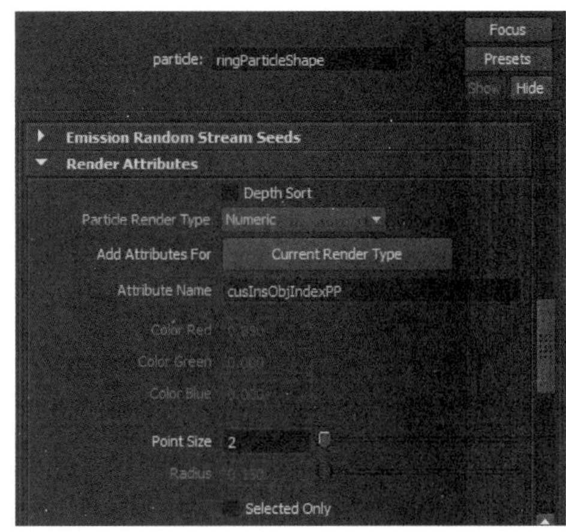

图 1－25

此时场景显示与渲染截图如图 1－26 所示。

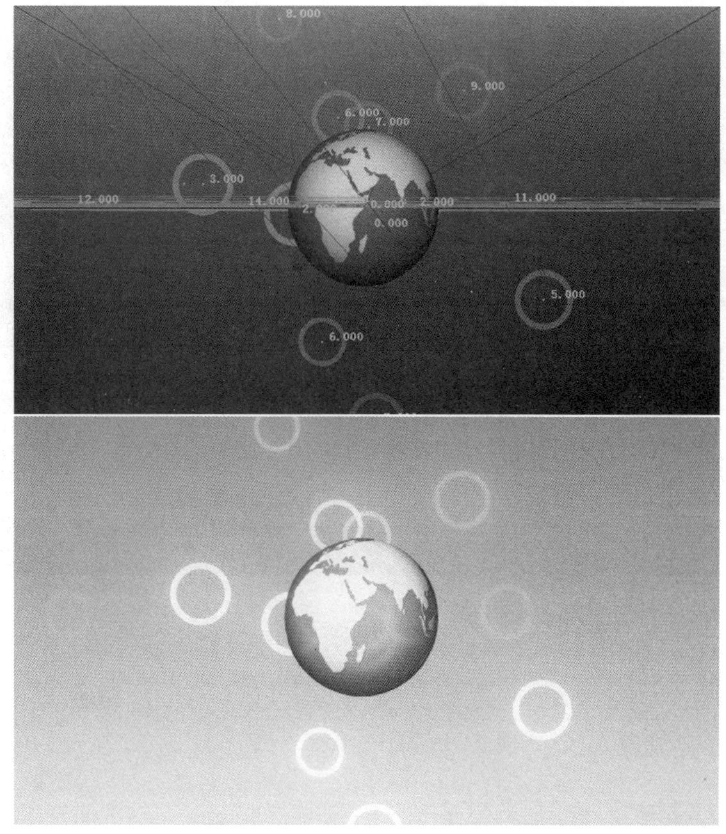

图 1－26

此时我们需要圆环在逐渐消隐中变大，则需要在替换的缩放属性上进行表达式控制。首先为粒子添加两个每粒子属性，其一是 cusInsObjScalePlusPP，为浮点属性，其二是 cusInsObjScalePPVec，是矢量属性，新属性添加过程略，添加结果如图 1－27 所示。

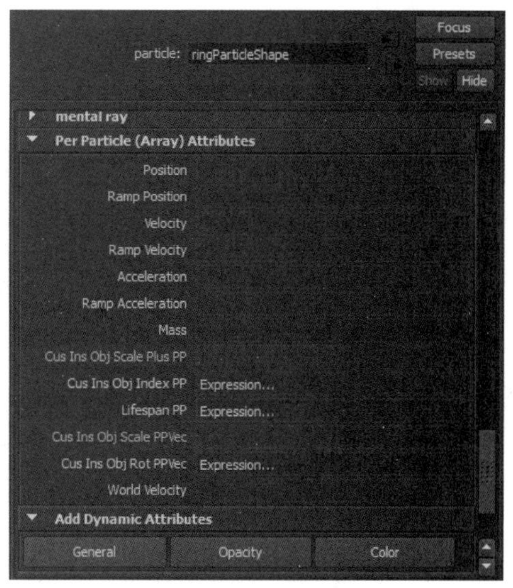

图 1－27

然后为新建属性写入创建表达式，表达式语句如下：

```
ringParticleShape.cusInsObjScalePlusPP = rand(0.01,0.03);
float $scaleInitial = rand(1,1.2);
ringParticleShape.cusInsObjScalePPVec = <<$scaleInitial, $scaleInitial, $scaleInitial>>;
```

表达式输入效果如图 1－28 所示。

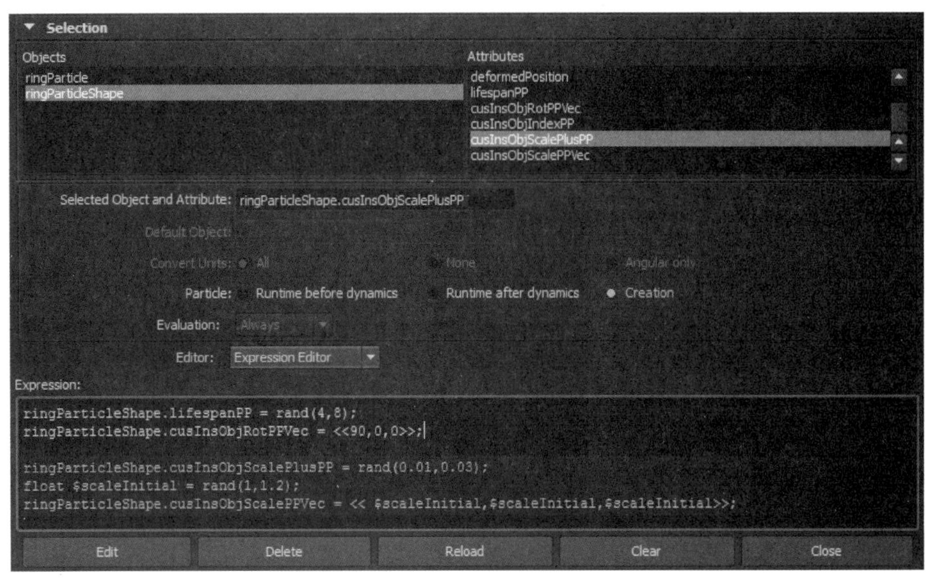

图 1－28

然后我们在表达式窗口将表达式执行方式由 creation 切换为 Runtime before dynamics，并在表达式输入区输入如下语句：

```
ringParticleShape.cusInsObjScalePPVec
+ =<<cusInsObjScalePlusPP,cusInsObjScalePlusPP,cusInsObjScalePlusPP>>;
```

具体输入过程略。将关于为了对替换圆环进行缩放的表达式输入完毕后，还需要进行相应的链接控制，表达式才会起作用，在粒子属性编辑窗口的 Instancer（Geometry Replacement）卷展栏下将 Scale 的输入链接由 None 改为新建属性 cusInsObjScalePPVec，设置过程如图 1－29 所示。

此时播放场景，场景截图与渲染效果如图 1－30 所示。

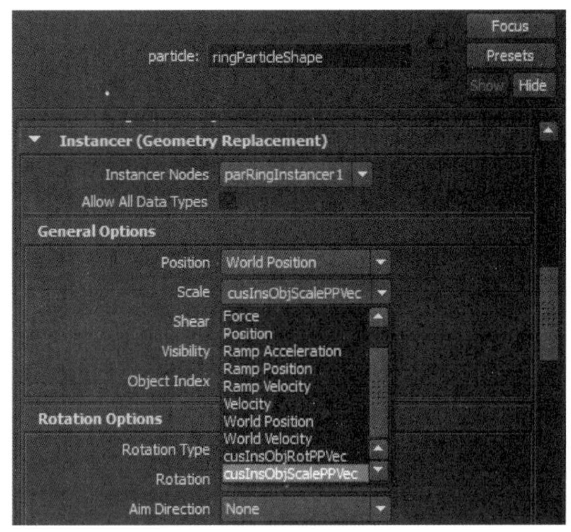

图 1－29

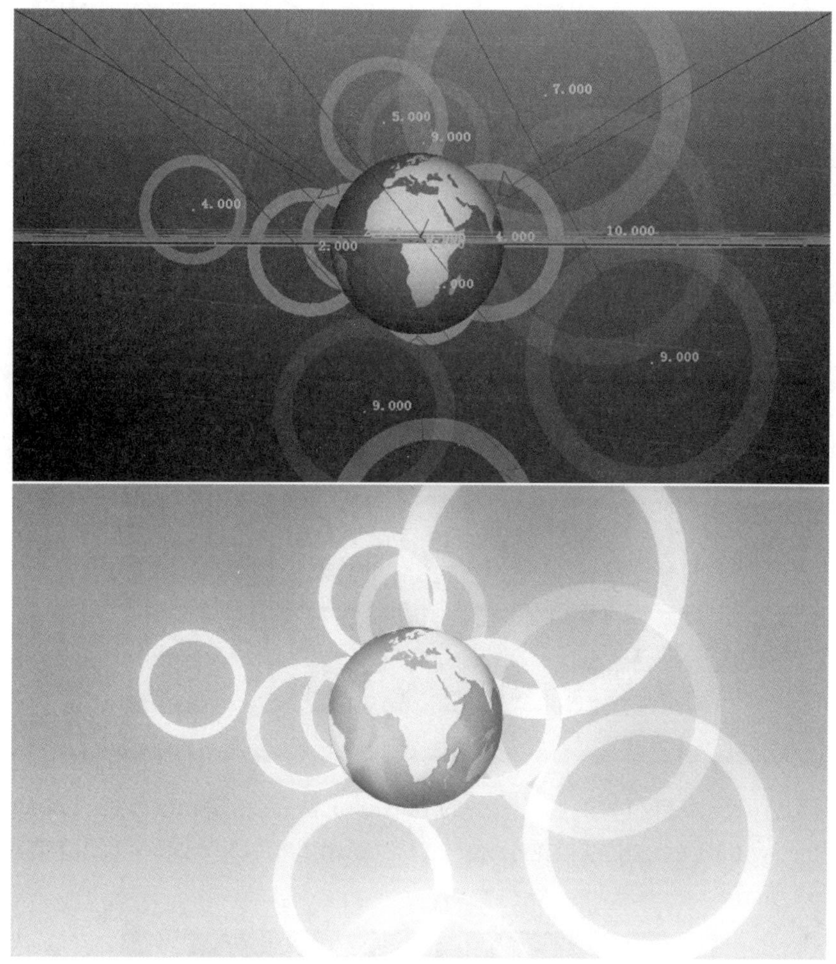

图 1－30

此时基本的预期效果就实现了，读者可以尝试更复杂一些的效果，如在场景中是五颜六色的圆环在缩放，而不是单纯的一种圆环在替换；也可以将不透明的圆环的时间适当延长，而不是圆环一替换出来就开始消隐变化，具体的实现方法请读者自己思考，本处不再详述。接下来将用Mel实现15个圆环的自动逐渐透明变化的方法介绍给大家。

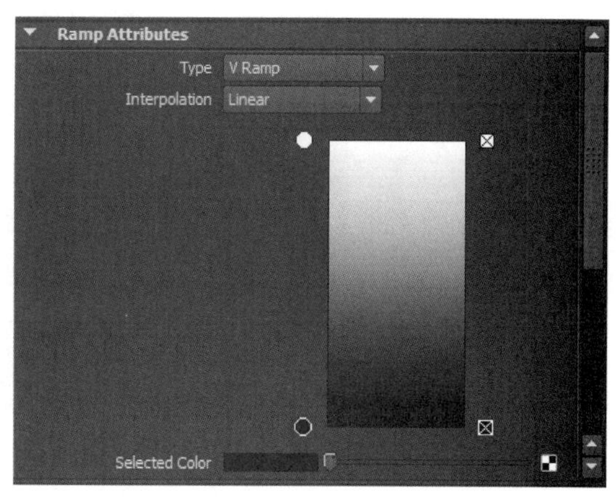

图 1－31

在实现自动透明变化中需要借助两个节点，一个是 Maya 的 singleShadingSwitch（单元数值交换节点），一个是 Maya 的 ramp 节点，其中 ramp 节点要设置成黑白渐变模式，如图1－31所示。

然后将 singleShadingSwitch 节点的属性编辑器打开，并采用 Copy Tab 的方式复制出一个，这样该属性编辑器窗口就会一直停留在 Maya 的界面上，singleShadingSwitch1 节点的属性编辑窗口如图 1 - 32 所示。

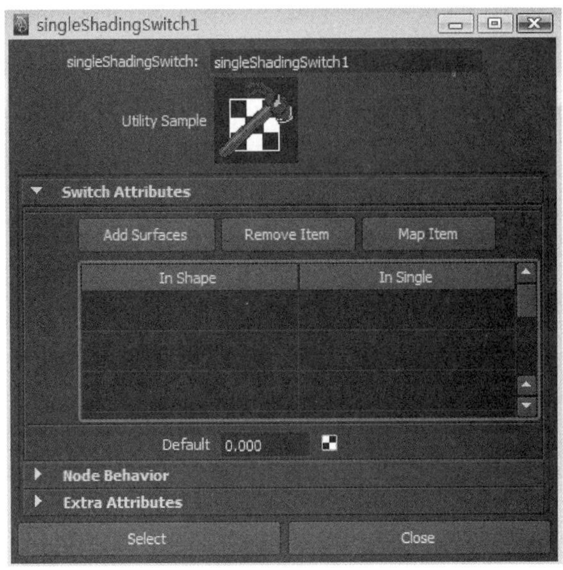

图 1 - 32

然后在 Hypershade 窗口中，将 ramp 的 outColor 链接给 Lambert 的 Transparency，将 SingleShadingSwitch1 的输出链接给 ramp 的 VCoord，此时 15 个圆环及相应节点的链接效果如图 1 - 33 所示。

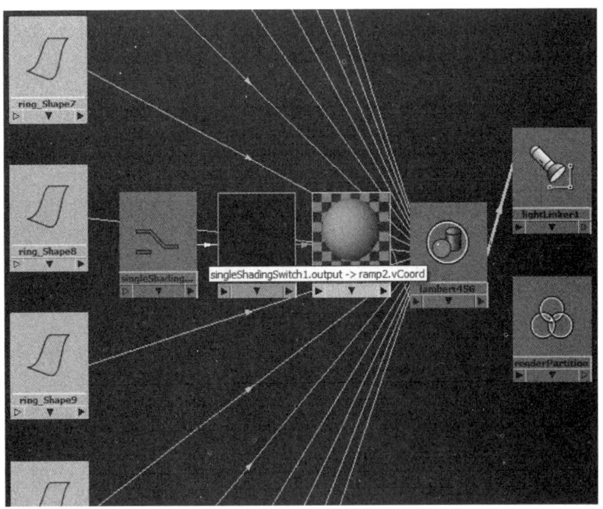

图 1 - 33

然后在 Hypershade 中将 15 个圆环的 shape 节点依次选中，并点击 SingleShadingSwitch1 节点的 Add Surfaces 选项，则 15 个圆环模型的 shape 被添加到了 SingleShadingSwitch1 的 In Shape 端，初步效果如图 1 - 34 所示。

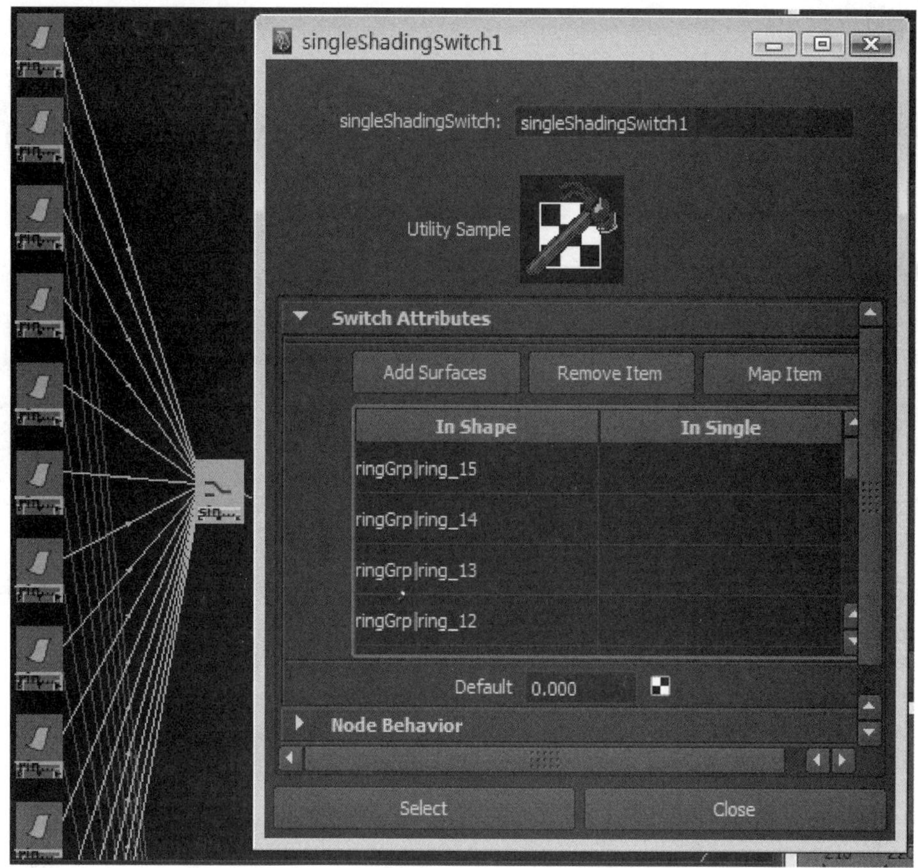

图 1-34

此时渲染场景效果如图 1-35 所示。

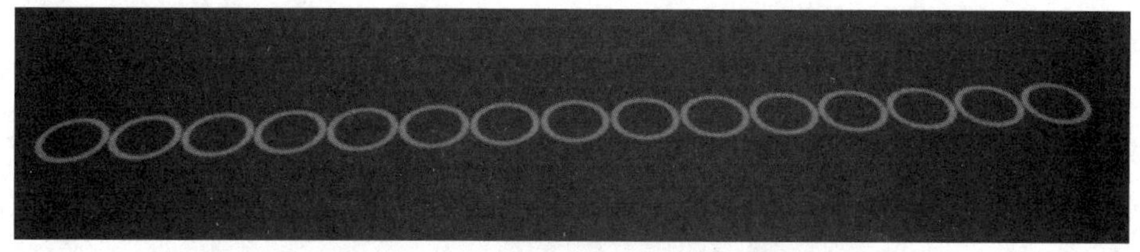

图 1-35

此时我们打开 Maya 的脚本编辑器，在脚本输入区输入如下语句：

```
for($i=0;$i<15;$i++)
{
float $value=($i/14.0);
setAttr("singleShadingSwitch1.input["+($i)+"].inSingle") $value;
}
```

脚本输入效果如图 1－36 所示。

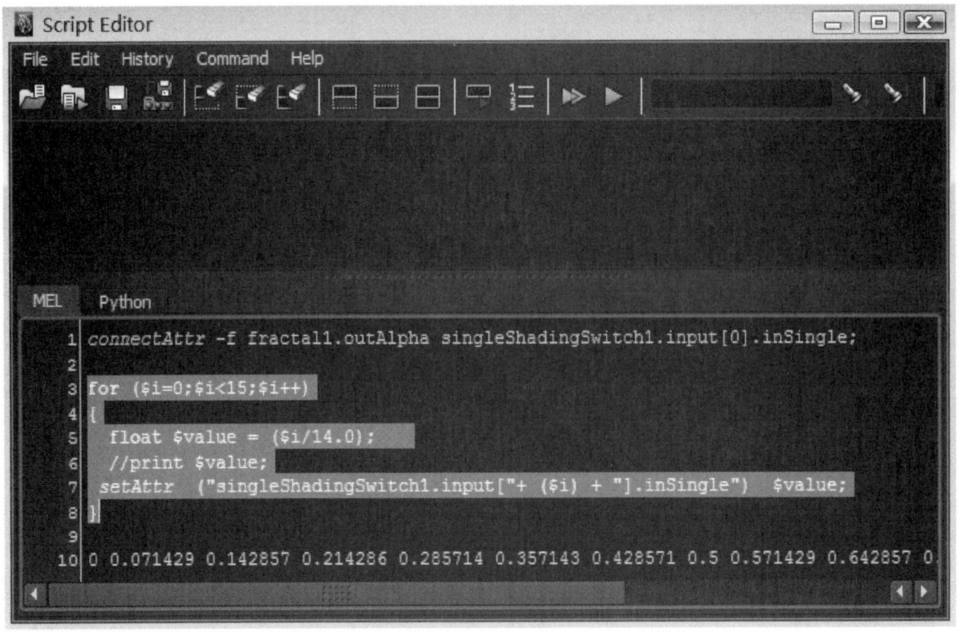

```
Script Editor
File  Edit  History  Command  Help
MEL  Python
connectAttr -f fractal1.outAlpha singleShadingSwitch1.input[0].inSingle;

for ($i=0;$i<15;$i++)
{
  float $value = ($i/14.0);
  //print $value;
 setAttr  ("singleShadingSwitch1.input["+ ($i) + "].inSingle")  $value;
}

0 0.071429 0.142857 0.214286 0.285714 0.357143 0.428571 0.5 0.571429 0.642857 0
```

图 1－36

然后在保证 SingleShadingSwitch1 节点被选择的情况下，执行上面的脚本，此时在脚本上部反馈区会发生如图 1－37 所示的变化。

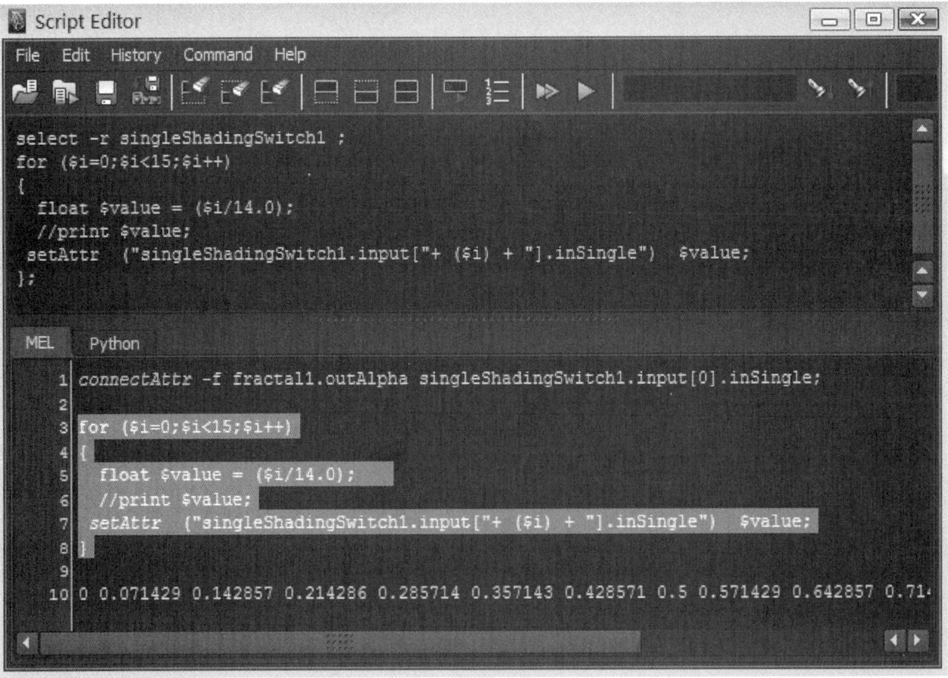

图 1－37

此时渲染场景效果如图 1 - 38 所示。

图 1 - 38

这样圆环的透明渐变效果就做出来了，只是在本例中这样的圆环在粒子替换中效果消失，故在本章中使用了比较传统的方法。至于该 Mel 的详细含义限于本书的主旨不在此讨论，请读者参考相关的材料。

至此本章内容就介绍完毕。本章中一些基本的关于粒子属性的添加方法、表达式执行方式和写入方法请读者重点掌握，在后面章节中会频繁用到。

第二章 下落的字符

本章内容是模拟骇客帝国影片中下降的数字流效果，场景截屏效果与渲染效果分别如图 2-1 和图 2-2 所示。

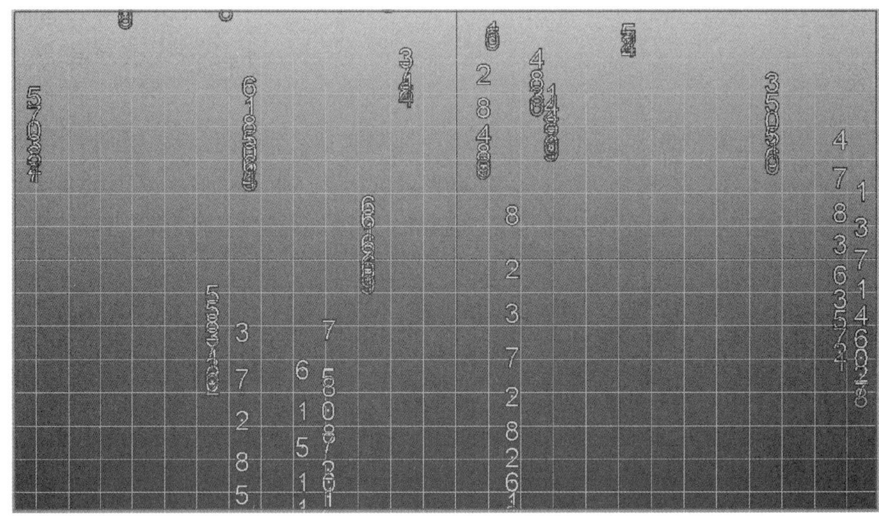

图 2-1

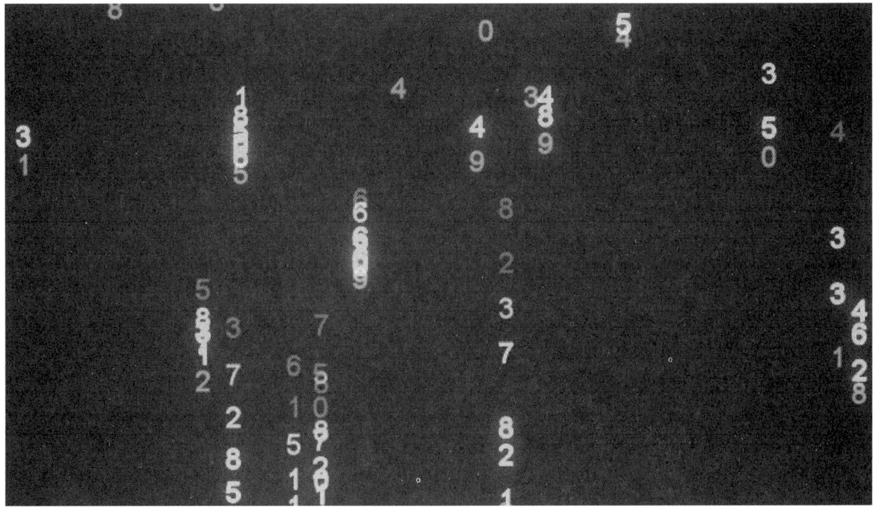

图 2-2

在制作之初进行场景模型与材质准备：首先在场景中准备一条 Nurbs 的曲线，它将被用来做粒子的发射器；然后为将来的粒子替换准备两套替换模型，基本效果如图 2-3 所示。

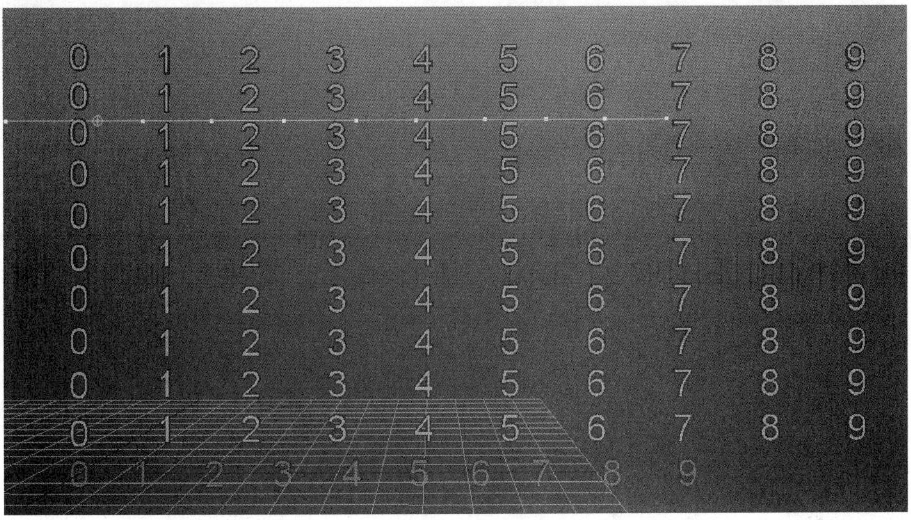

图 2-3

其中下面的红色字符是用来进行第一次粒子替换，其材质是简单的 Lambert 材质，开启了辉光属性，材质效果如图 2-4 所示。

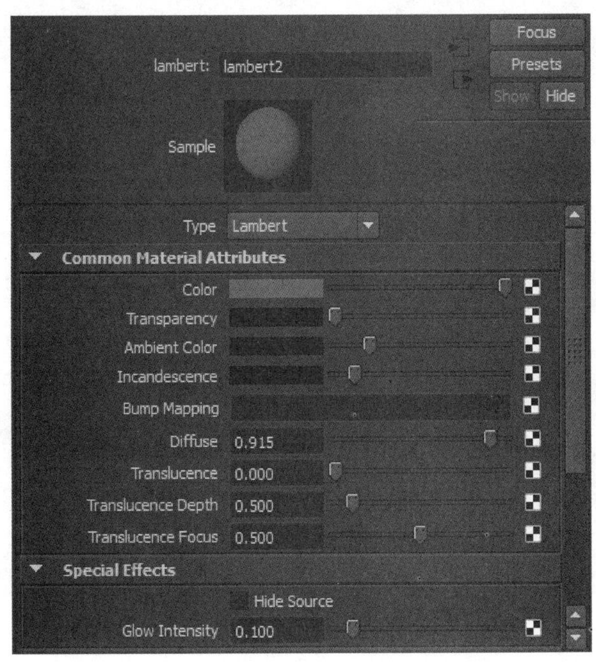

图 2-4

红色字符的渲染效果如图 2－5 所示。

图 2－5

此时绿色字符的材质使用了透明渐变，方法在其他章节讲述，在此不再详述，绿色字符的材质节点显示效果如图 2－6 所示。

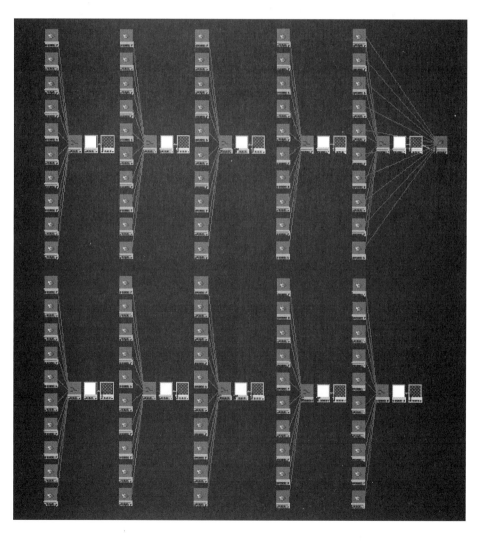

图 2－6

绿色字符渲染效果如图 2－7 所示。

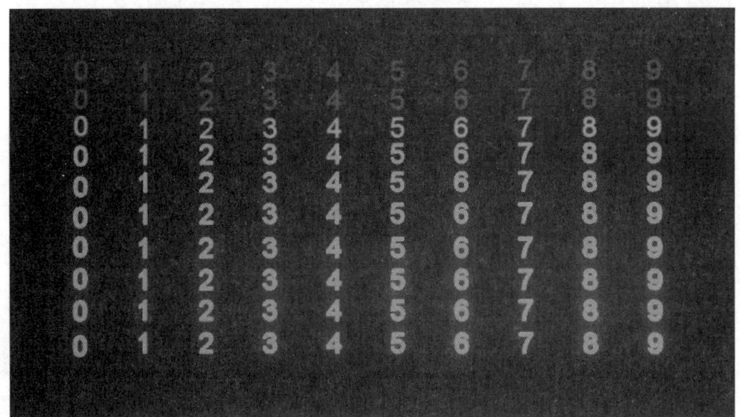

图 2－7

此时场景中要替换的模型都成组，此时各模型与组在 Hypergraphy：Hierarchy 显示效果如图 2－8 所示。

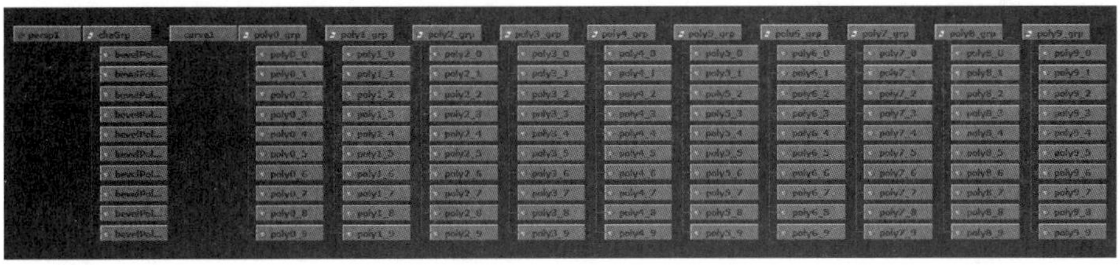

图 2－8

接下来我们开始动力学制作。首先选中曲线 Curve1，执行 Particles\Emit from Object，在弹出菜单中将发射类型 Omni 改为 Curve，将 Speed 设为 1，维持其余选项不变，发射器设置效果如图2－9 所示。

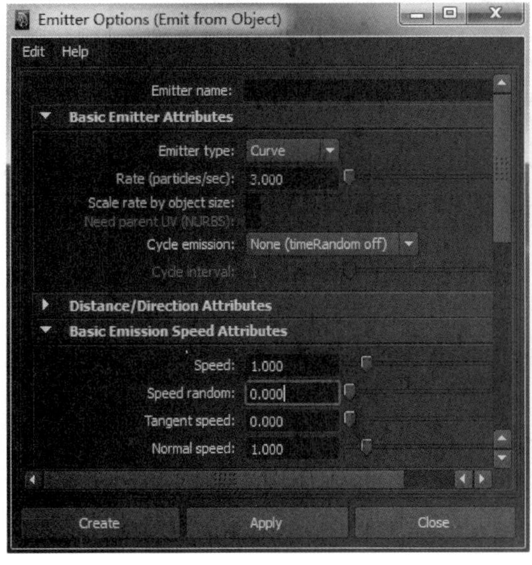

图 2－9

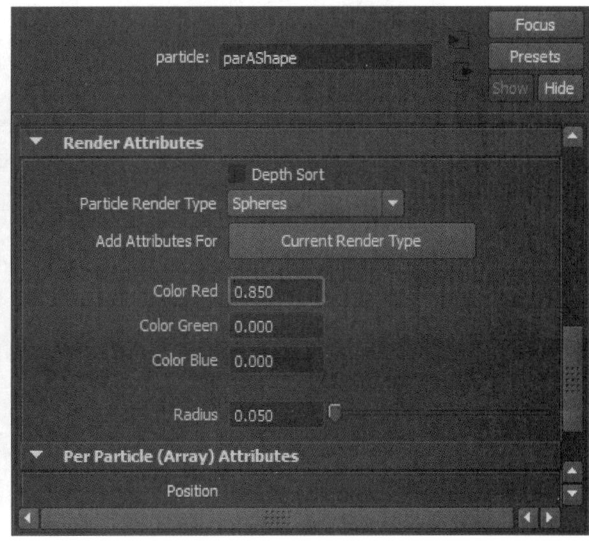

图 2－10

执行后在场景中选中粒子，将粒子渲染形态由 point 模式改为 Sphere，将 radius 由默认的 0.5 更改为 0.05，为粒子添加一每物体颜色属性，将颜色设为亮红色，设置效果如图 2－10 所示。

此时查看场景中粒子的发射状态如图 2－11 所示。

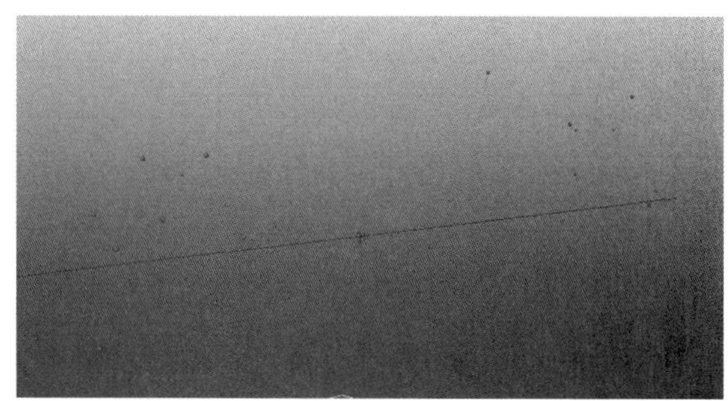

图 2－11

此时粒子在线的周围发散，我们需要控制一下粒子的生命值与速度，让粒子沿 Y 轴负方向发射并生存一段时间后消失。

首先选中粒子，将粒子属性中的 Lifespan Mode 由 Live forever 更改为 lifespanPP only，然后在粒子的 Per Particle(Array) Attributes 编辑窗口中，右击 Velocity 属性进入表达式编辑窗口，在表达式窗口中将表达式执行方式设为 Creation 模式，然后在表达式输入区输入如下语句：

```
parAShape.lifespanPP = rand(5,9);
parAShape.velocity = <<0,rand(-1,-0.05),0>>;
```

此时表达式输入效果如图 2－12 所示。

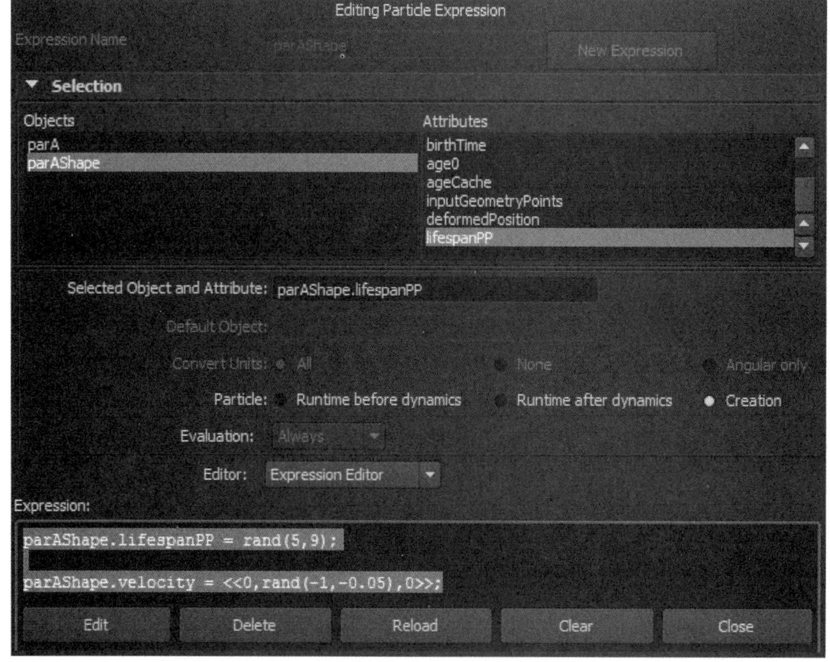

图 2－12

此时执行表达式后，粒子播放效果如图 2－13 所示。

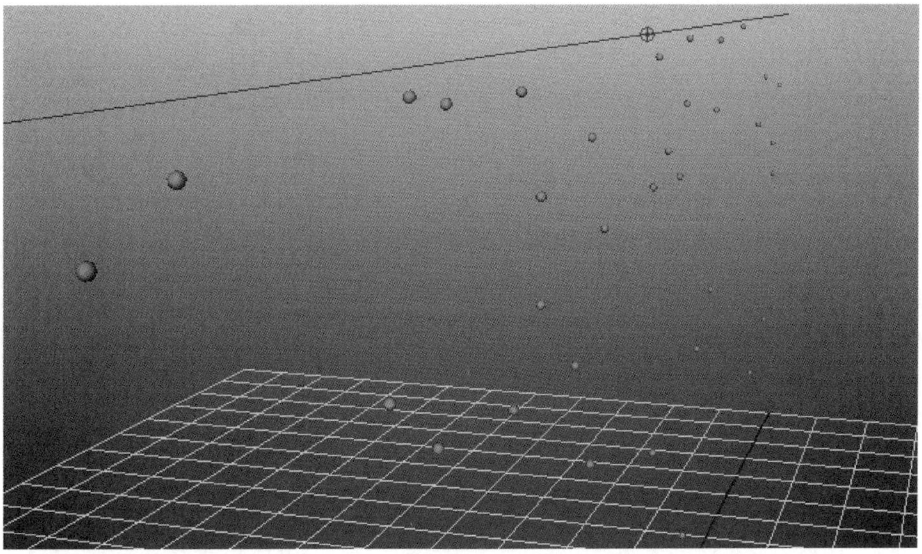

图 2－13

此时粒子的下行态势是匀速的，因此我们需要使其加速，此时可以利用重力场实现，但也可以通过表达式实现，在本例中我们使用表达式来实现。

首先为粒子添加一每粒子矢量属性，属性名称为 cusVelocityPlusPPVec。我们首先为该属性在粒子诞生之初就赋值，然后让粒子运行中的每帧都加上该值，则该值所起的效果就是加速度的作用。关于该属性的创建过程略。为该值写入创建表达式，表达式语句如下：

```
parAShape.cusVelocityPlusPPVec =<<0,rand(-0.05,-0.01),0>>;
```

表达式输入效果如图 2－14 所示。

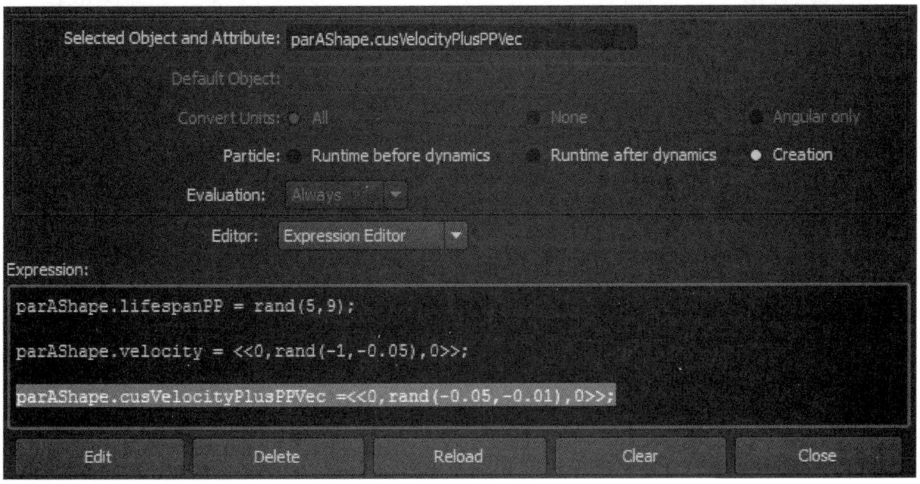

图 2－14

然后在表达式窗口中将执行方式由 Creation 改为 Runtime before dynamics，为粒子的 velocity 属性输入如下语句：

```
parAShape.velocity += parAShape.cusVelocityPlusPPVec;
```

此时表达式输入效果如图 2－15 所示。

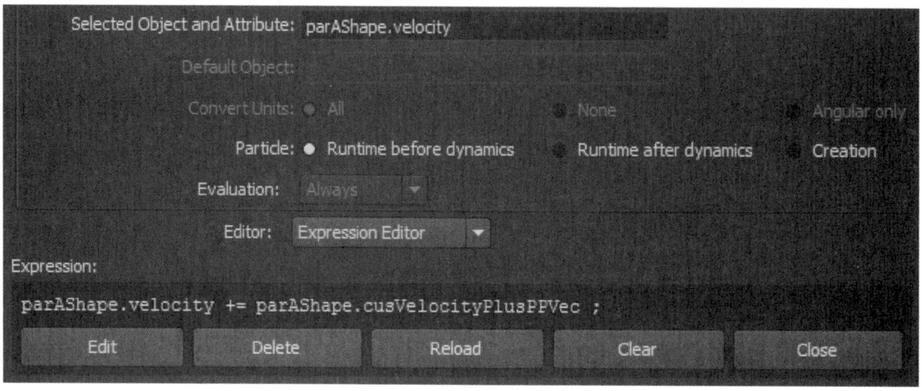

图 2－15

此时播放场景会发现粒子有加速下滑的态势，基本达到我们想要的效果。接下来我们为 parA 粒子执行替代，顺序选中场景中的被赋予红色材质的 0 至 9 的 10 个字符模型，执行 Particle\Instancer(Replacement)，在弹出窗口维持默认选项即可，设置效果如图 2－16 所示。

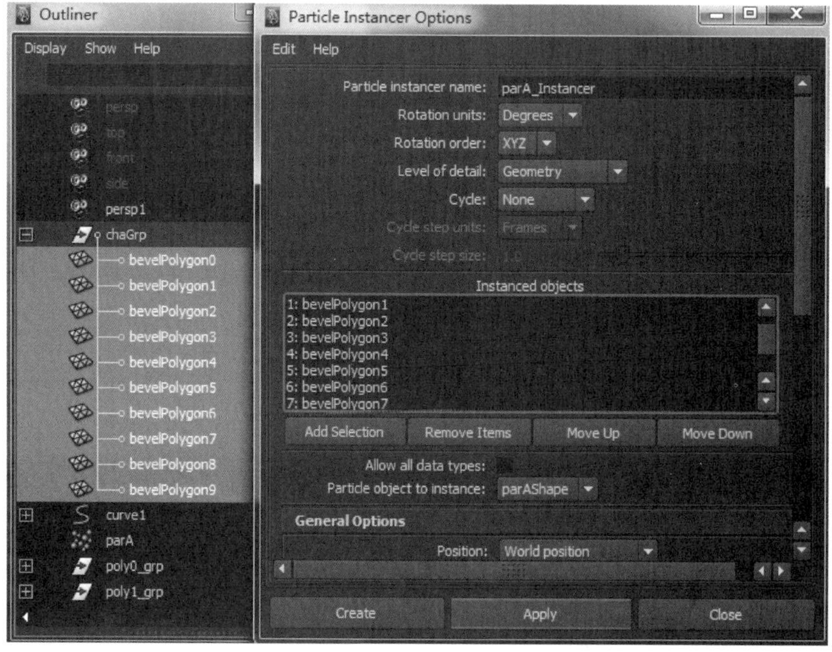

图 2－16

此时场景中的粒子的替换形态如图 2 - 17 所示。

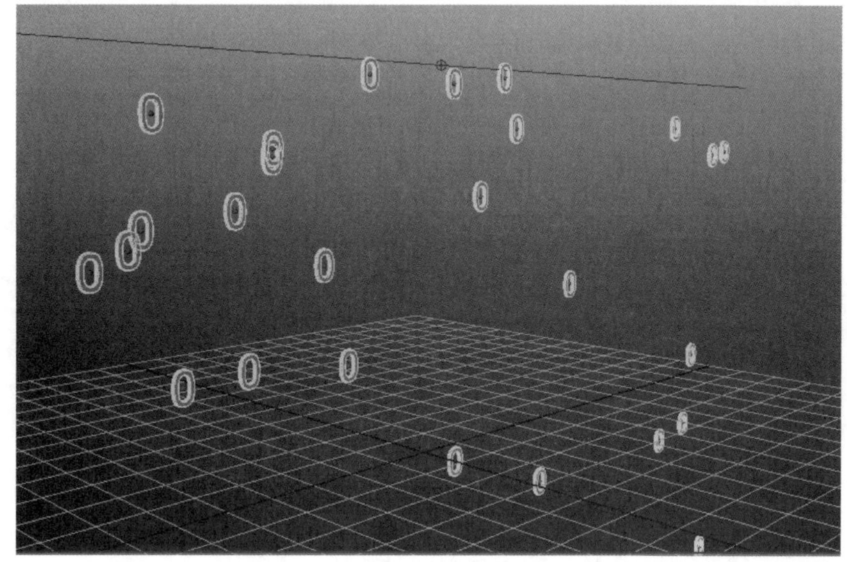

图 2 - 17

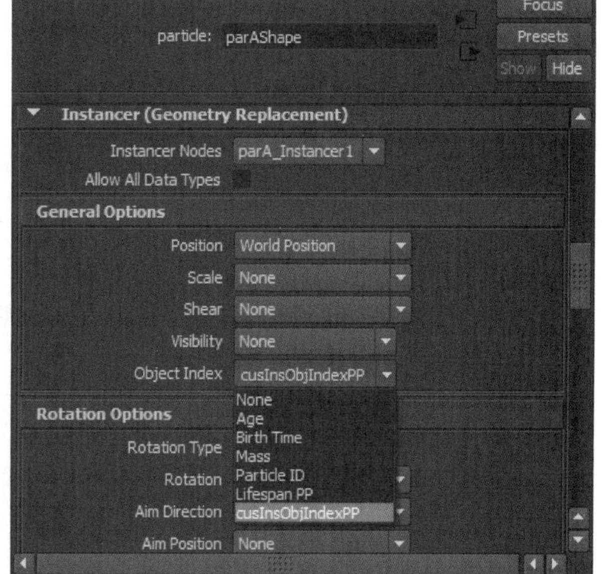

图 2 - 18

此时需要将粒子的替换形态在 0 到 9 的 10 个字符中随机起来，需要为粒子的替换属性进行表达式控制，首先为粒子新建一每粒子浮点属性，名称为 cusInsObjIndexPP，然后为该属性写入创建表达式，表达式语句如下：

```
parAShape. cusInsObjIndexPP = trunc
(rand(0,9. 9));
```

具体输入过程略，然后我们在粒子属性的 Instancer (Geometry Replacemnet)卷展栏中将属性 Object Index 由 None 控制改为新建属性 cusInsObjIndexPP，执行效果过程如图 2 - 18 所示。

此时重新播放场景如图 2 - 19 所示。

此时如果我们想使粒子替换状态改为每帧都随机替换，只需将“parAShape. cusInsObjIndexPP = trunc(rand(0,9. 9));”在表达式的运行模式再写一遍即可，但在此处也可以让粒子替换顺序一些，如将表达式写成：

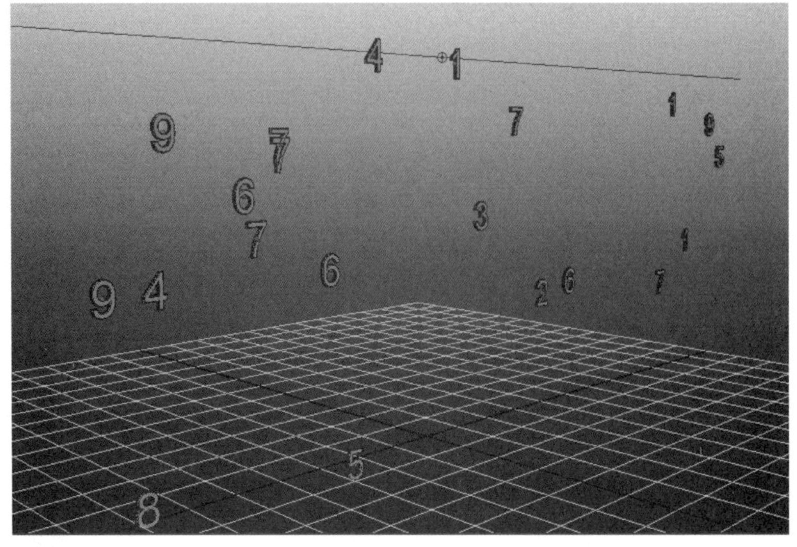

图 2－19

```
// parAShape.cusInsObjIndexPP = trunc(rand(0,9.9));
parAShape.cusInsObjIndexPP += 1;
parAShape.cusInsObjIndexPP = parAShape.cusInsObjIndexPP%10;
```

具体输入过程效果如图 2－20 所示。

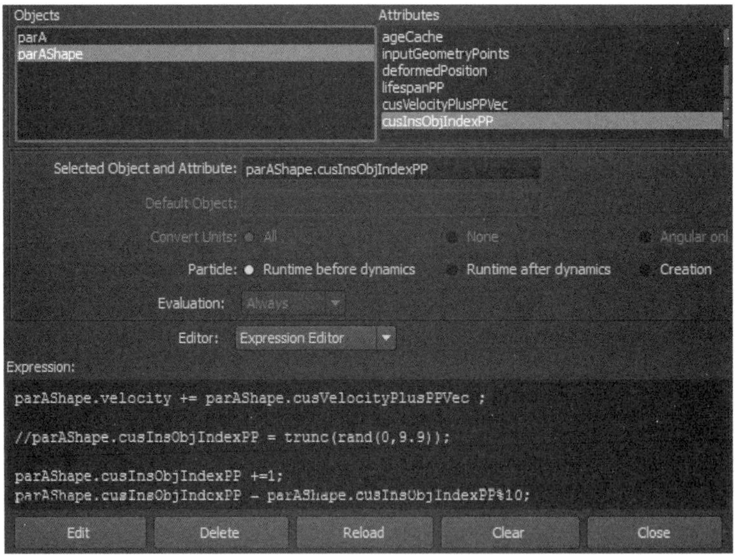

Objects: parA, parAShape

Attributes: ageCache, inputGeometryPoints, deformedPosition, lifespanPP, cusVelocityPlusPPVec, cusInsObjIndexPP

Selected Object and Attribute: parAShape.cusInsObjIndexPP

Default Object:

Convert Units: All　None　Angular onl

Particle: Runtime before dynamics　Runtime after dynamics　Creation

Evaluation: Always

Editor: Expression Editor

Expression:

```
parAShape.velocity += parAShape.cusVelocityPlusPPVec ;

//parAShape.cusInsObjIndexPP = trunc(rand(0,9.9));

parAShape.cusInsObjIndexPP +=1;
parAShape.cusInsObjIndexPP = parAShape.cusInsObjIndexPP%10;
```

Edit　Delete　Reload　Clear　Close

图 2－20

上述表达式中，符号“//”表示注解，意指该行表达式不执行，后面两行则表示先将属性 cusInsObjIndexPP 每帧都做加 1 计算，然后结果和 10 整除后取余，并将取余的值重新赋给自己。

此时场景如果手动逐帧播放，则会发现字符逐次向前替换，到 9 之后又重新从 0 开始，播放效果如图 2－21 所示。

图 2－21

接下来我们实现红色字符的绿色拖尾字符效果。首先要将场景中的粒子作为发射器来发射粒子，选中 parA 粒子，执行 Particles\Emit from Object，在弹出选项中将 Emitter type 改为 Omni，将 Rate 暂时设为 3，因为该值我们会在后面进行单粒子属性控制；将 Speed 改为 0，设置效果如图 2－22 所示。

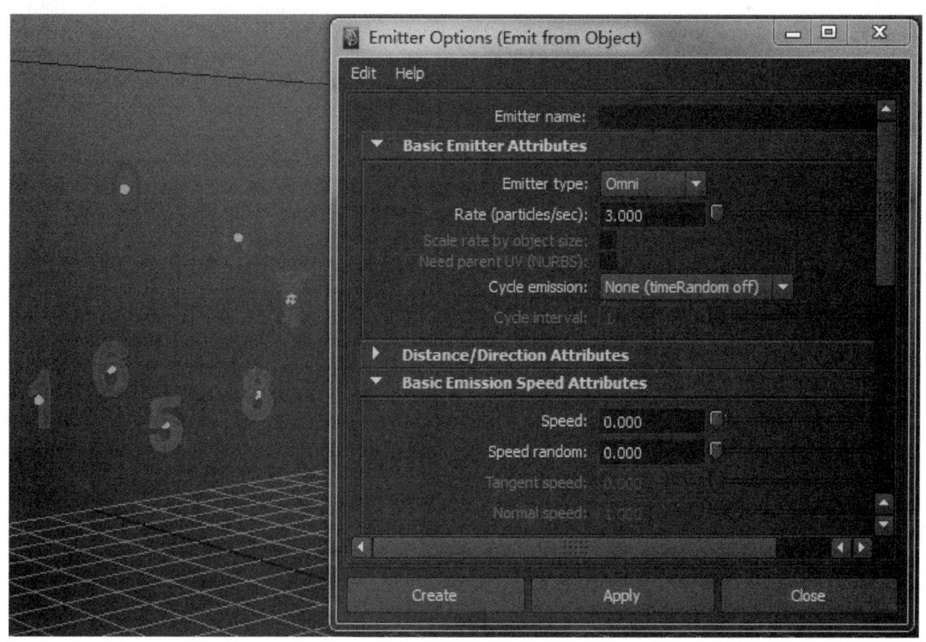

图 2－22

执行后我们在大纲视图中选中新产生的 particle1 粒子，将其改名为 parB，然后将其渲染形态设为 Sphere，将 Radius 设为 0.065，并为其添加一每物体颜色属性，将 Color Green 设为 0.85，设置效果如图 2－23 所示。

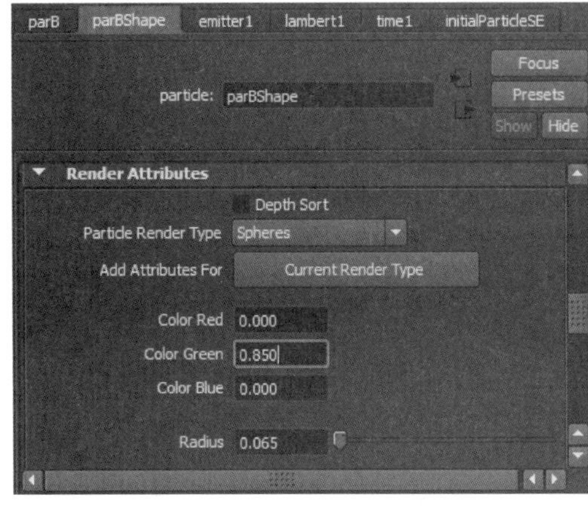

图 2－23

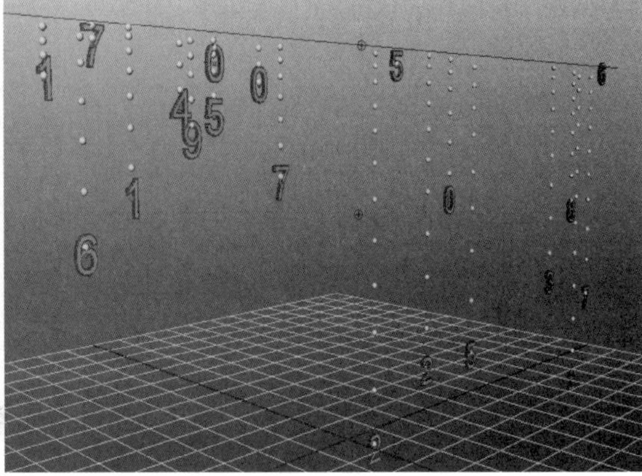

图 2－24

此时播放场景效果如图 2－24 所示。

在粒子下降中维持自身出生的初始位置不动，我们可以通过调整粒子的 Inherit Factor 属性，将其由原来的 0 改为 0.65，此时播放场景如图 2－25 所示。

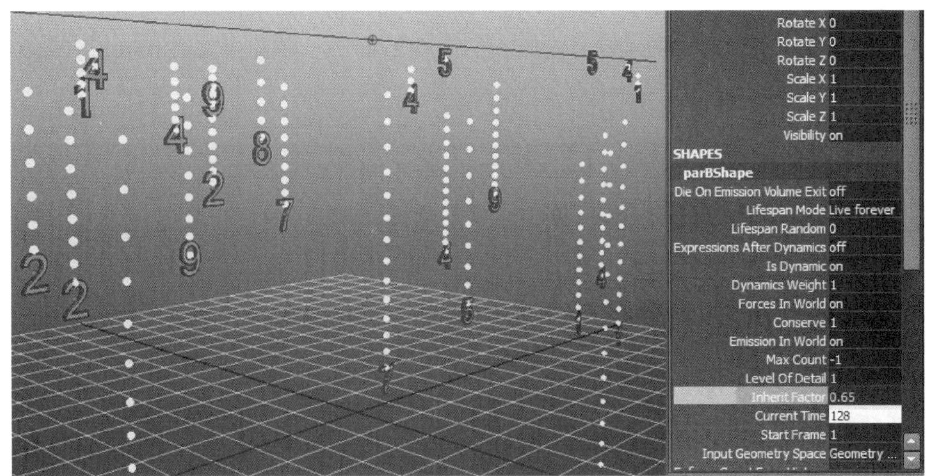

图 2－25

此时粒子一直存在场景中，我们对其生命值进行控制，比如可以使用表达式，如“parBShape. lifespanPP = 4;”，此处我们并没有利用随机值来控制生命值，是因为我们想让粒子按照出生的顺序逐次消失，具体输入过程略。

此时我们要对 parA 粒子实行每粒子发射率的控制。方法是首先选择 parA 粒子，然后执行 Particles \ Per-Point Emission Rates，此时在 parA 粒子的 Per Particle (Array) Attributes 卷展栏中出现一新属性 Emitter1RatePP，执行过程及结果如图 2－26 所示。

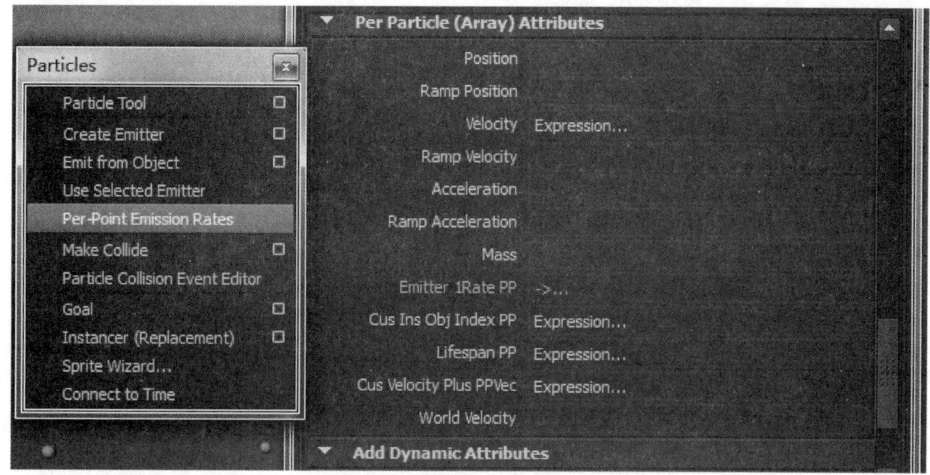

图 2 - 26

这样我们可以为该发射率执行表达式控制，可以将 parA 的速度和发射率做一合适的关联，这样速度快的粒子发射率大，而速度慢的粒子发射率小。

我们为粒子 parA 的 emitter1RatePP 写入创建表达式，表达式语句如下：

```
float $speedInitial = mag(velocity);
parAShape.emitter1RatePP = ($speedInitial + 1.5);
```

表达式输入效果如图 2 - 27 所示。

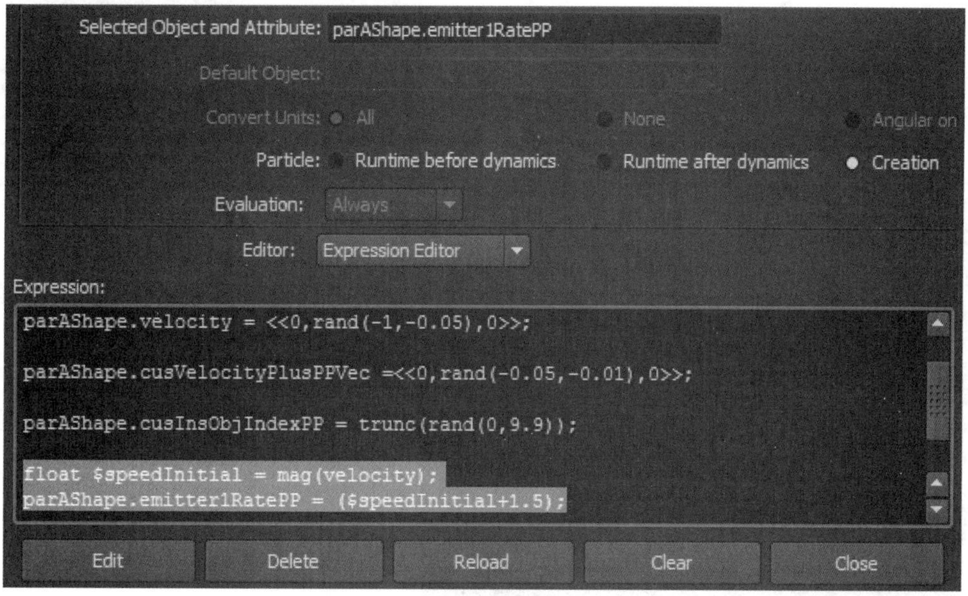

Selected Object and Attribute: parAShape.emitter1RatePP
Default Object:
Convert Units: All None Angular on
Particle: Runtime before dynamics Runtime after dynamics Creation
Evaluation: Always
Editor: Expression Editor
Expression:

```
parAShape.velocity = <<0,rand(-1,-0.05),0>>;

parAShape.cusVelocityPlusPPVec =<<0,rand(-0.05,-0.01),0>>;

parAShape.cusInsObjIndexPP = trunc(rand(0,9.9));

float $speedInitial = mag(velocity);
parAShape.emitter1RatePP = ($speedInitial+1.5);
```

Edit Delete Reload Clear Close

图 2 - 27

此时场景播放效果如图 2－28 所示。

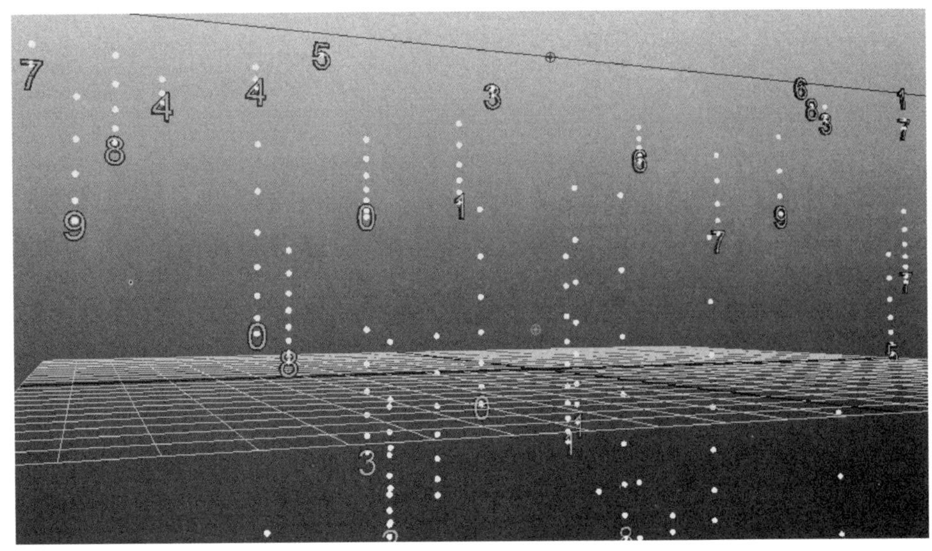

图 2－28

此时我们要为 parB 粒子执行粒子替换操作，替换中对于我们准备的 100 个绿色字符的选择顺序很重要。在操作上我们可以先选择 poly0_0 至 poly0_9 的模型物体线执行替换，然后在粒子替换节点产生后，在依次选择后续要替代的模型逐一往里添加，具体过程略。此时要注意查看场景中，新产生的粒子替换节点中的模型物体排放顺序，如图 2－29 所示。

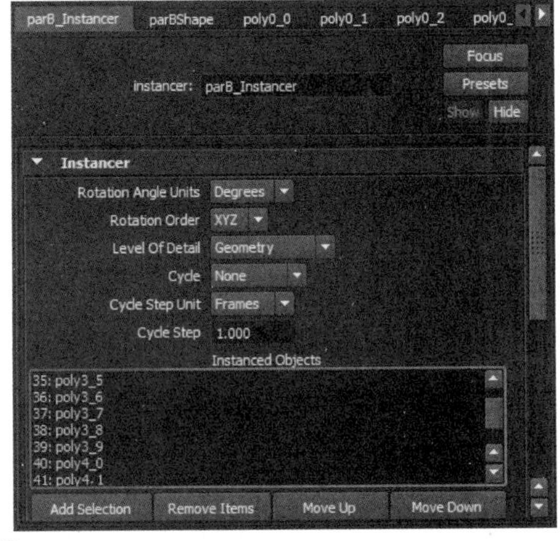

图 2－29

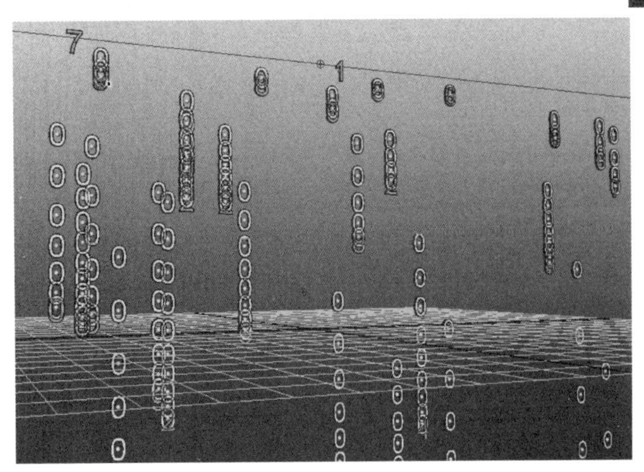

图 2－30

此时播放场景观察效果如图 2－30 所示。

此时替换字符中只有 0 字符被替换，而这不是我们想要的结果，我们 0 至 9 字符会被替代，并且会逐渐消失，此时需要进行表达式控制。

首先为 parB 粒子新创建一属性，名称为 cusInsObjIndexPP，具体过程略，然后我们为该属性写入一创建表达式，表达式语句如下：

```
int $IndPP =( id%10);
switch( $IndPP)
{
case 0:
parBShape.cusInsObjIndexPP = 0;
break;
case 1:
parBShape.cusInsObjIndexPP = 10;
break;
case 2:
parBShape.cusInsObjIndexPP = 20;
break;
case 3:
parBShape.cusInsObjIndexPP = 30;
break;
case 4:
parBShape.cusInsObjIndexPP = 40;
break;
case 5:
parBShape.cusInsObjIndexPP = 50;
break;
case 6:
parBShape.cusInsObjIndexPP = 60;
break;
case 7:
parBShape.cusInsObjIndexPP = 70;
break;
case 8:
parBShape.cusInsObjIndexPP = 80;
break;
case 9:
parBShape.cusInsObjIndexPP = 90;
break;
default:
parBShape.cusInsObjIndexPP = 0;
break;
}
```

在上述表达式中我们使用了 Switch 交换语句，语句的执行思路如下。由于我们使用 100 个字符来替换，其中 0、1、2、3、4、5、6、7、8、9 序列字符中第一个是完全不透明的，它也应该是在替代中首先被出现的，而它们在替换序列中的 index 则分别是 0、10、20、30、40、50、60、70、80、90，这样我们可以通过粒子的 id 和 10 整除取余，这样就得到了 0 至 9 的整数，然后根据结果手动设定粒子替换的 index 值，表达式输入效果如图 2－31 所示。

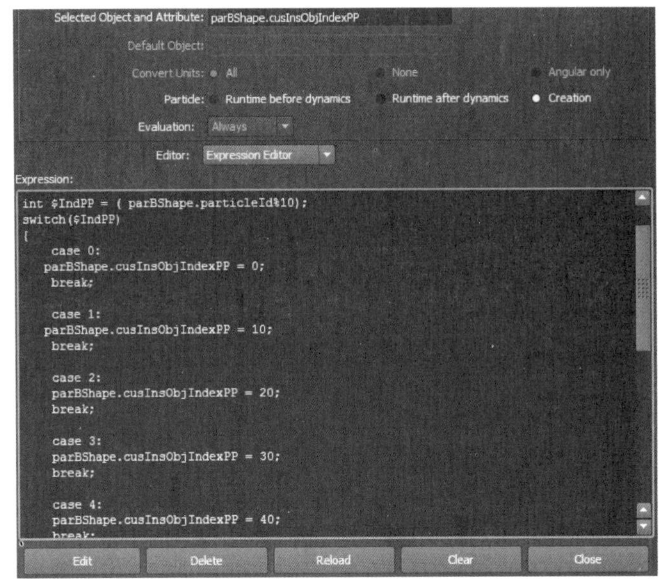

图 2－31

表达式完成后，我们还需要回到 parB 粒子的 Instancer 属性中，将 Object Index 输入链接由原来的 None 改为 cusInsObjIndexPP，此时播放场景效果如图 2－32 所示。

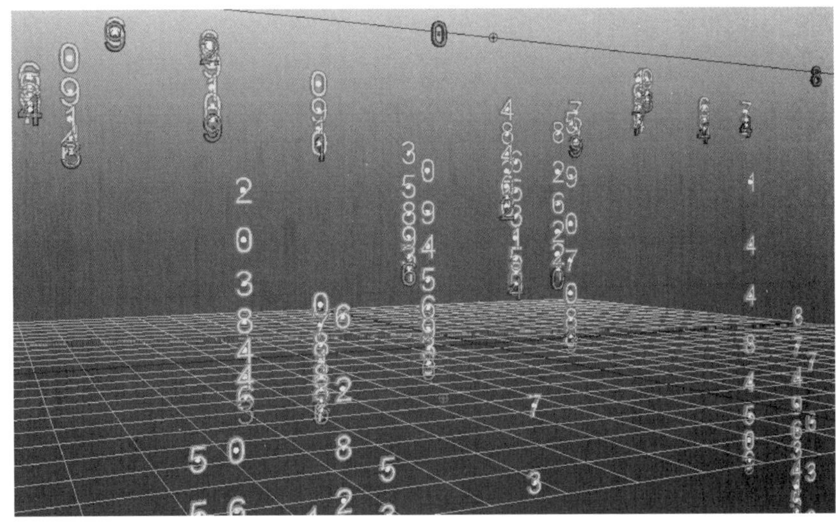

图 2－32

接下来我们要实现绿色字符的渐隐消失效果，为粒子的 cusInsObjIndexPP 写入运行表达式，表达式语句如下：

```
int $IndRbPP = (parBShape.particleId%10);
switch($IndRbPP)
{
case 0:
parBShape.cusInsObjIndexPP = trunc(linstep(parBShape.lifespanPP * 0.2,parBShape.lifespanPP,parBShape.age) * 10);
break;
case 1:
parBShape.cusInsObjIndexPP = (trunc(linstep(parBShape.lifespanPP * 0.2,parBShape.lifespanPP,parBShape.age) * 10) + 10);
break;
case 2:
parBShape.cusInsObjIndexPP = (trunc(linstep(parBShape.lifespanPP * 0.2,parBShape.lifespanPP,parBShape.age) * 10) + 20);
break;
case 3:
parBShape.cusInsObjIndexPP = (trunc(linstep(parBShape.lifespanPP * 0.2,parBShape.lifespanPP,parBShape.age) * 10) + 30);
break;
case 4:
parBShape.cusInsObjIndexPP = (trunc(linstep(parBShape.lifespanPP * 0.2,parBShape.lifespanPP,parBShape.age) * 10) + 40);
break;
case 5:
parBShape.cusInsObjIndexPP = (trunc(linstep(parBShape.lifespanPP * 0.2,parBShape.lifespanPP,parBShape.age) * 10) + 50);
break;
case 6:
parBShape.cusInsObjIndexPP = (trunc(linstep(parBShape.lifespanPP * 0.2,parBShape.lifespanPP,parBShape.age) * 10) + 60);
break;
case 7:
parBShape.cusInsObjIndexPP = (trunc(linstep(parBShape.lifespanPP * 0.2,parBShape.lifespanPP,parBShape.age) * 10) + 70);
```

```
    break;
    case 8:
    parBShape.cusInsObjIndexPP = (trunc(linstep(parBShape.lifespanPP * 0.2, parBShape.lifespanPP,parBShape.age) * 10) + 80);
    break;
    case 9:
    parBShape.cusInsObjIndexPP = (trunc(linstep(parBShape.lifespanPP * 0.2, parBShape.lifespanPP,parBShape.age) * 10) + 90);
    break;
    default:
    break;
    }
```

上述表达式中重在理解 linstep 函数在其中所起的作用,这样我们就可以实现每一个被替换字符的逐渐消隐的变化,表达式输入效果如图 2－33 所示。

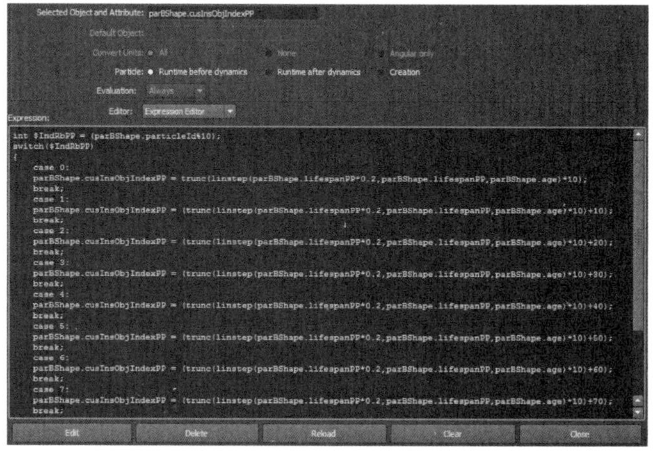

图 2－33

此时在播放场景中没有什么变化,如图 2－34 所示。

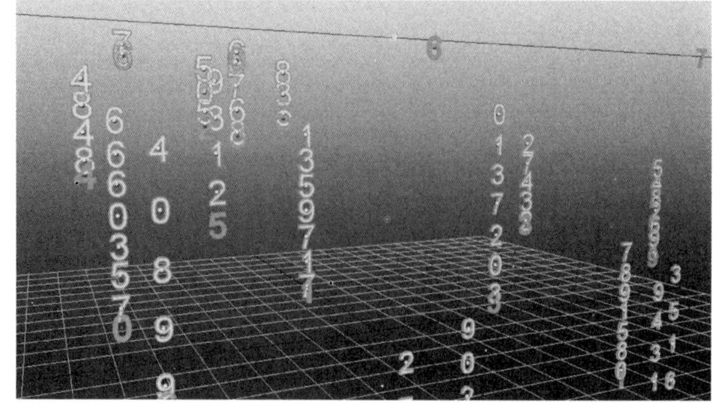

图 2－34

渲染场景如图 2－35 所示。

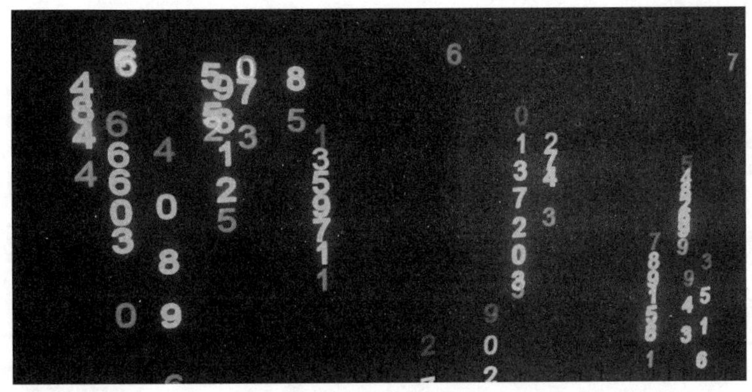

图 2－35

至此本章就讲解完毕了。本章中重在 Switch 语句的使用，利用 Switch 语句可以让我们在替代中更好地控制替换物体序列与种类，该方法可以在上一章中制作五彩圆环，在此不再详述。

3 第三章 射　箭

本章我们讲述一下在三维动画制作中较简易的万箭齐发的动画，在制作中主要是对粒子的运动状态进行控制，图 3－1 与图 3－2 是我们将要完成的效果渲染截图与场景截图。

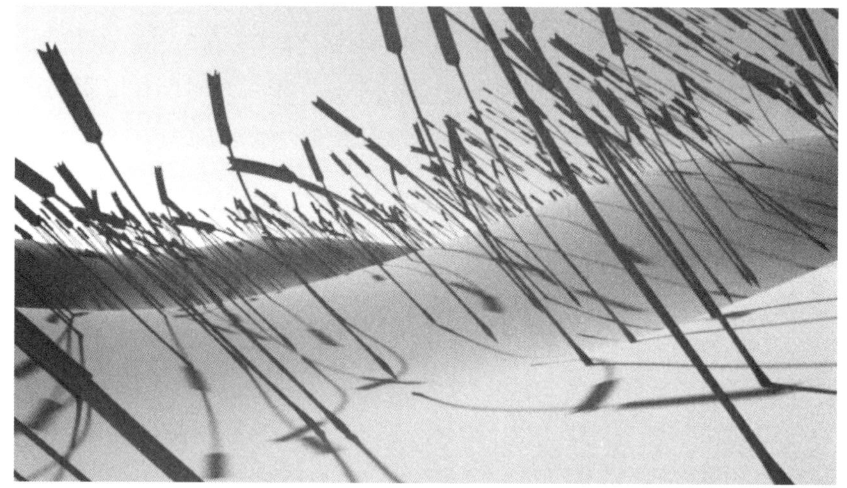

图 3－1

图 3－2

在制作动画之前需要先进行一下场景的准备，在场景中需首先准备一粒子发射器平面，此处使用的是 polygon 平面，基本参数与摆放效果如图 3－3 所示。

图 3－3

在摆放时注意向上有一倾斜角度，这样会方便粒子的弧线运动。然后在场景中准备一支箭，箭的高度段数上要保证，这样会方便将来做弯曲动画。同时由于箭会被用来做粒子替代，因此其在位于坐标原点处是应该实行 Freeze Transformations，效果如图 3－4 所示。

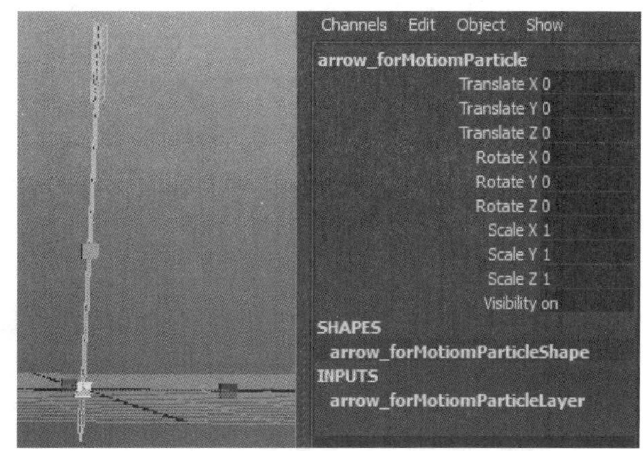

图 3－4

由于箭将来会被射到地面上，因此在场景中还需准备一地面，此地面使用 Nurbs 平面并利用雕刻工具进行造型修整，具体过程略，效果如图 3－5 所示。

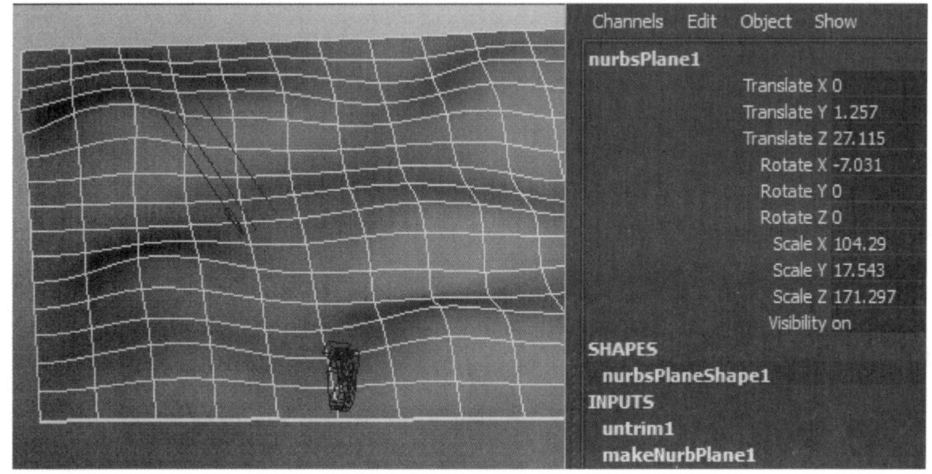

图 3－5

三物体在场景中的摆放效果如图 3－6 所示。

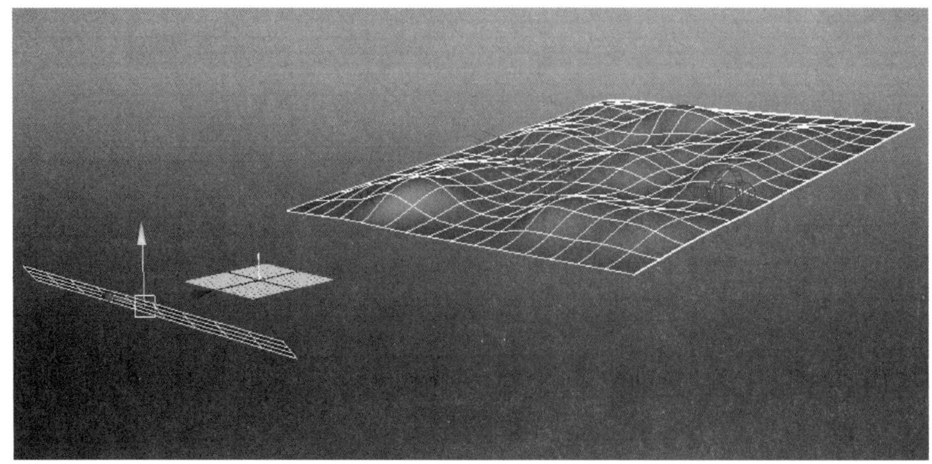

图 3－6

接下来进行动力学制作，首先选中场景中的 polygon 平面物体，执行 particle\Emit from Object，在弹出选项中的 Emitter name 中输入 motArrowParticleEmitter，将 Emitter type 设为 Surface，将 Speed 设为 43，将 Speed random 设为 17，设置过程如图 3－7 所示。

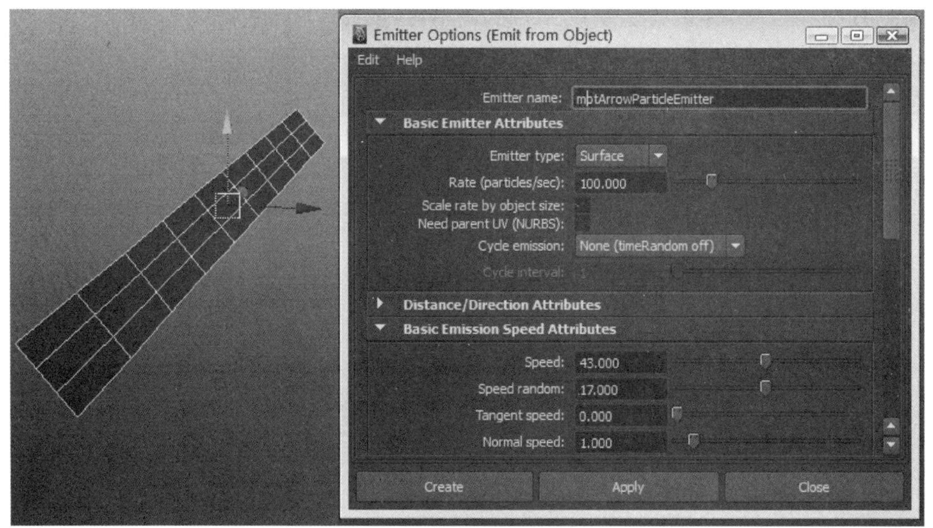

图 3－7

此时将场景播放状态设为 Play every frame，并将时间滑条调整到 300 帧，然后播放场景，在大纲视图中选择粒子并将粒子渲染状态设为球型，此时场景播放效果如图 3－8 所示。

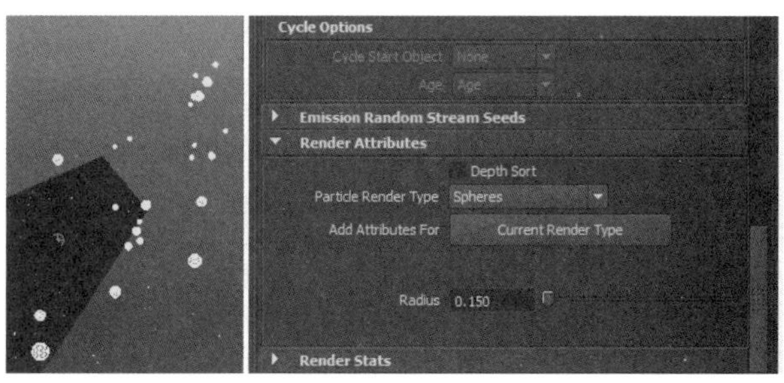

图 3－8

此时发射器一直在发射粒子，我们可以在发射器的 rate 属性上做关键帧动画，这样就可以手动控制场景中的粒子数量，具体过程略，发射器的动画曲线如图 3－9 所示。

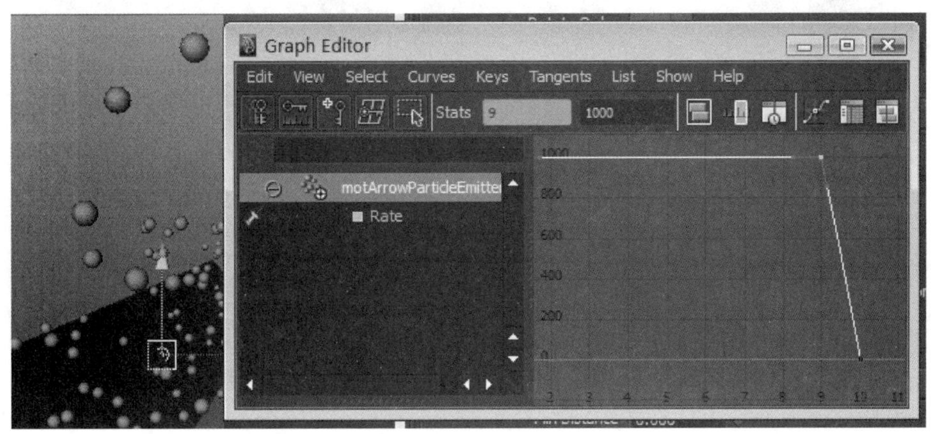

图 3－9

此时粒子会沿着垂直平面的方向一直运行，可以通过为其添加重力场的方式让其下落，选中粒子，执行 Fields\Gravity，过程略，此时粒子运动状态如图 3－10 所示。

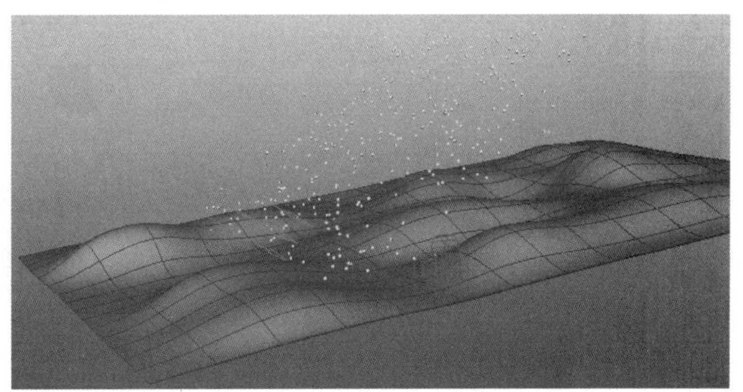

图 3－10

此时粒子和平面发生穿插，是由于粒子和平面之间没有设定碰撞关系，选中我们创建的 Nurbs 平面，执行 Particles \ Make collide，在弹出的选项中将 Resilience 设为 0，将 Friction 设为 1，过程如图3－11 所示。

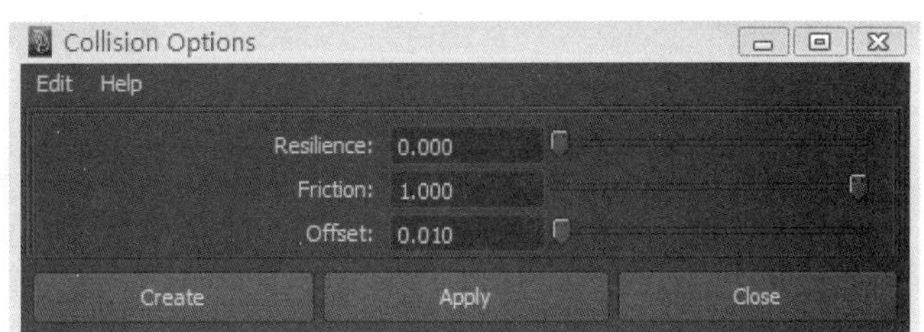

图 3－11

此时播放场景会发现粒子与地面之间依然没有碰撞，需要在动力学关系连接器中进行链接，方法是选中粒子，执行 window\Dynamic Relationships，在弹出的设置窗口中在右侧模式中设为 Collisions，并选择我们的地面物体 nurbsPlaneShape1，过程如图 3－12 所示。

此时播放场景，粒子可以说是基本上停留在地面之上，但是会有滑动，效果如 3－13 所示。

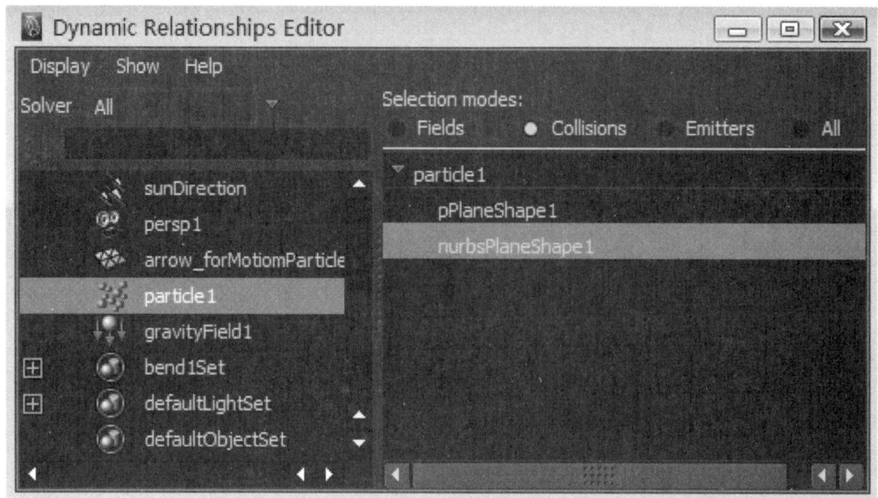

图 3 - 12

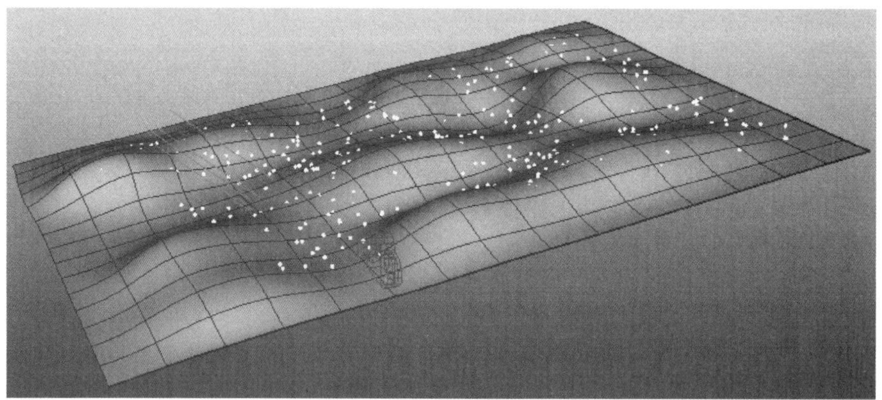

图 3 - 13

滑动问题我们稍后解决，在此我们先进行粒子替换，以便实现射箭的初步效果，选中粒子执行 Instancr(Replacemrnt)，在弹出选项中在 Particle Instancer name 中输入 motParticleInstancer，其余选项维持不变即可，设置效果如图 3 - 14 所示。

此时播放场景，动画效果如图 3 - 15 所示。

在动画播放上箭的运动形态是错误的，需要进行调整。在粒子属性的替代卷展栏中 Rotaion Options 有 Rotation、AimDirection 和 AimPosition 三个选项可以使用，在三个粒子替代旋转属性中，Maya 会优先选择三个属性

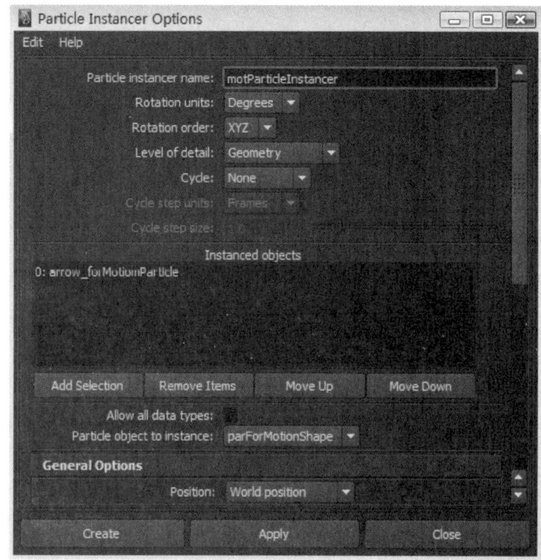

图 3 - 14

中的前一个执行。比如：如果你对Rotation、AimDirection 和 AimPosition 进行了输入控制，则 Maya 会只执行对Ratation 选项的控制；如果你对AimDirection 和 AimPosition 两个选项进行了输入控制，则 Maya 只会执行对AimDirection 选项的控制。三个控制选项在结合 AimAiis 和 AimUpAxis 轴向控制，就可以完成对物体的旋转控制了。关于 Rotation Options 中个选项的意义，请读者参考 Maya 的官方帮助，在此不再详细阐述。

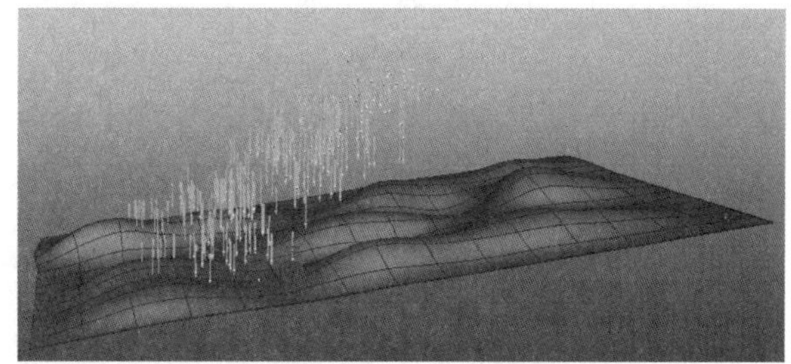

图 3 - 15

选中粒子在粒子的 Instancer (GeometryRepalcement) 选项的 Rotations 卷展栏中将 AimDirection 由 None 改为 Velocity，其目的是让替代物体的目标方向时刻保持和粒子速度方向一致，此时会发现替代物体已由笔直状态改变为时刻和粒子速度保持一致，但是此时的问题是箭头朝向不对，设置过程及效果如图3 - 16所示。

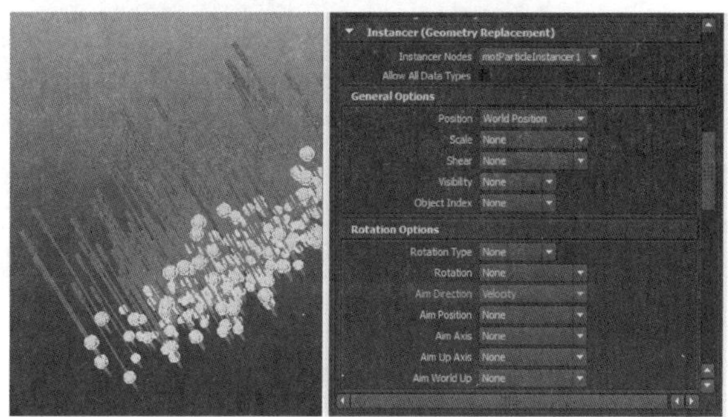

图 3 - 16

此时的问题是物体的 AimAxis（目标轴）指向不对所造成，选中原始物体箭头，执行 Display\Transform Display\Local Rotation Axes，这样箭物体的局部旋转轴就显示在视图中，其是在默认情况下，物体的局部旋转轴和世界坐标系的轴向指向一致，但是读者需要搞明白两者是不同的两个概念，箭物体的局部旋转轴和世界坐标系轴向指示如图 3 -17 所示。

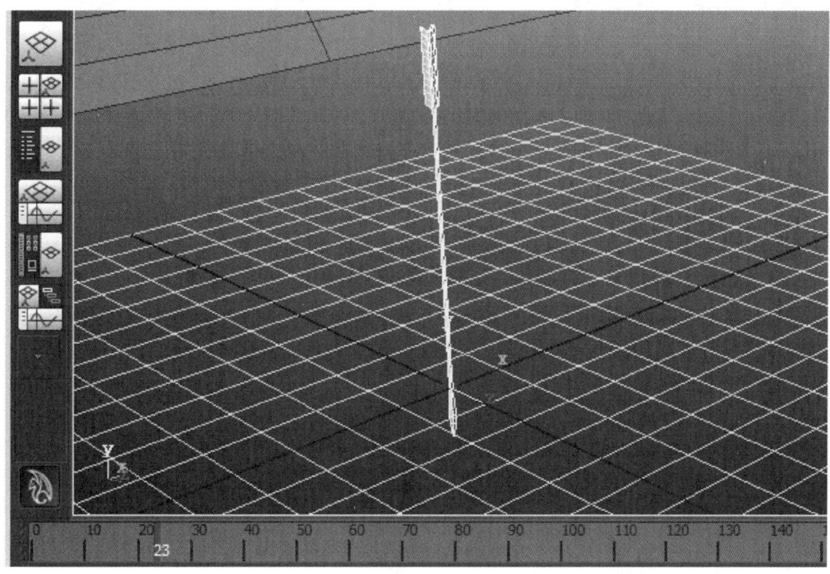

图 3 - 17

此时我们可以利用表达式将替代物体的 AimAxis 设为原物体的负 Y 轴即可，首先为粒子添加属性，方法是选中粒子，点击粒子属性中 Add Dynamic Attributes 卷展栏中的 General 按钮，在弹出的 Add Attribute 对话框中，在 Long name 中输入 cusInsObjAimAxisPPVec，将 Data Type 设为 Vector，将 Attribute Type 设为 Per particle，设置过程如图 3－18 所示。

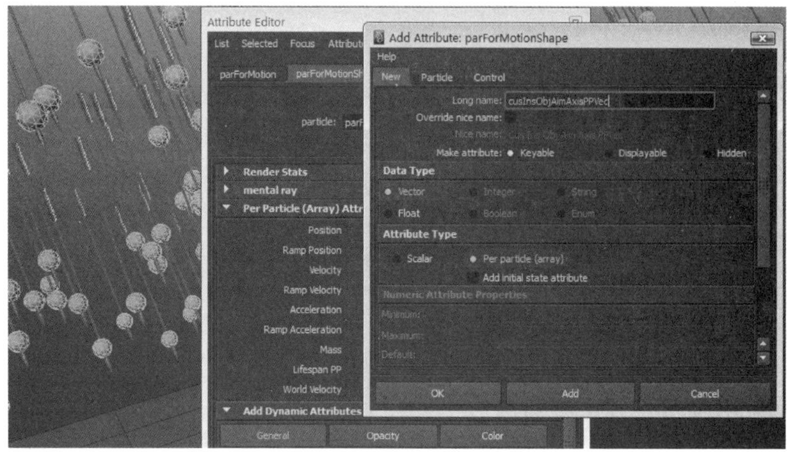

图 3－18

执行后该属性会被添加到粒子的 PerPartciel(Array) Attibutes 中，在添加的属性上右击鼠标，在弹出的对话框中执行 Creation Expressions... 选项，然后在弹出的创建表达式对话框中输入如下语句：

```
parForMotionShape.cusInsObjAimAxisPPVec = <<0, -1,0>>;
```

表达式输入效果如图 3－19 所示。

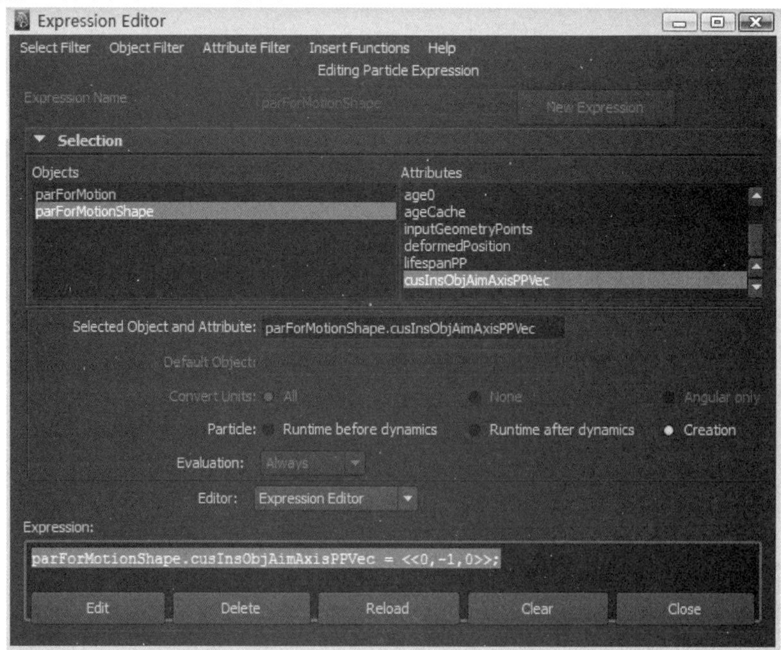

图 3－19

该属性还需要进行相应链接才会起作用。回到粒子的 Instancer(Geometry Repalcement)卷展栏中的 Rotation Options 选项,将其下颚 Aim Axis 由 None 改为我们自建属性 cusInsObjAimAxisPPVec,此时粒子的方向就会发生立刻调整,设置过程与效果如图 3-20 所示。

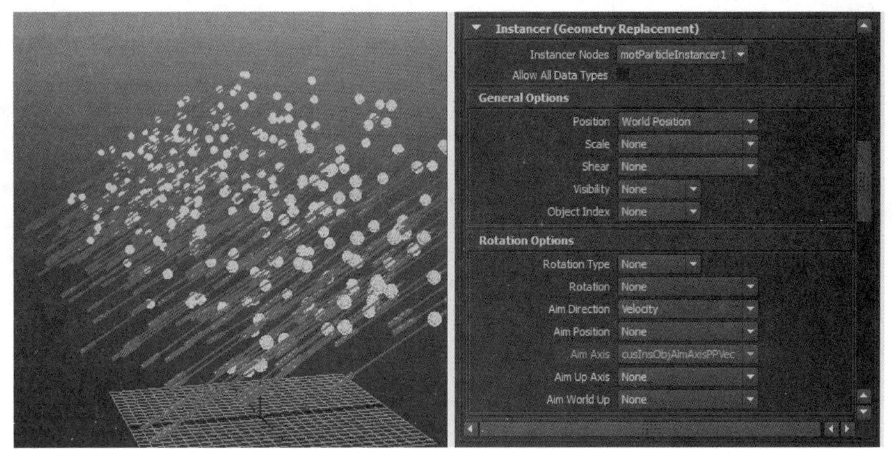

图 3-20

此时在运动中替换物体的形态是合适的,但是在粒子和地面发生碰撞之后,箭又会直立起来并且还会发生滑动,效果如图 3-21 所示。

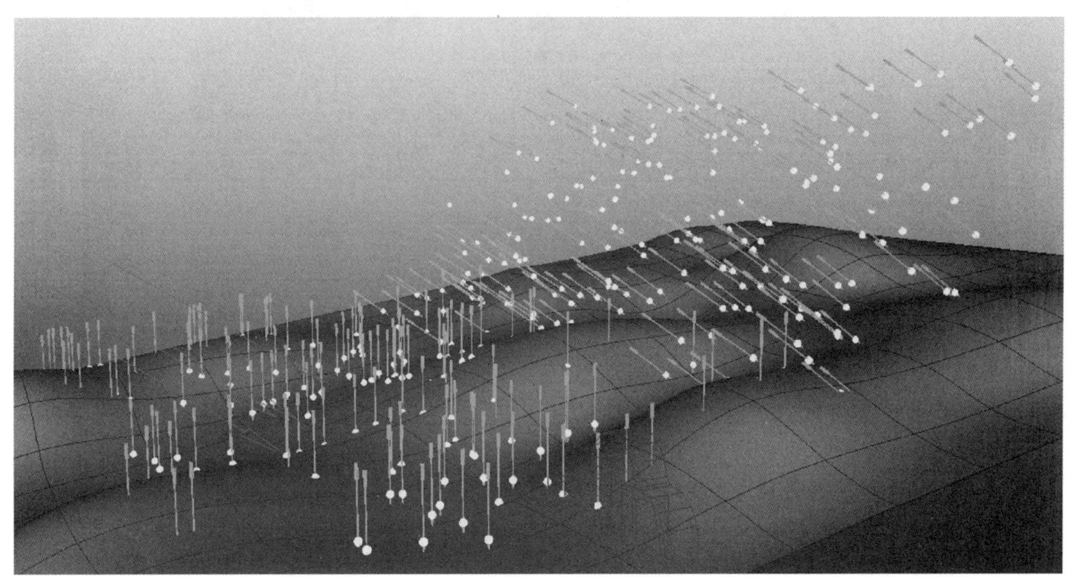

图 3-21

这种情况可以用两种方法来解决。第一种解决方法的思路是在合适的时间点为粒子的 position 和 Aim Direction 设置合适的数值,并永久设为该值;另一种方法则是采用碰撞事件的方法来解决该问题,并且可以实现更加自然的箭头射中地面后箭尾摆动的效果。我们先阐述第一种方法。

此时先解决粒子的滑动问题。这需要我们将粒子的位置变化值存储在一个变量中，然后在合适的时候再把它赋予粒子的 position 属性。首先为粒子新增加一属性，新增属性命名为 cusInsObjPosPPVec，具体过程略。在粒子的 Velocity 属性上右击鼠标，在弹出的菜单中执行 Runtime After Dynamics Expression... 在弹出的表达式输入框中输入如下语句：

```
float $speedPP = mag(parForMotionShape.velocity);
if($speedPP < 0.5)
{
parForMotionShape.velocity = <<0,0,0>>;
}
```

上述表达式的含义是先将粒子速度取模（mag 函数），然后当粒子速度的模小于一定值时（这里是 0.5），就直接将粒子速度设为向量<<0,0,0>>，表达式输入过程如图3-22所示。

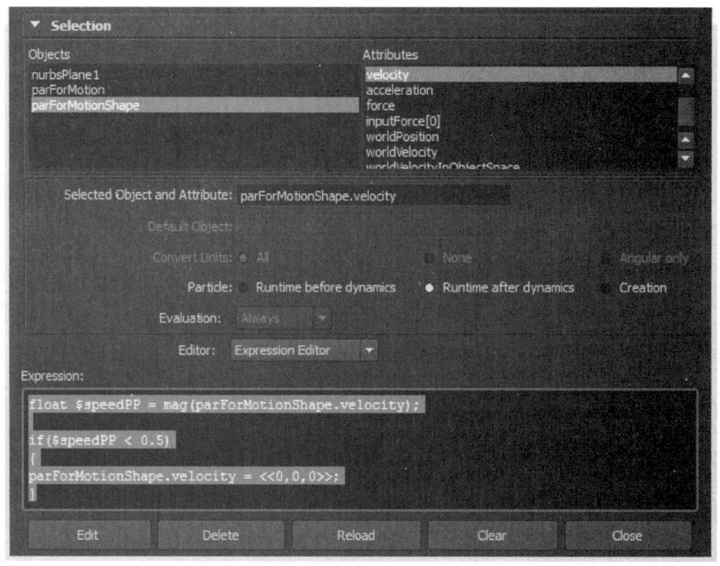

图 3-22

然后还是在表达式编辑窗口，将表达式执行方式设为 Runtime before dynamics，在表达式输入窗口输入如下语句：

```
float $magVelocityPP = mag(parForMotionShape.velocity);
if ($magVelocityPP != 0)
{
parForMotionShape.cusInsObjPosPPVec = parForMotionShape.position;
```

```
}
else
{
parForMotionShape.position = parForMotionShape.cusInsObjPosPPVec ;
}
```

表达式输入效果如图 3-23 所示。

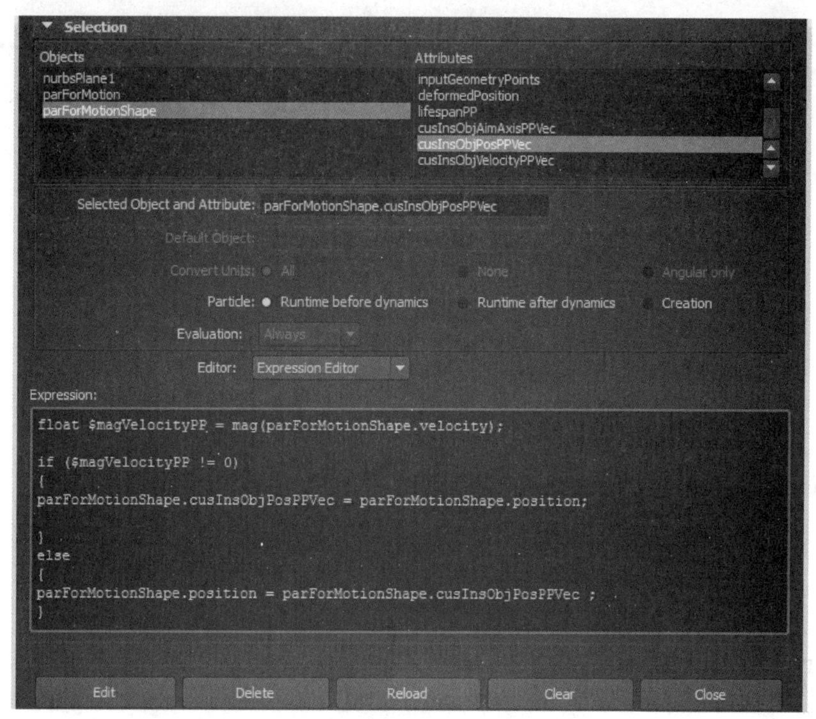

图 3-23

此时执行表达式会发现粒子虽然不在物体表面滑动，但是粒子在和地面碰撞后的方向指向发生了问题，变成了垂直向上，这是由于粒子速度被我们手动设为<<0,0,0>>所造成的。此时我们还需要将粒子速度不为<<0,0,0>>时的矢量做一存储，然后将该值永远赋给粒子的 AimDirection 属性。

首先还是为粒子添加新属性，属性名为 cusInsObjVelocityPPVec，添加过程略。然后为该属性进行表达式控制，表达式语句如下：

```
parForMotionShape.cusInsObjVelocityPPVec = velocity;
```

该语句写在语句“parForMotionShape. cusInsObjPosPPVec = position;”的下方，位置如图 3-24 所示。

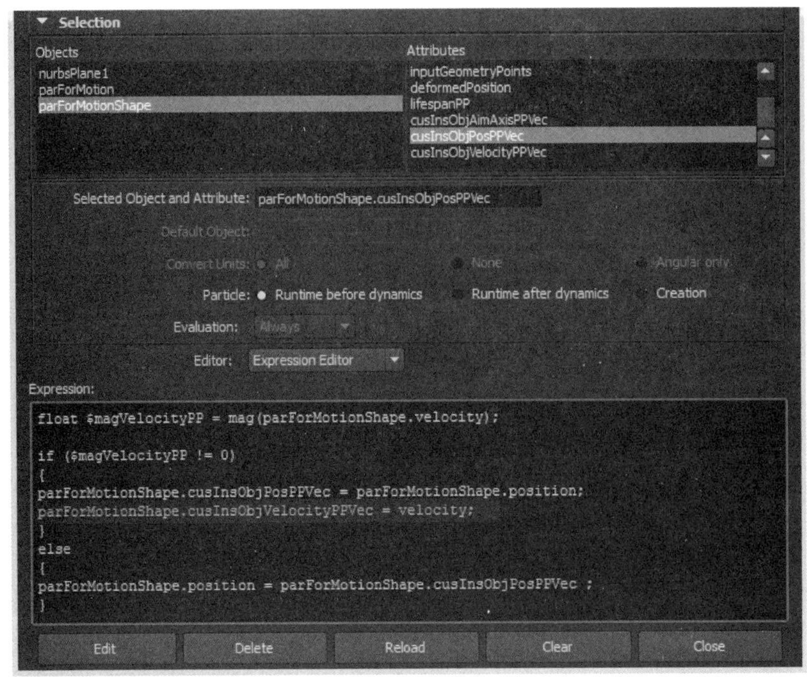

图 3 - 24

此时粒子替换的垂直状态还没有得到解决，需要将该属性链接到粒子的 AimDirection 上才能得到解决，设置过程及效果如图 3 - 25 所示。

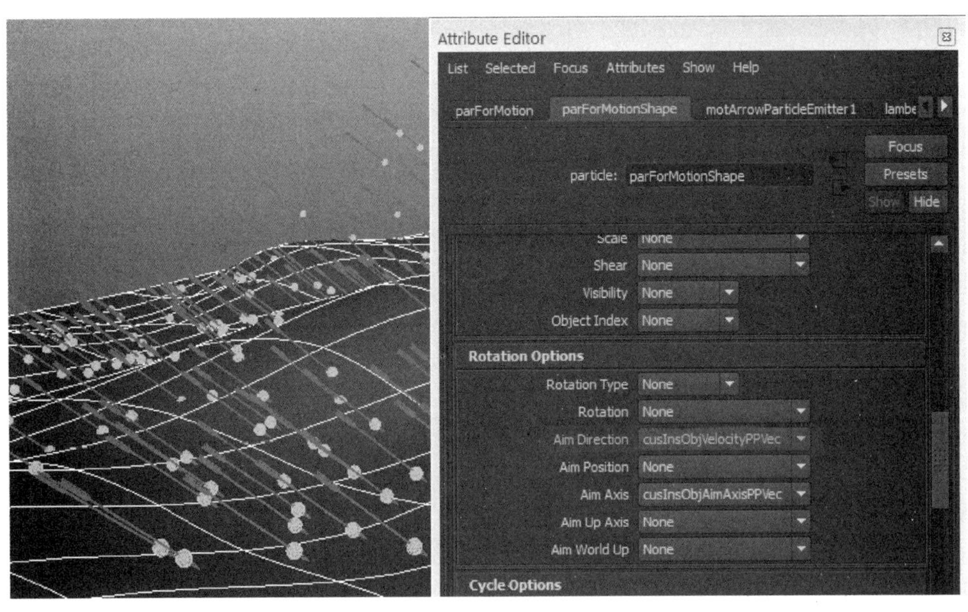

图 3 - 25

此时场景动画效果基本满意，但是仔细观察会发现所有箭在地面上的形态过于单一，如图 3 - 26 所示。

图 3 - 26

接下来我们使用另外一种方法解决粒子落地后的滑动与朝向问题，并且还要实现落地箭只的抖动问题。我们将现有场景先保存，然后以新文件名重新保存。

之后我们删除有关我们为解决箭只落地朝向与滑动问题所写入的一切表达式，而只保留为修改箭头朝向的 cusInsOBJAimAxisPPVec 表达式，粒子表达式删除前后的对比效果如图 3 - 27 所示。

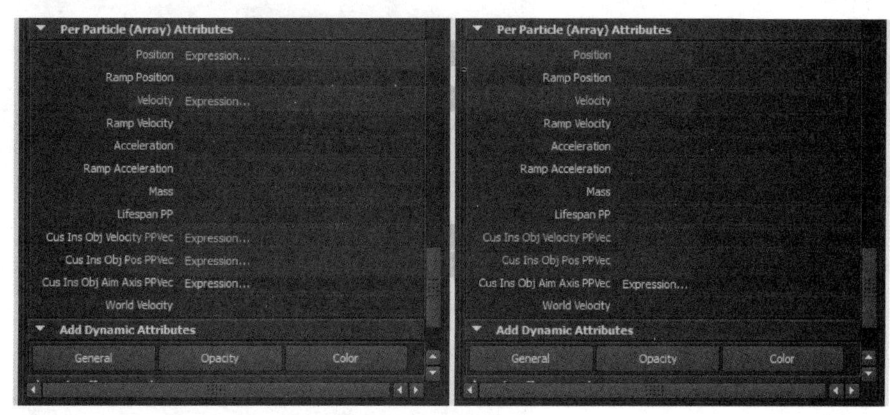

图 3 - 27

此时也可以将粒子的额外新建属性删除，效果如图 3 - 28 所示。

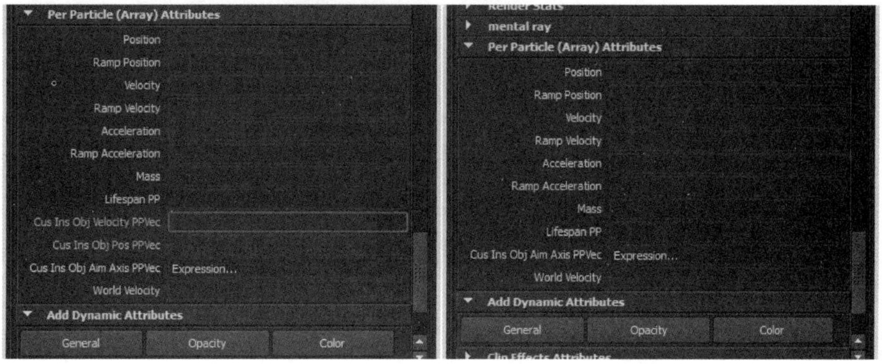

图 3 - 28

此时场景中的替换箭只又直立于地面并且滑动，如图 3－29 所示。

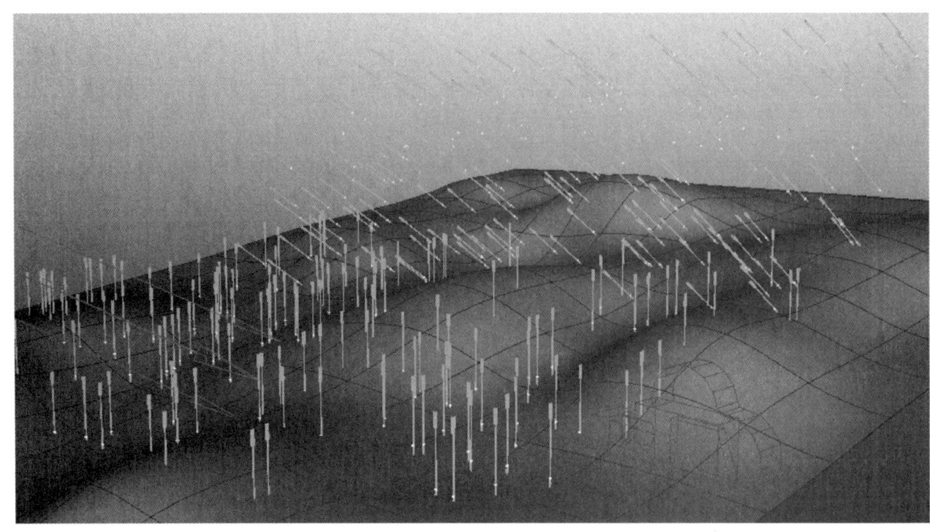

图 3－29

此时我们用碰撞事件来解决该问题。选择粒子 parForMotion，执行 Particle\Particle Collision Event Editor，在弹出的对话框中设置如图 3－30 所示。

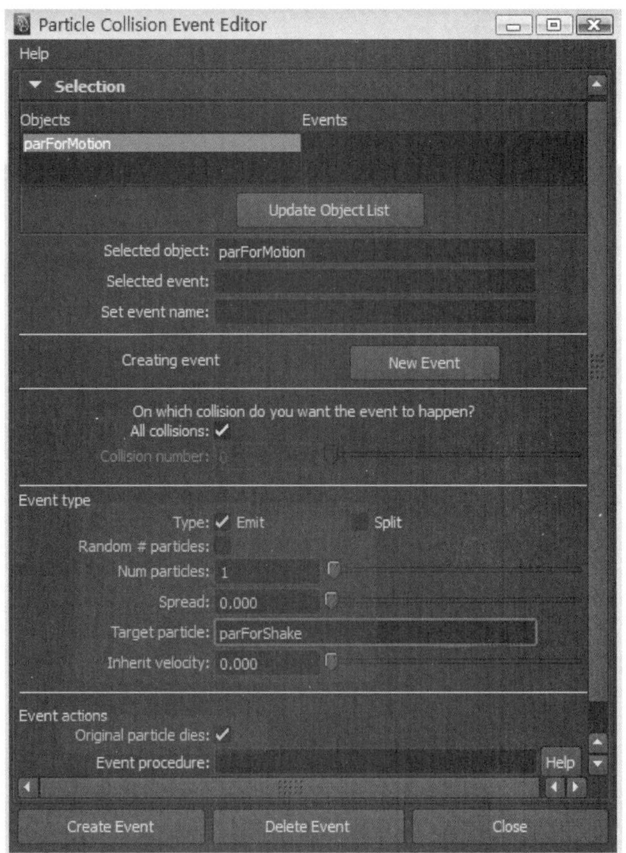

图 3－30

在图 3－30 中，我们将碰撞事件中新粒子的生成类型设为 Emit，生成粒子数量 Num Particles 设为 1，新生成的粒子的扩散范围 Spread 设为 0，新生成粒子的名称 Target particle 输入 parForShake，新生成粒子对原粒子的速度继承 Inherit Velocity 设为 0。在碰撞行为中将原粒子死亡 Original particle dies 勾选，设置完成后点击 Create Event，则在场景中创建了依次碰撞事件，并随之产生了新粒子物体 parForShake。此时重新播放场景直到碰撞事件发生，效果如图 3－31 所示。

在图 3－31 所示中会发现 parForMotion 粒子碰撞后死亡，新

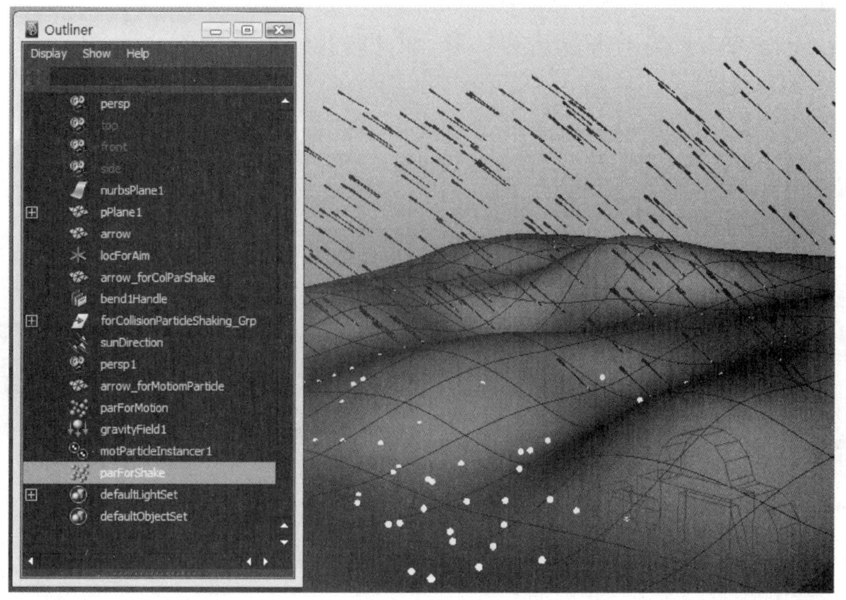

图 3－31

产生了粒子物体 parForShake，同时替代物体也随着 parForMotion 粒子死亡而消失，此时我们在场景中执行新的粒子替换来达到箭只射到地面的效果。

首先将箭头物体新复制一个，命名为 arrow_forColParShake，然后选中新复制的箭只，执行 Particles\Instancer(Replacement)，在弹出的对话框中在 Particle instancer name 中输入 shakeParticleInstancer，在 Particle object to instance 中选择碰撞事件中新生成的粒子形体 parForShakeShape，其余参数维持不变，然后执行 Carete，设置效果如图 3－32 所示。

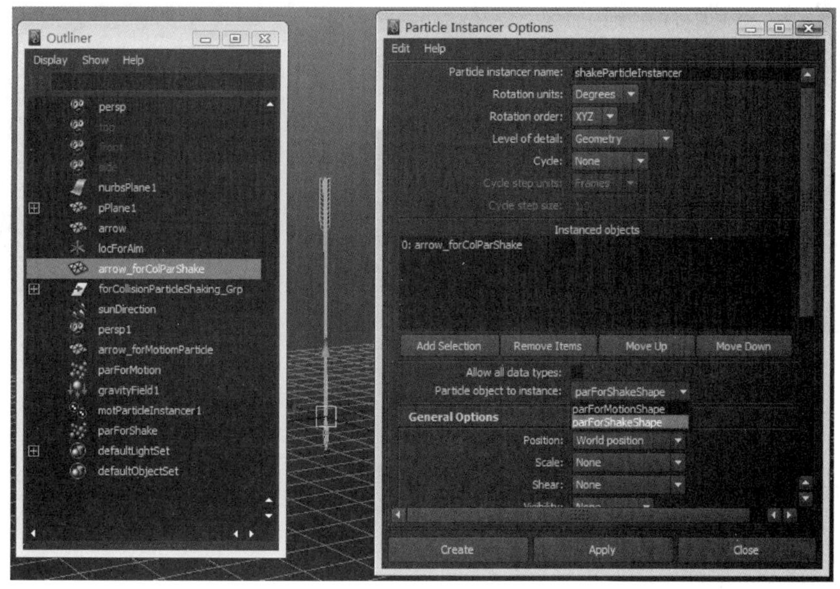

图 3－32

此时播放场景会发现替换箭只插在地面上，效果和原来的一样，并且此时该箭只没有任何滑动，这是由于重力场没有和其进行关联，而此时我们也不需要这种关联。其效果如图 3－33 所示。

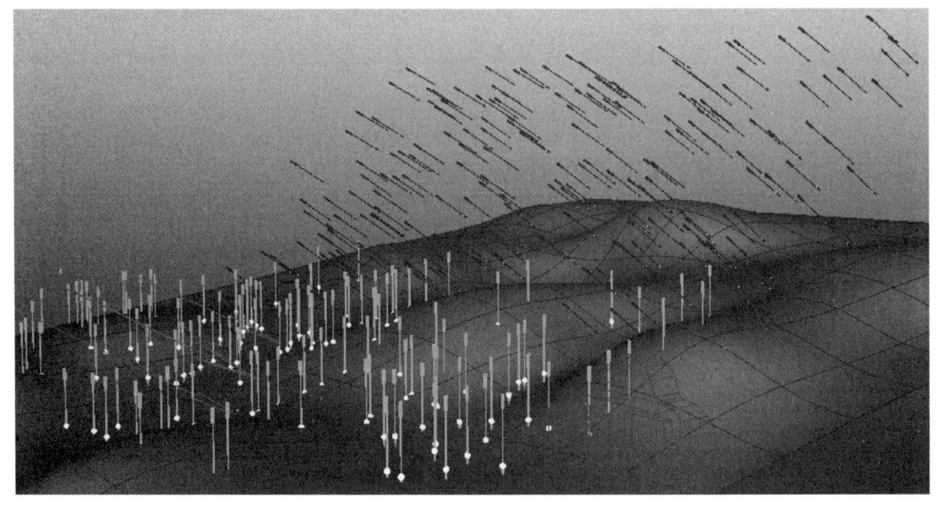

图 3－33

接下来要解决箭的方向，由垂直状态变为和原速度方向相近的状态。这里我们利用粒子替换旋转属性中的 AimPosition 来解决，AimPosition 属性定义了替换物体相对于自身方向的朝向指向，我们可以在场景中新建一 locator，通过移动 locator 的位置来改变替换箭头的朝向。

首先为 parForShakeShape 新建一个粒子矢量属性，命名为 cusInsObjAimPosPPVec，具体过程略，然后在场景中新建一 locator，方法是执行 Create\locator，并将新建的 locator1 命名为 locA，过程略。此时场景中的 loc 显示效果如图 3－34 所示。

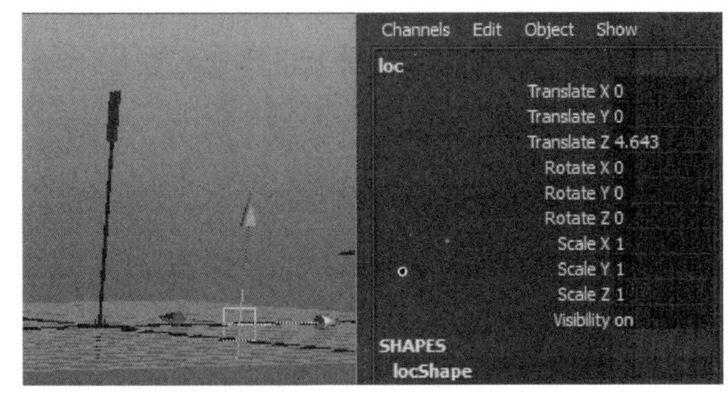

图 3－34

然后我们为 parForShake 粒子新建属性 cusInsObjAimPosPPVec 写入创建表达式，表达式语句如下：

```
parForShakeShape.cusInsObjAimPosPPVec = <<locA.tx,locA.ty,locA.tz>>;
```

表达式输入效果如图 3－35 所示。

在粒子替换属性的 Rotation Options 卷展栏中将 Aim Position 的输入项由 None 改为

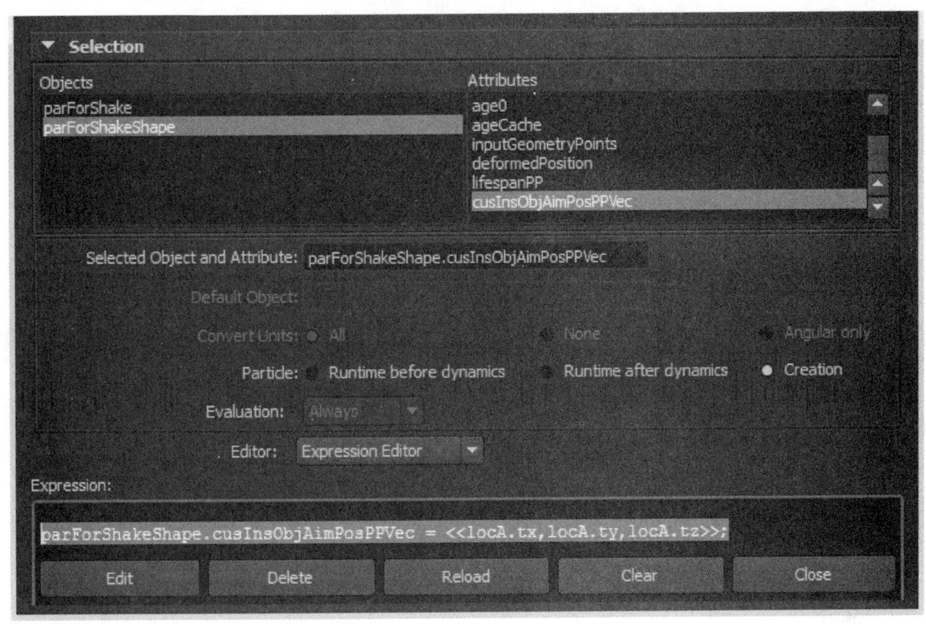

图 3 - 35

cusInsObjAimPosPPVec，此时调整 locA 的位置变化，可发现替换物体箭只的垂直方向发生了改变，设置过程及效果如图 3 - 36 所示。

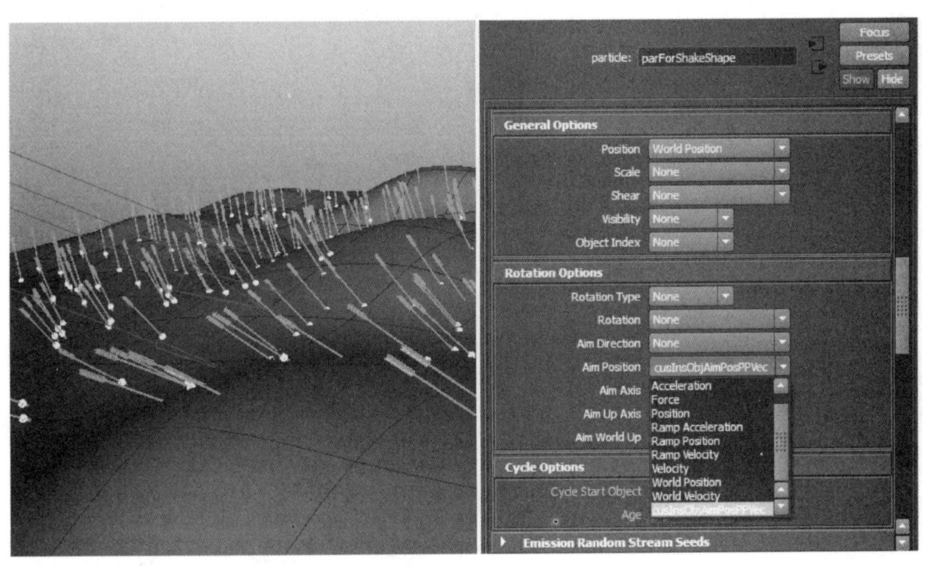

图 3 - 36

此时仔细观察场景中的箭只，发现其朝向地面的方向较丰富，而不是单纯的一致了，参看图 3 - 37。

图 3 - 37

此时读者可考虑实现更丰富的朝向控制，本例中本人只使用了两个 locator 物体控制，效果如图 3 - 38 所示。

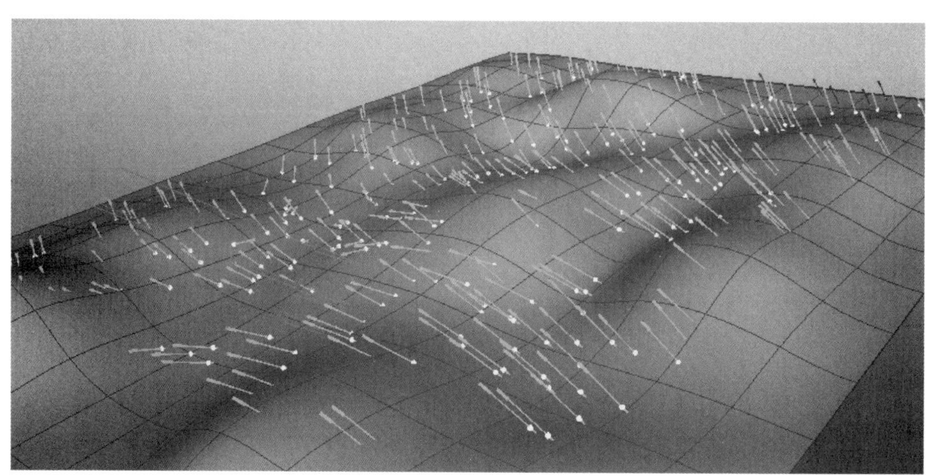

图 3 - 38

在粒子朝向问题解决之后，我们更进一步实现粒子落地的抖动效果，这需要我们先做出一个箭模型的抖动动画序列。选择用来做碰撞粒子替代物体的模型，将其重新复制一个，并命名为 arrow_forColParShakeSqe，然后将 Maya 模块切换到 Animation 模块，执行 Create Deformers\Nonlinear\Bend，具体过程略，此时场景中 bend 变形器的效果如图 3 - 39 所示。

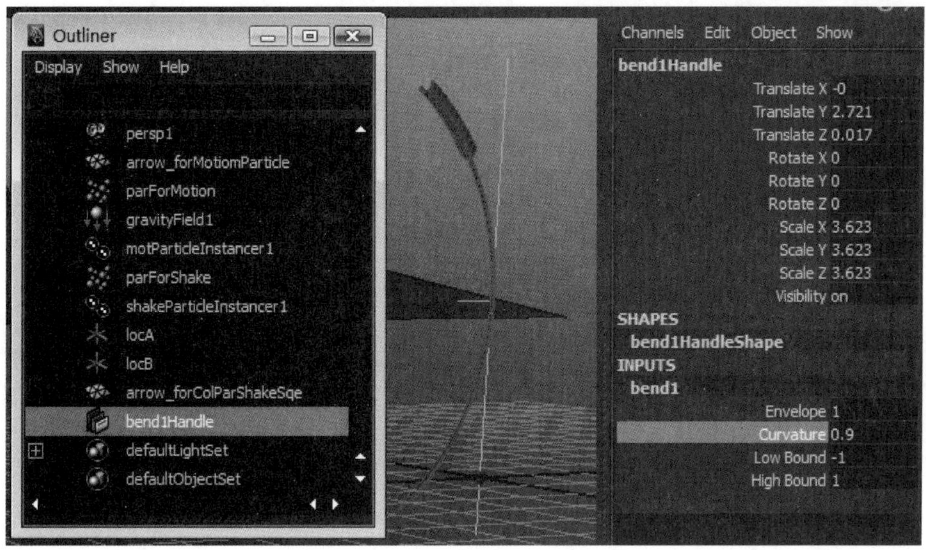

图 3－39

调整变形器皿，具体过程略，使其达到如图 3－40 所示的效果。

然后我们在 bend 手柄的 Curvature 属性上做关键帧动画，具体过程略，bend 手柄的 Curvature 的动画曲线如图3－41 所示。

然后选择被动画的模型，执行 Animate \ Create Animation Snapshot，在 Create Animation Snapshot 设置窗口中将 End 设为 24，并执行效果如图 3－42 所示。

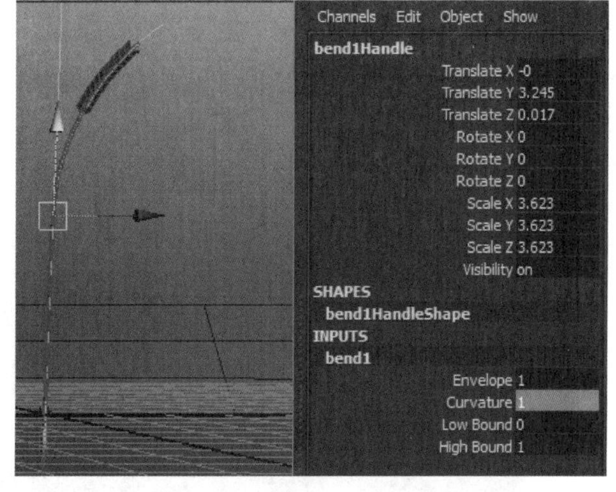

图 3－40

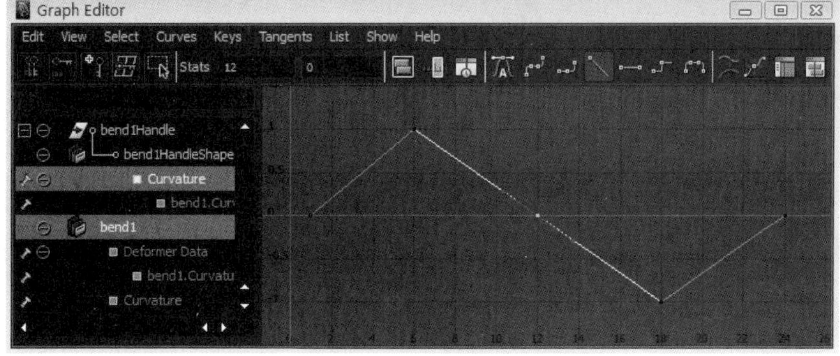

图 3－41

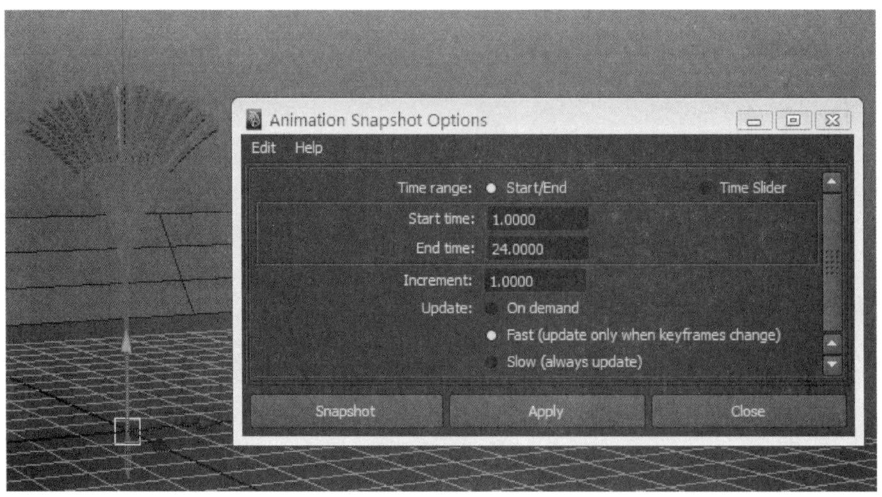

图 3 - 42

然后我们回到大纲视图，找到 snapshot1Group 节点并展开，将其下的 24 个 transform 物体重新成组并拖曳出 snapshot1Group 节点，则箭的动画序列模型就得到了，此时可将 group1 重新命名为 arrowSqeModGrp，并删除 snapshot1Group 节点，具体过程略。在该动画序列中共有 24 个动画模型，并且第 1 和第 24 个模型都是垂直于地面直立的，此时大纲视图和场景显示如图 3 - 43 所示。

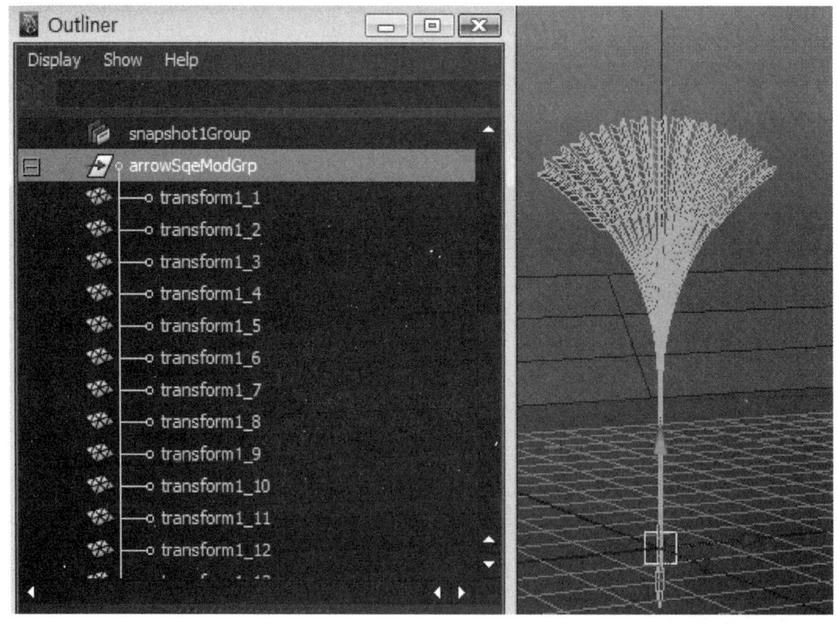

图 3 - 43

在动画序列模型制作完成后，需要把碰撞粒子的替代箭只模型由单只的 arrow_forColParShake 更改为新复制出的 24 个 transform 物体。首先在场景中选中 shakeParticleInstancer1 节点，并双击则打开了该节点的属性编辑器，效果如图 3－44 所示。

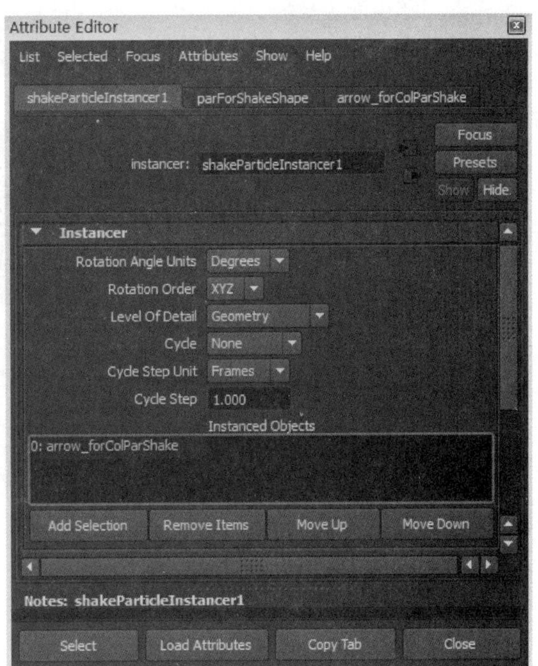

图 3－44

在图 3－44 所示中可以看见在 Instanced Objects 区域中只有一个替换物体 arrow_forColParShake，我们可以通过 Add Selection 和 Remove Items 等选项添加或移除替换物体。

首先将 shakeParticleInstancer1 节点的属性编辑窗口通过 Copy Tab 的方式复制出一个，然后在大纲视图中按照从小到大的顺序选择 24 个动画序列，并执行 shakeParticleInstancer1 节点的属性编辑窗口中的 Add Selection 命令，过程及效果如图3－45所示。

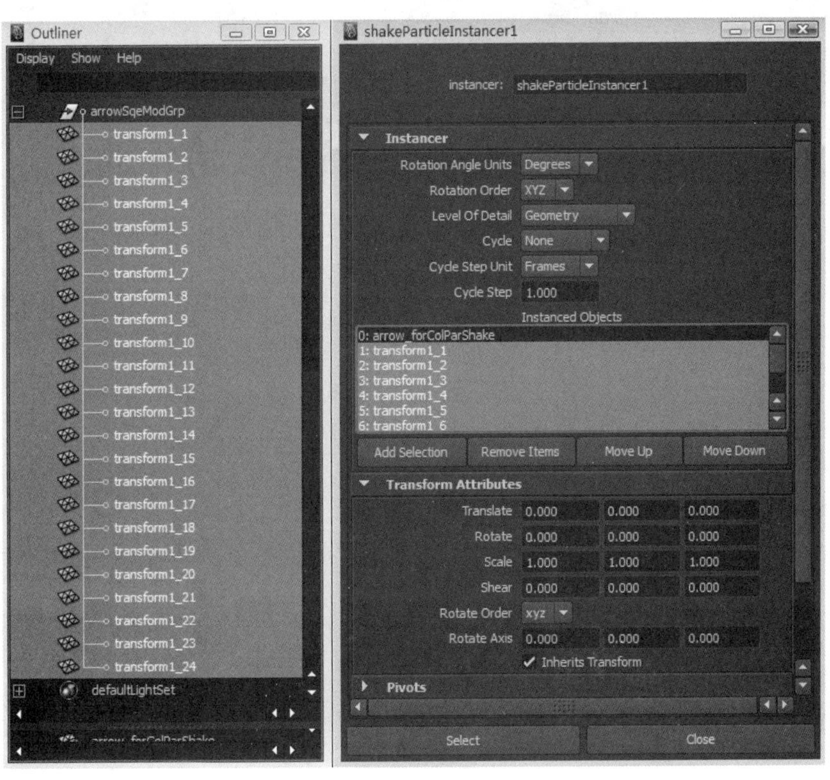

图 3－45

此时第 0 号替换物体 arrow_forColParShake 依然存在，我们可以利用 Remove Items 命令将其移除，具体过程略，此时替换物体顺序如图 3 - 46 所示。

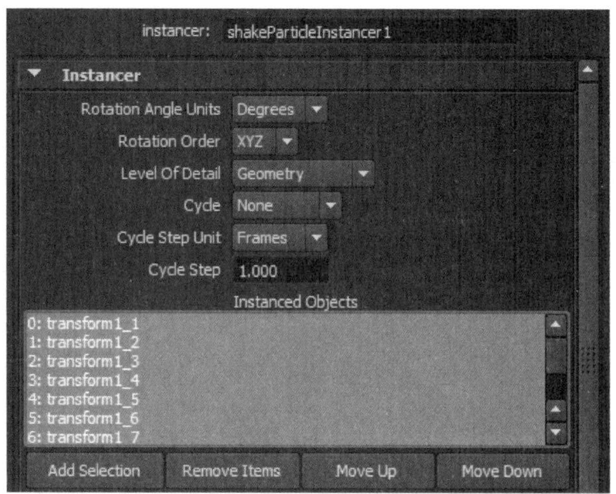

图 3 - 46

此时播放场景观察动画不会发现有任何不同，场景效果如图 3 - 47 所示。

接下来要实现替换物体的动画效果即箭支的抖动。此时需要在粒子 parForShakeShape 的 Instancer(Geometry Replacement) 中 Genneral Options 中的 Object Index 属性进行表达式链接控制。

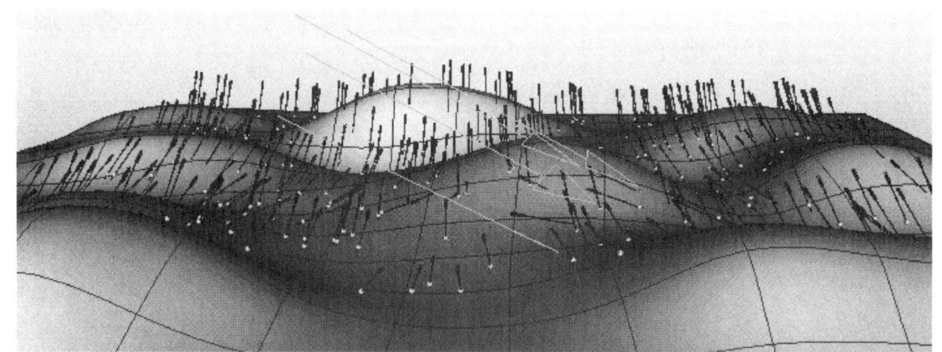

图 3 - 47

首先为 parForShakeShape 添加一每粒子属性，命名为 cusInsObjIndexPP，属性类型为浮点属性，具体添加过程略。然后我们为其写入一运行表达式，表达式语句如下：

```
parForShakeShape.cusInsObjIndexPP + = 1;
```

表达式输入效果如图 3 - 48 所示。

然后回到粒子 parForShakeShape 的 Instancer (Geometry Replacement) 中 Genneral Options 中的 Object Index 属性，在其后的链接中选择自定义属性 cusInsObjIndexPP，设置效果如图 3 - 49 所示。

播放场景会发现粒子动画已经出现，效果如图 3 - 50 所示。

在图 3 - 50 的动画中我们会发现整个替换动画过于统一，没有变化，此时可以在替换物体的每帧增加的间隔数上进行改变，从而使替换序列发生快慢变化。首先为粒子添加一新属性，命名为 cusInsObjIndexPlusPP，属性类型为浮点数，定义此函数的意义是让其在一定整数范围

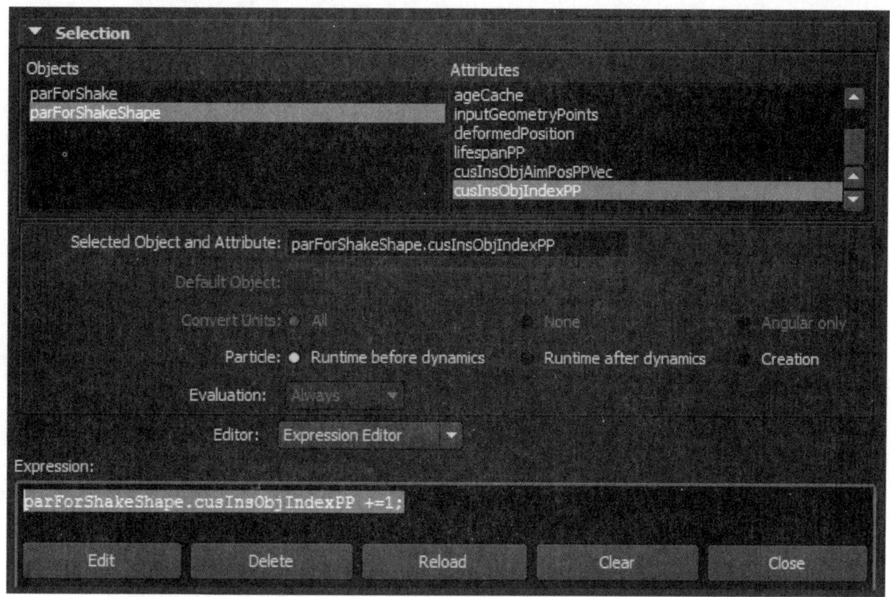

图 3－48

内如(1,2,3,4)中随机取值，然后用该值替换运行表达式“parForShakeShape. cusInsObjIndexPP +=1;”中的“1”，再为新建属性 cusInsObjIndexPlusPP 写入创建表达式，表达式语句如下：

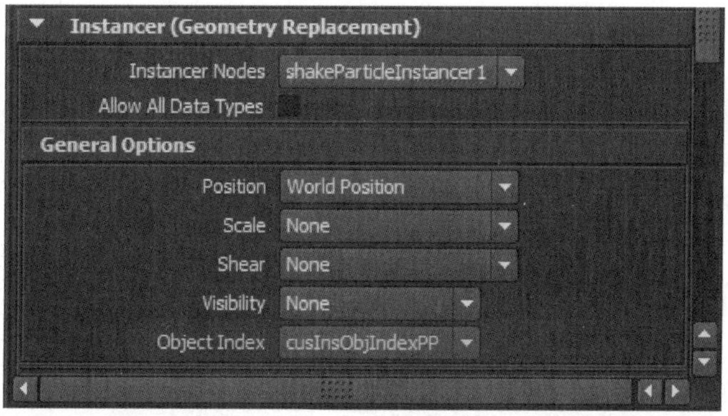

Instancer (Geometry Replacement)
Instancer Nodes shakeParticleInstancer1
Allow All Data Types
General Options
Position World Position
Scale None
Shear None
Visibility None
Object Index cusInsObjIndexPP

图 3－49

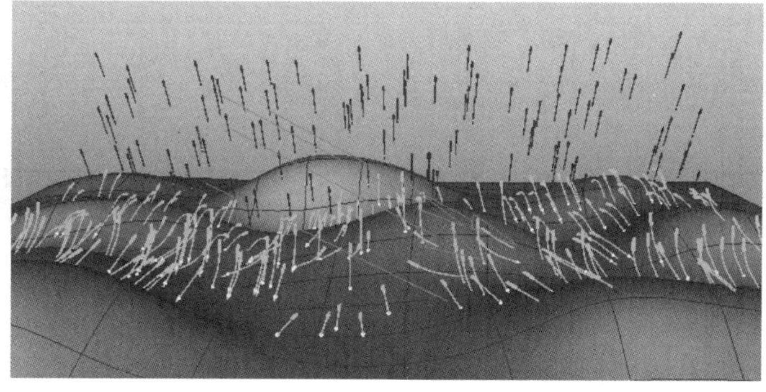

图 3－50

```
parForShakeShape.cusInsObjIndexPlusPP = trunc(rand(1,4.9));
```

表达式输入效果如图 3 - 51 所示。

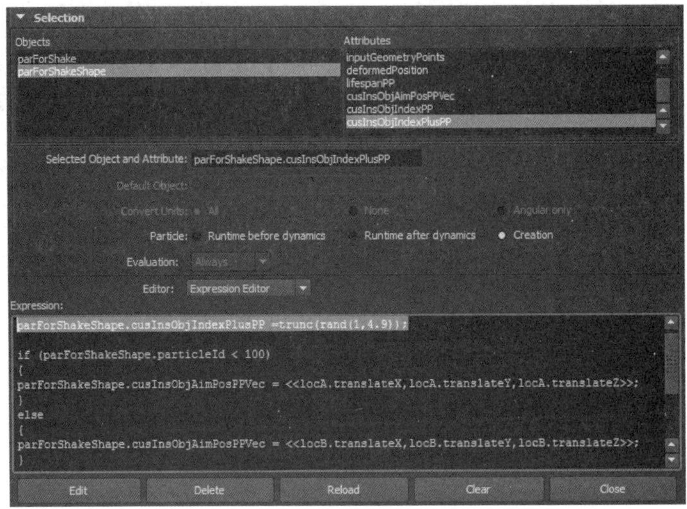

图 3 - 51

然后将表达式执行方式切换为 Runtime before dynamics，将表达式“parForShakeShape. cusInsObjIndexPP += 1;”修改为“parForShakeShape. cusInsObjIndexPP += parForShakeShape. cusInsObjIndexPlusPP;”，此时表达式输入效果如图 3 - 52 所示。

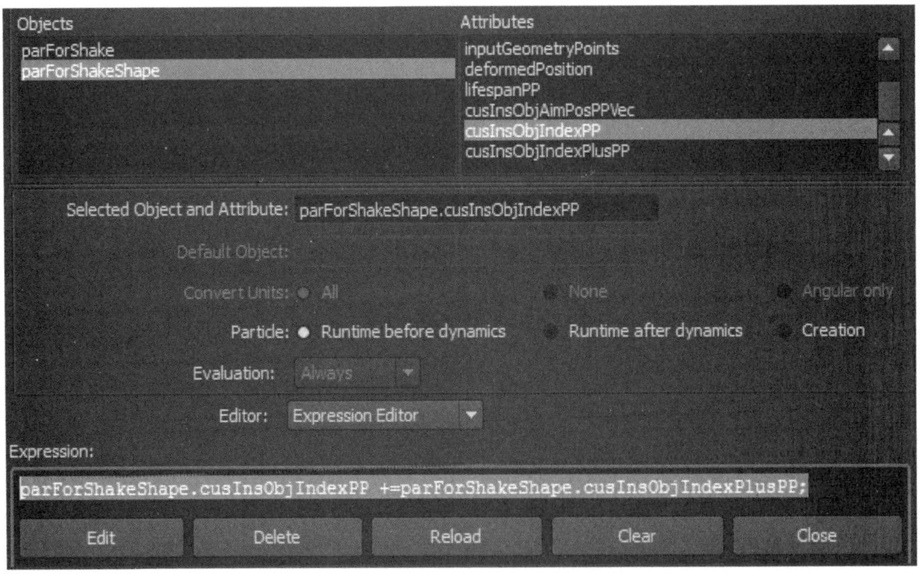

图 3 - 52

此时为了检测我们新建属性 cusInsObjIndexPlusPP 的取值情况，可以将粒子 parForShakeShape 的渲染形态设为 Numeric，然后在 Attribute Name 中输入

cusInsObjIndexPlusPP，此时播放场景观看场景的效果如图 3－53 所示。

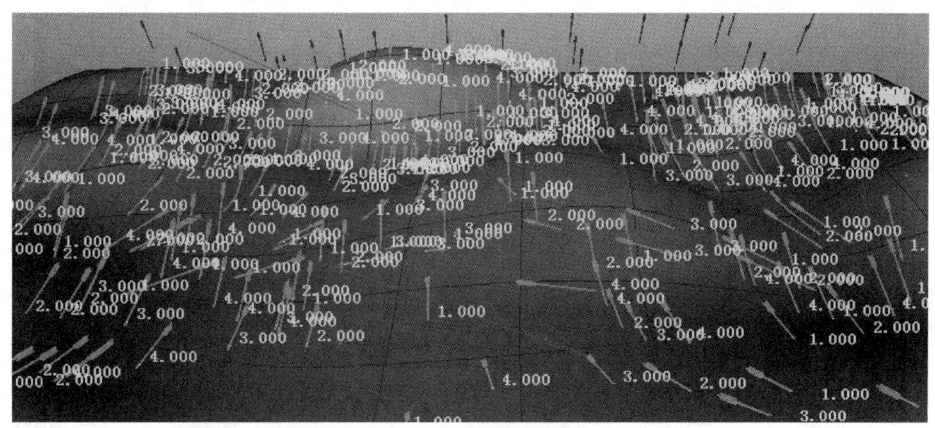

图 3－53

如果仔细观察场景会发现 cusInsObjIndexPlusPP 属性数值，会得知 cusInsObjIndexPlusPP 属性取值大的粒子箭尾摆动较快，cusInsObjIndexPlusPP 属性取值小的粒子箭尾摆动较慢。

此时将粒子 parForShakeShape 的渲染形态由 Numeric 设为 Point，然后播放场景并渲染效果如图 3－54 所示。

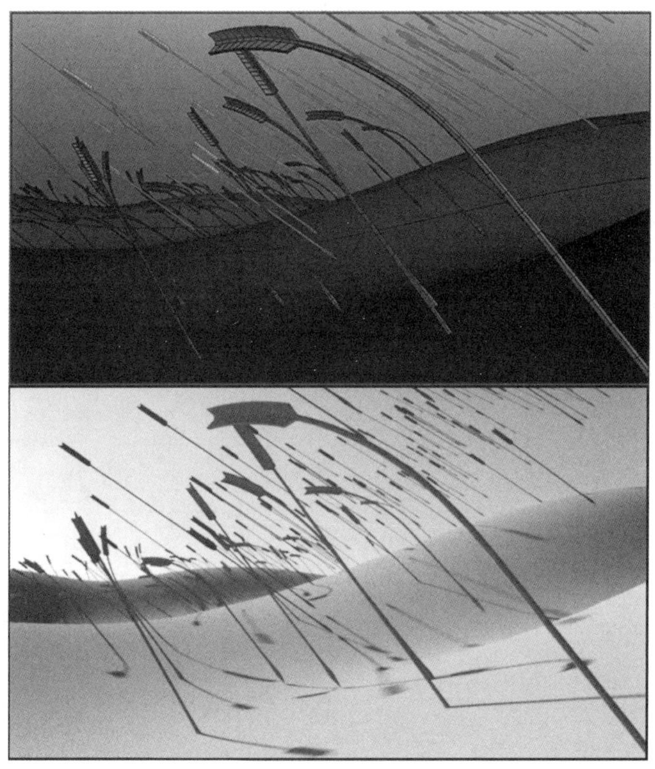

图 3－54

到此本章关于射箭的粒子替换动画就全部制作完成了，在本章中关于粒子替代的三个旋转属性的执行方式以及替换的递增实现方式请读者仔细领会并掌握。最后看一下场景的渲染的四张截图效果，如图 3－55 所示。

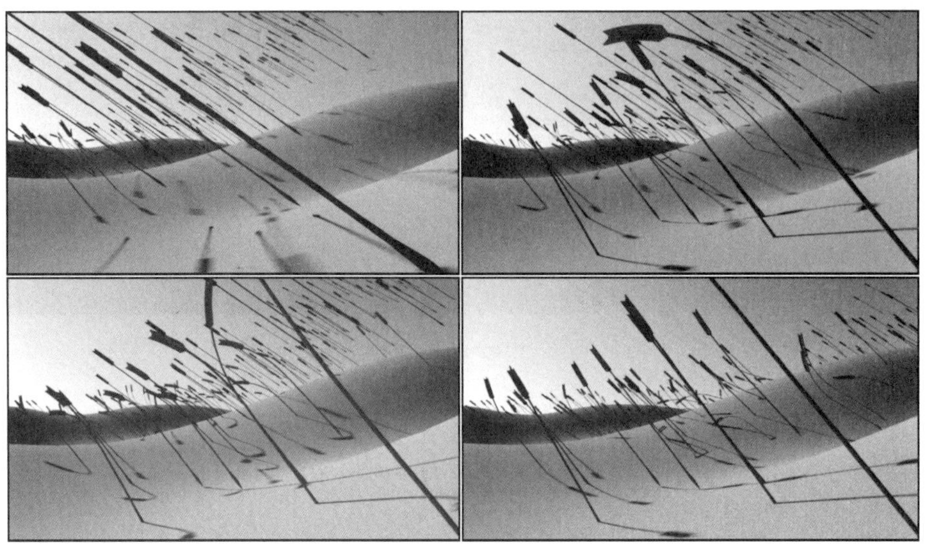

图 3－55

4 第四章 群组动画

本章我们讲述一下在三维动画制作中较简易的生物群组动画制作方法，其方法之一是使用 Maya 粒子的 Sprite 形态，但是其由于不能被 Maya 的 SoftWare 所渲染，故使用时有些局限，但其在实现方法上对于我们后面深入阐述群组动画具有很大的借鉴意义，故我们在此要进行详细分析阐述。

如图 4－1 是我们将要完成的效果。

图 4－1

在图 4－1 所示的渲染图片中我们使用了 MentalRay 渲染，并在设置上采取了一些技巧，这将在后面进行详细阐述。

在制作该动画之前需先准备一套序列帧，在动画序列中，首张图片与末尾图片最好保持一致，如图 4－2 就是我们准备的一个四足动物在原地跑动的动画序列。

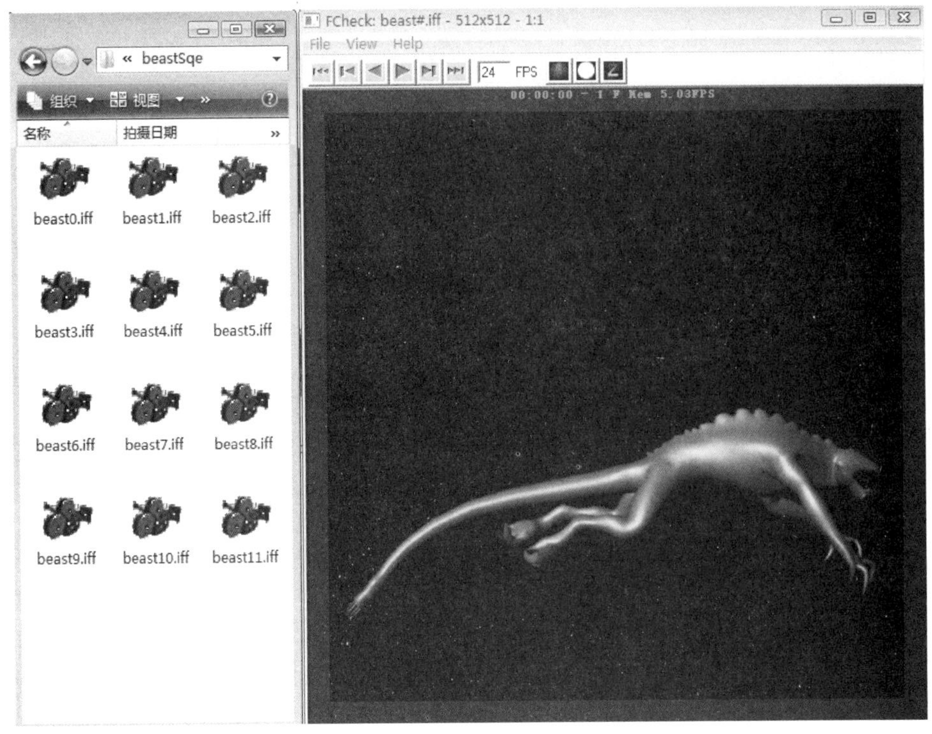

图 4－2

在图 4－2 所示中左侧我们对图片的格式使用了 Maya 默认的 iff 格式，在命名上以 0 为起始，如 beast0. iff，beast1. iff 等，共 12 张，则最后一张为 beast11. iff，右侧显示的则是使用 Maya 的 FCheck. exe 渲染的其中一张效果。至于图片的准备过程则不再详述。

图片准备完后开启 Maya，并切换到 Dynamic 模块，在场景中创建一 Emitter，参数设置如图 4－3所示。

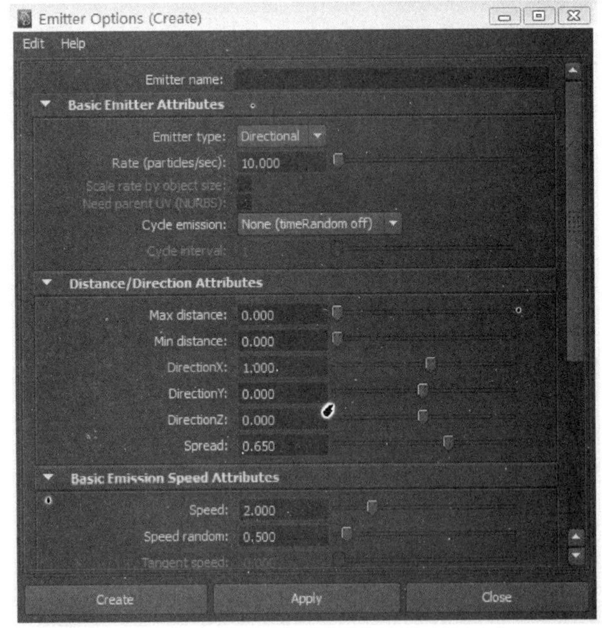

图 4－3

此时现将场景动画播放设置为逐帧播放(Play Every Frame)，然后播放动画，在场景中选择粒子，将粒子的渲染属性设为 Sprite，场景显示及效果如图 4－4 所示。

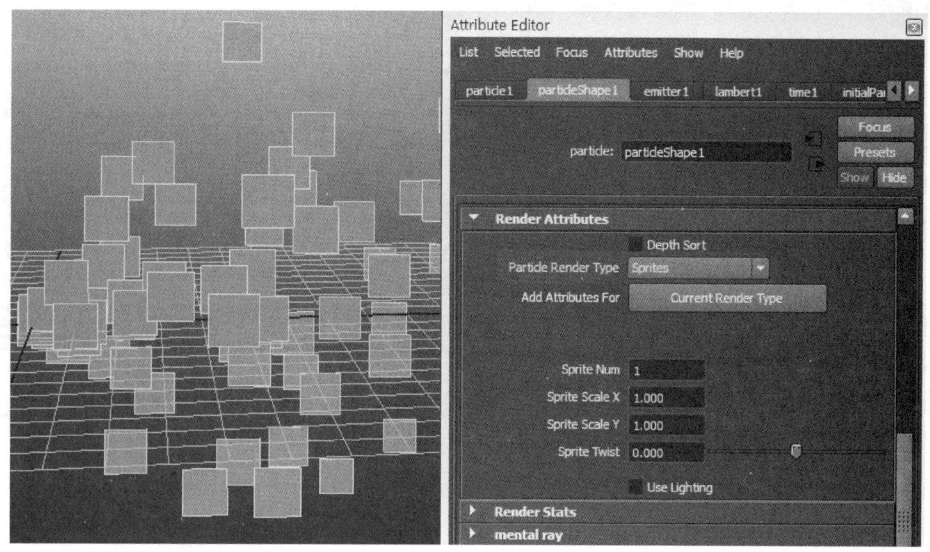

图 4－4

Sprite 粒子的特性之一是可以为其使用材质进行调节，在此我们为其指定一 Lambert 材质，将其重名为 lamForSprite，然后在 Color 通道上指定我们准备好的 beast 贴图，并注意勾选 Use Image Sqeuence 选项，初步设定效果如图 4－5 所示。

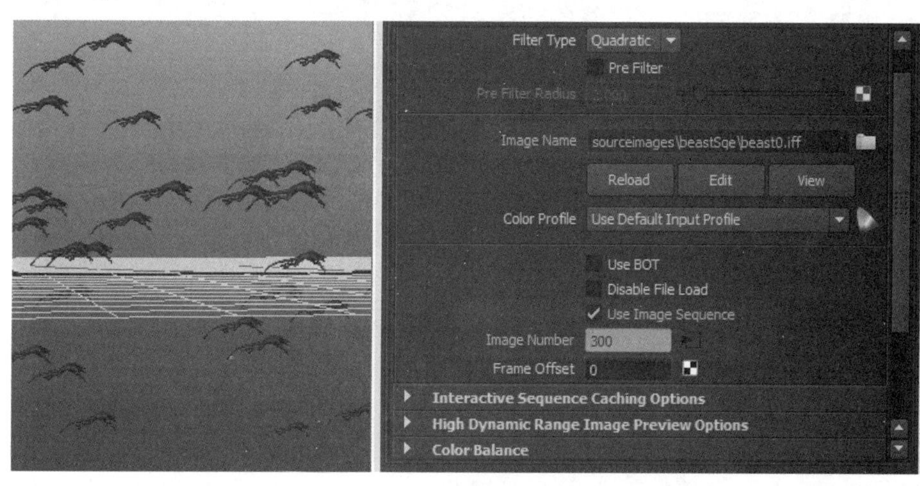

图 4－5

此时需要继续调整 Image Number 后面的表达式，在 Image Number 属性上右击鼠标，在弹出选项上执行 Delete Expression，设置如图 4－6 所示。

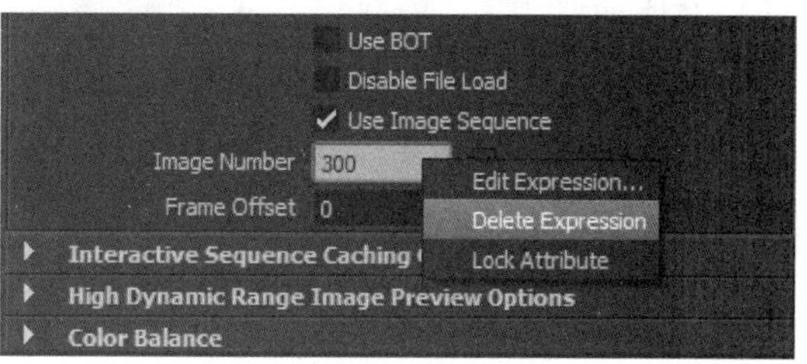

图 4－6

删除表达式后，图片序列将不会被自动载入，此时可以采用手动设置关键帧的方法来实现，由于准备的序列帧图片数字编码是从 0 起始，故首先将场景动画播放起始位置设为 0，然后将当前帧调整到 0，在 ImageNumber 中输入 0，并右击鼠标选择 Set Key，效果如图4－7 所示。

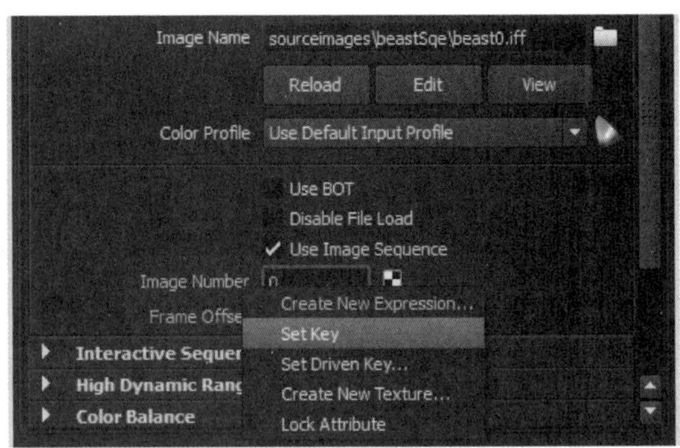

图 4－7

然后继续将当前时间帧调整到 11 帧，并在 Image Number 中输入 11 后继续设成关键帧，过程略。此时选择 File1 节点，并打开 Graph Editor（动画曲线编辑器），如果观察到动画曲线是非线性的，可以将其设为线性，Frame Extension 的动画曲线效果如图 4－8 所示。

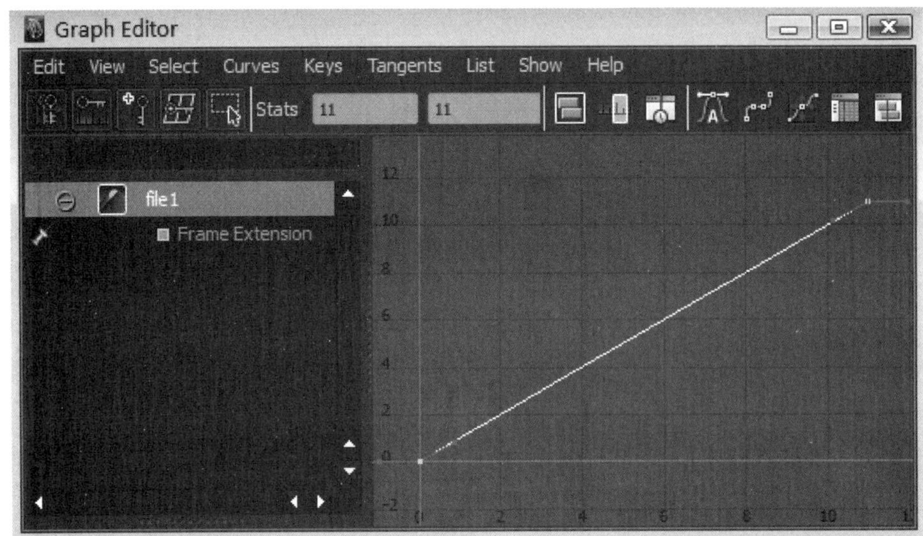

图 4－8

此时我们在场景中播放动画会发现只有在最初的几帧出现的 Sprite 上会有动画出现，而超过 11 帧之后，则全是静止不动，这种情况我们可以在动画曲线中解决。由于本动画序列是循环动画，即 0 帧图像与 11 帧图像是相同的，故可将动画曲线的 Post Infinity 设为 Cycle，但在此处，我们可以利用 Sprite 粒子的相关属性进行额外解决。

此时在场景中新建一 Nurbs 平面，并利用雕刻或变形工具将其修改成凹凸起伏的地面状，具体过程略，效果如图 4－9 所示。

接下来在场景中先选择粒子，再选择地面，并在菜单中执行 Particle\goal，在弹出的 Goal Options 选项中将 Goal Weight 设为 1，效果如图 4－10 所示。

此时播放场景，效果如图 4－11 所示。

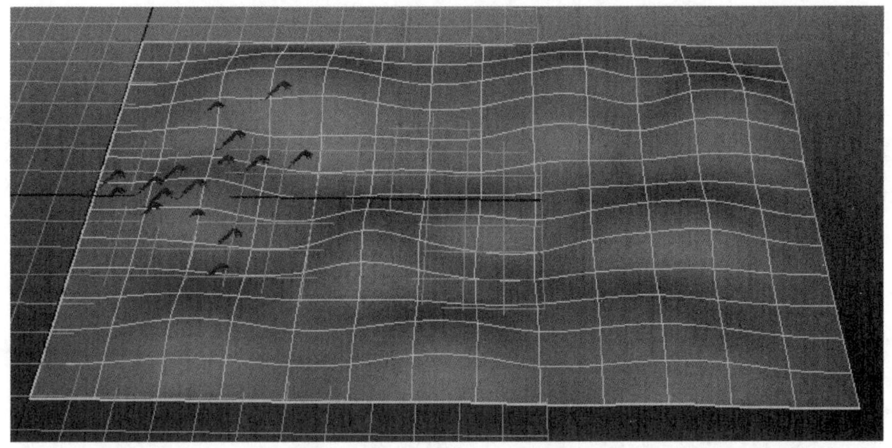

图 4－9

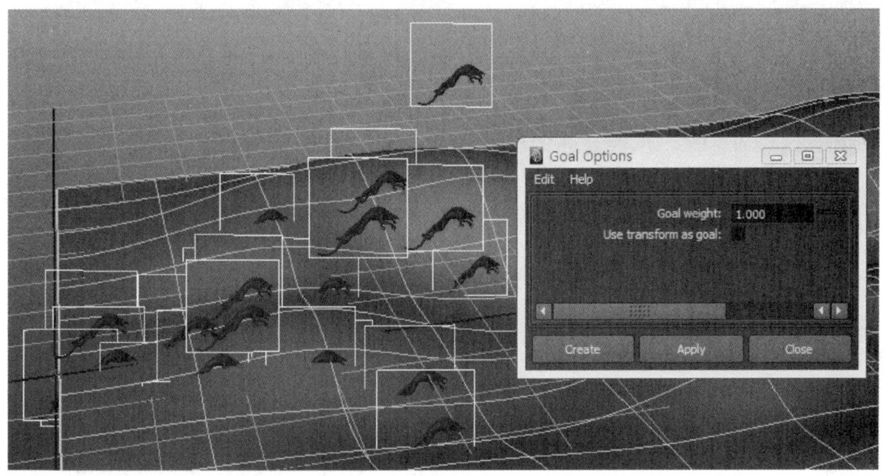

图 4－10

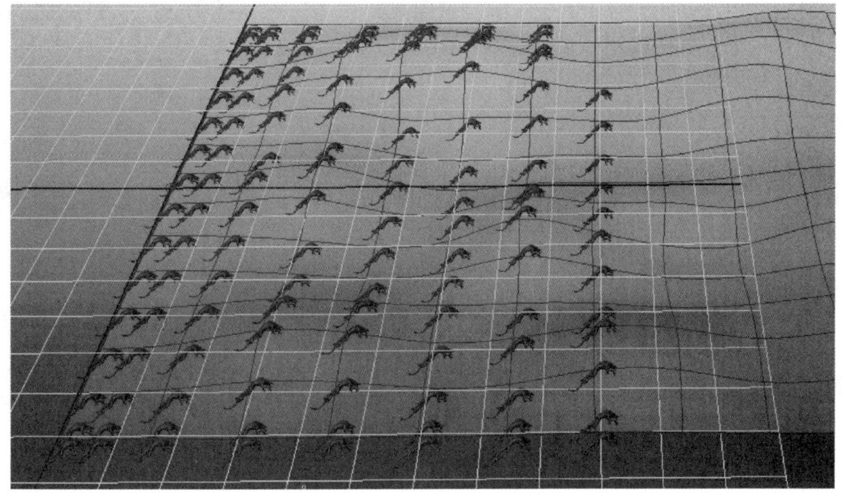

图 4－11

此时 Sprite 粒子在 Nurbs 表面均匀向前排列，表示我们设置的 Goal 已经起作用了，接下来就是调整其动态与形态，使它们运动更自然。

Maya 的 Sprite 粒子具有很多自己的控制属性，我们首先将其显示出来，在场景中选择粒子，然后打开其属性编辑器，在卷展栏 Add Dynamic Attributes 中点击 General，在弹出的 Add Attributes ParticleShape1 对话框中选择 particle，则关于粒子本身的固有的一些隐藏属性就可以显示出来，此时只要将它们显示出来就可以了，效果如图 4－12 所示。

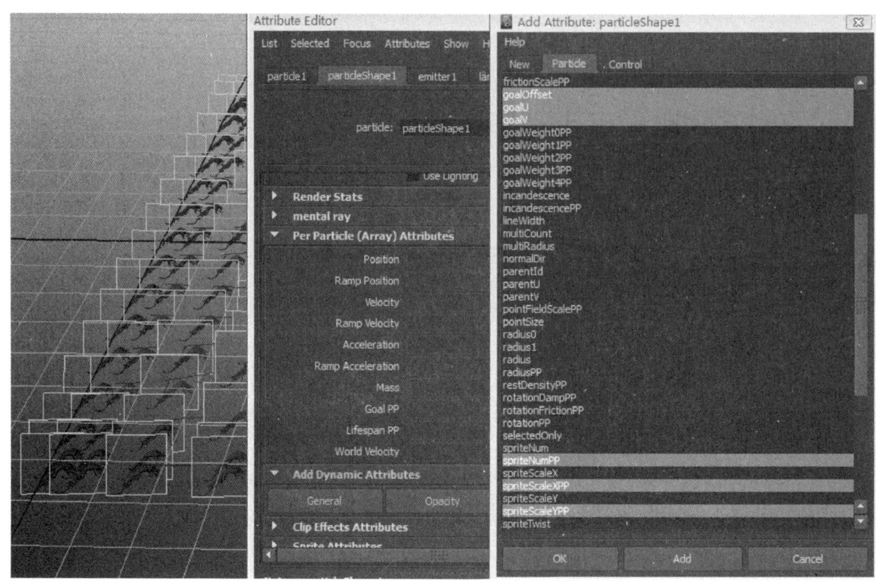

图 4－12

在图 4－12 中显示出来的属性有 goalOffset、goalU、goalV、spriteNumPP、spriteSclaeYPP、spriteSclaeXPP 共 6 个属性，执行之后则可以在粒子的 Per Particle(Array) Attributes 中显示并可以加以利用了，效果如图 4－13 所示。

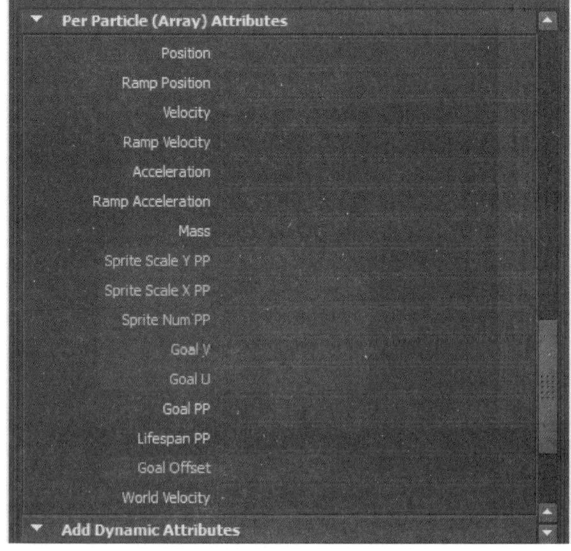

图 4－13

我们再控制粒了的出生位置，让粒子在出生时在地面的一边，而不是直接出现在曲面的中央，这需要我们查看地面的 UV 分布情况，选中地面执行 Display\NURBS\CVS，此时场景显示如图 4－14 所示。

在对地面 UV 分布了解之后，可以利用表达式控制粒子的出生位置，选择粒子，在粒子 Per Particle Attributes 属性的 goalV 属性后右击鼠标，在弹出菜单中执行 Creation Expression...过程如图 4－15 所示。

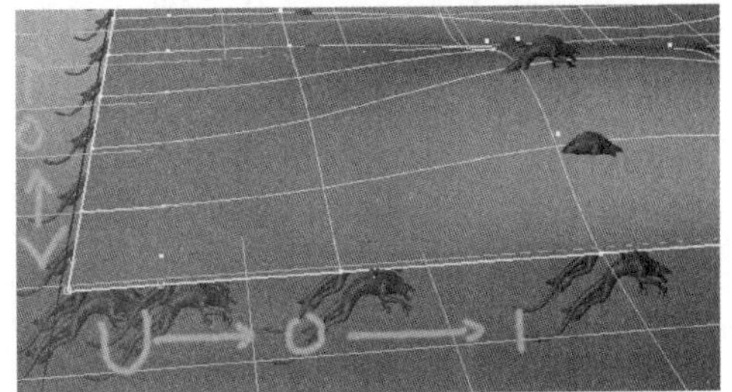

图 4－14

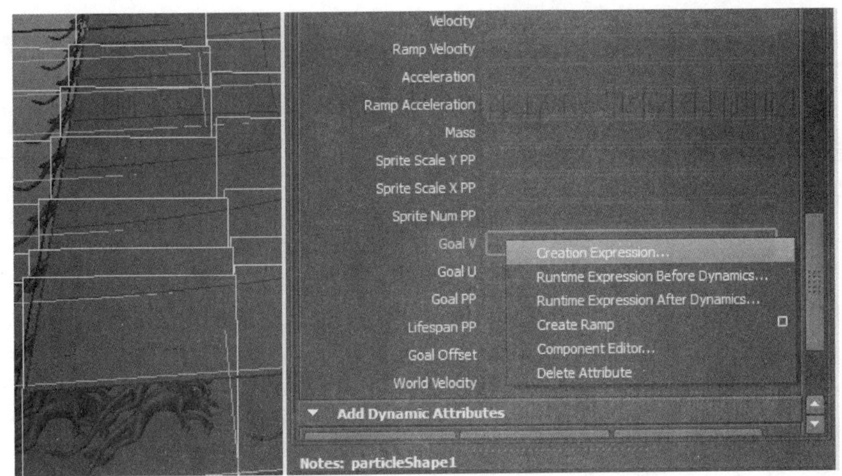

图 4－15

在弹出的 Expression Editor 中，为粒子的 goalU 和 goalV 输入如下表达式：

```
particleShape1.goalV = rand(0,1);
particleShape1.goalU = 0;
```

然后播放动画会发现场景如图 4－16 所示。

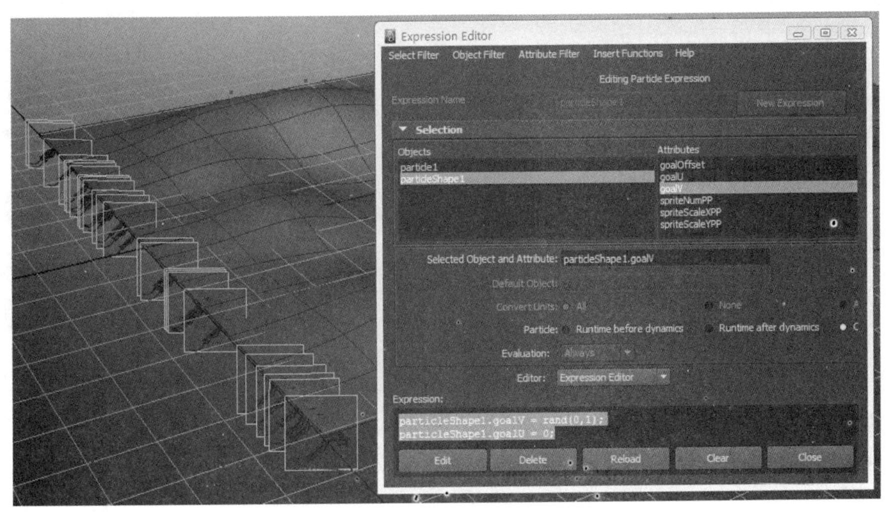

图 4－16

此时 Sprite 粒子的出生位置都集中在地面的左侧，这就是我们想要的效果，接下来我们要粒子从左侧运动到右侧，此时需要为 goalU 进行运行表达式控制。

我们想要实现的效果是让粒子随着生命值的变化而让其 goalU 值逐渐从 0 增加到 1，这样我们需首先对粒子的 lifespanPP 属性进行控制。在 Expression Editor 中维持 Creation Expression... 模式不变，输入：

```
particleShape1.lifespanPP = rand(3,5);
```

其含义是让每个粒子创建初始即被指定了生命值，范围是 3 到 5 之间的浮点数，此时表达式菜单效果如图 4-17 所示。

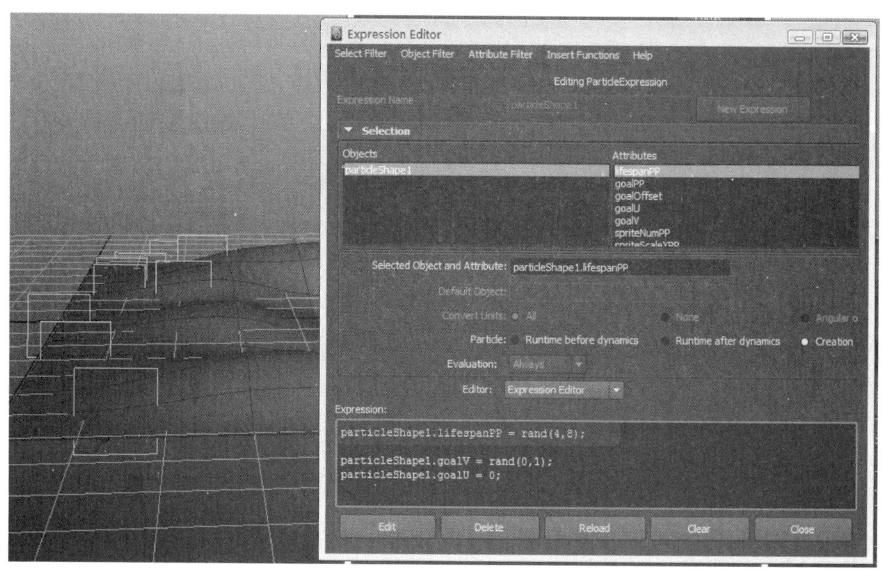

图 4-17

设置之后还需将粒子的 Lifespan Attributes 中的 Lifespan Mode 设置为 lifespanPP only，这样在上面输入的表达式才起作用，过程略。

然后将表达式执行方式改为 Runtime before dynamics，选中粒子的 goalU 属性，并输入如下表达式：

```
particleShape1. goalU = linstep(0,lifespanPP,age);
```

关于 linstep 函数的意义请大家参考 Maya 的官方帮助。此时表达式设置窗口如图 4-18 所示。

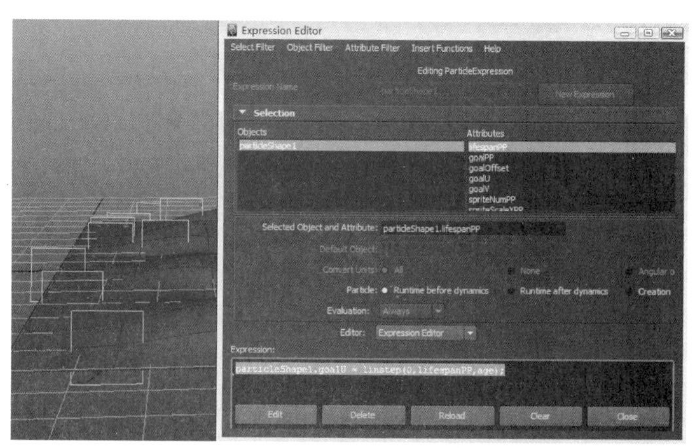

图 4-18

此时播放场景会发现粒子从左向右移动，只不过是形态单一，没有动画，并且有一半还在地面下方，效果如图4－19所示。

图 4－19

形态单一是由于粒子缩放属性值都是1，我们在表达式窗口中还是切换回 Creation 执行方式，然后在表达式窗口输入：

```
particleShape1.spriteScaleXPP = rand(0.65,1.2);
particleShape1.spriteScaleYPP = rand(0.65,1.2);
```

表达式窗口设置如图 4－20 所示。

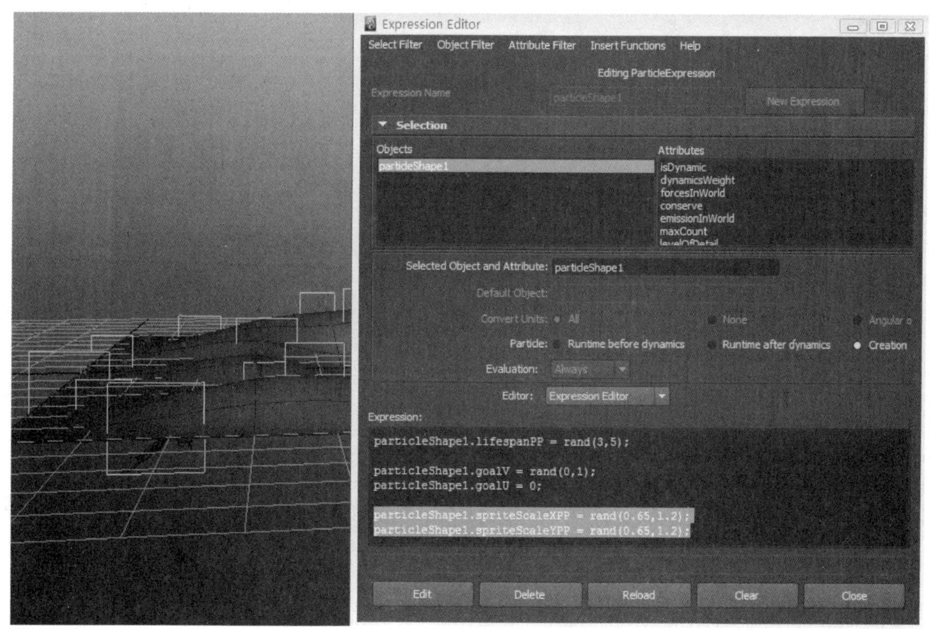

图 4－20

此时播放场景就会发现各 Sprite 粒子有了高矮胖瘦的不同变化，场景播放效果如图 4－21 所示。

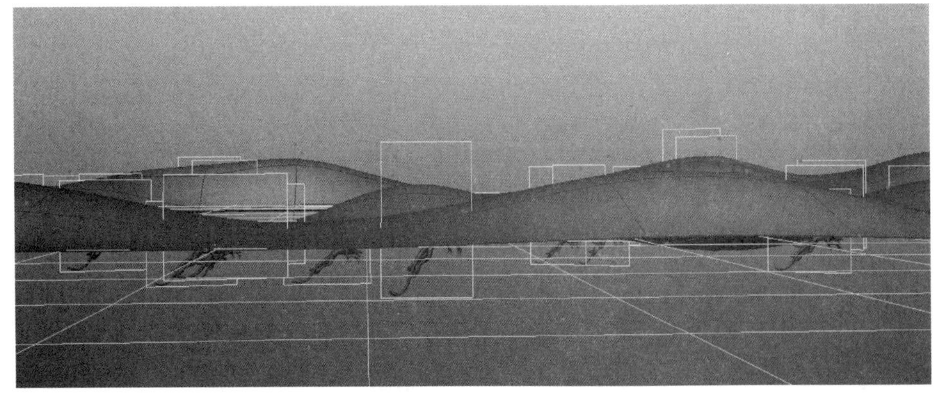

图 4－21

接下来我们要将粒子的位置上移，而不是被中间穿插，方法是用表达式控制 goalOffset 值，维持表达式窗口的 Creation 方式不变，在表达式输入区输入如下表达式：

```
particleShape1.goalOffset = <<0,(spriteScaleYPP/2),0>>;
```

表达式设置窗口如图 4－22 所示。

图 4－22

此时播放场景，效果如图 4－23 所示。

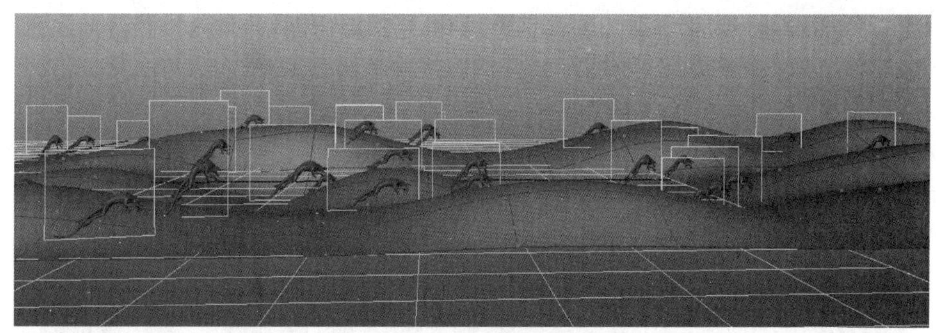

图 4 - 23

接下来我们为粒子解决动画问题，首先观察场景，会发现替换的图片都是一样的，效果如图 4 - 24 所示。

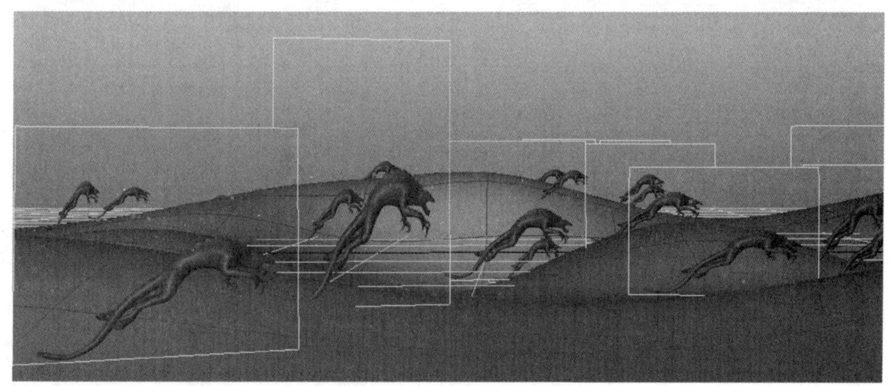

图 4 - 24

这种情况我们在前面提及到是由于粒子替换很快就将 12 帧图片替换完毕，然后接下来的 Sprite 粒子都使用最后一张图片作为永久替代，因此我们可以先使用运行表达式将序列动起来。在表达式输入窗口将执行方式设置为 Runtime before dynamics，在表达式输入区输入如下表达式：

```
particleShape1.spriteNumPP + = 1;
particleShape1.spriteNumPP = particleShape1.spriteNumPP % 12;
```

表达式输入效果如图 4 - 25 所示。

上面表达式的含义是首先将 spriteNumPP 属性值进行逐帧加 1 处理，然后将新得到的 spriteNumPP 整除以 12 并取余之后重新赋值给自己，这样播放场景就有动画了，此时我们要做的很重要的事情就是将各 Sprite 粒子的初始替代值由 0 变为 0 和 11 之间的随机整数值，方法是利用创建表达式控制粒子的 spriteNumPP 属性。将表达式执行方式设为 Creation 模式，在表达式输入区输入如下表达式：

```
particleShape1.spriteNumPP = trunc(rand(0,11.9));
```

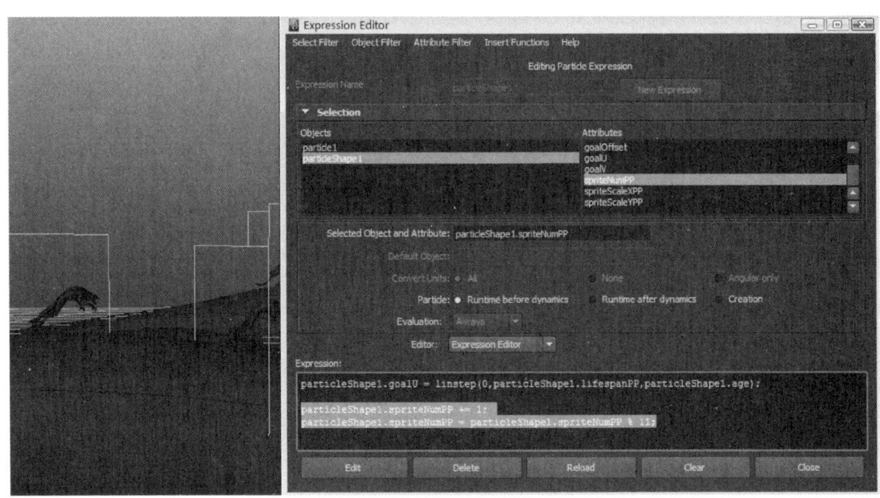

图 4－25

具体输入过程略。

此时播放场景会发现效果好了很多，如果想详细查看粒子的 spriteNumPP 属性值的逐帧变换情况，可做如下调整：在粒子的 Render Attributes 属性中将 Particle RenderType 设为 Numeric，然后将 Attribute Name 由原来的 id 设为 spriteNumPP，设置与播放场景效果如图4－26所示。

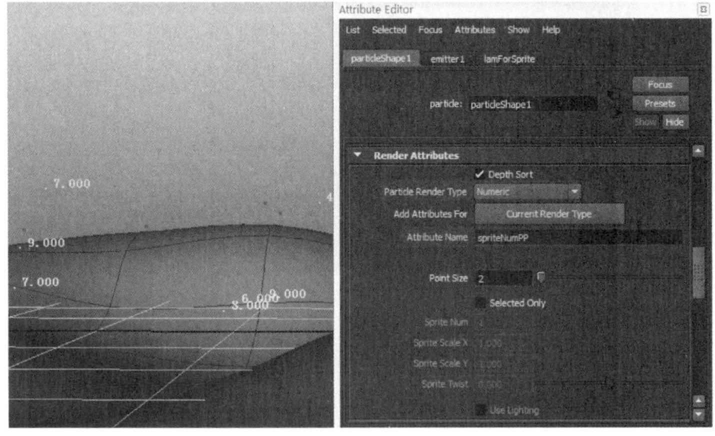

图 4－26

然后将粒子的 Render Type 修改回 Sprite 形态即可，接下来我们可以利用 Sprite 粒子的硬件粒子属性将其颜色做一更改，从而怪兽色彩丰富起来。在粒子的 Add Dynamic Attributes 属性上点击 Color 选项，在弹出窗口中选择 Add Per Particle Attribute 选项，设置过程如图 4－27 所示。

图 4－27

此时 RGB PP 被添加到粒子属性中，然后为属性添加一创建表达式，内容如下：

```
particleShape1.rgbPP = <<rand(0.65,1),rand(0.65,1),rand(0.65,1)>>;
```

表达式输入效果及场景播放效果如图 4－28 所示。

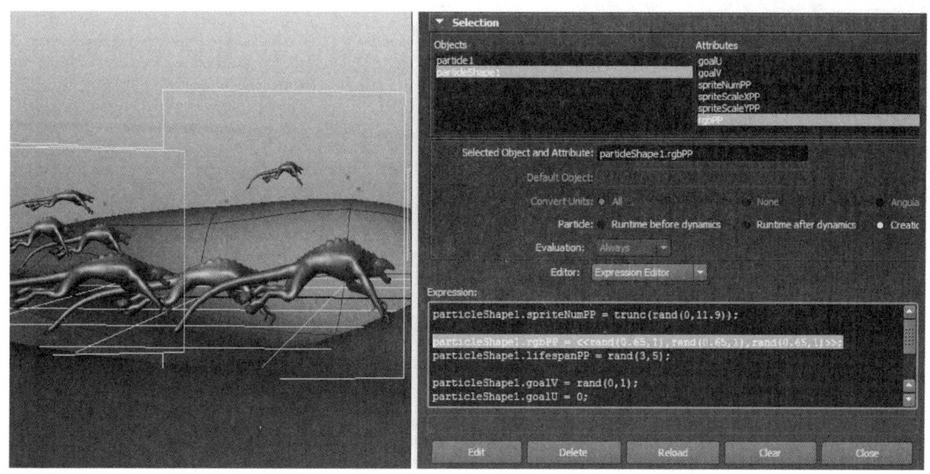

图 4－28

接下来我们调整一下 Sprite 粒子的旋转方向。仔细观察视图，会发现 Sprite 粒子是平行划过地面表面，它们在运动中并没有随着地面的高低起伏做相应的方向调整，效果如图 4－29 所示。

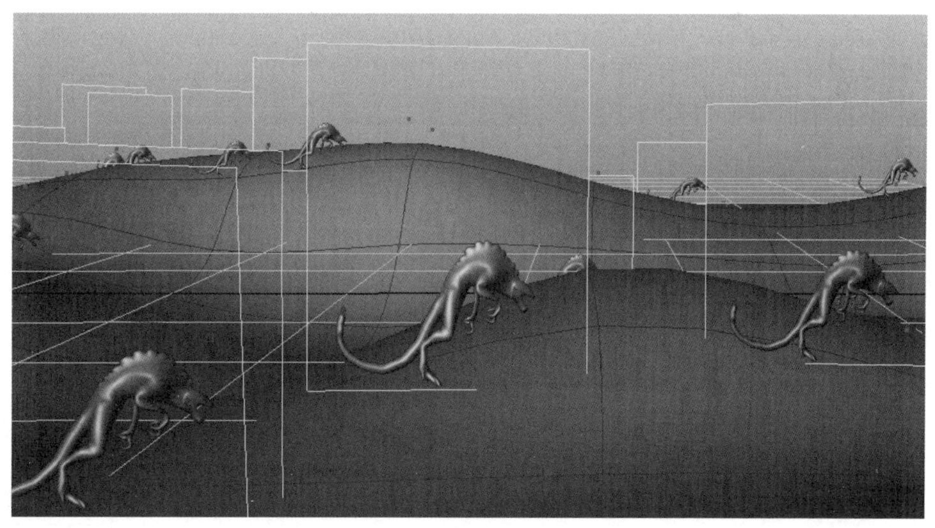

图 4－29

Sprite 粒子的方向调整可以通过修改 spriteTwistPP 属性来实现，只是旋转角度的判断要好好分析一下。

由于 Sprite 粒子一直是贴着曲面表面滑行，因此它的速度方向是时刻变化的，从作者本人所制作的场景的世界坐标系来看，粒子的速度方向与 X 轴的正向夹角就是 Sprte 粒子的应旋转的方向，分析过程如图 4－30 所示。

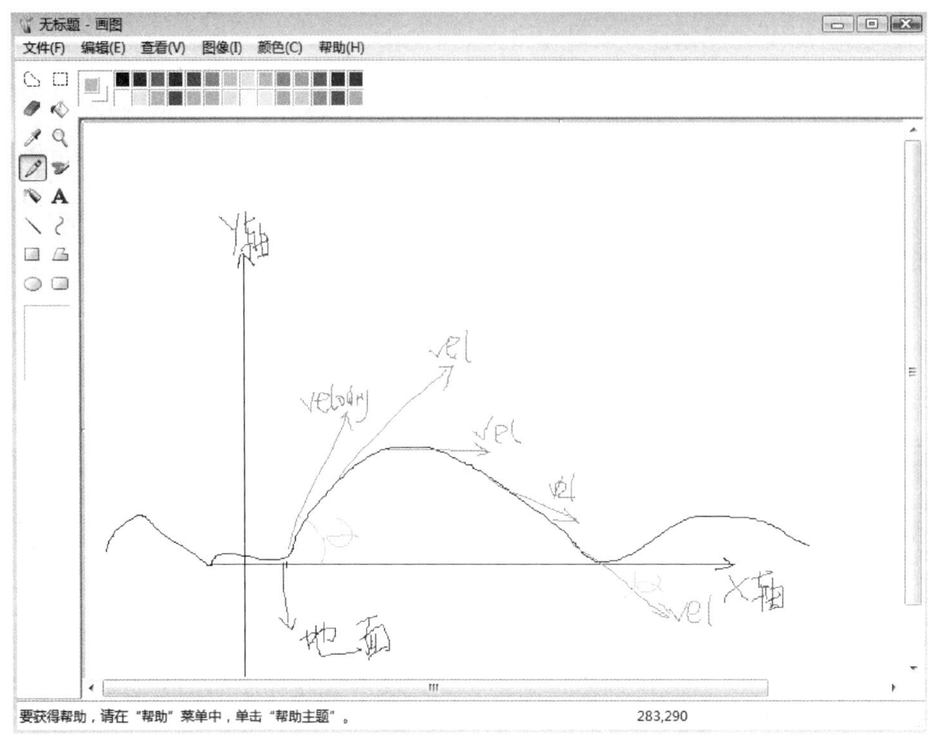

图 4－30

在 Maya 中提供了一个 angle 命令来帮助我们取得两个矢量之间的夹角，只不过它提供给我们的是弧度值，需要转化为度数值才可以使用。

选中粒子并为 spriteTwistPP 输入如下 Runtime before dynamics 表达式：

```
vector $velocityPP = particleShape1.velocity;
float $angleVtoXArc = angle(<<1,0,0>>,particleShape1.velocity);
float $angleVtoXDegree = rad_to_deg($angleVtoXArc);
if ($velocityPP.y >=0)
{
particleShape1.spriteTwistPP = $angleVtoXDegree ;
}
else
{
particleShape1.spriteTwistPP = -$angleVtoXDegree;
}
```

上述的表达式的含义是:将粒子的 velocity 矢量存储在变量 $ velocityPP 中;利用 angle 函数求得 Sprite 粒子速度方向与 X 轴正方向的夹角(弧度值);将弧度值转化为度数值;判断 Sprite 粒子的速度的 Y 向量的变化,当 Y 向量大于 0 时,表示粒子在沿地面向上运动,此时旋转角度就是我们所取的设为夹角;当 Y 向量小于 0 时,表示粒子在沿地面向下运动,此时旋转角度就是我们所取的设为夹角的负值。表达式输入效果如图 4－31 所示。

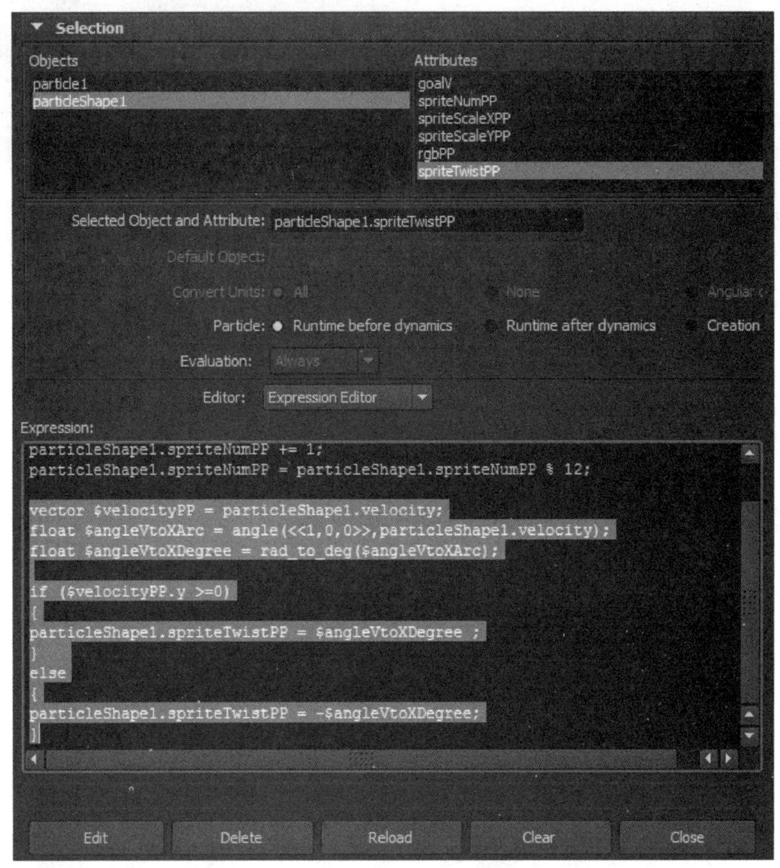

图 4－31

表达式执行效果如图 4－32 所示。

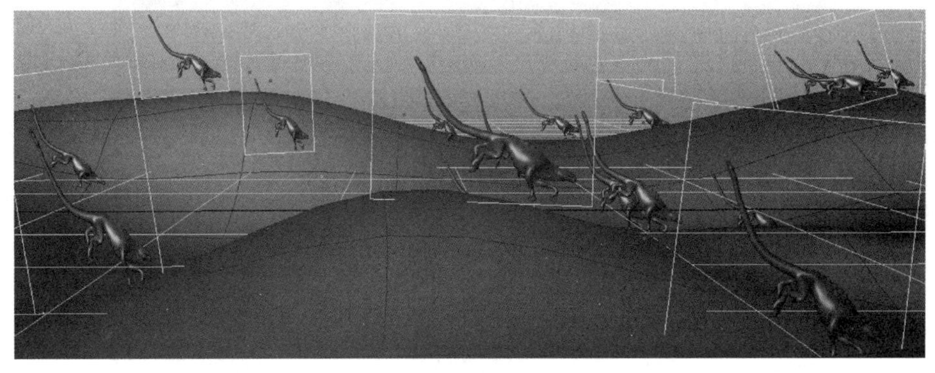

图 4－32

在表达式创建后，Sprite 粒子的运动基本达到我们的要求，但是如果读者仔细观察，会发现在 Sprite 粒子刚出现的前两帧会出现怪异的翻转现象，如图 4－33 所示。

图 4－33

这种情况的出现是由于 Sprite 粒子的初始两帧的速度三个分向量都为 0 所造成的，此时可以通过使用额外的表达式控制来实现。首先在表达式窗口中将执行模式设为 Creation，然后在表达式输入区输入：

```
particleShape1.spriteTwistPP = 0;
```

此表达式的含义是定义 Sprite 粒子的初始旋值为 0，具体输入过程略。接下来要定义粒子的刚出生的一小段时间里的速度矢量，将表达式执行模式设为 Runtime before dynamics，然后在表达式输入区输入如下表达式：

```
if (age < lifespanPP * 0.05)
{
velocity = <<0.1,0,0>>;
}
```

注意此表达式需放在我们前一段表达式的上面，表达式输入过程如图 4－34 所示。

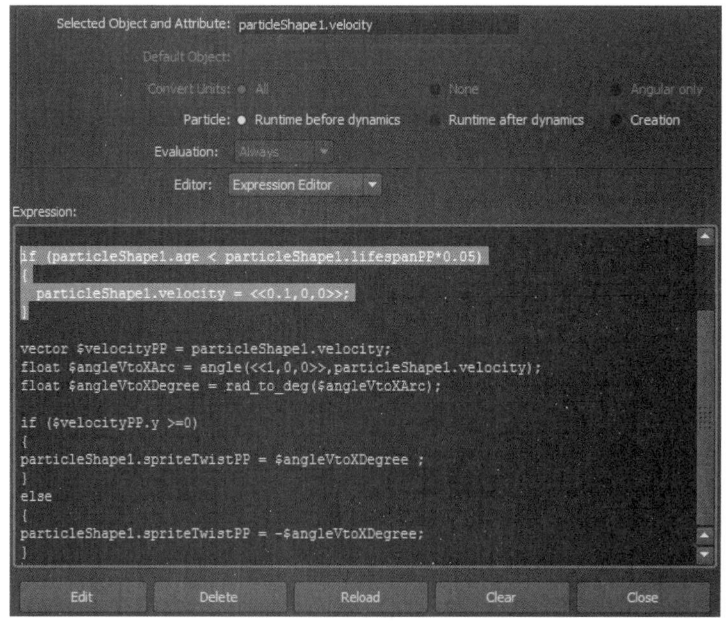

图 4－34

上述表达式的含义是当 Sprite 粒子的 age 小于其 liespanPP＊0.05 时，手动将 Sprite 粒子的速度设为＜＜0.1,0,0＞＞，其目的是这样能获得为 0 的旋转角度，原因在于与其让粒子发生偏转，不如让其在地面滑行，因为滑行效果我们更能接受。当然如果读者有兴趣也可考虑用其他的方法来实现。此时执行播放场景如图 4－35 所示。

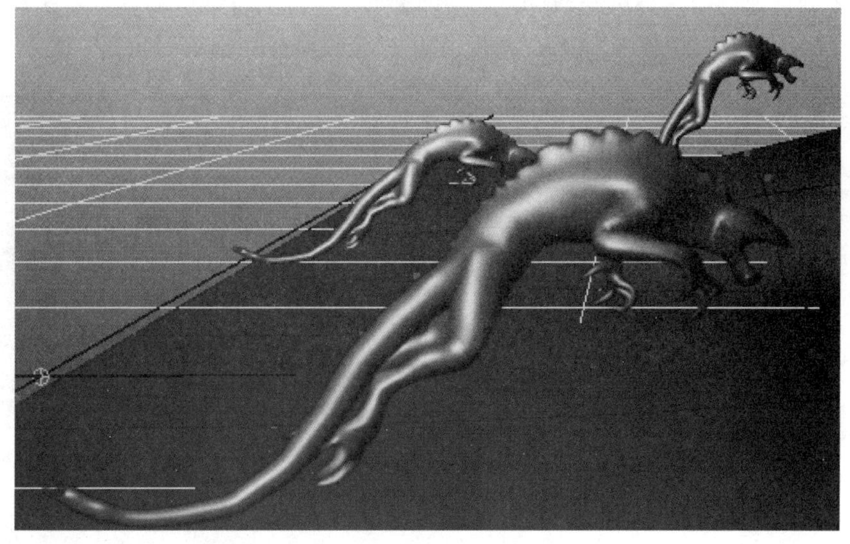

图 4－35

Sprite 粒子在默认情况下是不能被 Maya 的 Software 渲染的，但是可以被 MentalRay 渲染器所渲染，具体的渲染设置过程略，此处只需简单设置一下即可，在此开启了 Environment 下的 Physical Sun and Sky，渲染效果如图 4－36 所示。

图 4－36

这样基于 Sprite 粒子的简单群组效果就基本完成了，由于 Sprite 粒子的特性是基于摄像机视角的旋转特性，因此由序列图片所形成的动画在应用上是有局限的，即 Sprite 粒子平面是永远垂直于当前摄像机的，如果我们使用实体模型进行替换，则不会受此局限。不过本例中的一些思路是可以引申的。

接下来我们还需借用本例中的粒子运动的 goal 方式，使用替换的方法来实现所需达到的效果。

在制作中我们可以维持原 Sprites 各设置不变，只进行新的粒子替换即可，由于将要进行实体模型替换场景中过多的粒子会使场景的交互速度减弱，故我们先限制一下场景中粒子的最多出现数量，选中粒子，在粒子属性的 Emission Attributes (see also emitter tabs)栏中将 Max Count 由原来的－1 设为 6，这样场景中的粒子最多可以同时出现 6 个，设置效果如图4－37所示。

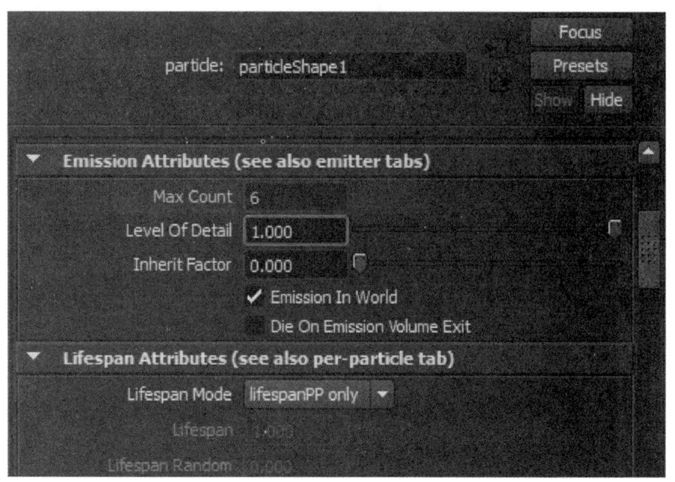

图 4－37

此时播放会发现场景中最多出现 6 个 Sprite 粒子，当有粒子消亡之后，发射器才会重新发射粒子，效果如图 4－38 所示。

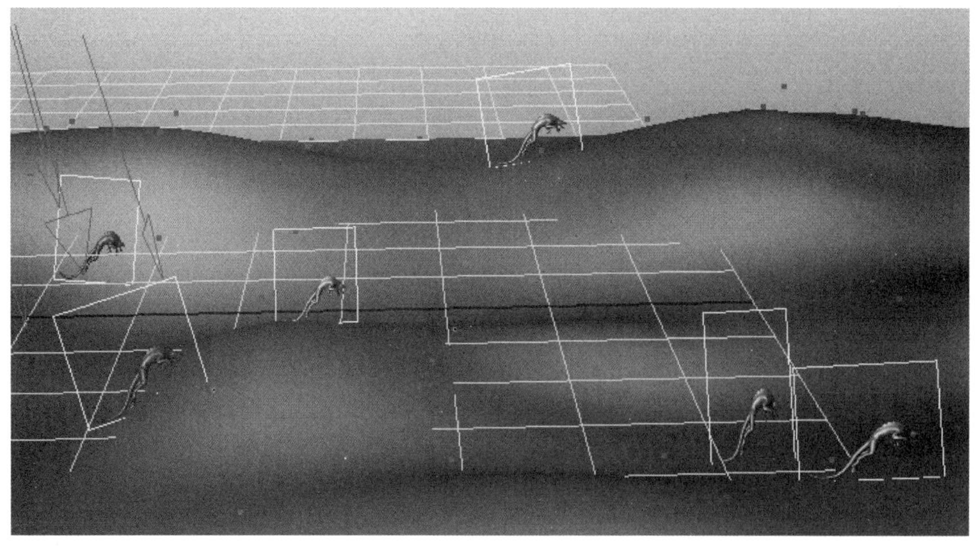

图 4－38

接下来我们需要导入动画实体序列模型，执行 File\Import... 在弹出的对话框中找到所需要的动画序列实体模型，过程及效果如图 4-39 所示。

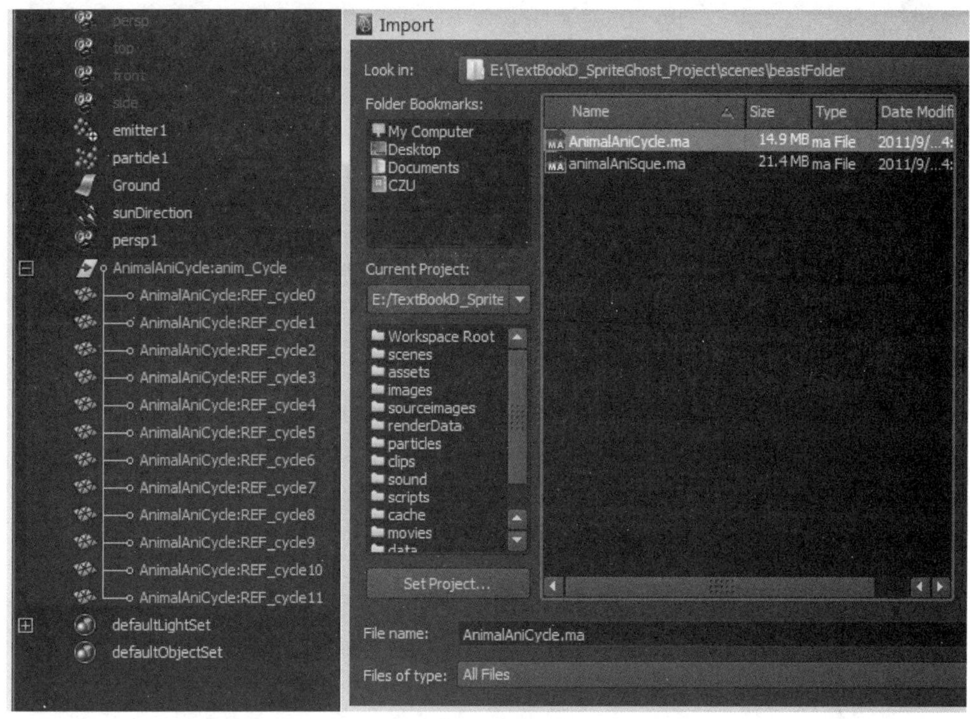

图 4-39

在场景中实体动画模型的显示效果如图 4-40 所示。

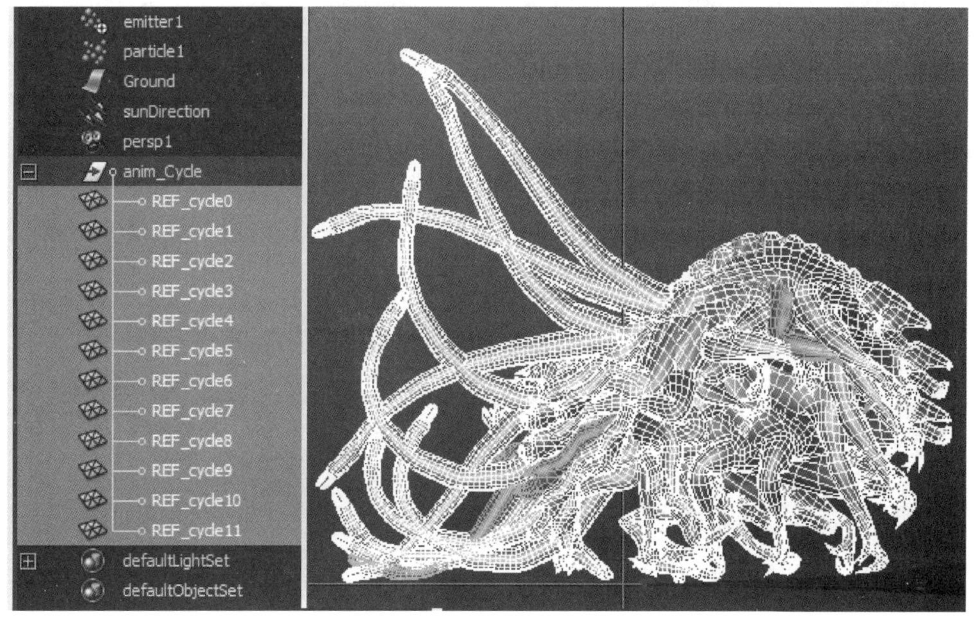

图 4-40

将 12 个实体模型依次沿 X 轴正向移开，可看见如图 4－41 所示的动画序列：

图 4－41

在准备进行粒子替代之前，原来的 Sprite 粒子的一些 goal 属性参数的表达式是可以继续使用的，如 gaolU、goalV 等，当然有些参数不适合，但是不影响我们继续进行粒子替代。

首先按顺序选择动画序列模型，然后执行 Patticles\Instancer(Replacement)，在弹出的粒子替换设置选项中各参数维持默认即可，过程如图 4－42 所示。

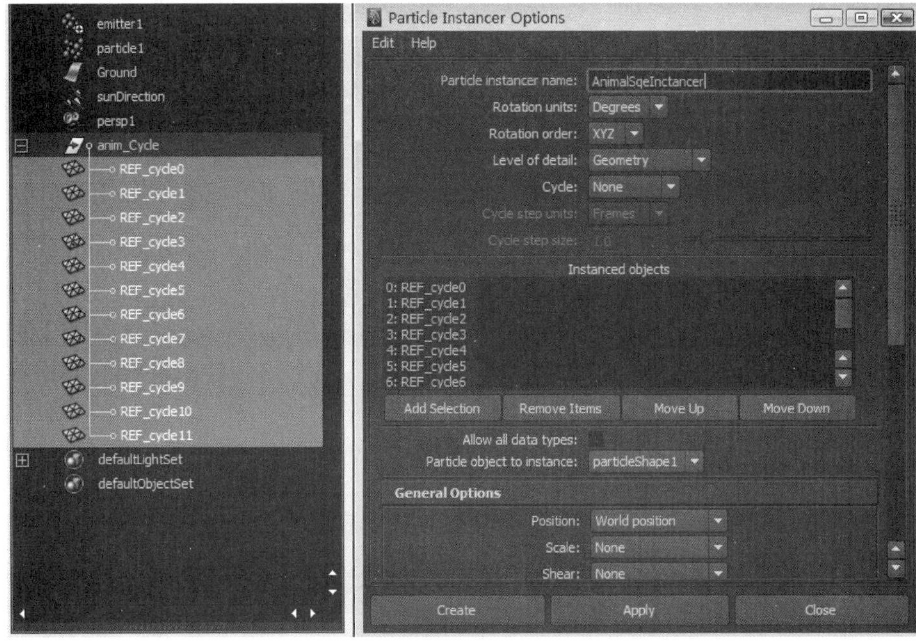

图 4－42

由于原粒子的 goalOffset 值被写入了表达式，此时播放动画会发现替代模型偏离地面很多，效果如图 4－43 中红色圈中的模型所示。

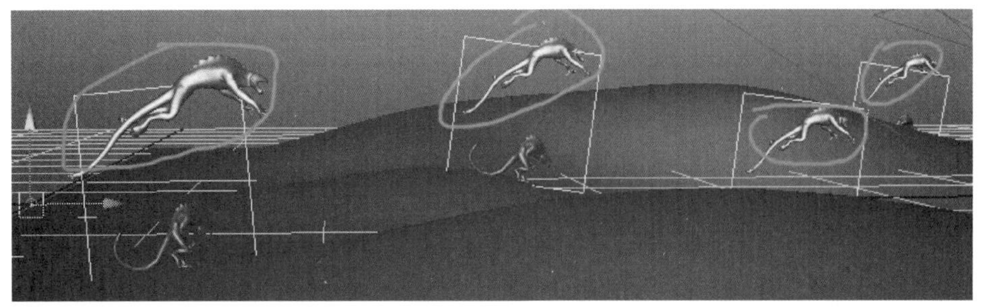

图 4－43

这是由于 Sprite 粒子的轴心点与实体模型的轴心点不同所造成，为了获得 Sprite 粒子的正确位置，在 goalOffset 上使用创建表达式，此时需要将该表达式删除或注解掉，其效果都是该表达式不再执行，注解掉的方法是在对应的表达式前加入"//"，效果如图 4-44 所示。

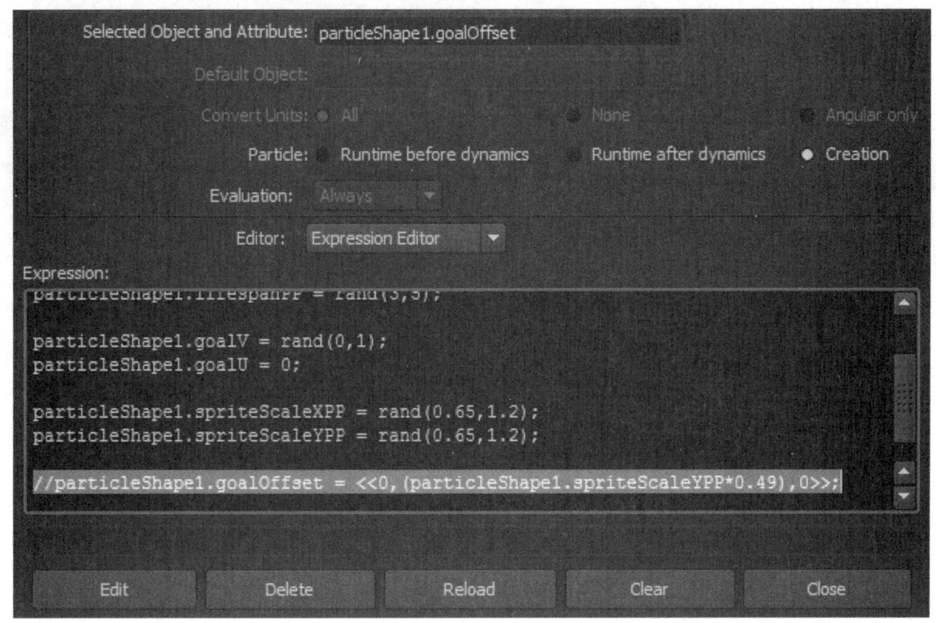

图 4-44

此时播放场景动画，则会发现 Sprite 粒子又下降到了地面以下，而我们的实体替换模型则位置比较正确，场景播放效果如图 4-45 所示。

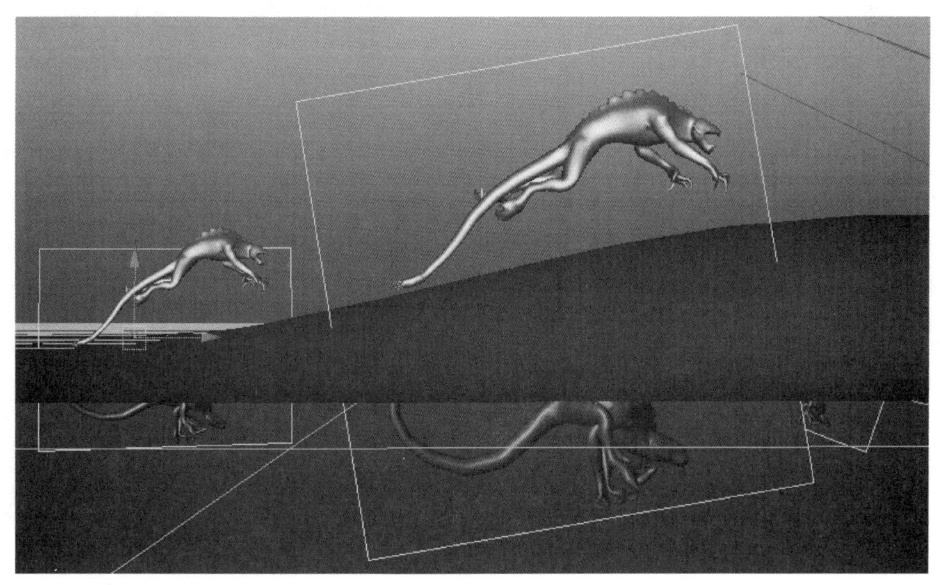

图 4-45

此时如果在场景中不想看见 Sprite 粒子的动画效果，可以将 SpriteScaleXPP 和 SpriteScaleYPP 设为 0，或者将粒子的渲染形态改为非 Sprite 形态，例如为 Sphere，具体过程略，接下来我们为粒子替换进行一些表达式控制。

粒子替换在默认情况下是只替换第一个模型，因此在场景中我们发现只是编号 REF_cycle0 的模型划过地面，这需要利用表达式控制粒子替换属性的 ObjectIndex 属性。

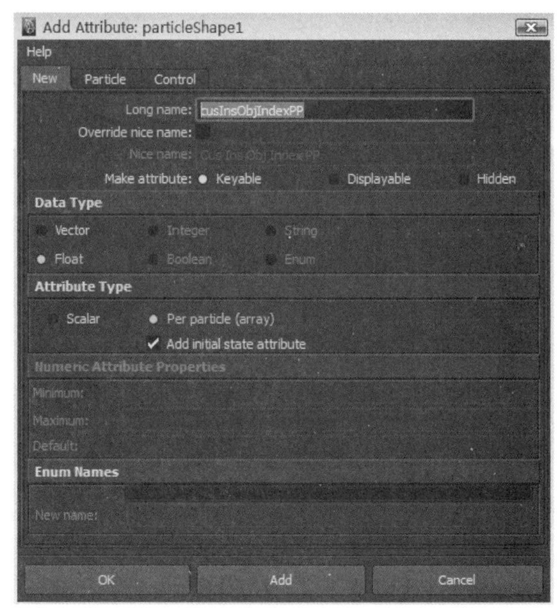

图 4-46

我们先为粒子添加一新属性，方法是在 Add Attruibute 对话框中不要进入 Particle 选项了，而是选择 New，在 Long name 中输入 cusInsObjIndexPP，在 Data Type 中设为 Float，在 Attribute Type 中设为 Per Particle(array)，然后点击 OK 或 Add 即可，设置过程如图 4-46 所示。

属性一旦添加成功则会出现在粒子的 Per Particle(Array) Attributes 卷展栏中；如果没有，则在场景中先将粒子去选，然后重新选择，则 Per Particle(Array) Attributes 卷展栏经过更新就可以看见新建属性了。右击该属性为其创建表达式，将表达式执行方式设为 Creation，在表达式输入区输入如下语句：

```
particleShape1. cusInsObjIndexPP =
trunc(rand(0,11.9));
```

具体过程略，此表达式的含义和我们在前面为 spriteNumPP 写的创建表达式含义类似，即在粒子出生之时随机选择 12 个替换实体模型中的一个进行替换，但该表达式需要我们为其做出合理指定才可执行。方法是回到粒子属性窗口的 Instancer(Geometry Replacement)卷展栏，在其下的 General options 选项中的 Object Index 后指定为我们新建的 cusInsObjIndexPP 属性，设置过程如图 4-47所示。

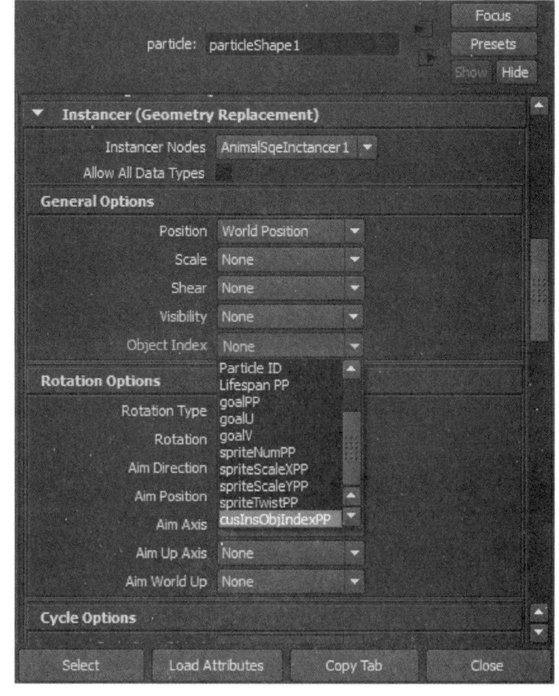

图 4-47

此时播放场景，效果如图 4－48 所示。

图 4－48

这样替换物体就发生了随机变化，此时需要实现替换物体的动画变化，那么需要为 cusInsObjIndexPP 属性写入运行表达式，在表达式输入窗口输入如下表达式：

```
particleShape1.cusInsObjIndexPP += 1;
particleShape1.cusInsObjIndexPP = particleShape1.cusInsObjIndexPP % 12;
```

此时播放场景，替换模型的动画显序列就显示在场景中了，动画效果如图 4－49 所示。

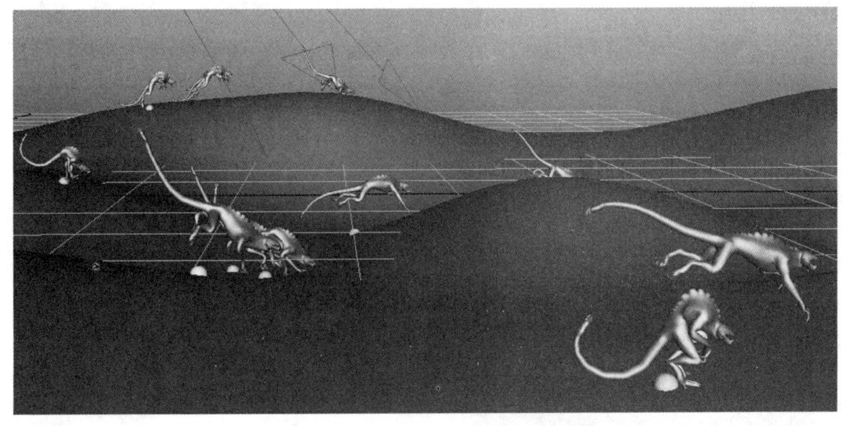

图 4－49

接下来我们更改一下替换物体的大小，避免替换物体都是一样大小。我们为粒子添加新属性，属性名为 cusInsObjScalePPVec，之所以加 Vec 结尾，是为方便在以后的表达式识别中知道这是一三元标量或矢量，具体在本例中是由于缩放值就是三元标量，但我们需要使用矢量的方式来定义，添加属性效果如图 4－50 所示。

图 4－50

添加该属性后，为其添加创建表达式，语句如下：

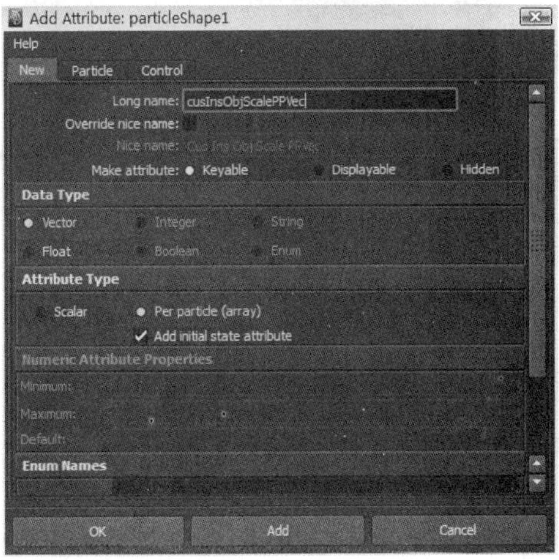

```
particleShape1.cusInsObjScalePPVec = <<rand(0.65,1.2),rand(0.65,1),rand(0.65,1.2)>>;
```

具体输入过程略。

该表达式被创建后仍然不能起作用,我们需要为其链接到合适的属性上才可以。方法还是回到粒子属性的 Instancer (Geometry Replacement)卷展栏,在 General Options 子卷展栏中将 Scale 的执行属性设为我们新建的 cusInsObjScalePPVec,设置过程如图 4-51 所示。

此时将粒子形态更改为 Numeric,在 Attribute Name 中输入 cusInsObjScalePPVec,然后播放场景效果如图 4-52 所示。

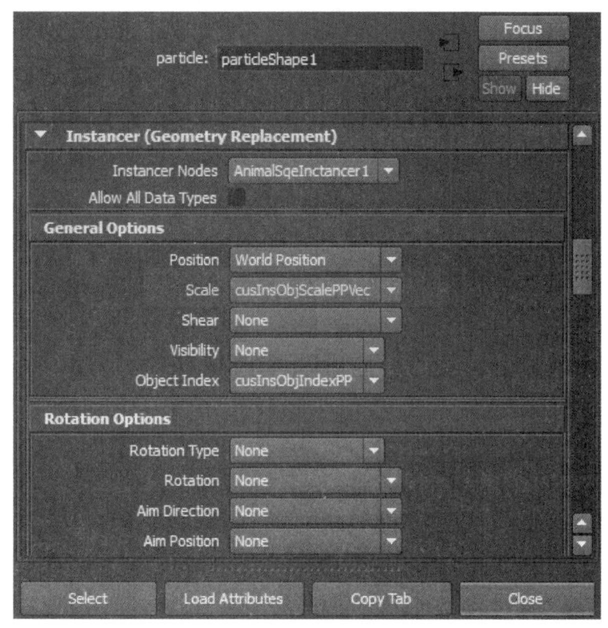

图 4-51

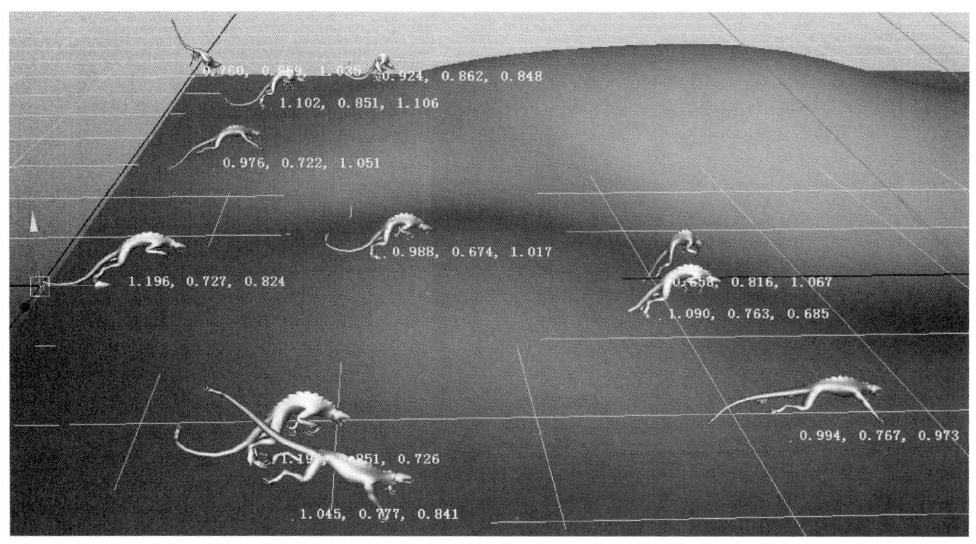

图 4-52

接下来我们调整替换物体的旋转角度,就是实现类似于在 Sprite 的翻转效果,让替换模型随着地面的起伏变化而自动调整角度,此时为粒子增加一新属性,命名为 cusInsObjRotPPVec,属性依然是每粒子矢量属性,具体过程略。属性添加完成后,为其写表达式进行控制。在创建模式下,为其输入如下语句:

```
particleShape1.velocity = <<0.1,0,0>>;
particleShape1.cusInsObjRotPPVec = <<0,0,0>>;
```

设置效果如图 4－53 所示。

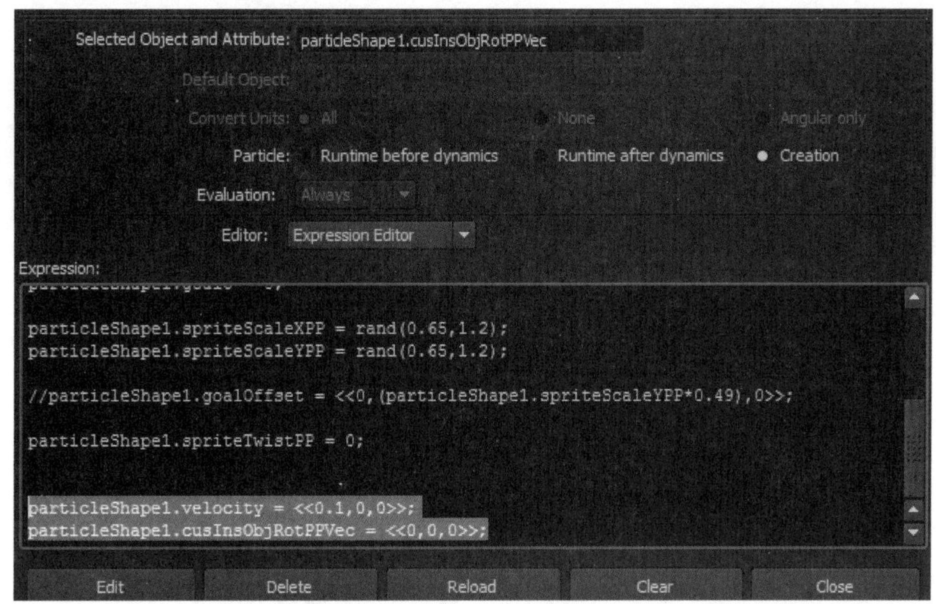

图 4－53

然后将表达式执行模式设为 Runtime before dynamics，在原来关于 Sprtie 粒子判断表达式中分别填入如下两个语句：

```
particleShape1.cusInsObjRotPPVec = <<0,0,$angleVtoXDegree>>;
particleShape1.cusInsObjRotPPVec = <<0,0,-$angleVtoXDegree>>;
```

而整个关于旋转角度的表达式顺序依然如下：

```
if (particleShape1.age < particleShape1.lifespanPP * 0.05)
{
particleShape1.velocity = <<0.1,0,0>>;
}
vector $velocityPP = particleShape1.velocity;
float $angleVtoXArc = angle(<<1,0,0>>,particleShape1.velocity);
float $angleVtoXDegree = rad_to_deg($angleVtoXArc);
if ($velocityPP.y >=0)
{
```

```
particleShape1.spriteTwistPP = $angleVtoXDegree ;
particleShape1.cusInsObjRotPPVec = <<0,0,$angleVtoXDegree>>;
}
else
{
particleShape1.spriteTwistPP = -$angleVtoXDegree;
particleShape1.cusInsObjRotPPVec = <<0,0,-$angleVtoXDegree>>;
}
```

表达式输入效果如图 4－54 所示。

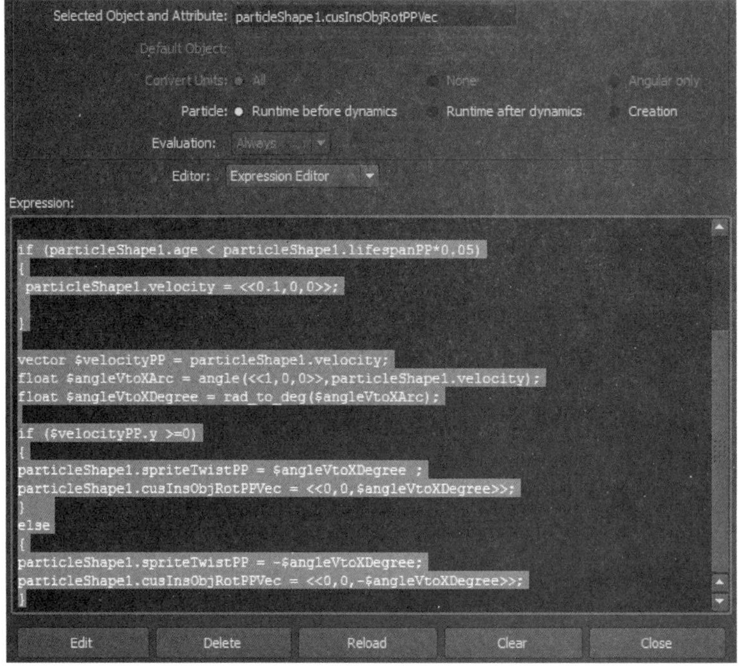

图 4－54

表达式输入完毕后还需要在粒子属性中进行合理指定，替换模型才会发生旋转，我们再切换回粒子的 Instancer（Geometry Replacement）卷展栏，并找到其 Rotation Options 子卷展栏，将 Rotation 选项指定为新建属性 cusInsObjRptPPVec，设置效果如图 4－55 所示。

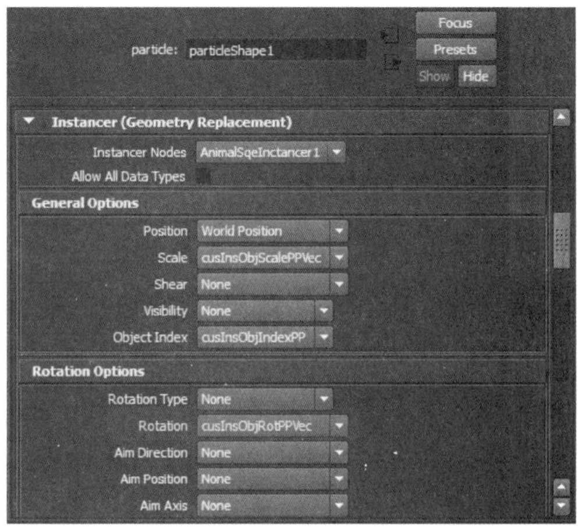

图 4－55

此时可以将粒子渲染形态设置为 Numeric，然后在 Attribute Name 中输入新建属性 cusInsObjRptPPVec，此时播放场景观察动画替代模型的旋转值变化,效果如图 4－56 所示。

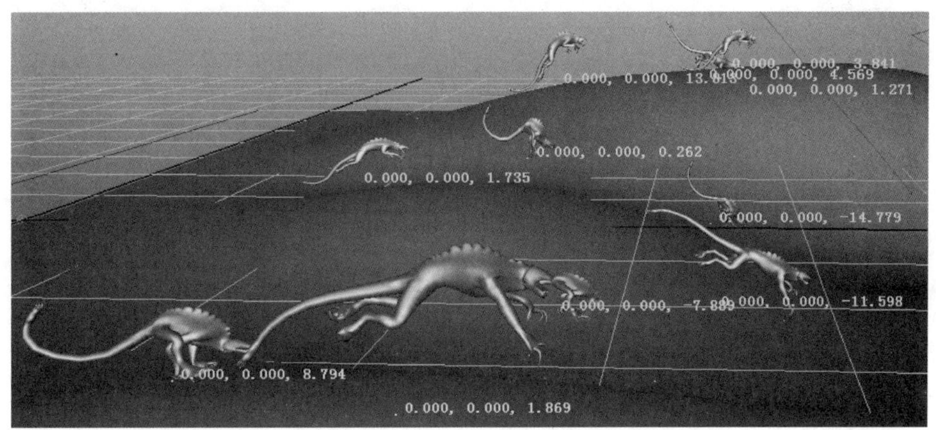

图 4－56

此时将粒子的 Max Count 属性设置回－1,将 Emitter1 发射率调大,例如增加到 20,并将粒子的渲染形态设置为 point 模式,此时播放场景动画效果如图 4－57 所示。

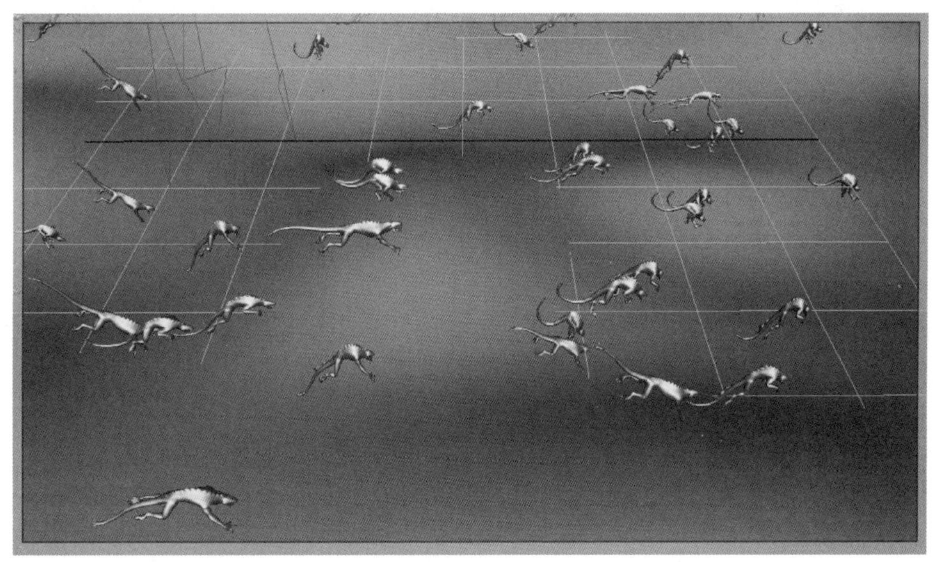

图 4－57

此时应注意我们的摄像机为一种俯视视角,而这种视角是使用 Sprite 粒子时所不能使用的视角,这就是实体模型替换带来的好处。

此时我们选择一个视角进行渲染,效果如图 4－58 所示。

图 4－58

至此一个简单的群组动画就完成了。由于此中的群体运动方向一致，故没有躲闪、碰撞等智能型动作发生。关于复杂的群组动画，读者可以参考相关的第三方制作软件或是有关 Maya 的高级 Mel 应用教程，在此不再详细阐述。

5

第五章

nParticle 应用——群组动画

本章主要详细阐述利用 Maya 的 nParticle 来模拟稍微复杂一些的虫子爬行的群组动画，nPartilce 是 Maya2009 新增加的一个粒子特效系统，支持粒子间碰撞，可实现真正意义上的粒子堆叠效果，并且粒子生成的方式相比以前要简单得多，但 n 粒子部分属性与 Maya 常规粒子的基本属性作用是相同的，故传统粒子表达式的控制方法在 nParticle 中都可以使用。本例中主要讲述的是传统粒子中的表达式在 nParticle 中的迁移应用。

图 5-1 是要完成的场景测试渲染图。

图 5-1

在讲解中我们将一个基本的场景为主，上面的序列帧是合成后的视频截图。首先要准备模型，最关键的是虫子的两段动画序列：虫子爬行动画序列与虫子飞行动画序列，如图5-2所示。

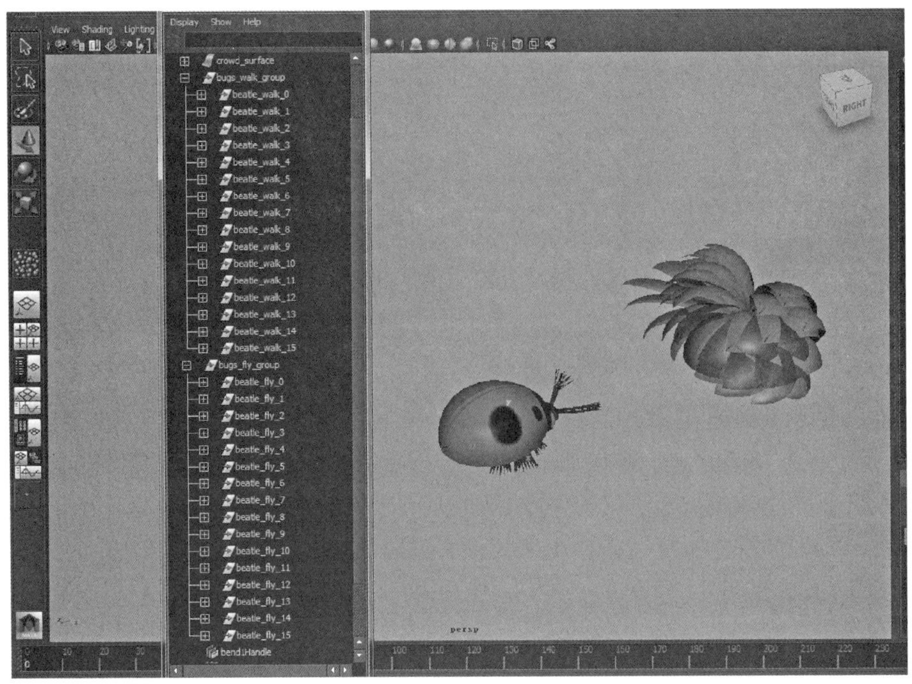

图 5-2

上面两个动画序列中一定注意的变换信息要恢复为默认值。然后在场景中另创建一个基本的 NURBS 平面，并重名为 crowd_surface，如图 5-3 所示。

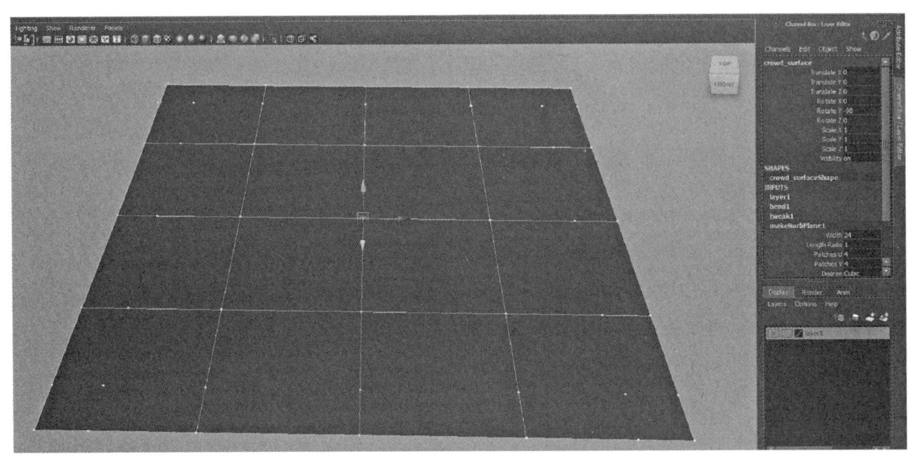

图 5-3

此时须将新建的 NURBS 平面做些调整，在构建历史节点下将 width 设为 24，将 patches U 与 Patches V 均设为 4，然后在 Y 轴给 −90 度旋转，这样会保证调整后的平面 V 向与 X 轴正向一致，这样在未来的虫子运动动画中我们以 goalV 的增量来控制前进，以 goalU 的变化来控制侧向移动。然后我们继续为该平面添加一 bend 弯曲变形器，并调整其方向，使平面能产生如下变化，此时注意弯曲方向不要选错。

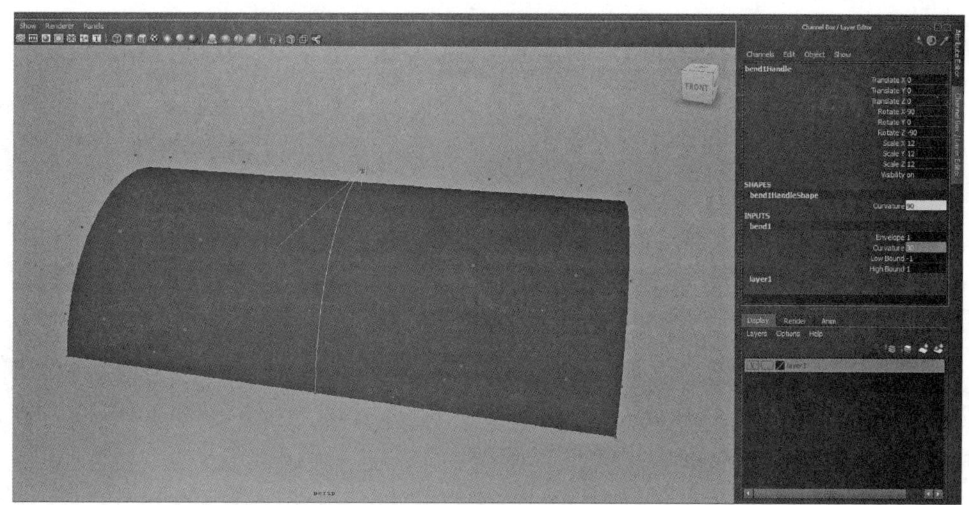

图 5-4

但此时我们先将 bend 弯曲变形器的 curvature 更改为默认的 0，即取消 crowd_surface 平面物体变形，这时就完成了场景的基本准备，接下来开始 Maya 的动力学制作。

在动力学制作环节我们将使用 nPartlce 来完成。在发射 nParticle 粒子之前先制作一张 ramp 贴图，该贴图的制作目的是为了在后面控制 nParticle 的发射区域。首先在 Hypershade 窗口中创建一 ramp，将颜色设置成黑白变化，将 type 设为 circular Ramp，然后在 ramp 贴图的 play2dTexture 节点下将 coverage 的 V 向参数设为 0.5，并将该 ramp 改名为 birthZoneMap，此时该贴图在 hypershade 中显示如图 5-5 所示，此时将贴图贴在平面上，显示如图 5-6 所示。

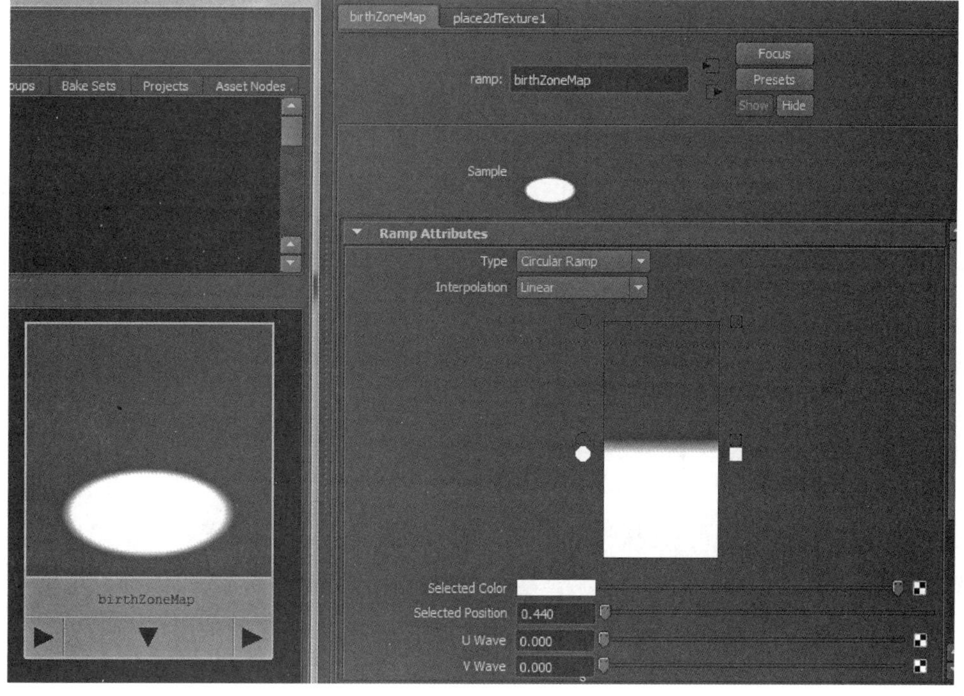

图 5-5

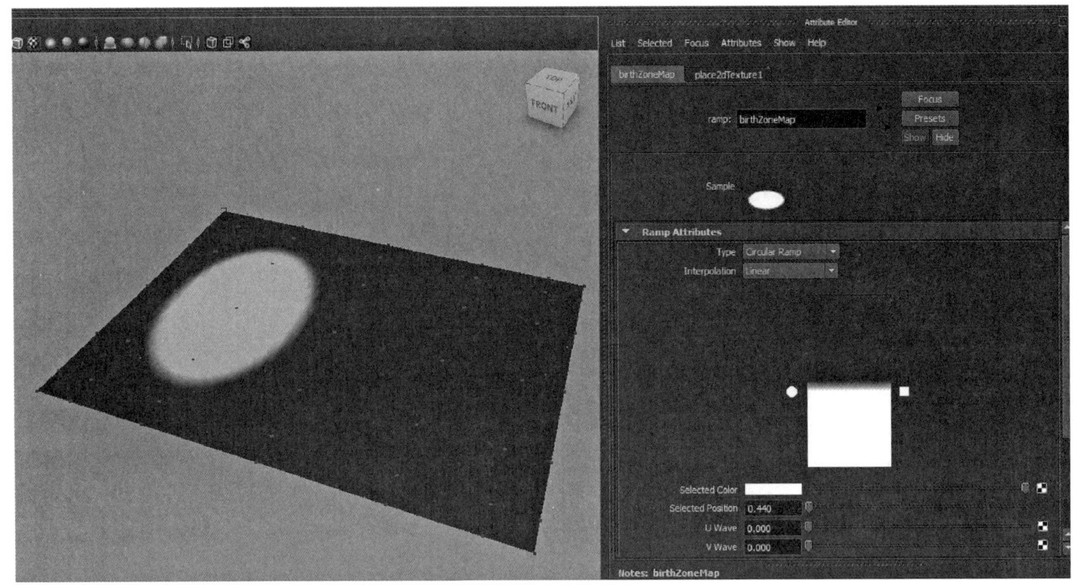

图 5-6

在发射区域控制贴图制作完成后就可以让地面物体发射粒子了，此时先选择地面平面，执行 nPartilce\Create nParticle\Emit from Object，参数选项先维持默认，在创建完毕之后再回头来重新调整命名及相关参数等。

在本例中将 nParticle1 重新命名为 walkPar，将发射器重新命名为 emitter_forWalkPar，并将发射器下的 Basic Emitter Attributes 卷展栏下的 Need Parent(UV)选项开启，该选项的含义是粒子在物体表面被发射后，会将物体表面发射位置的 UV 信息存储在自身的 parentU 与 parentV 属性中，并方便我们后面调用。然后将 distance/direction 卷展栏及 Basic Emission Speed attributes 参数都进行归零设置，意义是粒子在经过物体发射后就留在原来的位置，此时发射器基本设置如图 5-7 所示。

接下来做粒子与地面之间的 goal，即先选 crowd_surface，然后选择 walkPar，执行 nParticle\goal，并将 goal weight 由默认的 0.5 设置 1，注意不勾选 uese transform as goal 选项。此时截图如图 5-8 所示。

此时如果我们一旦播放场景，所有 walkPar 就会聚集到 crowd_surface 上的 U、V 参数都是 0 的点上，故首先选中 walkPar 粒子，然后展开 add dynamic attributes，切换到 particle 选项，在该选项下内置了 nParticle 很多的预留属性以供用户使用，我们通过查找可将 parentU，parentV，goalU，goalV 共四个属性添加到 per particle(array) attributes 卷展栏中，此时场景显示如图 5-9 所示。

接下来就需要用表达式来控制粒子了，主要思路如下：首先是粒子在哪里出生就固定在哪里，这就避免了粒子汇集为一个点；其次粒子只出生在白色区域，黑色区域将不出生粒子(或即时出生也要 kill 掉)；粒子将沿着 crowd_surface 的 V 方向运动，粒子在到达 crowd_surface 边缘(即 V 大于 1)时将掉落。

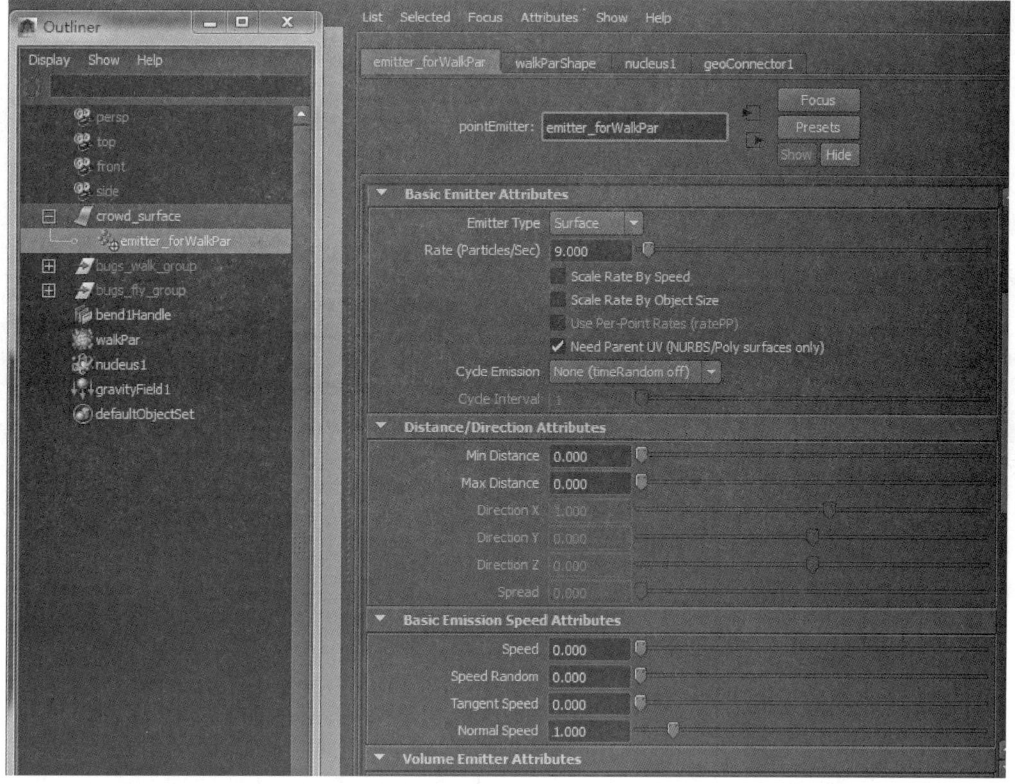
Outliner
Display Show Help
persp
top
front
side
crowd_surface
emitter_forWalkPar
bugs_walk_group
bugs_fly_group
bend1Handle
walkPar
nucleus1
gravityField1
defaultObjectSet
List Selected Focus Attributes Show Help
emitter_forWalkPar
walkParShape
nucleus1
geoConnector1
pointEmitter:
emitter_forWalkPar
Focus
Presets
Show
Hide
Basic Emitter Attributes
Emitter Type
Surface
Rate (Particles/Sec)
9.000
Scale Rate By Speed
Scale Rate By Object Size
Use Per-Point Rates (ratePP)
Need Parent UV (NURBS/Poly surfaces only)
Cycle Emission
None (timeRandom off)
Cycle Interval
Distance/Direction Attributes
Min Distance
0.000
Max Distance
0.000
Direction X
1.000
Direction Y
0.000
Direction Z
0.000
Spread
0.000
Basic Emission Speed Attributes
Speed
0.000
Speed Random
0.000
Tangent Speed
0.000
Normal Speed
1.000
Volume Emitter Attributes

图 5-7

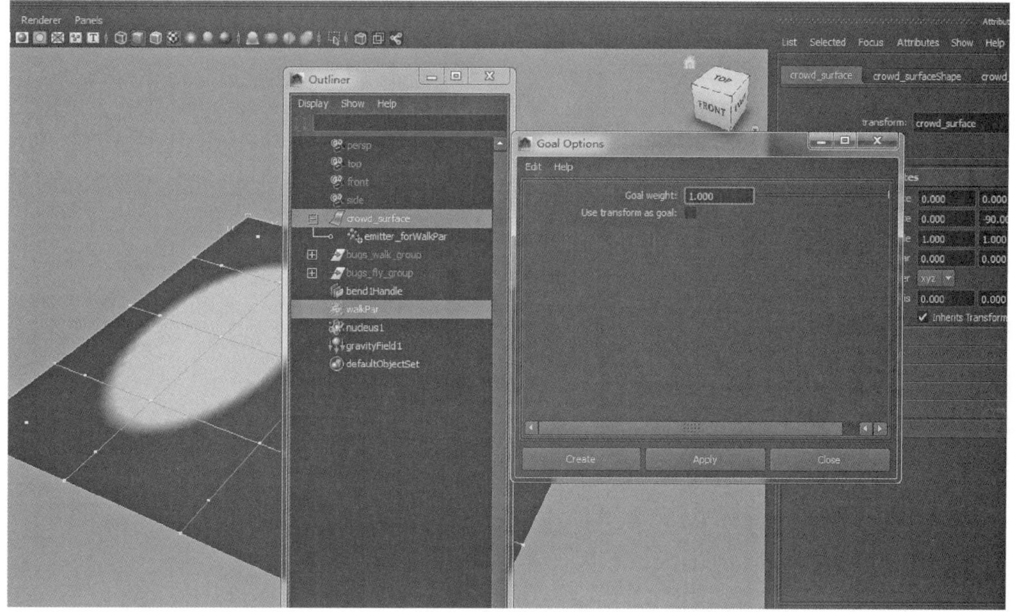
Renderer Panels
Outliner
Display Show Help
persp
top
front
side
crowd_surface
emitter_forWalkPar
bugs_walk_group
bugs_fly_group
bend1Handle
walkPar
nucleus1
gravityField1
defaultObjectSet
Goal Options
Edit Help
Goal weight:
1.000
Use transform as goal:
Create
Apply
Close
List Selected Focus Attributes Show Help
crowd_surface
crowd_surfaceShape
transform:
crowd_surface
Inherits Transform

图 5-8

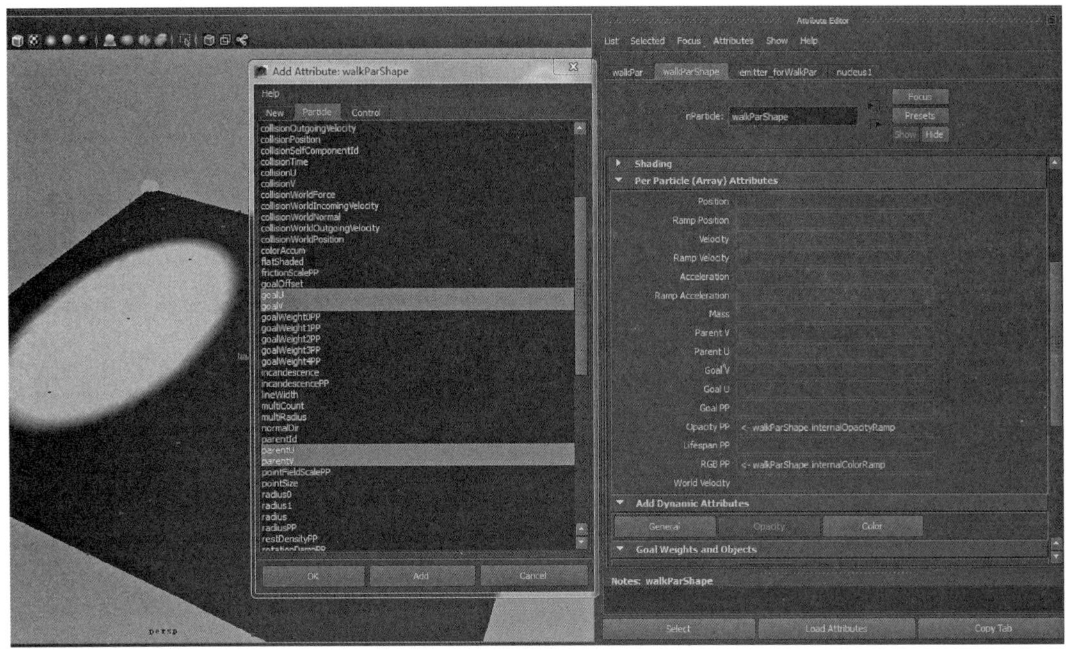

图 5-9

我们首先在 per Particle(array) Attributes 卷展栏所列属性的任意位置处点击鼠标右键，在弹出的菜单中选择 creation expression... 即可以进入表达式编辑面板，我们首先在创建表达式环境下创建如下表达式：

```
walkParShape.goalU = walkParShape.parentU;
walkParShape.goalV = walkParShape.parentV;
walkParShape.goalPP = 1;
walkParShape.lifespanPP = 20;

float $parU = walkParShape.parentU;
float $parV = walkParShape.parentV;
float $birthCol[] = 'colorAtPoint -o RGB -u $parU -v $parV birthZoneMap';
if ($birthCol[0] < 0.7){
walkParShape.lifespanPP = 0;
}
```

此时表达式的创建情况如图 5-10 所示。

然后在 runtime after dynamic 环境下创建如下表达式：

```
walkParShape.goalV += 0.01;
if(walkParShape.goalV >= 1.0){
```

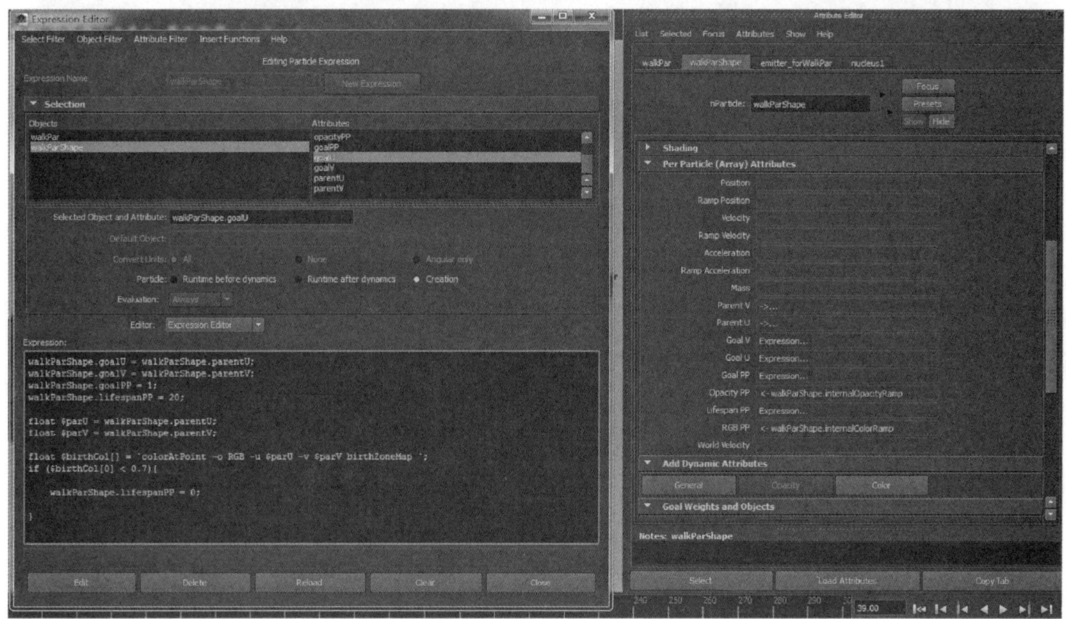

图 5-10

```
walkParShape.goalPP = 0;
}
```

此时表达式的创建情况如图 5-11 所示。

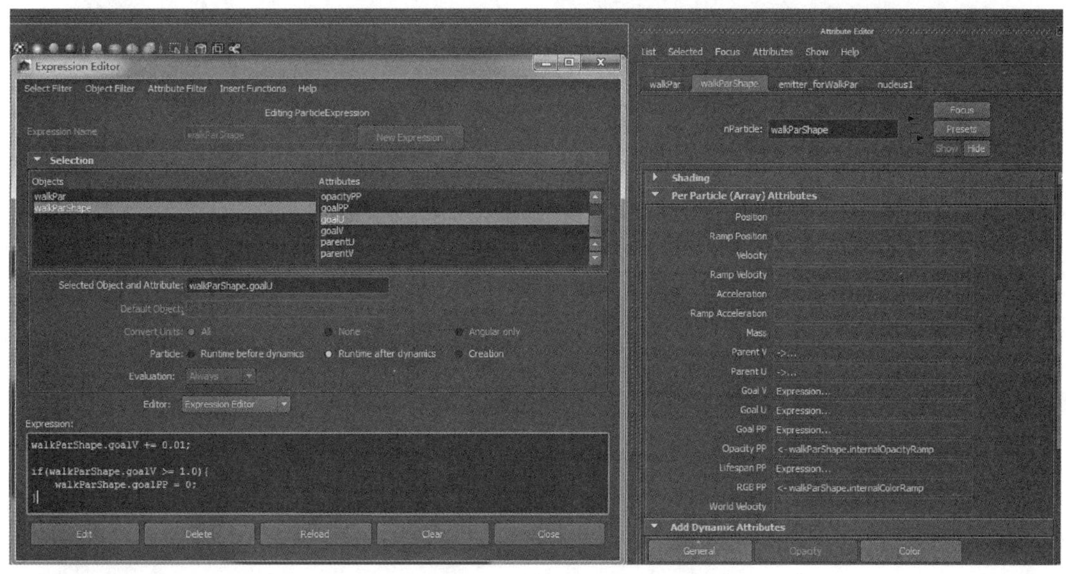

图 5-11

此时我们播放场景，基本效果如图 5-12 所示。

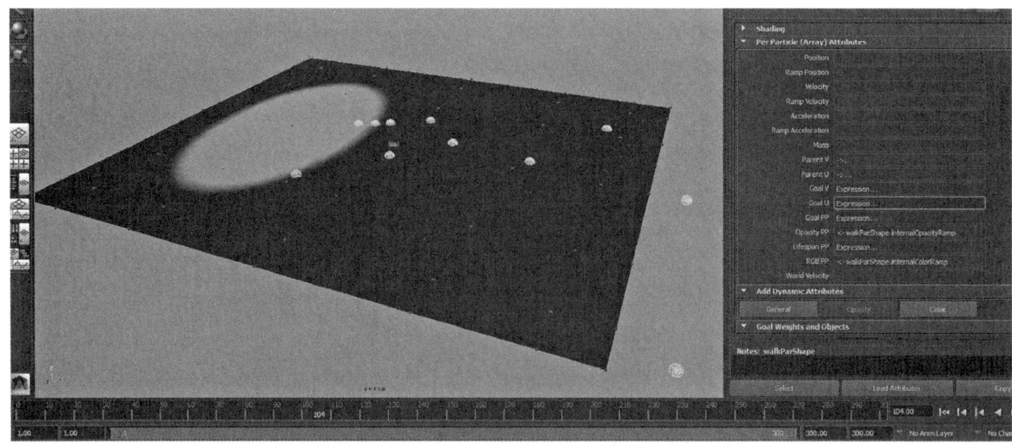

图 5-12

此时我们会发现粒子沿着 crowd_surface 表面滑动，并在接近边缘后掉落，此时为了掉落得更加迅速，我们可以另加重力场，或将 nucleus1 系统中 gravity 数值调大，在此略。

此时我们进一步调整粒子的运动，即需要粒子能够实现在前进中摇摆运动，此时我们借助一张动态的黑白 noise 贴图来实现，其思路是当粒子在动态的 noise 上运动时，通过对 noise 上当前点的颜色取值来作为自己的摆动幅度。故首先在 hypershade 中创建一张 noise 贴图，并将其重命名为 uMoveNoise，其基本参数调节如图 5-13 所示，但最重要的是为了得到动态的 noise 变化，需要利用表达式来控制 time，本例中简单的“uMoveNoise. time = time;”即可。

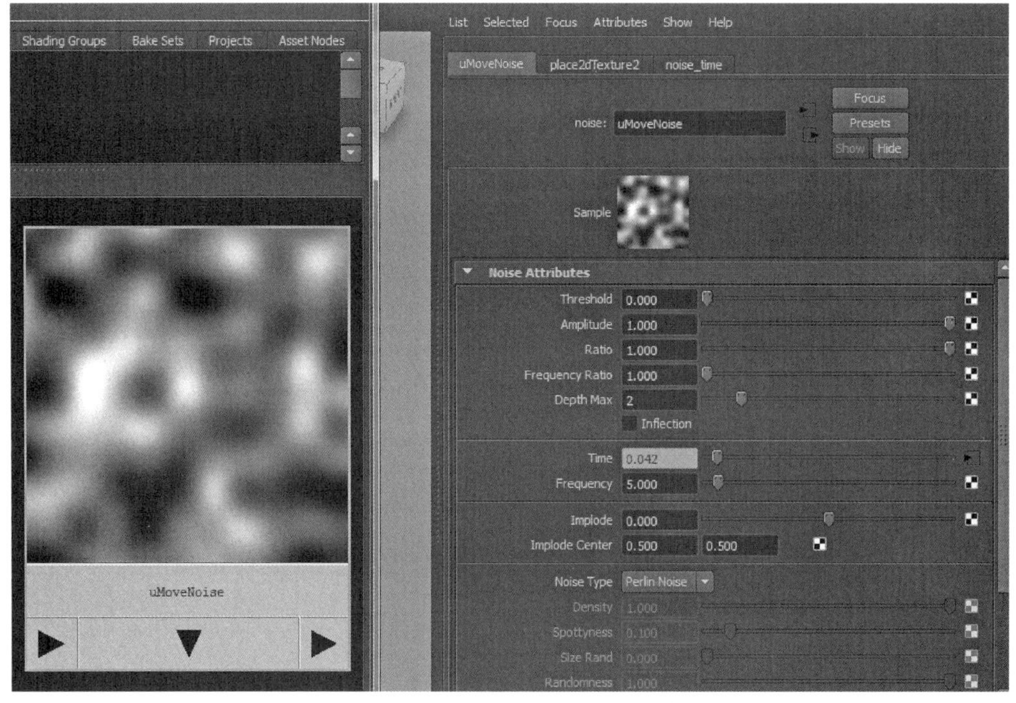

图 5-13

此时如果我们将该 uMoveNoise 贴图连接到 crowd_surface 上面，则在场景视图中显示如图 5-14 所示。

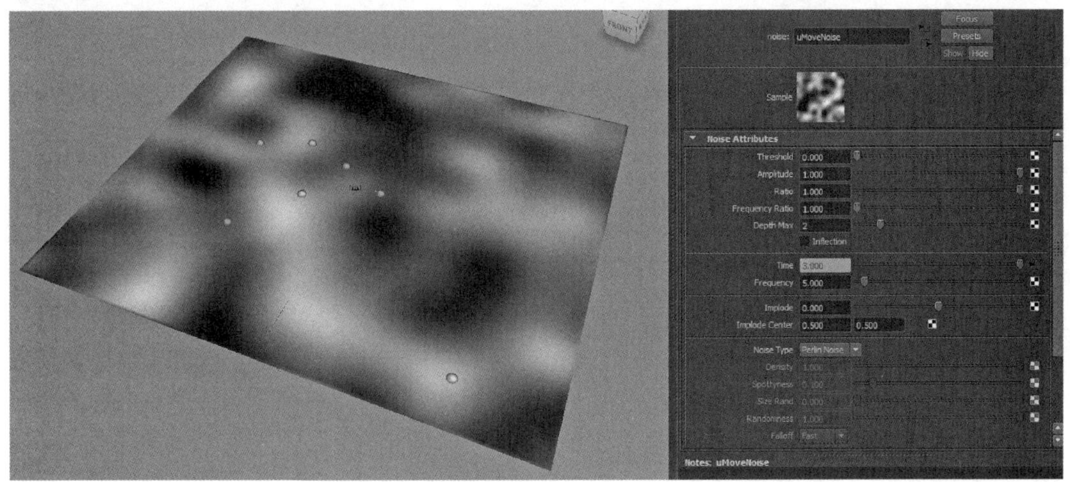

图 5-14

此时可通过设定一些技巧如 congdition 节点或 blender 节点等来让 birthZoneMap 与 uMoveNoise 在 crowd_surface 表面切换显示，但由于不是本书的重点，故略。这里需要知道的是无论贴图是否被作用于 crowd_surface 自身的材质上，它们都会在控制 walkPar 动力学模拟中起作用。

此时我们需要使用运行表达式来解决 wlakPar 在沿着 V 方向前进时沿 U 方向的不断变换方向问题，我们只需在原来的 runtime after dynamic 中增加下列语句即可：

```
float $parU = walkParShape.goalU;
float $parV = walkParShape.goalV;
float $colUMove[] = 'colorAtPoint -o RGB -u $parU -v $parV uMoveNoise';
float $uMove = ($colUMove[0]-0.5)*0.01;
walkParShape.goalU = $parU+$uMove;
```

此时在表达式窗口中输入效果如图 5-15 所示。

在上面的表达式中，“float $uMove = ($colUMove[0]-0.5)*0.01;”这一句是非常典型的改变一个函数输出值范围的用法，请大家仔细理解并掌握。

此时我们在播放动画，会发现现在 walkPar 在沿着 V 方向前进中走的是类似“S”形的曲线，这样我们就完成了初步的 walkPar 在物体表面运动的动画，接下来我们要做一些更深入的控制，由于我们将来要进行粒子替代，故我们可以先考虑一下将粒子的大小(radiusPP)引入到表达式中，使粒子的运动状态与其大小(radiusPP)相关联，那么 radiusPP 大小该如何控制呢？简单一点直接用 rand 函数即可，但我们这里还可以通过粒子出生位置的颜色来与其关联。

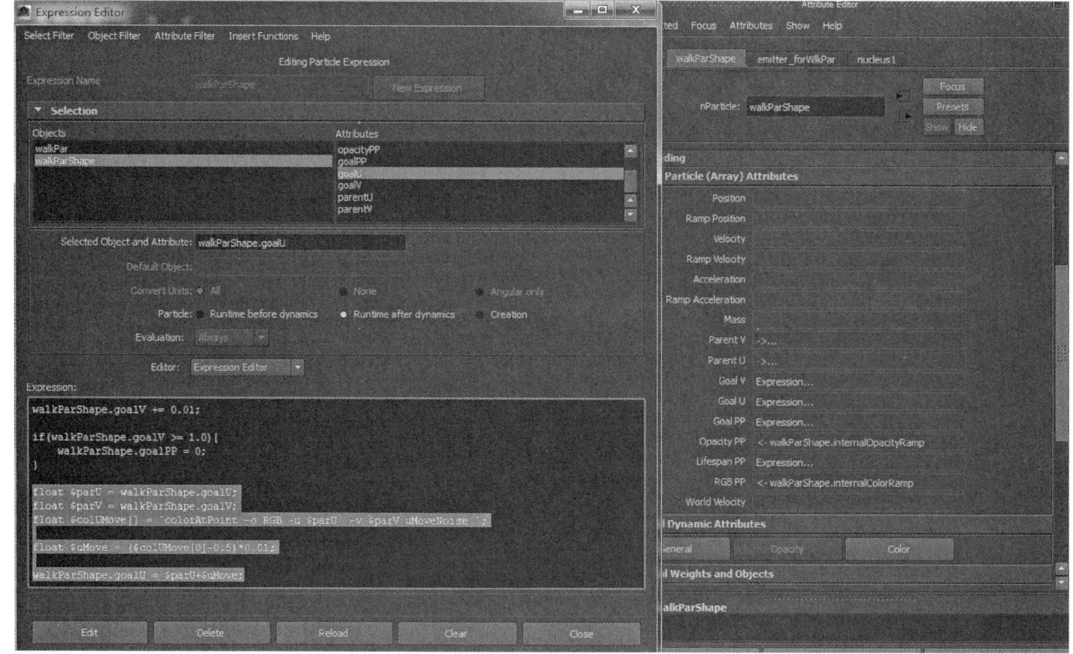

图 5-15

首先我们将粒子的当前渲染状态 shading 卷展栏中由 blobby surface(s/w)切换为 sphere,此时我们在 Per Partcle(array) Attributes 卷展栏下的 RadiusPP 属性下添加创建表达式,表达式语句如下:

```
//set radiusPP with the uMoveNoise colr
float $radiusCol[] = 'colorAtPoint -o RGB -u $parU -v$parV uMoveNoise';
walkParShape.radiusPP = $radiusCol[0] * 0.8;
```

语句输入状态如图 5-16 所示。

在上面的语句中之所以乘以 0.8,是因为在我们的当前场景中 radiusPP 有取到 1 的情况,粒子显得很大。

然后我们还需将粒子的移动速度与其 radiusPP 做出关联,那么就需要修改 runtime after dynamic 表达式,用下句表达式替换原表达式:

```
walkParShape.goalV += 0.015 * walkParShape.radiusPP;
```

此时重新改写过的表达式如图 5-17 所示。

此时在上面的表达式窗口中我们将原来的表达式"walkParShape.goalV += 0.01"加了"//"注解符号,表示该句内容只是作为释义语句,不被执行,由于表达式在一定情况下是不易读懂,因此有时需要应用释义语句来阐明含义,这样也方便他人理解。

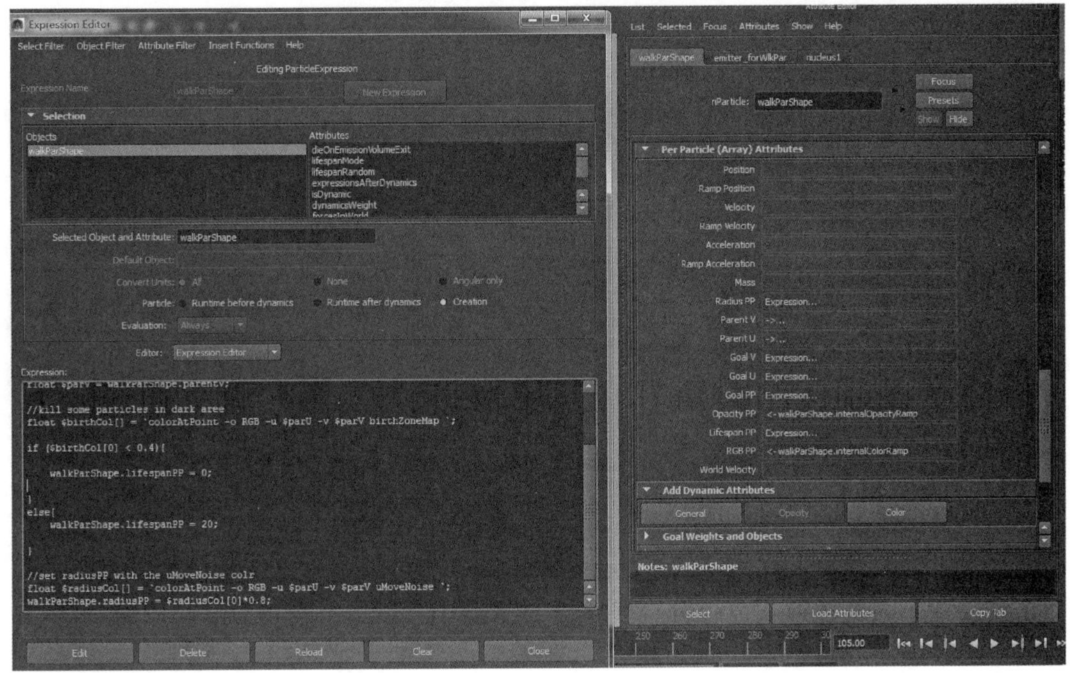

图 5-16

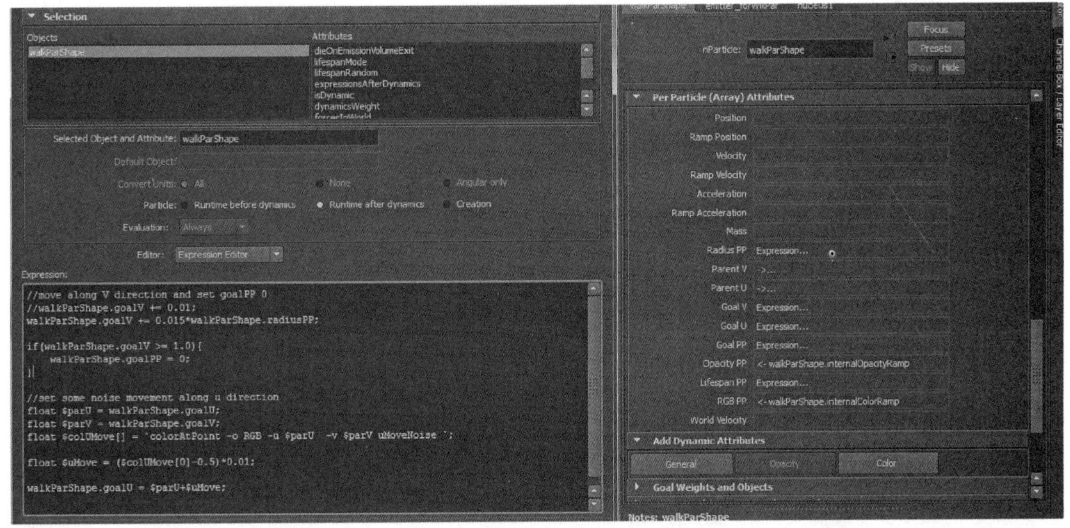

图 5-17

此时我们在播放场景，会发现 nParticle 移动速度与其大小（radiusPP）产生了相关，播放效果如图 5-18 所示。

在接下来操作中我们可以为这个模拟系统做一个集中控制器，该控制器可以控制 walkParde 前进速度、横向的摆动幅度与频率以及 walkPar 的数量多少等，此时我们在场景中新创建一个 locator，并将其重命名为 crowdCtrl_loc，在 channelBox 中将其属性除了

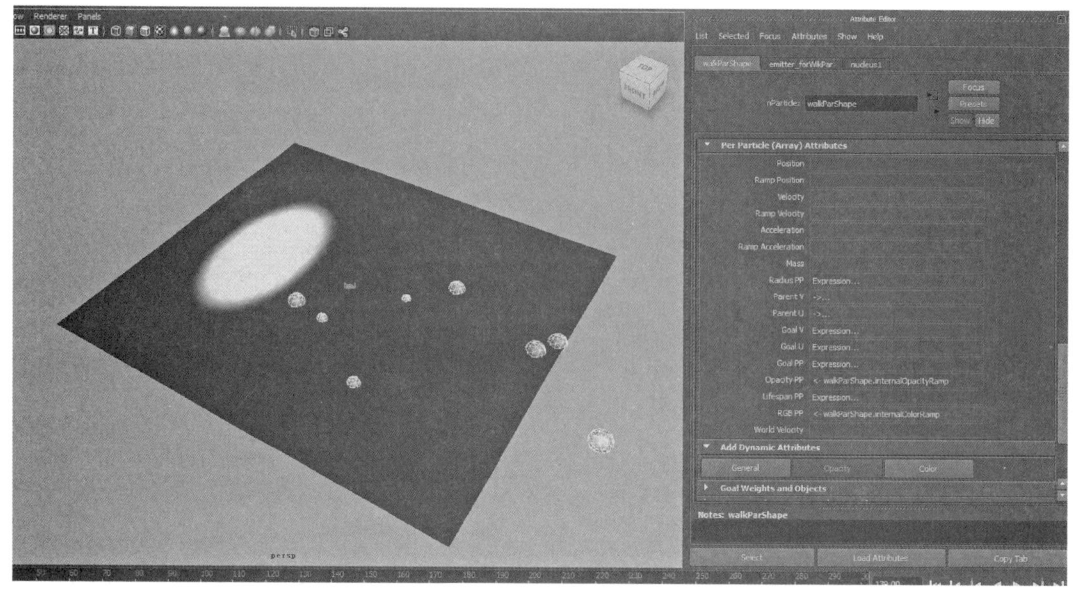

图 5-18

visibility 之外全部隐藏并增添新的属性，分别是 forward、lateral、noiseFreq 与 emissionRate，四个属性均是标量浮点类型，其中 forward、lateral、noiseFreq 的默认值为 1，emissionRate 默认值为 15，创建完成后的效果如图 5-19 所示。

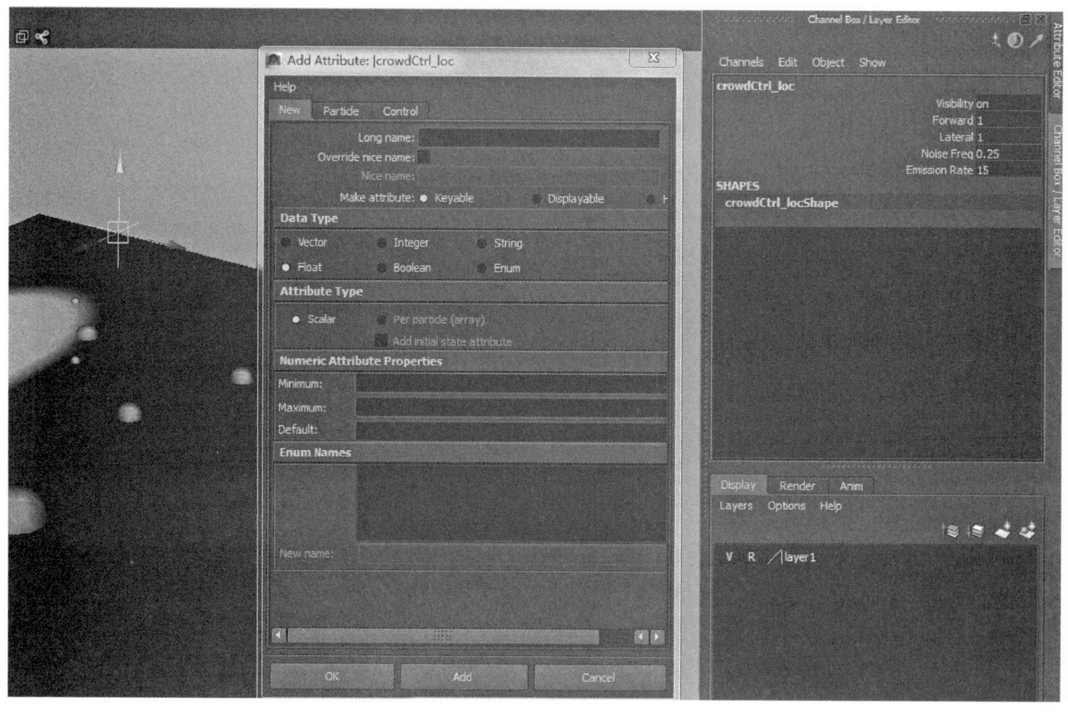

图 5-19

接下来我们需要将 crowdCtrl_loc 的四个属性分别进行应用，emissionRate 则与发射器 emitter_forWlkPar 的 rate 属性直接相连即可，noiseFreq 属性则需要被引用到 uMoveNoise 的 time 表达式中，如图 5-20 所示。

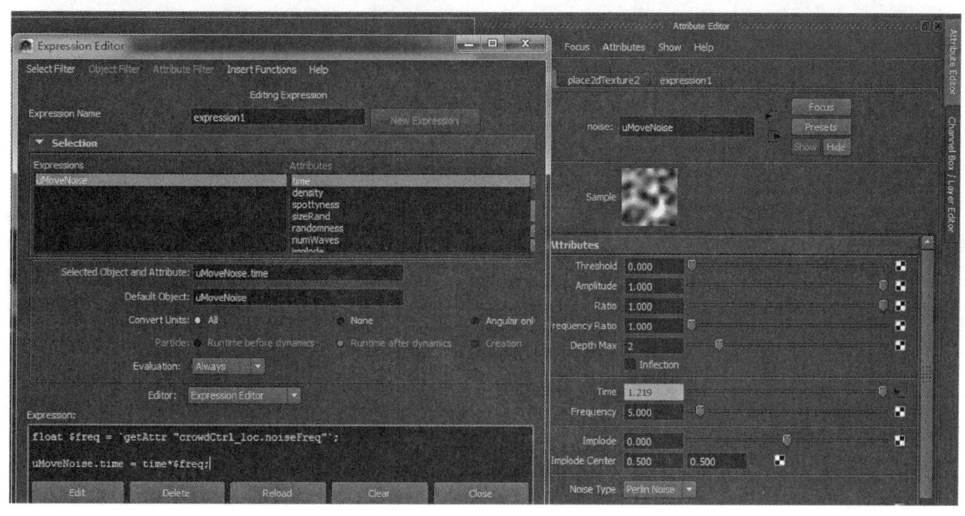

图 5-20

在上面表达式中主要引用的一个 MEL 命令是 getAttr，该命令是无论是在编写表达式，亦或是编写 MEL 语句时都是使用非常频繁的一个命令，其余相似的命令还有 setAttr、connectAttr、disconnectAttr，如果读者有兴趣可以去查 Maya 的 Manual。

而 forward 和 lateral 则要引入到粒子的运行表达式中，此时改写 walkPar 的运行表达式如下所示：

```
//walkParShape.goalV += 0.01;
float $vMultiplier = `getAttr "crowdCtrl_loc.forward"`;
walkParShape.goalV += 0.015 * walkParShape.radiusPP * $vMultiplier;
if(walkParShape.goalV >= 1.0){
walkParShape.goalPP = 0;
}
//set some noise movement along u direction
float $parU = walkParShape.goalU;
float $parV = walkParShape.goalV;
float $colUMove[] = `colorAtPoint -o RGB -u $parU -v $parV uMoveNoise`;
float $uMultiplier =`getAttr "crowdCtrl_loc.lateral"`;
float $uMove = ($colUMove[0]-0.5) * 0.01 * $uMultiplier;
walkParShape.goalU = $parU+ $uMove;
//
```

此时表达式窗口显示如图 5-21 所示。

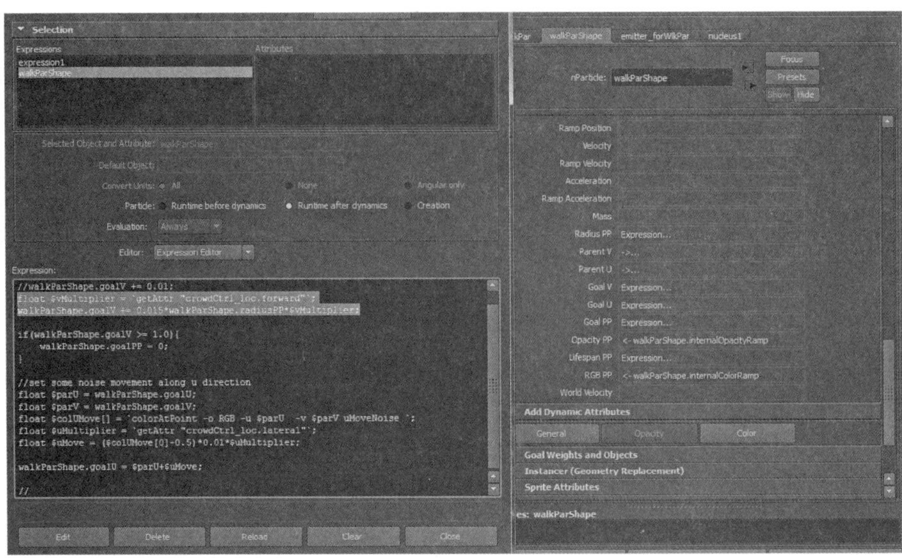

图 5-21

我们引入 crowdCtrl_loc 的目的就是能时刻控制场景中虫子数量及运动变化(包括摆动幅度、频率及前进的快慢),这里读者可以通过以 key 帧的方式来观察,此处略。

在完成基本粒子的运动控制后我们接下来创建粒子替代,首先在大纲视图中依次顺序选择 bugs_walk_group 组下的 beatle_walk_0 至 beatle_walk_15 共 16 个单组,然后执行 nParticle\instancer(Replacement),在弹出的粒子替代设置对话框中将替代节点的名称设为 walk_instancer,其中特别注意将 cycles 设为 Sequential,将 cycle step size 设为 Frames,其余维持默认不变,对话框窗口设置如图 5-22 所示。

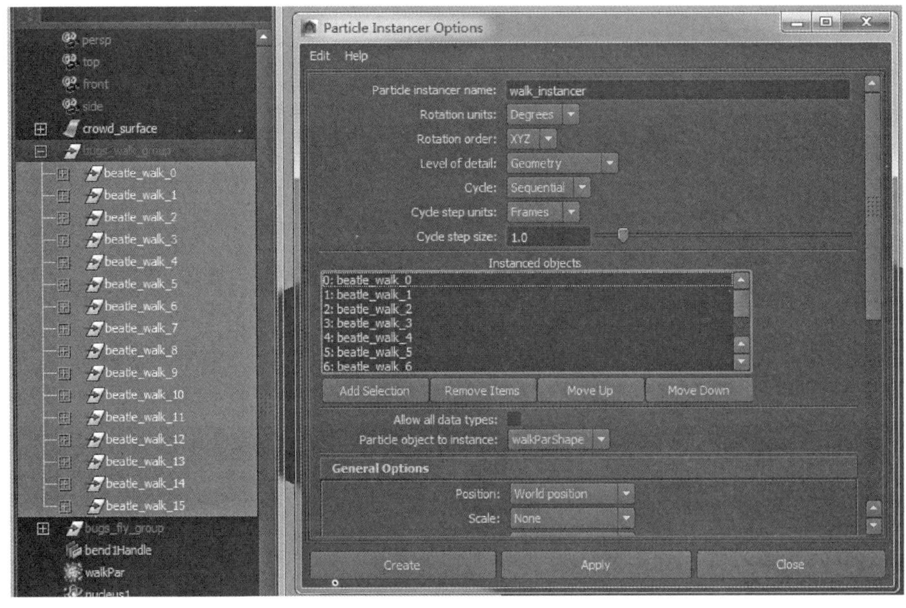

图 5-22

执行后播放场景如图 5-23 所示。

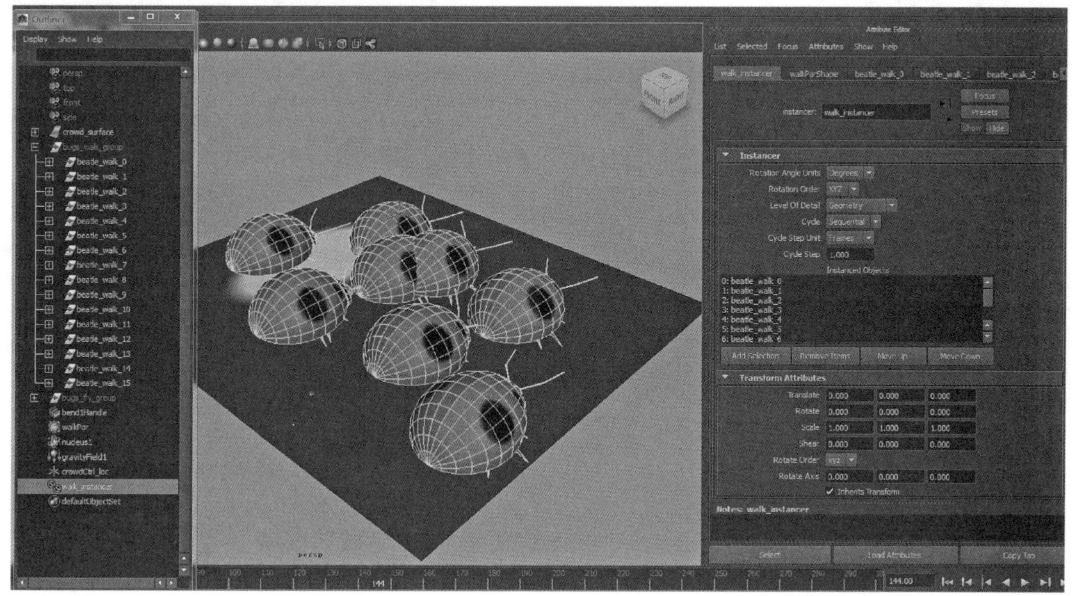

图 5-23

这时场景中粒子替代存在的问题主要有三个，其一是 bug 的大小与粒子大小不匹配，其二是虫子的头朝向与粒子的运动方向不匹配，其三是粒子在运动中的速度方向是时刻变化的，这需要 bug 的身体也要不断调整方向，这一点需要仔细观察，或是先改变 bug 的头朝向之后在观察即可看到。

对于以上三点的调整我们需要回到 walkParShape 节点下进行相应的调整，此时回到 walkParShape 节点下，找到 instancer 卷展栏并打开，此时我们需要对该卷展栏下 General Options 下的 Scale 属性以及 Rotation Options 下的 Aim Direction 与 Aim Axis 三个属性分别进行控制，所列的三个属性分别如图 5-24 所示。

首先为 walkPar 使用 Add Dynamic Attributes 创建两个新的每粒子属性，分别为 cusInsObjScaleVecPP 与 cusInsObjAimAxisVecPP，创建完成后的视窗显示状态如图 5-25 所示。

然后我们为新创建的两个属性分别使用创建表达式进行控制，为 cusInsObjAimAxisVecPP 属性写入如下表达式：

```
//set bugs have right directions when move
walkParShape.cusInsObjAimAxisVecPP = <<0,0,-1>>;
```

上面表达式的含义是将替代物体的目标朝向轴指定为 Z 轴的负向，这是由于 Maya 在默认情况下会将目标朝向轴指定为 X 轴的正向，关于上面的知识点请读者查找 Maya 的官方 Manual。

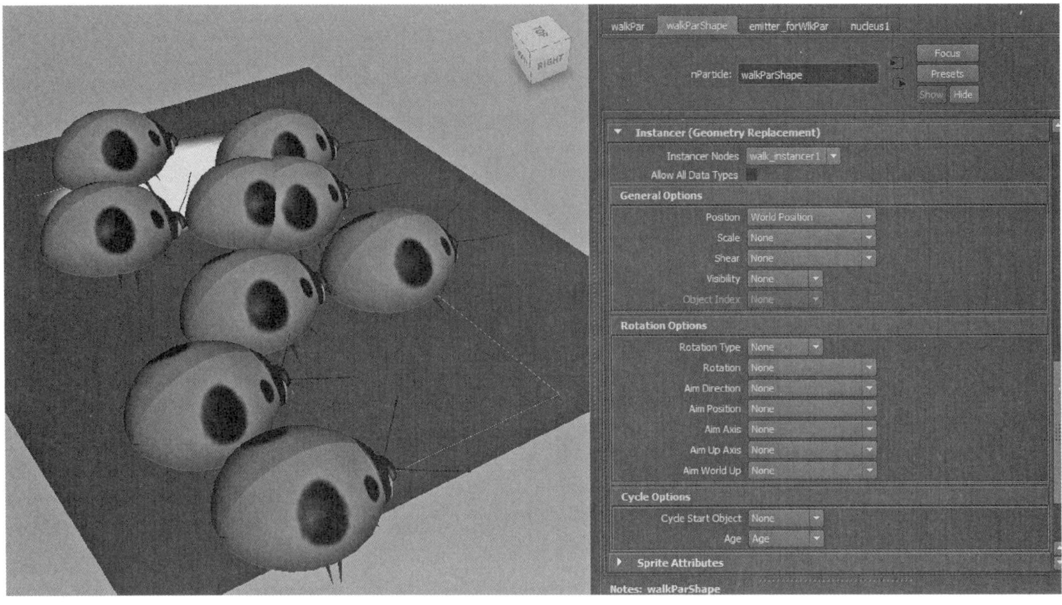
walkPar
walkParShape
emitter_forWlkPar
nucleus1
nParticle: walkParShape
Focus
Presets
Show
Hide
Instancer (Geometry Replacement)
Instancer Nodes walk_instancer1
Allow All Data Types
General Options
Position World Position
Scale None
Shear None
Visibility None
Object Index None
Rotation Options
Rotation Type None
Rotation None
Aim Direction None
Aim Position None
Aim Axis None
Aim Up Axis None
Aim World Up None
Cycle Options
Cycle Start Object None
Age Age
Sprite Attributes
Notes: walkParShape

图 5-24

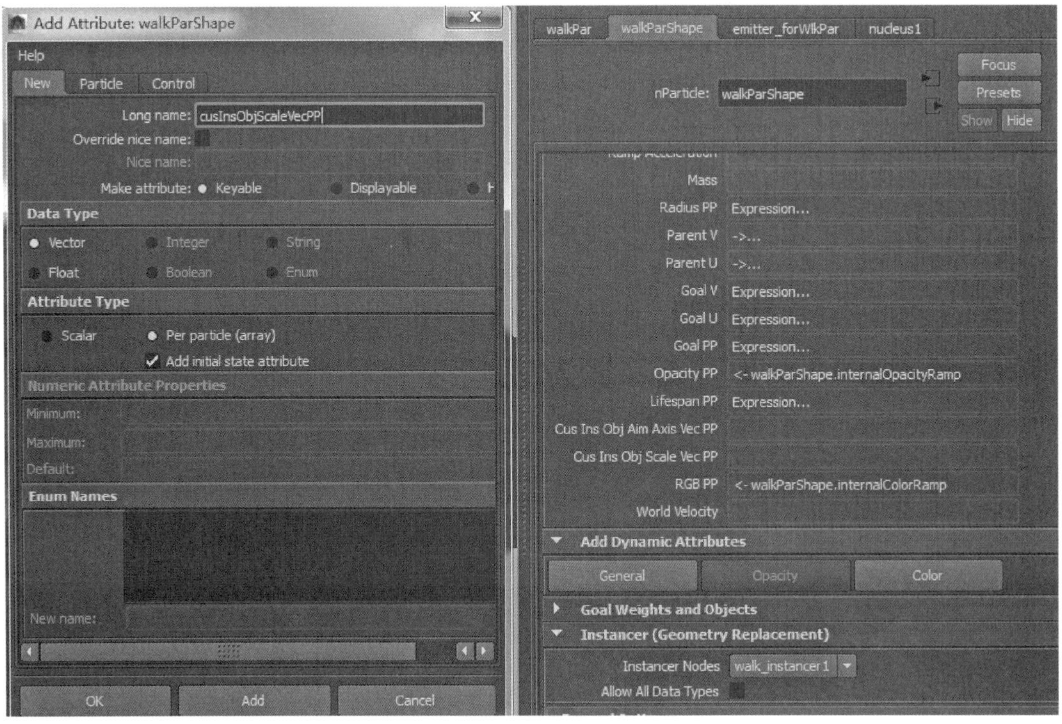
Add Attribute: walkParShape
Help
New
Particle
Control
Long name: cusInsObjScaleVecPP
Override nice name:
Nice name:
Make attribute: Keyable
Displayable
Data Type
Vector
Integer
String
Float
Boolean
Enum
Attribute Type
Scalar
Per particle (array)
Add initial state attribute
Numeric Attribute Properties
Minimum:
Maximum:
Default:
Enum Names
New name:
OK
Add
Cancel
walkPar
walkParShape
emitter_forWlkPar
nucleus1
nParticle: walkParShape
Focus
Presets
Show
Hide
Mass
Radius PP Expression...
Parent V ->...
Parent U ->...
Goal V Expression...
Goal U Expression...
Goal PP Expression...
Opacity PP <- walkParShape.internalOpacityRamp
Lifespan PP Expression...
Cus Ins Obj Aim Axis Vec PP
Cus Ins Obj Scale Vec PP
RGB PP <- walkParShape.internalColorRamp
World Velocity
Add Dynamic Attributes
General
Opacity
Color
Goal Weights and Objects
Instancer (Geometry Replacement)
Instancer Nodes walk_instancer1
Allow All Data Types

图 5-25

为 cusInsObjScaleVecPP 属性写入如下表达式：

```
//set instancer bugs scale value by radiusPP
float $sizeMul = `getAttr "crowdCtrl_loc.bugsScale"`;
walkParShape.cusInsObjScaleVecPP =
    $sizeMul * <<walkParShape.radiusPP,walkParShape.radiusPP,walkParShape.radiusPP>>;
```

上面表达式中第一句的含义获取控制器 crowdCtrl_loc 的 bugsScale 属性值(这需要读者仿照前面的 forward 等属性的创建方法来先创建一个类似属性，本书将此过程略)，第二句的含义将 bugsScale 属性值乘以 radiusPP 后分别作为 cusInsObjScaleVecPP 矢量的三个分量，该句还可以利用“walkParShape. cusInsObjScaleVecPP = $sizeMul * walkParShape. radiusPP;”来替代，处于规范的需要，但本人不推荐读者这么做，两套表达式输入后的视窗显示效果如图 5-26 所示。

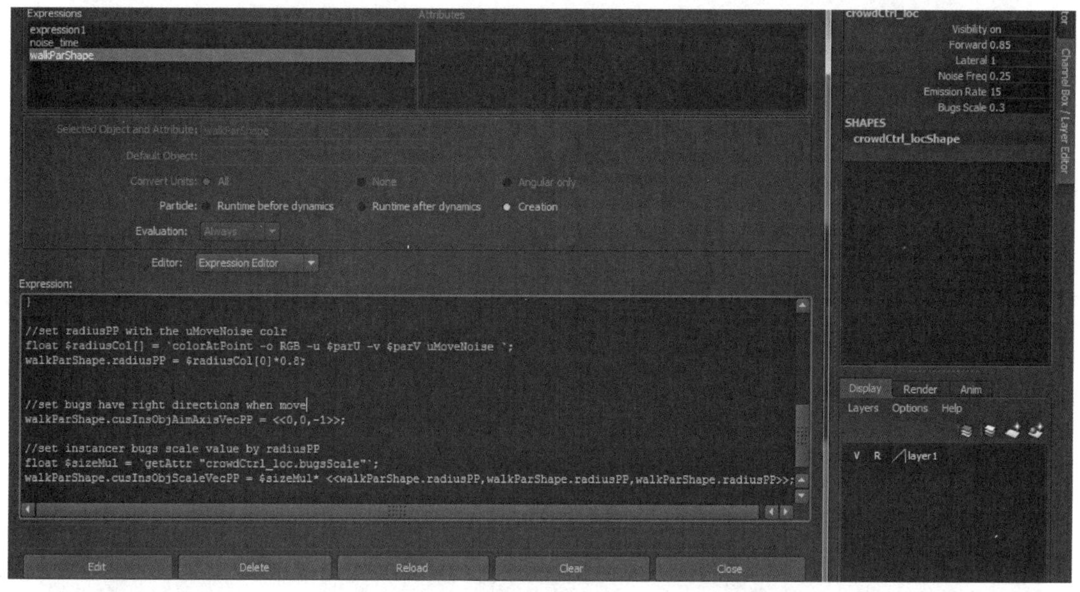

图 5-26

为相应的属性创建完表达式后，就需要我们应用这些属性来控制替代物体的形态，在 General Options 卷展栏中将 Scale 的控制切换为 cusInsObjScaleVecPP 控制，在 Rotation Options 卷展栏中将 Aim Direction 切换为 velocity，将 Aim Axis 切换为 cunInsObjAimAxisVecPP，切换后在播放场景，则效果如图 5-27 所示。

此时观察场景基本正常，但我们在图 5-27 中下落的虫子，会发现其下落的朝向有些怪异，这个问题我们会在后面解决。我们在前面创建 crowd_surface 时，曾经为其制作了 bend 变形器，此时我们将 curvature 调整至 90，然后播放观察场景，效果如图 5-28 所示。

此时我们观察 bugs 的运动状态就完全与 crowd_surface 的形态不吻合了，此时若想保证 bugs 在运动汇总完全贴合平面表面，就需要使用 walkPar 粒子型节点下面的 Aim World

Up 属性来控制(该属性与 Aim Direction 和 Aim Axis 属性附属于同一个卷展栏)。

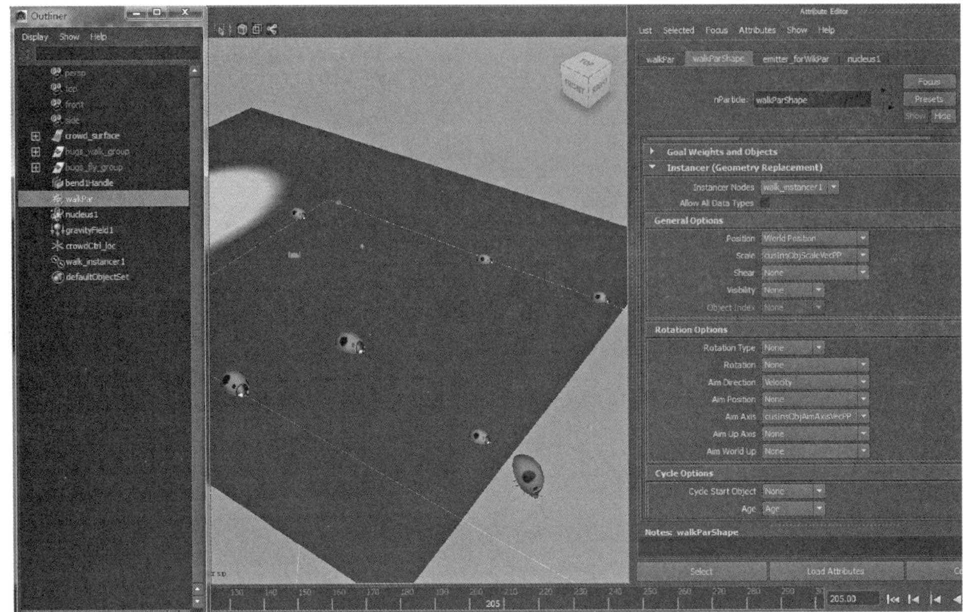

图 5-27

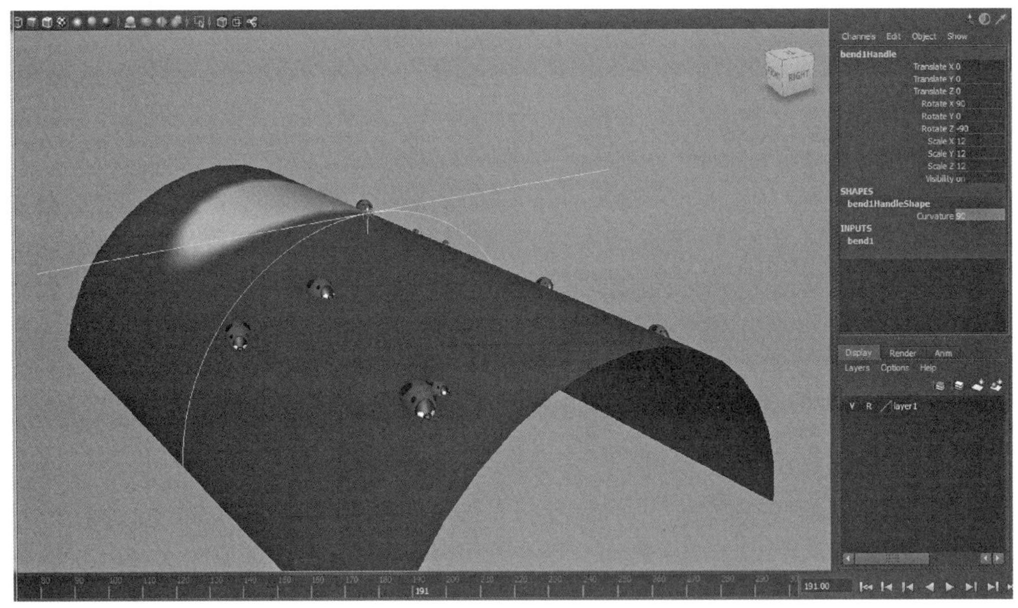

图 5-28

我们首先为 walkPar 创建一个新的每粒子浮点属性,名称为 cusInsAimWorldUpVecPP,然后为其添加创建表达式与运行表达式(Runtime Aftere Dynamics),在创建表达式中添加表达式如下:

```
//set bugs's up-direction coincide with the surface normal
vector $upNormal = 'pointOnSurface-u $parU -v $parV-normal crowd_surface';
walkParShape.cusInsAimWorldUpVecPP = $upNormal;
```

在运行表达式(Runtime Aftere Dynamics)中添加表达式如下：

```
//set bugs's up-direction coincide with the surface normal
float $newParU = walkParShape.goalU;
float $newParV = walkParShape.goalV;
vector $upNormal = 'pointOnSurface -u $newParU -v $newParV -normal crowd_surface';
walkParShape.cusInsAimWorldUpVecPP = $upNormal;
```

在上面的表达式中我们引入了新的 Mel 命令 pointOnSurface，该命令在确定 U、V 情况下能返回指定 NURBS 表面点的位置(position)、法线(normal)等一系列信息，有关该命令的具体使用方法请读者参考 Maya 的官方 help document。

我们为了规范起见，故在创建表达式中对 cusInsAimWorldUpVecPP 属性也进行了定义，在日常应用中可以不进行，一帧的差别一般不容易看到。但是注意，如果在创建表达式中也进行定义，则 U、V 的取值可来自于 goalU、GoalV，也可来自 parentU、parentV，此处略。图 5-29 与图 5-30 分别是两种表达式添加后的场景截图。

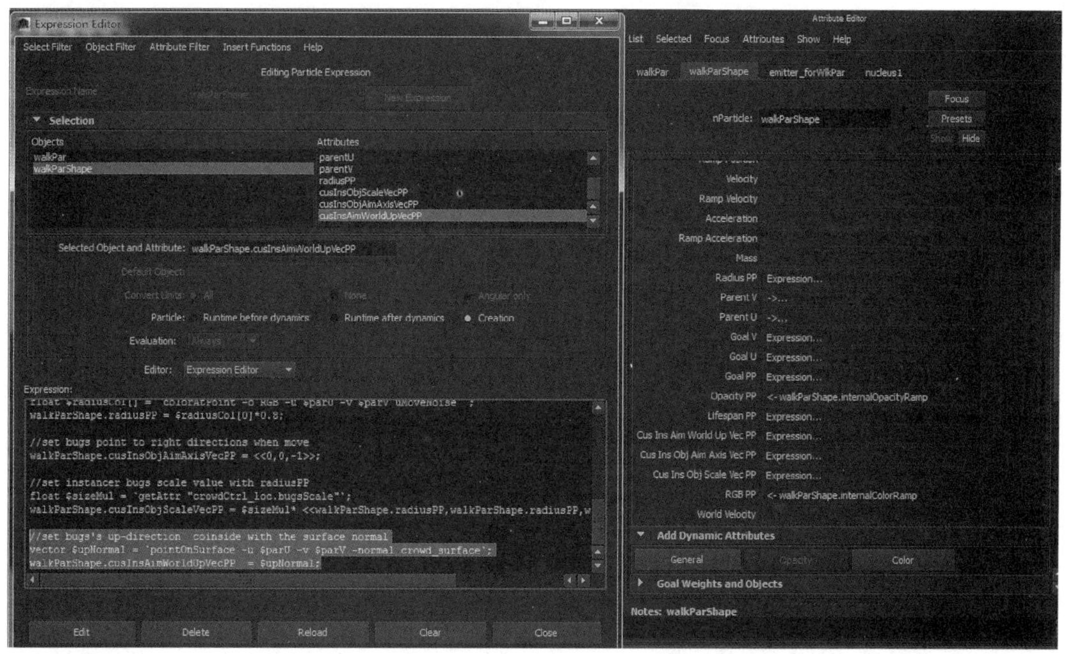

图 5-29

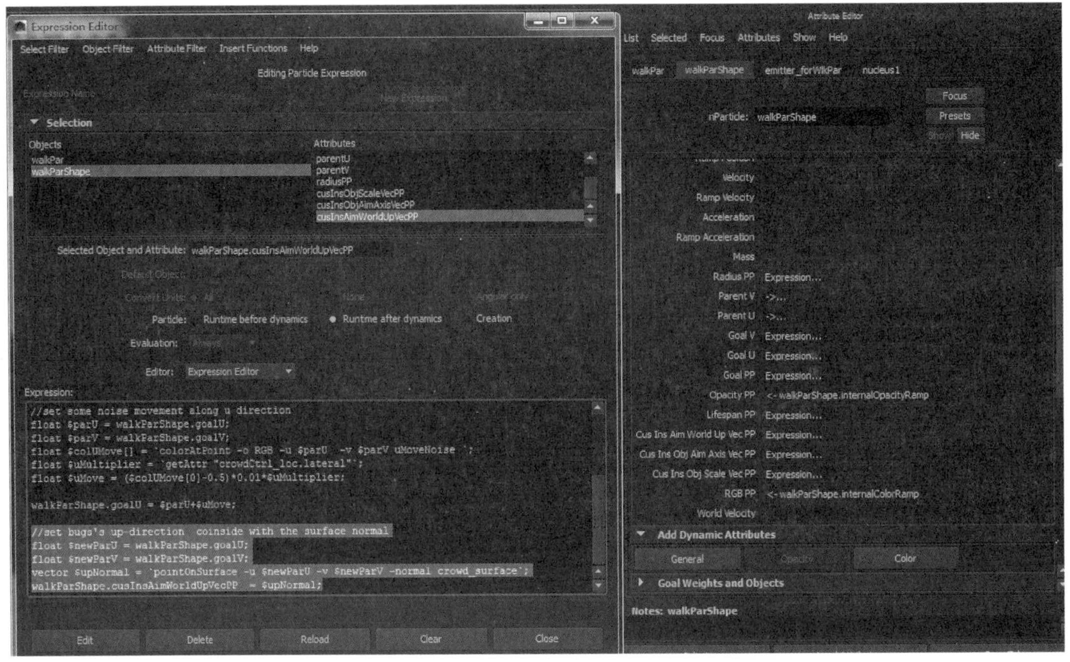

图 5-30

然后我们将 Aim World Up 控制选项切换为我们的新建属性 cusInsAimWorldUpVecPP，并重新播放场景，则场景效果显示如图 5-31 所示。

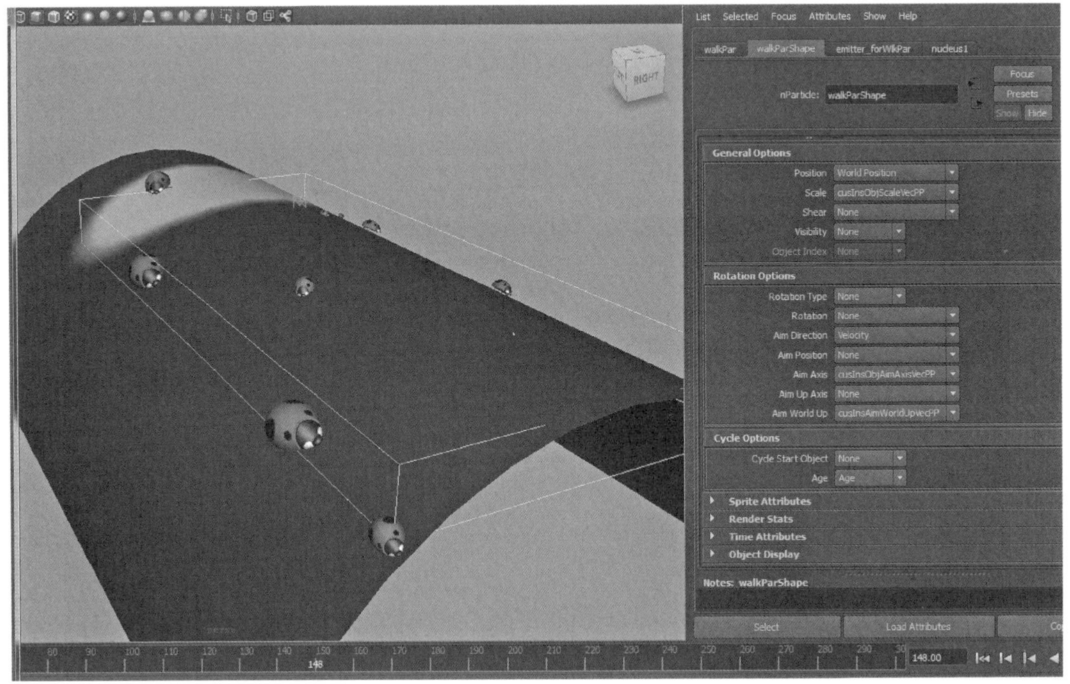

图 5-31

现在有关 walkPar 在 crowd_surface 表面的运动形态我们就基本控制完成了，在播放动画中我们发现 walkPar 在离开物体表面后由于 Gravity 的影响直接向下掉落，由于我们在场景中还准备了一套 bugs 起飞的动画，那么就考虑另一种情形，就是 walkPar 在运动到 crowd_surface 边缘后能直接起飞，其解决方法至少有两种，我们采用一种较为直接的方法，及时利用一套新粒子来实现，而这套新粒子则是有 walkPar 处在合适的时机或位置处发射出来。

首先我们利用 nParticle tool 工具在场景中创建新的 nParticle，并将其命名为 flyPar，注意一定要将 Number of Particle 选项设为 0，然后我们在场景空白处随便画一笔后按"enter"确定，此时场景会产生一个 flyPar 粒子节点，设置面板与场景显示分别如图 5-32 所示。

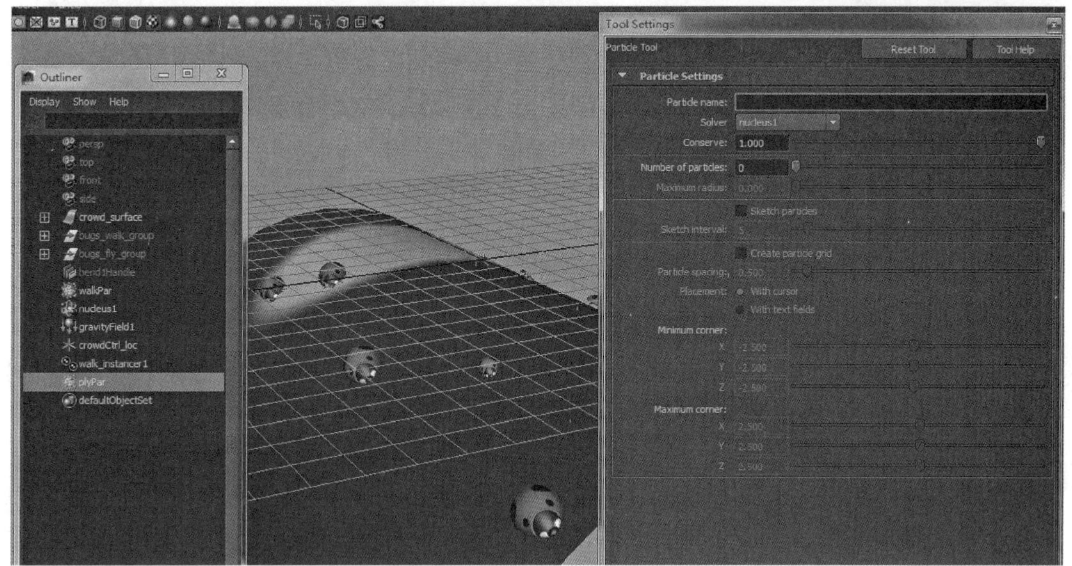

图 5-32

在这种情形下创建的 flyPar 粒子其实质是没有任何真正粒子的，但是我们可以借助一个 Mel 命令 emit 来为其不断添加粒子，而添加粒子的方式则是在 walkPar 粒子中使用运行表达式来进行。

在为 walkPar 添加新的表达式之前，我们先为 flyPar 添加一个 uniformField，并将大小设为 15，Attenuation 设为 0，方向设为〈〈1，1，0〉〉，并将其重新改名为 uniformField_forFlyPar，该场的设置过程略。

接下来为 walkPar 在 Runtime After Dynamic 中添加如下表达式：

```
//emit new flyPar
vector $pos = walkParShape.position;
vector $vel = walkParShape.velocity;
if(walkParShape.goalV > 0.89){
walkParShape.lifespanPP = 0;
```

```
emit -object flyParShape -position ($pos.x)($pos.y)($pos.z)
    -at velocity -vectorValue ($vel.x)($vel.y)($vel.z);
}
```

表达式输入情况如图 5-33 所示。

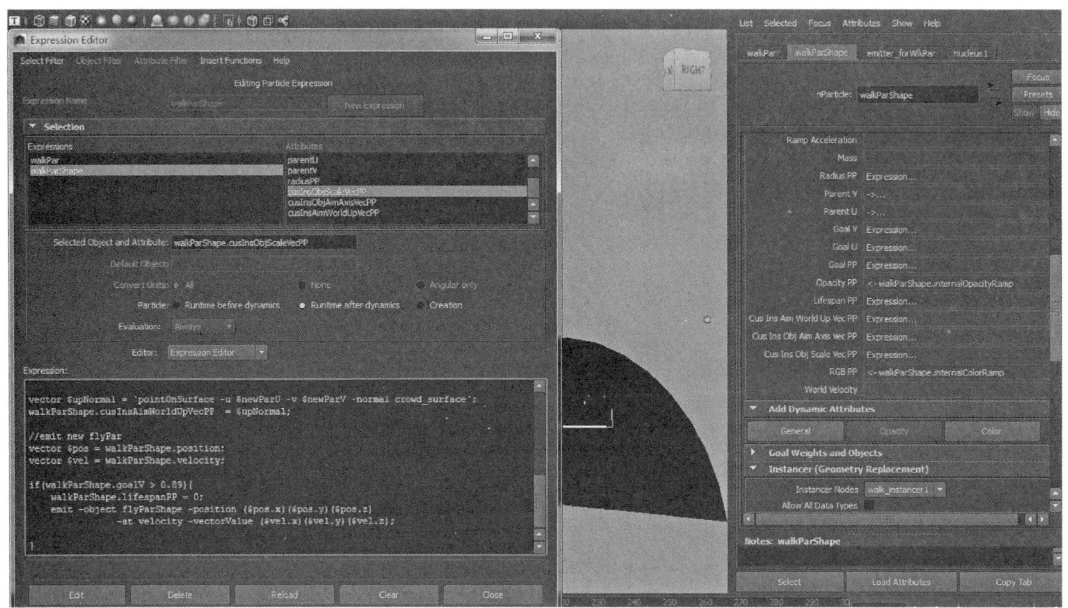

图 5-33

上述表达式中有关 emit 命令的用法请读者参考 Maya 的官方帮助手册，在此不再细讲，此时重新播放动画，场景显示如图 5-34 所示。

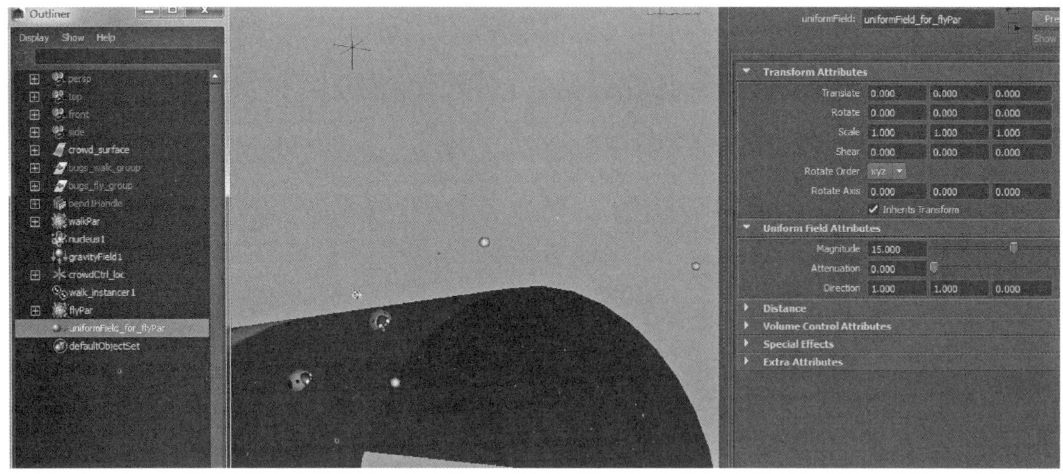

图 5-34

在图 5-34 中我们可以看到 flyPar 的粒子由 walkPar 发射并在 uniformField 的作用下向前上方运动，此时我们要使用场景中 bug 的飞行动画序列对其进行粒子替换，首先选择 bugs_fly_group 组中的 beatle_fly_0 至 beatle_fly_15 的动画序列，然后执行 nParticle\instancer(Replacement)，在弹出的对话框中进行如图 5-35 所示的设置(其实与前面 walkPar 的基本设置相同)。

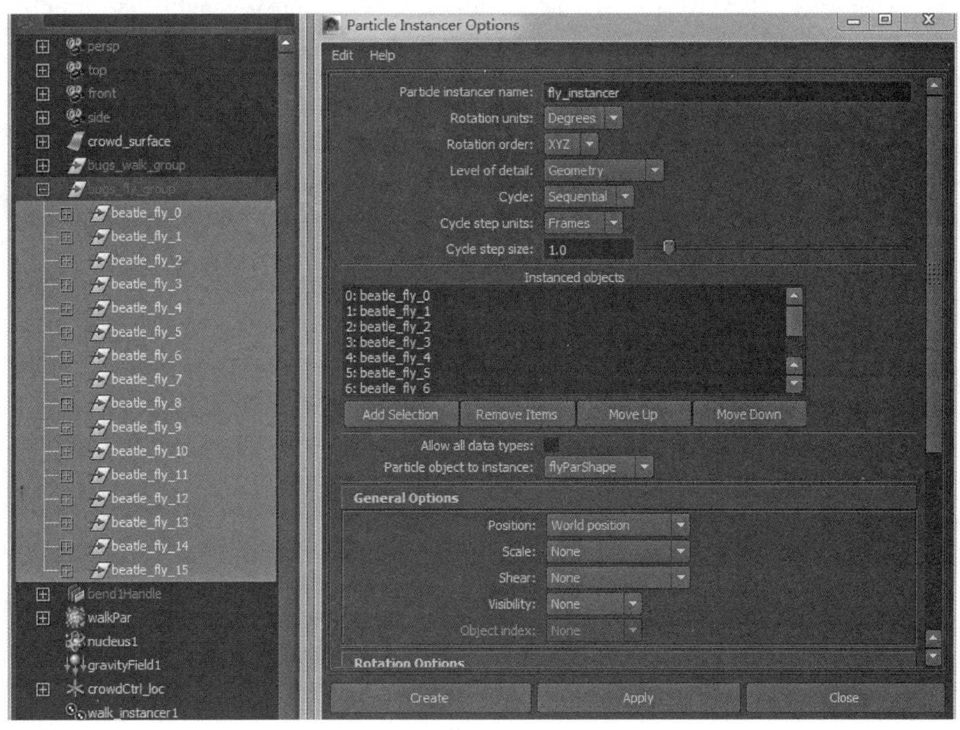

图 5-35

此时播放场景，动画效果如图 5-36 所示。

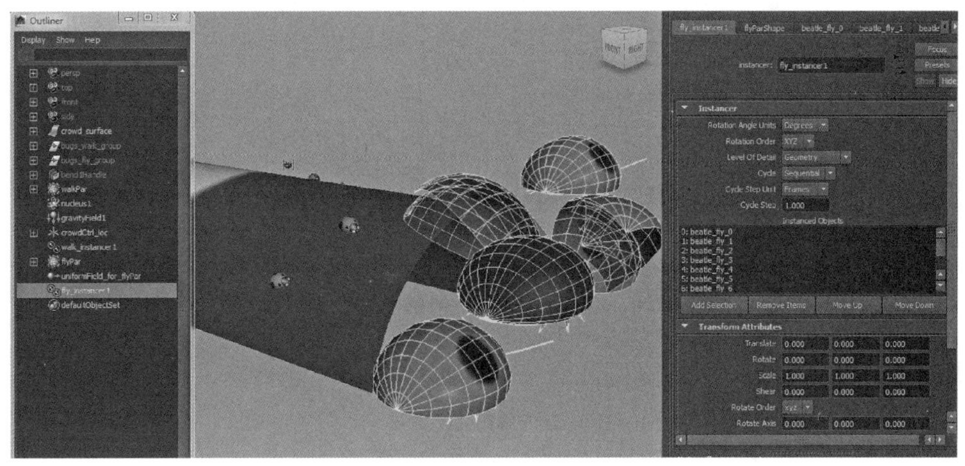

图 5-36

此时 flyPar 的粒子提花效果与 walkPar 的开始替换效果非常相似，我们在前面的表达式中只对 walkPar 粒子对的 position、velocity 属性进行了传递，故我们还需要对 walkPar 粒子的自定义的 cusInsObjScaleVecPP、cusInsObjAimAxisVecPP、cusInsAim-WorldUpVecPP 等属性进行传递，然后将相应的属性应用 fly_instancer1 中，这样就能保证 flyPar 形态上与原来的 walkPar 完全一样了。此时我们需要为 flyPar 粒子新添加一些属性，为了统一，这些新属性在命名上及类型上可以完全和 walkPar 的一样：cusInsObj-ScaleVecPP、cusInsObjAimAxisVecPP、cusAimWorldUpVecPP，故先为 flyPar 新创建新属性，创建过程略。图 5-37 是 flyPar 粒子创建完属性之后的效果。

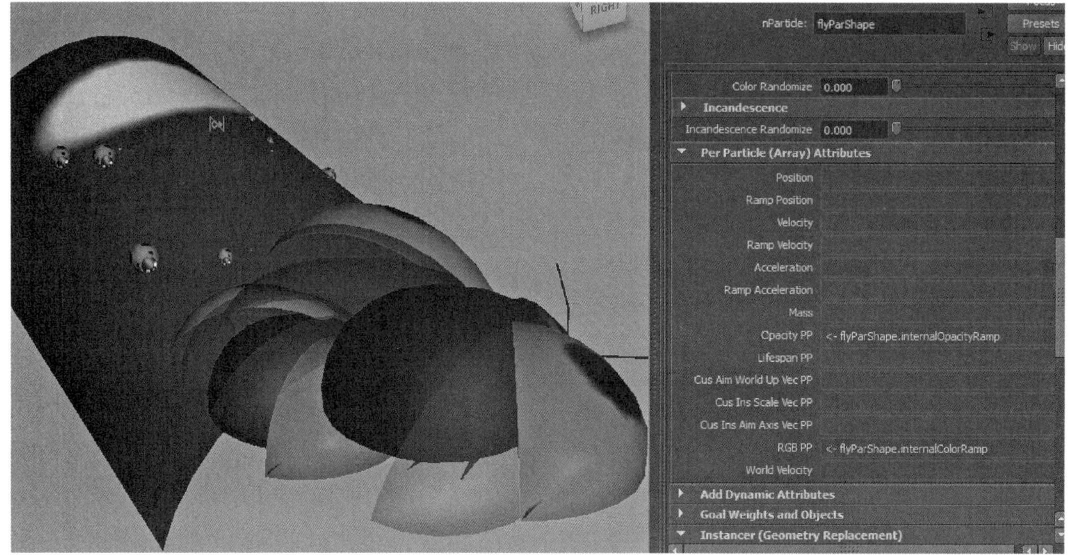

图 5-37

在图 5-37 中这些属性虽然被创建出来，但比较特殊的是这些属性的数值由相应的发射粒子 walkPar 来决定，此时我们需要回到 walkPar 粒子的运行表达式中来为 emit 命令添加一些参数。下面这些表达式就是我们需要重新添加的表达式：

```
//emit new flyPar
vector $pos = walkParShape.position;
vector $vel = walkParShape.velocity;
vector $scale = walkParShape.cusInsObjScaleVecPP;
vector $aimWorldUp = walkParShape.cusInsAimWorldUpVecPP;
if(walkParShape.goalV > 0.89){
walkParShape.lifespanPP = 0;
emit-object flyParShape-position ($pos.x)($pos.y)($pos.z)
            -at velocity-vectorValue ($vel.x)($vel.y)($vel.z)
            -at cusInsScaleVecPP-vectorValue ($scale.x) ($scale.y) ($scale.z)
            -at cusInsAimAxisVecPP-vectorValue 0 0 -1
```

```
        -at cusAimWorldUpVecPP-vectorValue ($aimWorldUp.x) ($aimWorldUp.y)
($aimWorldUp.z);
    }
```

表达式在 walkPar 中重新改写后输入状态如图 5-38 所示。

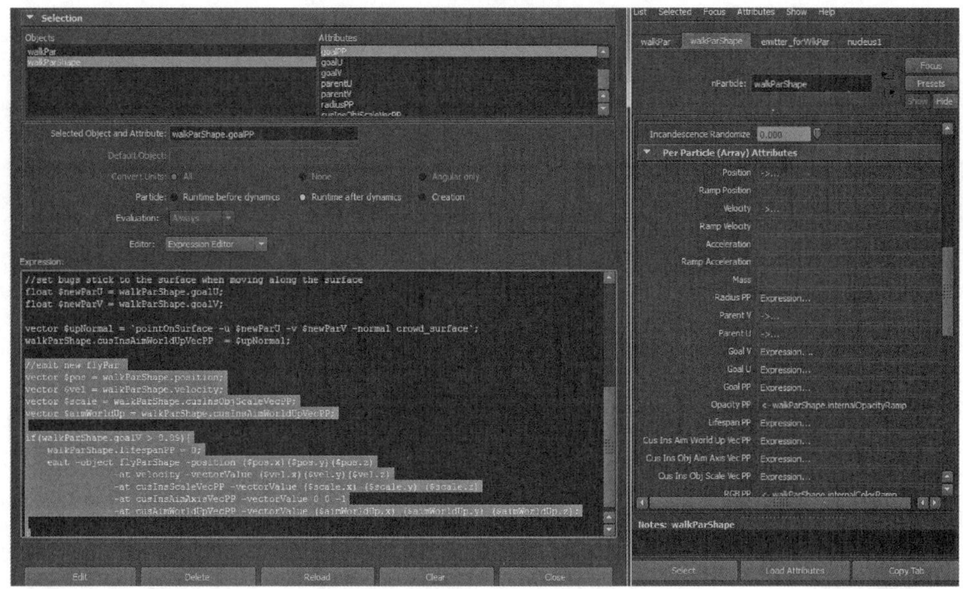

图 5-38

此时需要读者清楚 flyPar 与 walkPar 一样具有了三个相同的属性，但它们所带有的数值状态是不一样的，flyPar 所具有的都是创建属性，而三个属性在 walkPar 中则是不同的。

接下来是要在 flyPar 中启用三个属性，使 flyPar 能在形态上与 walkPar 具有一致性，启用位置与 walkPar 基本一样，此时播放场景及 flyPar 的 instancer 属性设置如图 5-39 所示。

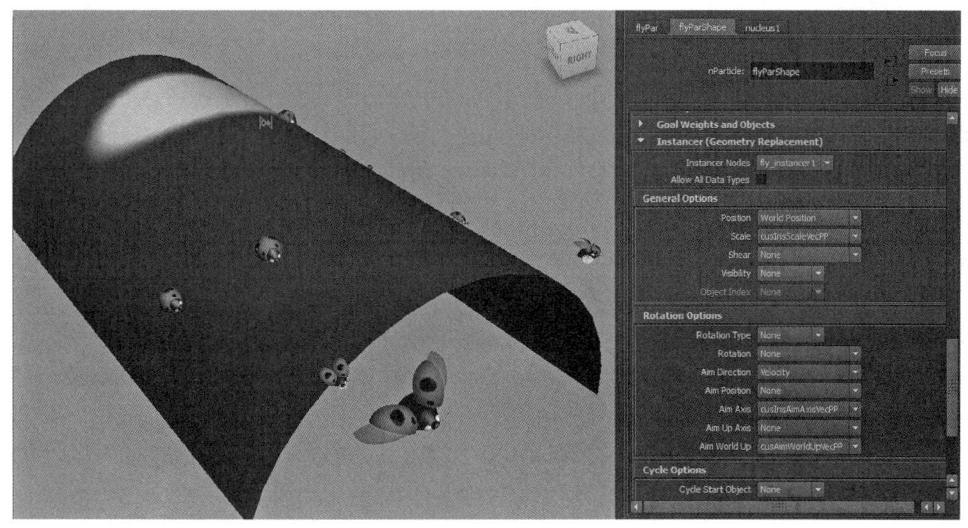

图 5-39

此时我们将深入地解决 flyPar 的另一个问题，即飞行中倾斜问题。由于需要 flyPar 生成时要与 walkPar 在形态上保持一致性，故使用了一个 cusAimWorldUpVecPP 属性，而该属性的取值是以 crowd_surface 表面的法线为取值的，因此其与真正的世界坐标系下的向上轴〈〈0,1,0〉〉是有区别的。如果想看到区别此时需要将透视图做一些调整之后才能观察到，将视图调整到如图 5-40 所示。

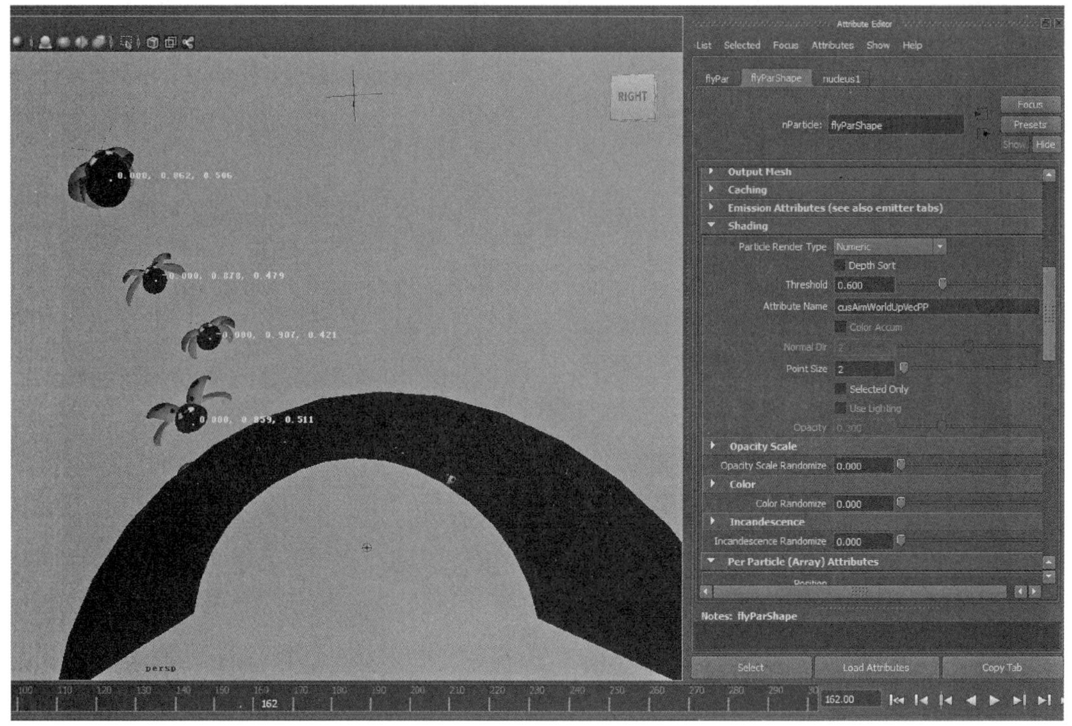

图 5-40

此时我们就会观察到 flyPar 一直是倾斜着飞行的，我们需要将其 aimWorldUp 的取值逐渐由原来的 cusAimWorldUpVecPP 所控制的多样化取值逐渐过渡到统一的〈〈0,1,0〉〉的取值上来，这就需要我们在 flyPar 的 cusAimWorldUpVecPP 上进行表达式控制，下面就是要对 cusAimWorldUpVecPP 进行动态控制的表达式：

```
vector $target = 〈〈0,1,0〉〉;
vector $ini = flyParShape.cusAimWorldUpVecPP;
vector $difNew = $target - $ini;
vector $sliceNew = $difNew/12.0;
vector $newAWUP = $ini + $sliceNew;
flyParShape.cusAimWorldUpVecPP = $newAWUP;
```

上面的表达式涉及了一点矢量的加减法运算，其具体含义请读者参考相关资料，在此不再详细阐述。然后我们还是按习惯将其输入到 parFly 的 runtime After Dynamic 模式下，

图 5-41是该表达式输入后的场景截图。

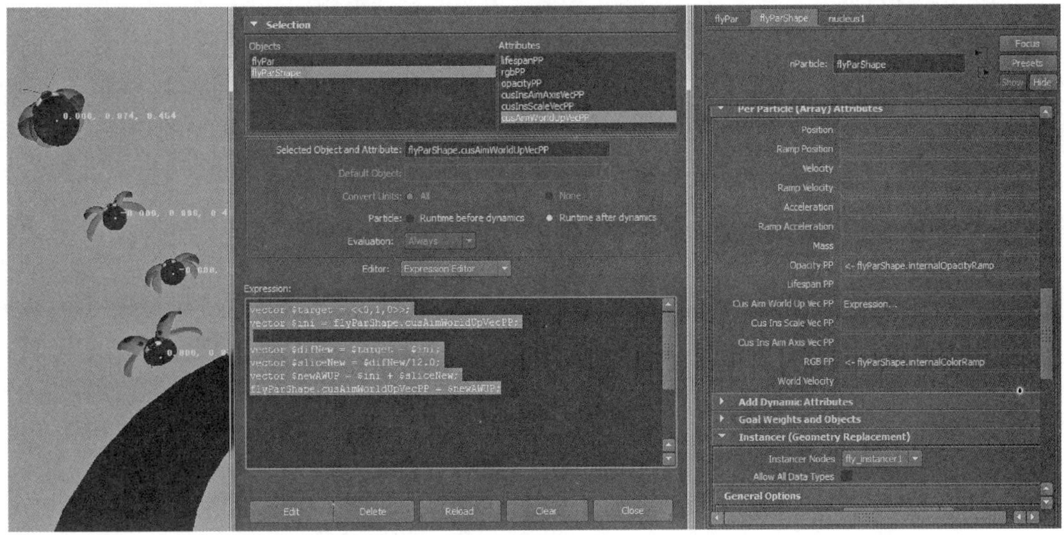

图 5-41

此时再播放场景,可看见 cusAimWorldUpVecPP 属性会逐渐向<<0,1,0>>靠拢,效果如图 5-42 所示。

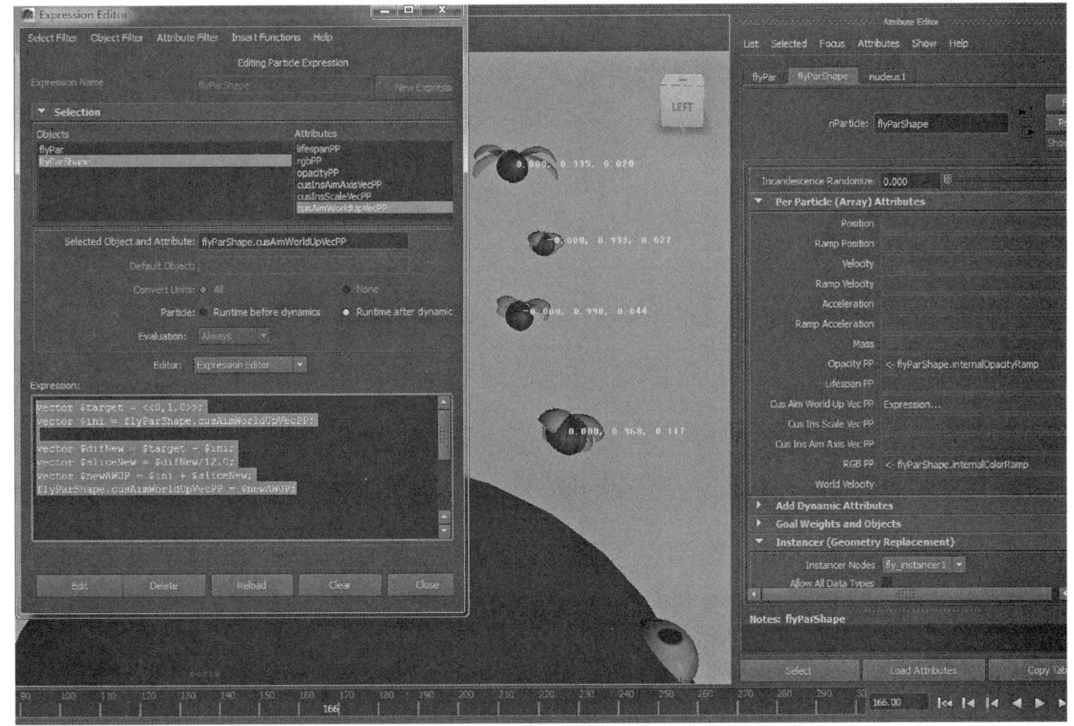

图 5-42

现在我们来分析一下，觉得这些 walkPar 不能都要起飞，而应该还有部分会向下掉落才行，这时我们还可以采取与创建 flyPar 相类似的方法来创建他们，但这里需要注意的是需要为 walkPar 创建一个随机属性，当这个随机属性满足不同条件会生成不同 bug(起飞或掉落)。这里我们为 walkPar 创建的随机属性命名为 cusEmitFlyOrFallFloatPP，其取值范围是 0～1 之间的随机值，这里我们还为 crowdCtrl_loc 创建了一个 fallOrFly 的属性，其取值范围也是 0～1，然后通过两者之间的大小比较来确定哪些 walkPar 会起飞，哪些 walkPar 会掉落。

此时就需要我们继续回到 walkPar 来改写表达式，并要在场景中手动创建一个空的粒子物体，该粒子物体用来模拟掉落的 bugs，可重命名为 fallPar，并为其创建和 flyPar 相雷同的一些属性，以便在 walkPar 发射时将自身的相应属性传递过去，具体的操作过程这里不详细阐述，请读者能够举一反三。下列表达式是 walkPar 最终的创建表达式，其中加粗显示的是为 cusEmitFlyOrFallFloatPP 赋值的语句：

```
walkParShape.goalU = walkParShape.parentU;
walkParShape.goalV = walkParShape.parentV;
walkParShape.goalPP = 1;
walkParShape.cusEmitFlyOrFallFloatPP = rand(1);

float $parU = walkParShape.parentU;
float $parV = walkParShape.parentV;

//kill some particles in dark aree
float $birthCol[] = 'colorAtPoint-o RGB-u $parU-v $parV birthZoneMap';
if ($birthCol[0] < 0.4){
walkParShape.lifespanPP = 0;}
else{
walkParShape.lifespanPP = 20;}

//set radiusPP with the uMoveNoise colr
float $radiusCol[] = 'colorAtPoint-o RGB-u $parU-v $parV uMoveNoise';
walkParShape.radiusPP = $radiusCol[0] * 0.8;

//set instancer bugs scale value with radiusPP
float $sizeMul = 'getAttr "crowdCtrl_loc.bugsScale"';
walkParShape.cusInsObjScaleVecPP = $sizeMul * <<walkParShape.radiusPP,
walkParShape.radiusPP,walkParShape.radiusPP>>;

//set bugs point to right directions when move
walkParShape.cusInsObjAimAxisVecPP = <<0,0,-1>>;
```

```
//set bugs stick to the surface
vector $upNormal = `pointOnSurface-u $parU-v $parV-normal crowd_surface`;
walkParShape.cusInsAimWorldUpVecPP = $upNormal;
```

下列表达式是 walkPar 最终的 Runtime After Dynamics 表达式，注意对加粗语句的理解：

```
//move along V direction and set goalPP 0
//walkParShape.goalV += 0.01;
float $vMultiplier = `getAttr "crowdCtrl_loc.forward"`;
walkParShape.goalV += 0.015 * walkParShape.radiusPP * $vMultiplier;

//if(walkParShape.goalV >= 1.0){
// walkParShape.goalPP = 0;}

//set some noise movement along u direction
float $parU = walkParShape.goalU;
float $parV = walkParShape.goalV;
float $colUMove[] = `colorAtPoint-o RGB-u $parU-v $parV uMoveNoise`;
float $uMultiplier = `getAttr "crowdCtrl_loc.lateral"`;
float $uMove = ($colUMove[0]-0.5) * 0.01 * $uMultiplier;
walkParShape.goalU = $parU+ $uMove;

//set bugs stick to the surface when moving along the surface
float $newParU = walkParShape.goalU;
float $newParV = walkParShape.goalV;

vector $upNormal = `pointOnSurface-u $newParU-v $newParV-normal crowd_surface`;
walkParShape.cusInsAimWorldUpVecPP = $upNormal;

//emit new flyPar or fallPar
vector $pos = walkParShape.position;
vector $vel = walkParShape.velocity;
vector $scale = walkParShape.cusInsObjScaleVecPP;
vector $aimWorldUp = walkParShape.cusInsAimWorldUpVecPP;

float $fallOrFly = `getAttr "crowdCtrl_loc.fallOrFly"`;
if(walkParShape.goalV > 0.89 &&walkParShape.cusEmitFlyOrFallFloatPP >= $fallOrFly){
walkParShape.lifespanPP = 0;
emit -object flyParShape-position ($pos.x)($pos.y)($pos.z)
```

```
        -at velocity －vectorValue ( $vel.x)( $vel.y)( $vel.z)
        -at cusInsScaleVecPP －vectorValue ( $scale.x) ( $scale.y) ( $scale.z)
        -at cusInsAimAxisVecPP －vectorValue 0 0 －1
        -at cusAimWorldUpVecPP － vectorValue ( $aimWorldUp. x) ( $aimWorldUp. y)
( $aimWorldUp.z);
    }

    if(walkParShape.goalV > 0.98 && walkParShape.cusEmitFlyOrFallFloatPP < $fallOrFly){
    walkParShape.lifespanPP = 0;
    emit -object fallParShape-position ( $pos.x)( $pos.y)( $pos.z)
        -at velocity-vectorValue ( $vel.x)( $vel.y)( $vel.z)
        -at cusInsScaleVecPP-vectorValue ( $scale.x) ( $scale.y) ( $scale.z)
        -at cusInsAimAxisVecPP-vectorValue 0 0 －1
        -at cusAimWorldUpVecPP － vectorValue ( $aimWorldUp. x) ( $aimWorldUp. y)
( $aimWorldUp.z);
    }
```

上面语句中，带有“//”标识的语句是不被执行的语句，大部分是为了说明，少部分是动画模拟过程中起调试作用的语句，但后面不需要其执行但也没有删掉的语句。图 5-43 是动画模拟的最终状态。

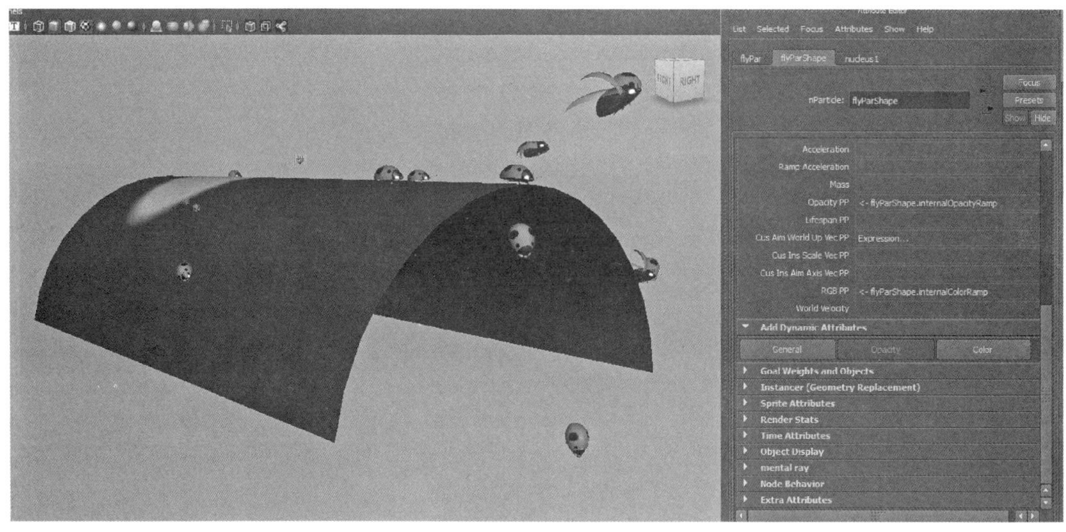

图 5-43

如果从项目流程角度讲，模拟动画制作完成只表示某一效果是可以达成的，由于 Maya 节点化作的并不如 Houdini 等软件那么彻底，因此将该效果应用到真正的项目流程中还是稍微麻烦一些，但如果读者对 Maya 的应用比较熟练的话也不难，这需要读者能熟练地查看 Maya 的节点连接图，即 Hypergraph。图 5-44 是我们在 Hypergraph 中查看 crowd_surface

与 Emitter_forWalkPar 之间的关系图，当我们将鼠标放在相应的连线上，那么相应连线所表示的属性关系就会显示出来，而在本特效模拟转换中，我们重要的就是转换这种属性关系。

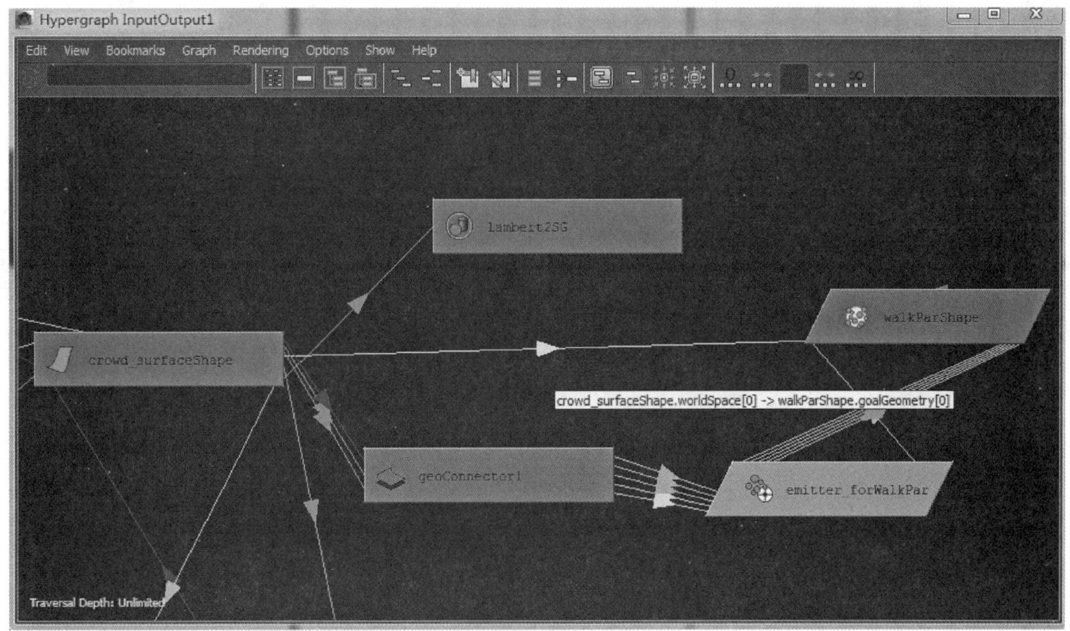

图 5-44

如果想将该效果应用到流程中，那么首先重要的是要与项目的场景匹配，这里可能要重新构建一个新的发射模型（NURBS 类型的 Tube），然后将原模拟效果的 nParticle 系统 transfer 到新建的 Tube 物体上，下面是用到的脚本，主要 connectAttr 命令，关于该命令的详细使用请读者查看相应的 Maya 的命令手册。

```
//
connectAttr-f tubeShape.local geoConnector1.localGeometry;
connectAttr-f tubeShape.message geoConnector1.owner;
connectAttr-f tubeShape.worldMatrix[0] geoConnector1.worldMatrix;
parent emitter_forWalkPar tube;
//
connectAttr-f tubeShape.worldSpace[0] walkParShape.goalGeometry[0];
//
//vector $upNormal = 'pointOnSurface-u $newParU-v $newParV-normal crowd_surface';
vector $upNormal = 'pointOnSurface-u $newParU-v $newParV-normaltube';
```

在上面的 Mel 命令中主要完成了三个方面的内容，第一部分是完成了发射器的转化，第二部分是完成 walkPar 的 goal 目标的转化，第三部分则是需要我们回到 walkPar 的运行表达式中进行一下修改（由于我们没有 pointOnSurfaceInfo 节点），因此无法使用相似的

ConnectAttr 命令来直接完成。图 5-45 是我们按照镜头简单重建场景之后并传递模拟系统之后播放场景的效果，特别是左侧显示的渲染镜头，虫子基本上与管型物体的形态相匹配，如果在往下进行操作，则是完成遮挡模型、灯光、渲染设置等操作了，由于与本书主旨不相符，故略。

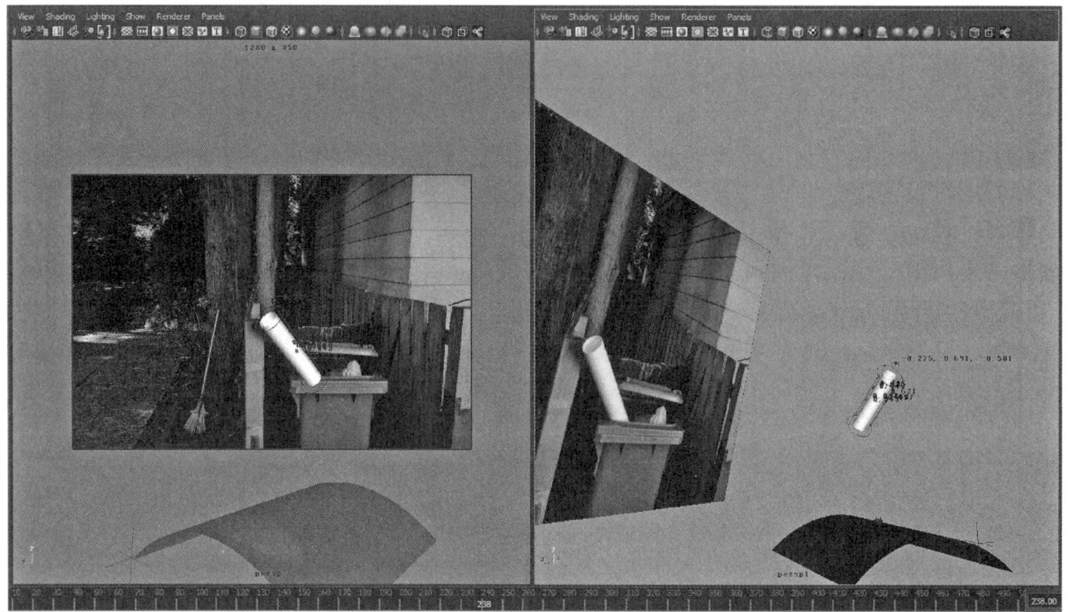

图 5-45

6 第六章

nCloth 布料模拟——舞者短裙

Maya 的 nCloth 系统本质是基于 nParticle 系统下的 Maya 柔体(SoftBody)功能的增强,其在 Maya 中最典型的优势就是可以进行各种布料模拟(当然其功能并不局限于此,我们会在后面进行阐述),在本章中我们主要是利用其完成一舞者的短裙模拟,图 6-1 是已经完成的测试渲染图。

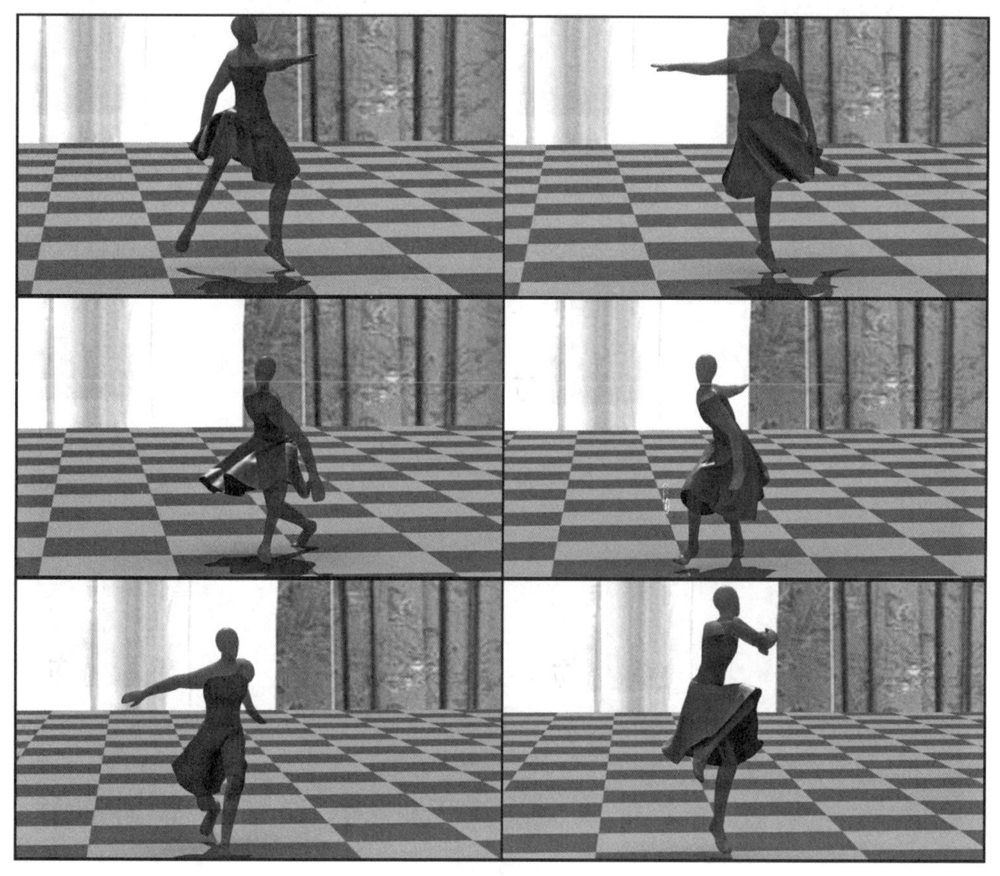

图 6-1

在制作之前还是要先准备场景,此场景我们使用了 Maya 在 visor 中自带的 Mocap 文件 dancer1,鼠标右键将其导入到场景即可,如图 6-2 所示。

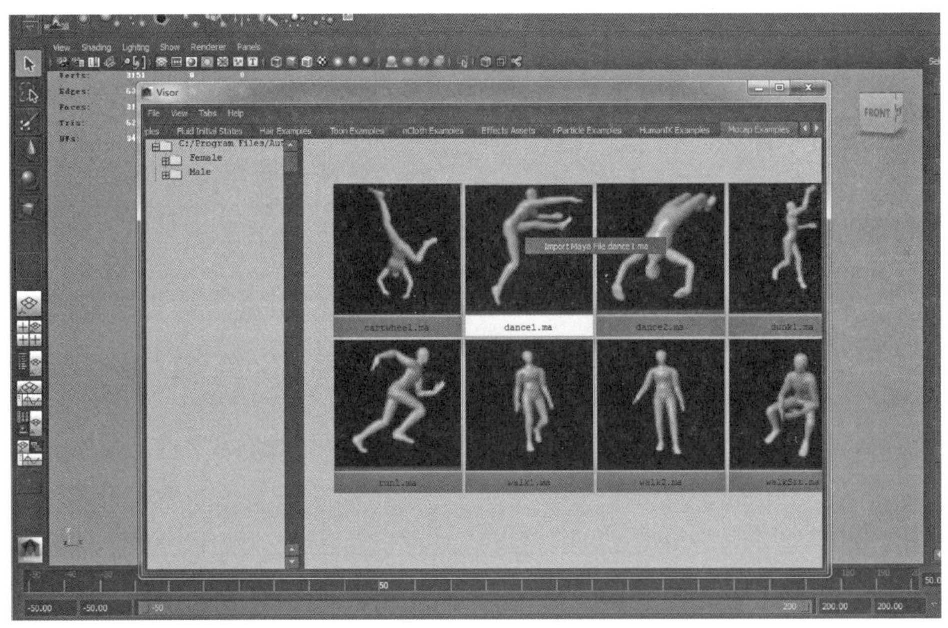

图 6-2

该 Mocap 文件是动作捕捉动画文件，角色动画非常自然。但由于此角色的动画序列有一部分是角色在地面上滚动动作，在模拟中可能会在成布料的穿帮比较厉害，因此我们需要对其删减（利用动画曲线编辑器删除不用的骨骼动画帧即可，注意－1 帧的关键帧不要删），只保留部分即可，使用的范围是 150 至 250，重新整理后的场景如图 6-3 所示。

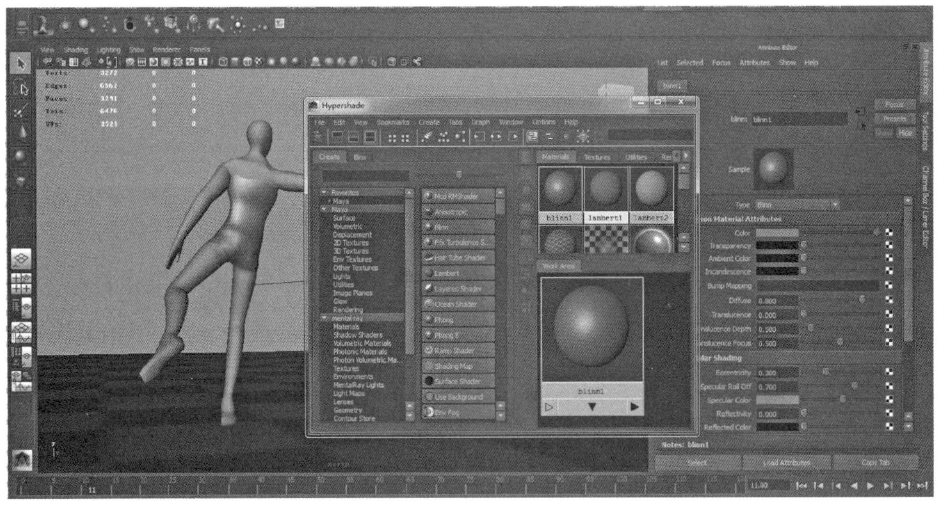

图 6-3

在图 6-3 中我们为角色的躯干部分简要地指定一个 blinn 材质球，在完成基本的场景准备后，我们在场景中为角色创建短裙，只是通过简单的 Cylinder 进行处理即可，在建模中尽量使模型的四边面均匀分布，这会提升布料模拟的效果（具体过程不再详述），完成后的短裙模型效果如图 6-4 所示。

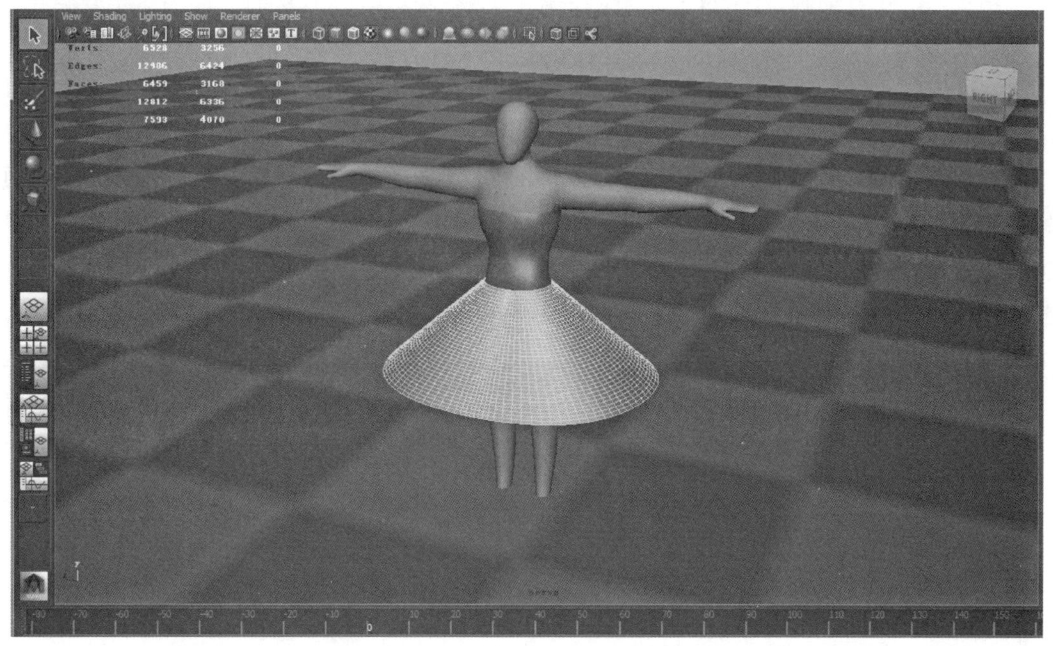

图 6-4

在图 6-4 所示的短裙被赋予了与角色躯干的相同的材质，在基本模型准备完毕后我们就可以进入模拟环节了。但是在模拟之前作为特效师应该考虑到角色的动作有初始的 pose 过渡到跳舞是非常剧烈的，这在带有碰撞的动力学模拟中是要刻意避免的，此时我们可以重新打开动画曲线编辑器，将角色骨骼的－1 帧的初始动画继续向后拖动，这里将其移动到了－80 帧，如图 6-5 所示。

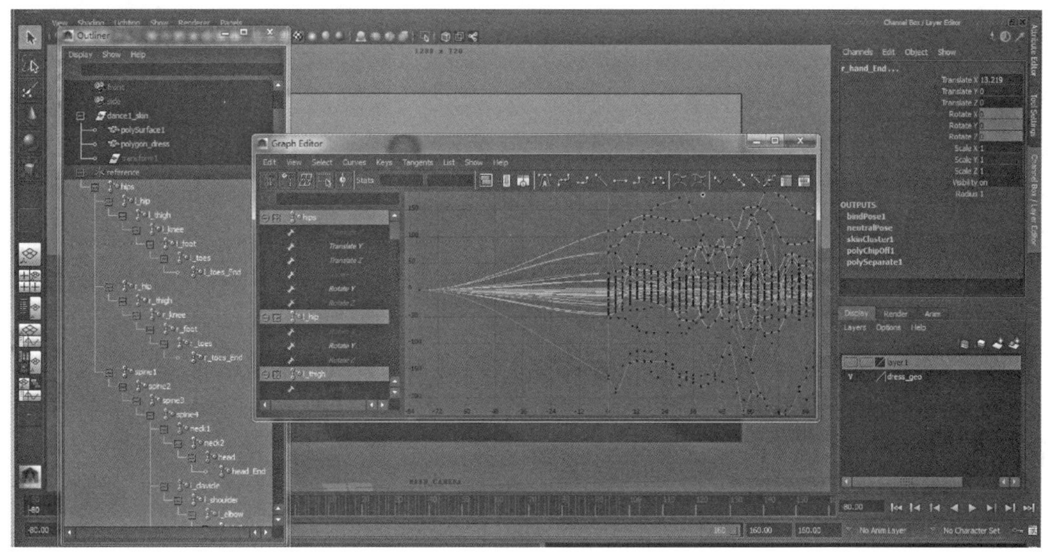

图 6-5

此时我们在播放动画(从－80 帧开始),会发现角色在动画中有了比较长的由站立状态到舞蹈状态的过渡动画,这个过渡状态就是舞者短裙预模拟时间,从而会避免短裙与角色身体的剧烈碰撞。

在完成了上面的初始动画改变后,就可以开始布料模拟了。首先将 Maya 模块切换到 nCloth 模块,然后选中短裙模型,并执行 nMesh\Create nCloth,在弹出的设置选项对话框中维持默认选项即可。此时从－80 帧播放场景,会发现角色动画开始播放,但短裙未有任何变化,这是由于在 Maya 默认状态下将 nucleus 的开始模拟时间设在了第一帧,我们可将 nucleus 属性编辑器下的 Time Attributes 卷展栏中,将 Start Frame 改为－80 即可,如图 6-6 所示。

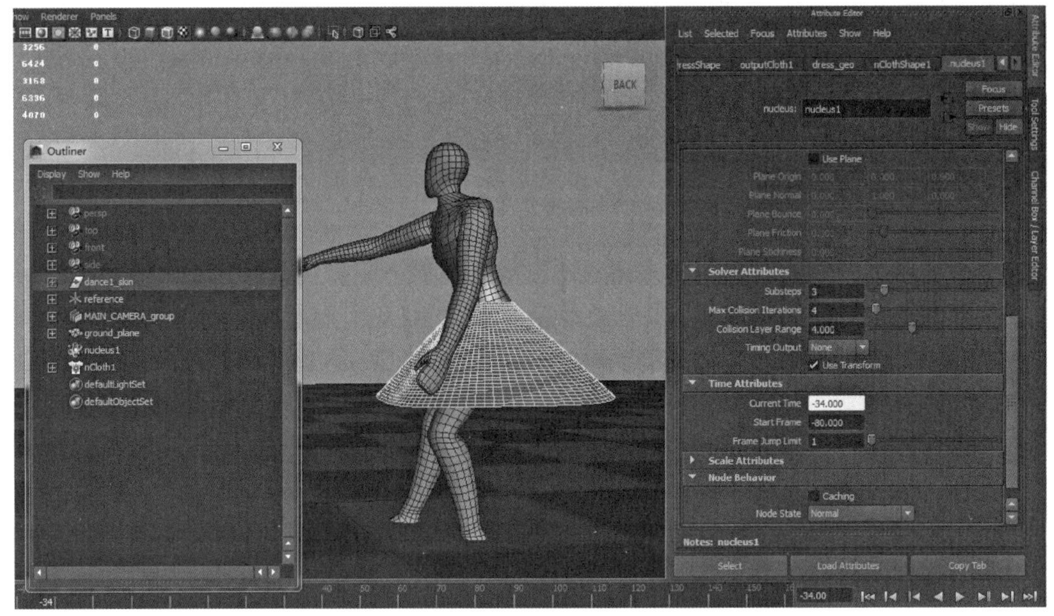

图 6-6

此时直接模拟场景会发现从－80 帧开始短裙就会直接掉落,这表明 nucleus 已经接受模拟初始帧的更改,此时我们发现短裙掉落得非常缓慢,这是由于 Maya 的尺寸单位与 nucleus 所默认的情形有出入,还需要继续更改一下设定,即将 nucleus 属性编辑器 Scale Attributes 卷展栏下的 Space Scale 设为 0.01,这是由于 Maya 场景本身的单位设置为 cm(厘米),而 nucleus 在进行动力学模拟时会将场景尺寸理解为 M(米),设置过程如图 6-7 所示。

此时继续模拟场景还发现短裙并未与衣服发生碰撞,故需要选择舞者,并执行 nMesh\Create passive Collider,此时在模拟场景会发现短裙与角色之间产生了碰撞,但还会向下滑落,这需要我们利用 nCloth 提供给约束工具来实现。

首先切换到侧视图,选择短裙靠近舞者腰部的两排点,然后选择角色模型,执行 nConstraint/Point to Surface,从而为选中的两排点创建约束,执行过程与效果如图 6-8 所示。

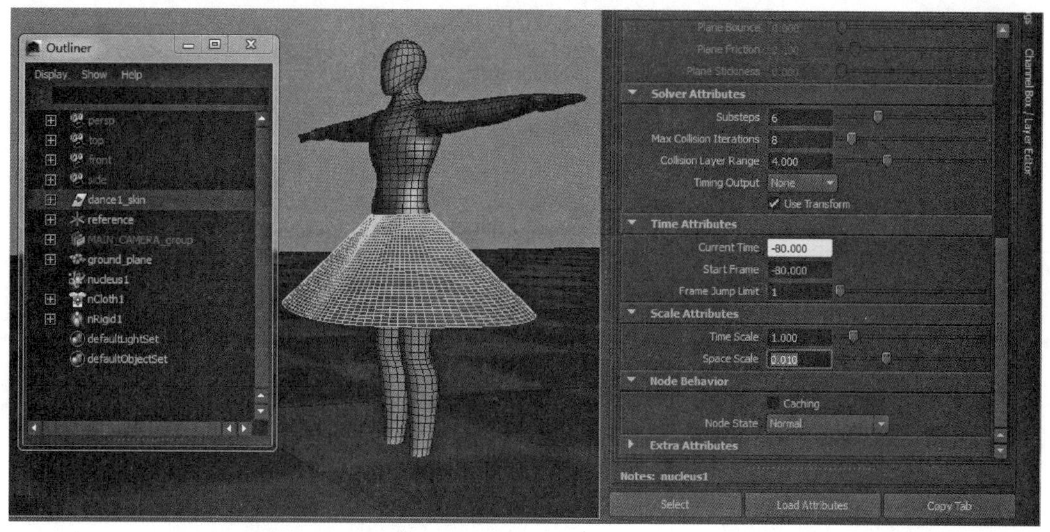

图 6-7

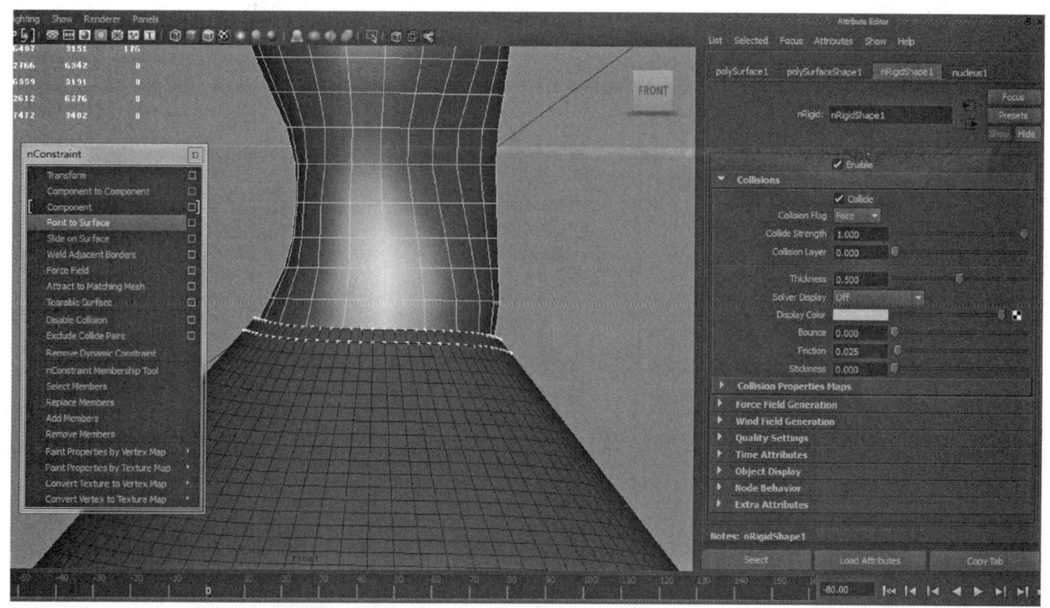

图 6-8

在创建完 Point to Surface 约束后播放场景会发现短裙不再下落，已经可以跟随舞者一起摆动了，接下来我们需要对布料的参数进行修改，从而使短裙的模拟效果更加自然。选择短裙布料模型，并打开其 nClothShape 节点的属性编辑器(Attribute Editor)，首先切换到 Collisions 卷展栏，开启 Collide 与 Self Collide，将 Thickness 设为 0. 125，将 Self Collide Width Scale 设为 3. 0，将 Bounce 与 Stickiness 设为 0，将 Friction 设为 0. 01，关于 Collision 卷展栏设置效果如图 6-9 所示。

图 6-9

然后切换到 Dynamic Properties 卷展栏，将 Stretch Resistance 设为 60，维持 Compression Resistance10 不变，将 Bend Resistance 设为 0.05，将 Bend Angle Dropoff 设为 0.3，将 Mass 设为 0.2，将 Drag 设为 0.025，将 Tangential Drag 设为 0.05，其余参数维持默认即可，此时关于 Dynamic Properties 卷展栏的设置如图 6-10 所示。

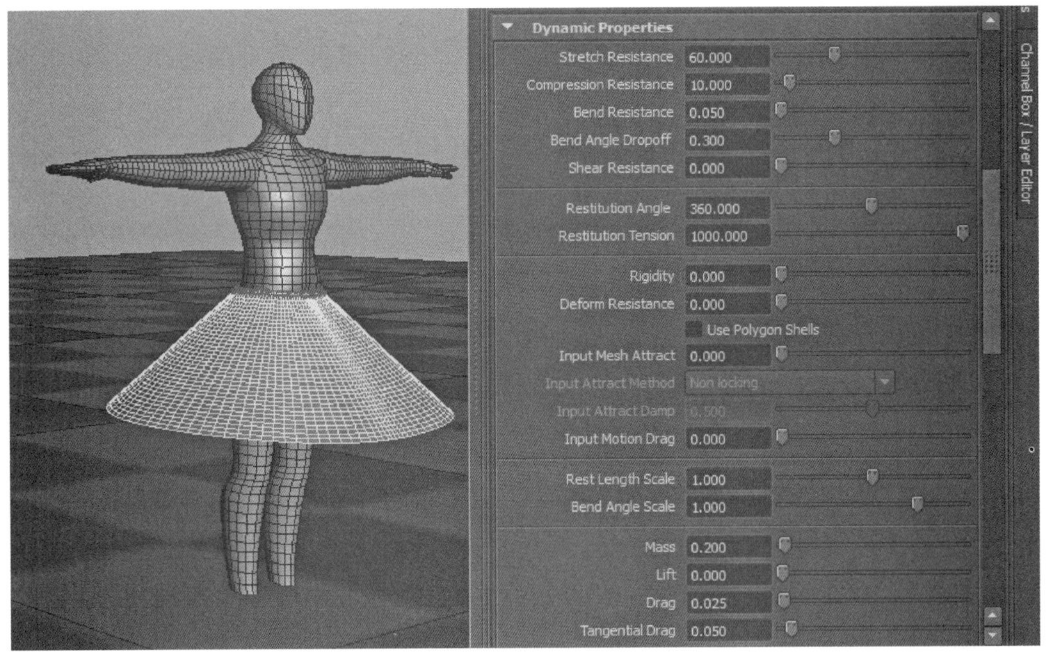

图 6-10

对于舞者短裙的布料模拟有关 nClothShape 的设置就基本完毕，此时为提高布料模拟的整体质量，还需要对 nucleus 节点的相关参数进行设置。在本章的一开始我们曾对

nucleus 节点下的 Time Attribute 与 Scale Attributes 进行过设置，现在要对 nucleus 节点下的 Solver Attributes 进行设置，将 Substeps 设为 15，将 Max Collision Iterations 设为 20，有关 nucleus 节点的最终效果设置如图 6-11 所示。

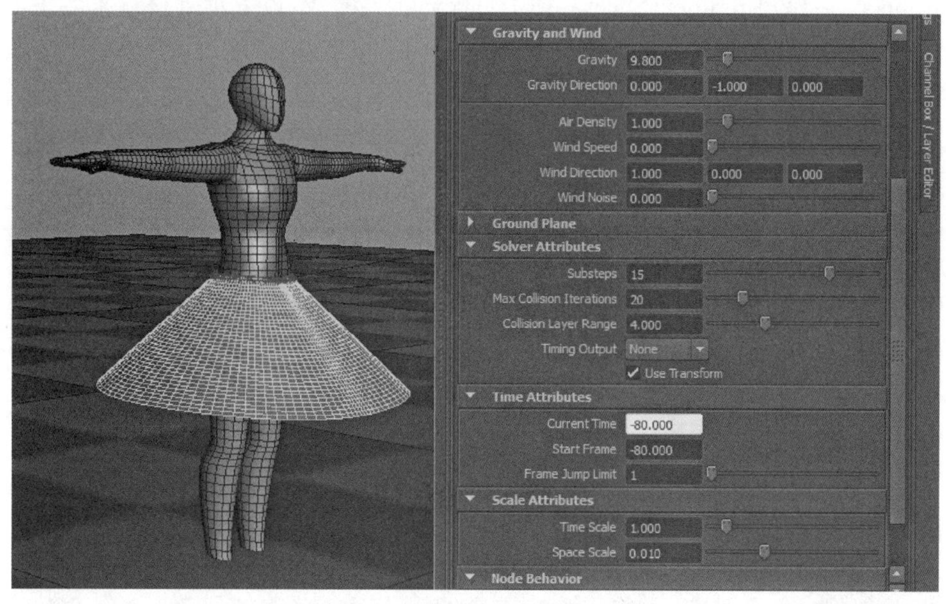

图 6-11

此时播放场景，则短裙模拟非常自然，效果如图 6-12 所示。

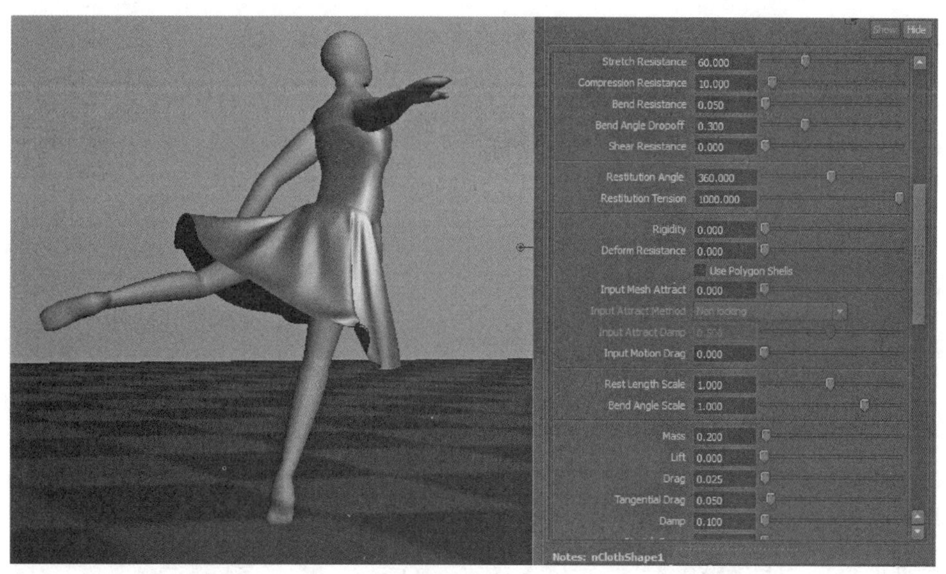

图 6-12

在利用 nCloth 进行布料模拟中有关布料的物理参数设置比较麻烦，不同的布料具有的物理属性，如丝绸（silk）、T 恤衫（Tshirt）、麻布（burlap）、皮革（thickLeather）等，Maya 为使用者提供了基本的一些常见物体材料的预置属性，并且还远远不仅限于进行布料模拟，Maya 还预置了诸如气囊（airbag）、沙滩球（beachball）、混凝土（concrete）、蜂蜜（honey）、熔岩（lava）、腻子（putty）、塑料壳（plasticShell）、软铁皮（softSheetMetal）、实心橡胶（solidRubber）、橡胶片（rubberSheet）、锁子甲（chainMail）等，以上预置材料属性非常方便使用者在模拟中作为基本参考进行进一步的深入调整，图 6-13 是通过鼠标右键的方法调出的预设列表。

图 6-13

短裙模拟基本完成后，为了场景能够支持鼠标的滑动与实时播放，需要对短裙 nCloth 进行缓存处理，选中短裙，然后执行 nCache\Create New Cache，创建 nCloth 缓存的设置窗口如图 6-14 所示。

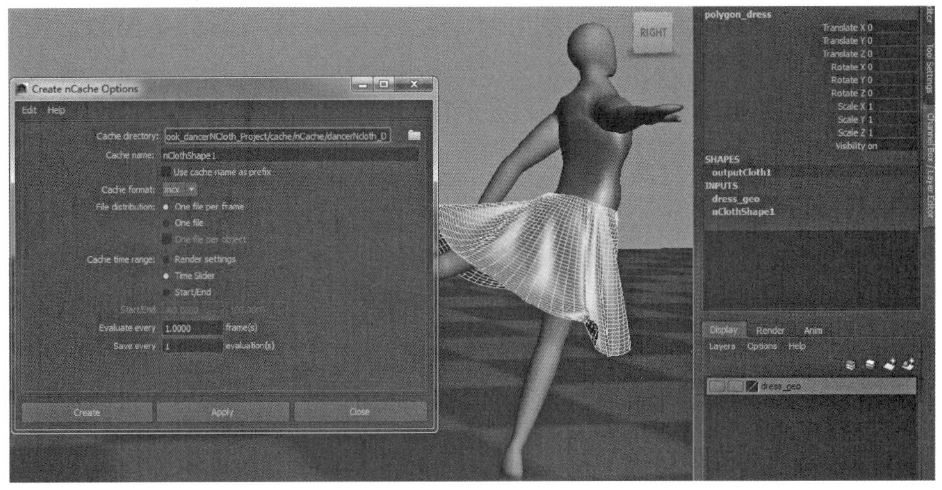

图 6-14

然后在重新模拟场景，在缓存生成完毕后则场景可以随意播放了。缓存一般是动力学模拟的最后一步，在本例中接下来的操作就是对场景进行简单的材质、灯光及背景处理，由于相关材质处理不是本书的重点，故不再详细阐述，最后的基本效果请读者参考图 6-1。总体来讲，利用 nCloth 进行简单的布料模拟比较容易上手，但要充分利用好预设参数。

7

第七章

nCloth 特效模拟——落叶

本章主要详细阐述利用 Maya 集成的 nCloth 布料解算系统来模拟树叶在急速行驶的汽车影响下飘落过程，在制作中主要是关键帧动画、骨骼动画与动力学解算动画的匹配，其次是 nCloth 落叶属性、nDynamic Constraint 设置及 nCloth Input Attract 权重绘制等。图 7-1 是要完成的场景测试渲染图。

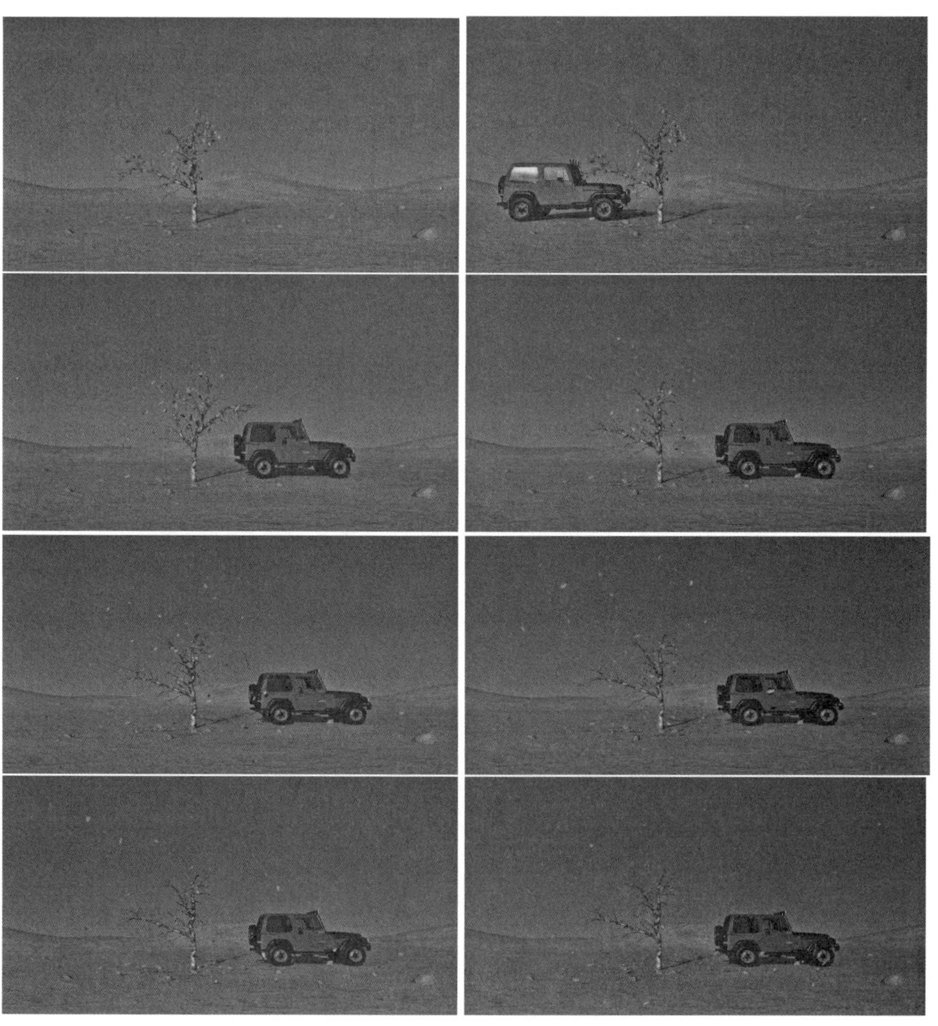

图 7-1

在实际的动画流程中特效往往是特效师先进行测试，在效果得到导演认可后再进行实际流程制作，有时还会针对特定镜头与导演进行多次沟通。在进行测试的场景准备时一般有两种情况：一种是拿动画师已经 key 好的动画场景，一种情况是特效师自行搭建场景。在本例中由于没有复杂的角色动画，故可自行搭建测试场景。在本测试场景中构成物体有汽车、树、地面、枯枝、石头等，图 7-2 是该场景中测试场景的线框图。

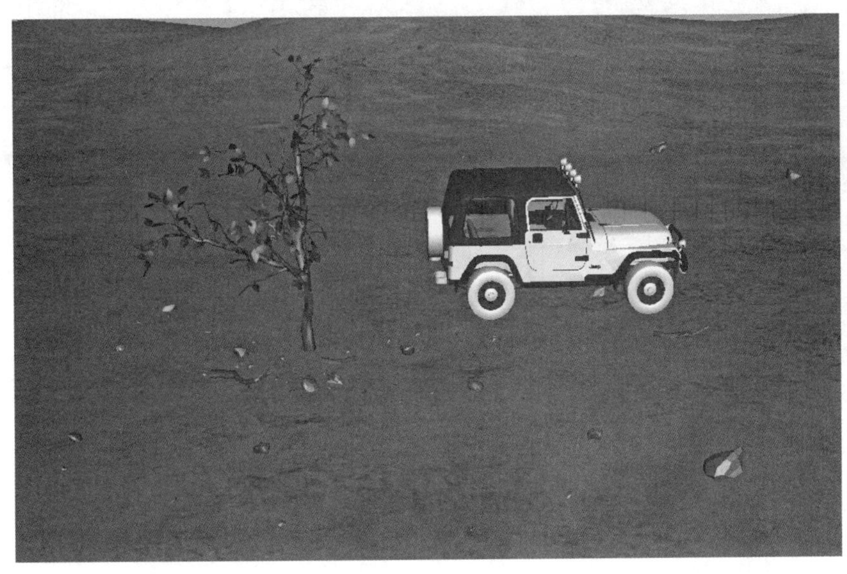

图 7-2

在测试场景中，树使用 Maya 的 Paint Effects 制作，在基本效果满意后转换成 Polygon 模型(注意转换时要勾选 Quad Output)，碎石块制作使用了 rockGen 插件，地面则使用了 NURBS 物体并进行了简单的雕刻处理，汽车模型考虑到降低 nucleus 解算系统负担，另外创建了简模物体，并将二者之间做了动画匹配(拷贝动画曲线)，图 7-3 是汽车模拟简模物体显示。

图 7-3

在测试场景准备完成后，就可以进行动力学模拟了，首先将 Maya 切换到 nDynamics 模块，然后选择树叶，将其转化为 nCloth，具体操作过程略，其属性设置如图 7-4 和图 7-5 所示。

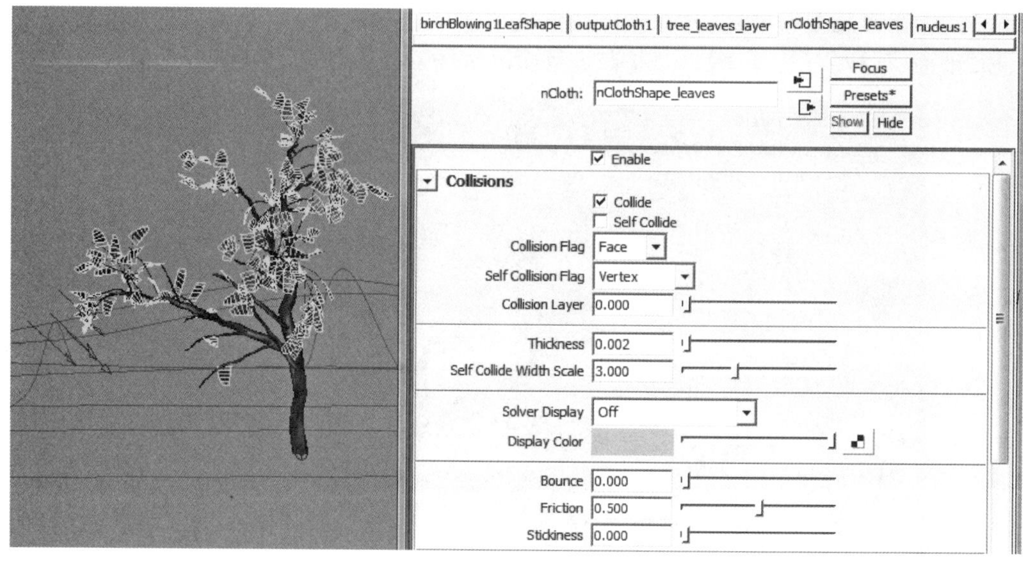

图 7-4

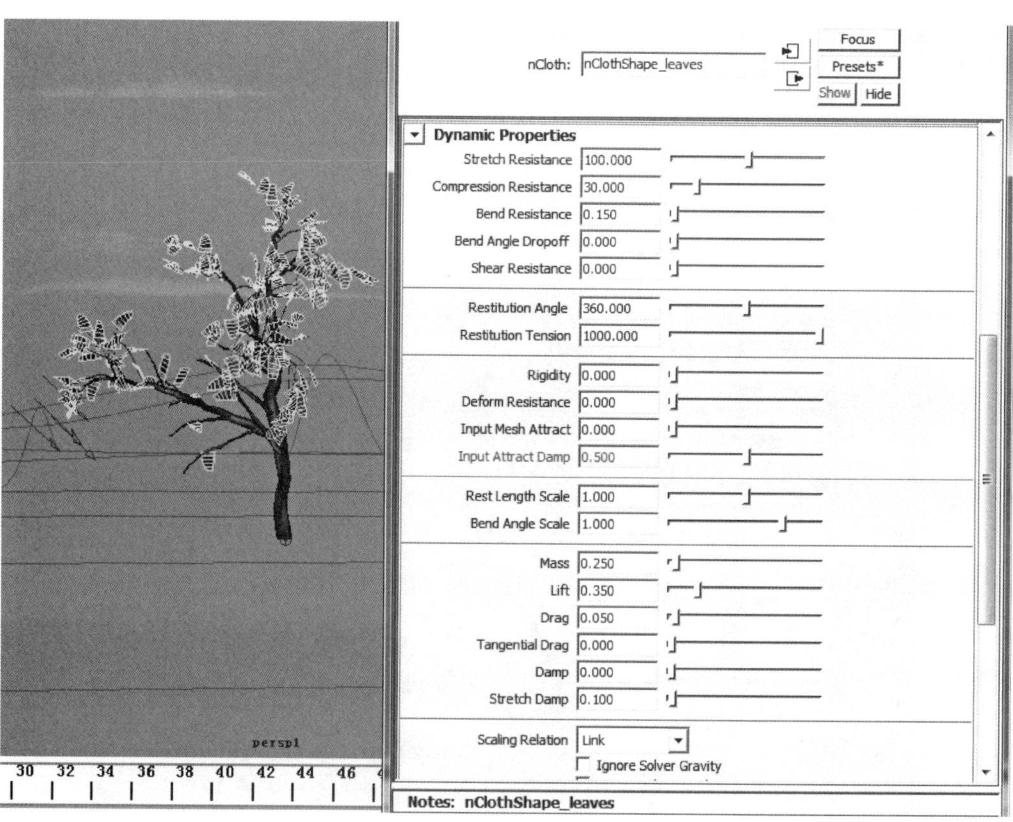

图 7-5

在树叶的 nCloth 属性设置中首先关闭树叶的 selfCollide 属性，这样可以提高场景的解算速度，注意将 Thickness（碰撞厚度，表示在同一个 nucleus 解算器内各 nCloth 物体之间的碰撞距离）值设置的低一些，这里设置为 0.002；另外特别注意在 Dynamic Properties 卷展栏中的关于 lift 参数的使用，lift 是模拟空气对物体的浮力（垂直与 air Speed 方向向上），值越大，则表明物体越容易受空气的影响，其结果是物体越轻盈。同时，可以对应地降低 mass（质量），这里将其设置为 0.25，至于其余各参数的设置请参图 7-4 与图 7-5，至于参数的详细含义请看 Maya 官方 Manual。

接下来需要到 nucleus 解算器内进行设置，如开启风场与碰撞虚拟地面（本场景中地面采用了 NURBS 曲面体，而 NURBS 物体是无法由 nucleus 解算的，另外采用虚拟碰撞地面也会减少解算时间）、提高解算精度、碰撞迭代次数等，并将解算开始时间（Start Frame）调整为 17 帧，这主要是配合运动的汽车靠近树的时机而设。此外，对风场中的相关参数做了动画设置，nucleus 解算器与 wind 动画设置分别如图 7-6、图 7-7 所示。

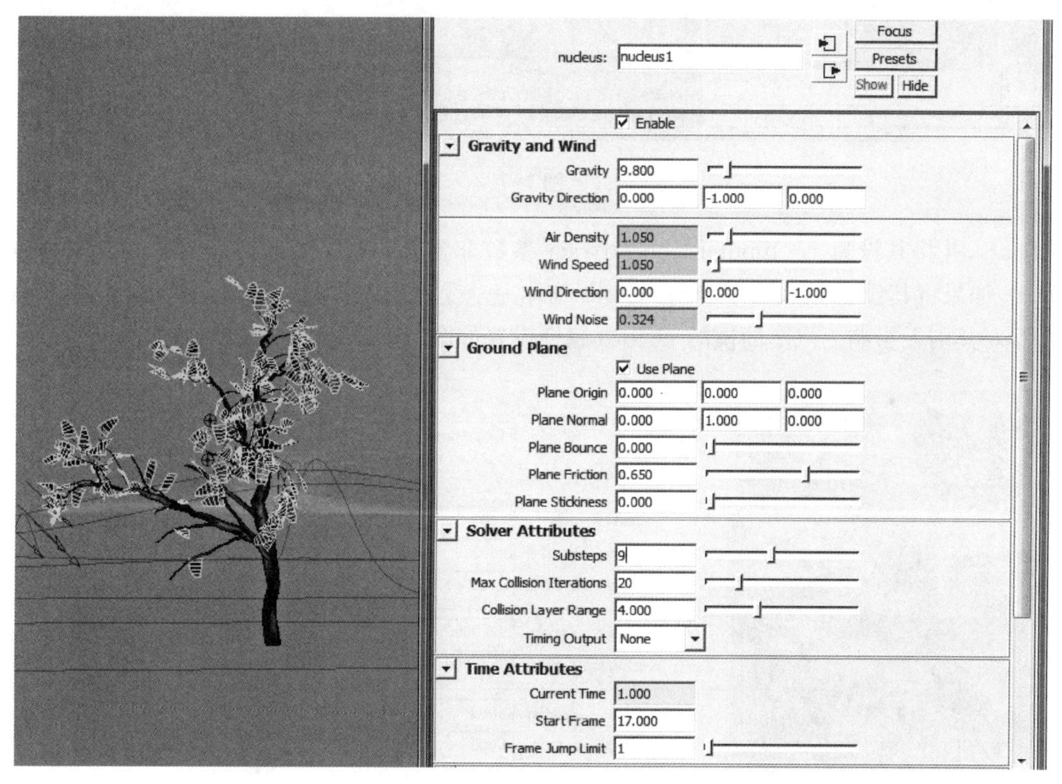

图 7-6

nucleus 解算器集成的风场（wind）的动画设置如图 7-7 所示。

在上面属性设置完成后播放场景进行模拟，会发现树叶直接从第 17 帧开始飘落，并在和地面网格碰撞后留在了地面上，说明布料系统解算正常，接下来要完成汽车驶过带动的强风将树叶吹落的效果。

选择汽车简模模型，将其转化为 nCloth 模型，在属性参数上要特别开启 Input Mesh

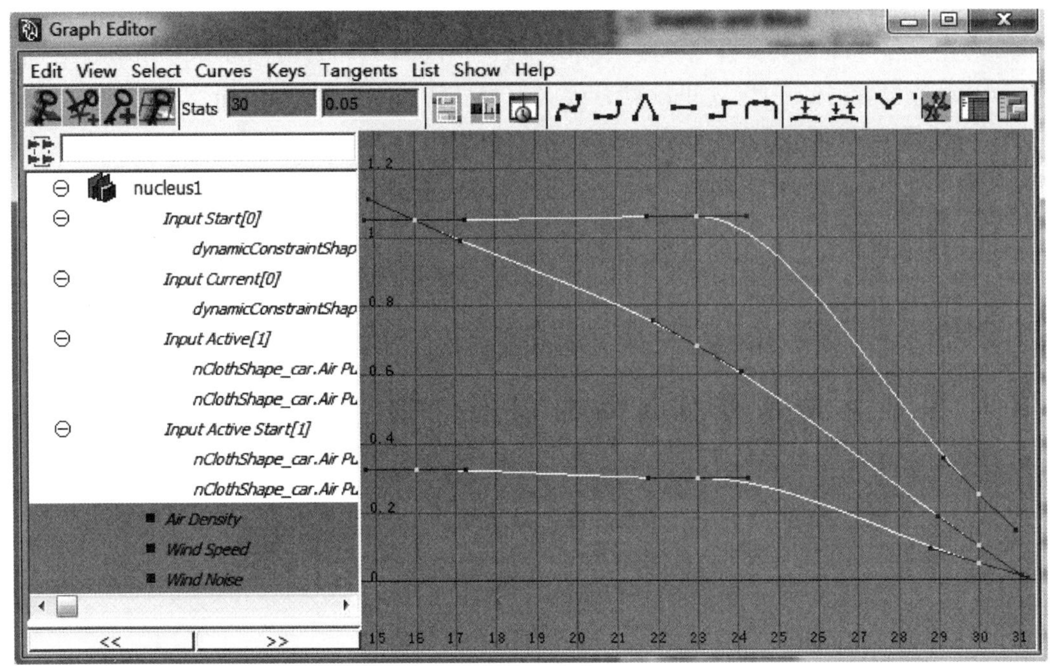

图 7-7

Attract，并将其设为 1。Input Mesh Attract 参数非常类似于 Maya 传统动力学柔体中的 Goal，如果将其设为 1，就表示当前 nCloth 物体完全受原物体的形态影响，而当前 nucleus 解算器对其则无影响。汽车简模的 nCloth 属性设置如图 7-8 所示。

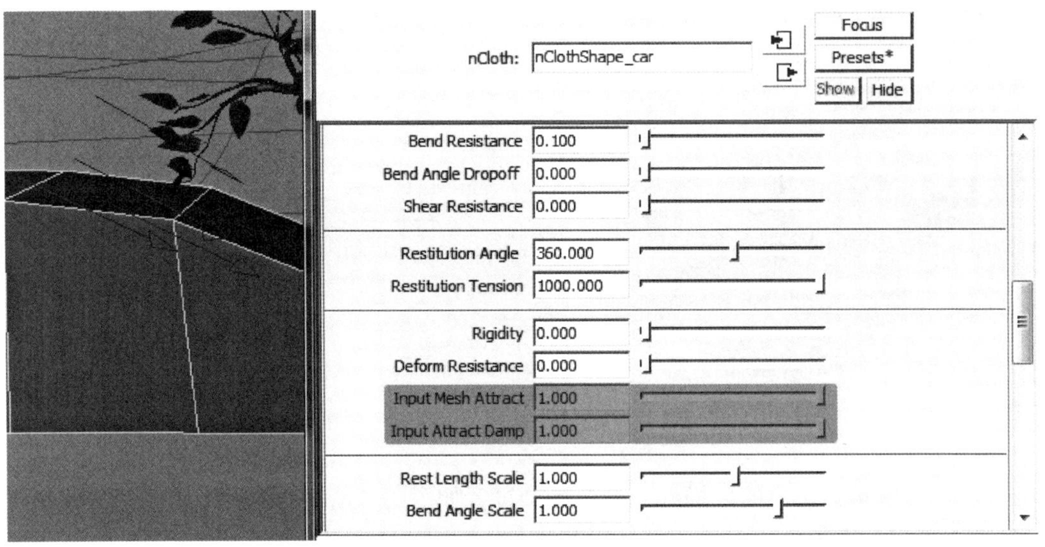

图 7-8

此外，还需要将汽车简模物体属性下的 Wind Field Generation 选项开启，该选项可以让运动的汽车携带风场，其参数及动画曲线设置如图 7-9 所示。

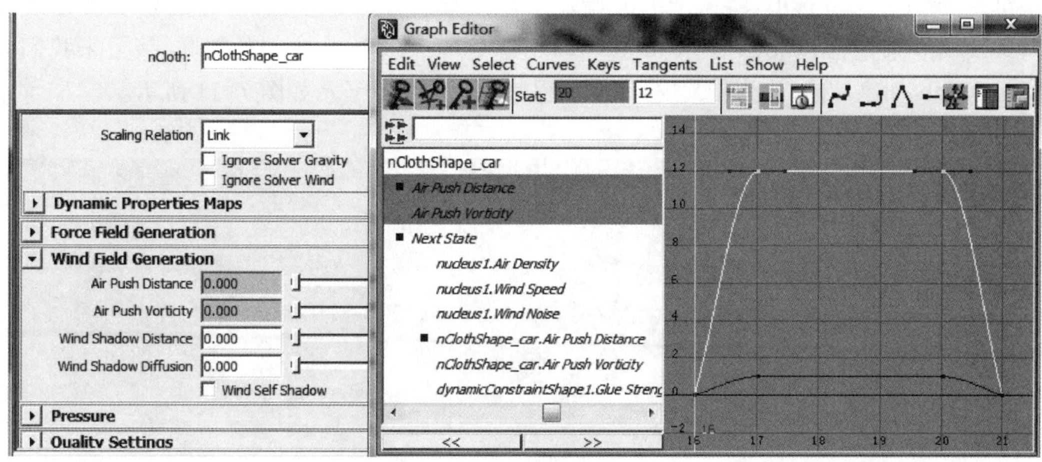

图 7-9

此时播放场景，会发现树叶在汽车简模的作用下（所携带的风场影响下），产生了巨大的变化，如图 7-10 所示。

图 7-10

此时通过汽车与树的大小比例可知，树本身应该也会被急速行驶的汽车带动，因此，整个模拟中还欠缺了对树的摆动模拟。如果只是单纯将树干与树枝转换为 nCloth 物体，然后通过调整参数来实现，在此种情形下比较麻烦。不过有兴趣的读者可以多次尝试，本文在这里则是通过 nCloth 属性中的 Input Mesh Attract 参数来实现，这需要在原物体上进行动画。

首先还是将树干与树枝模型转换为 nCloth 物体（过程略），然后通过执行 nMesh\

Display Input Mesh 选项，将树干的原始输入模型显示在场景中，有兴趣的读者可以通过 Hypergragh 来查看 nCloth 物体 Input Mesh 与 Current Mesh 之间的关联，接下来我们为 Input Mesh 创建骨骼，并为其蒙皮（具体过程略），此时场景显示如图 7-11 所示。

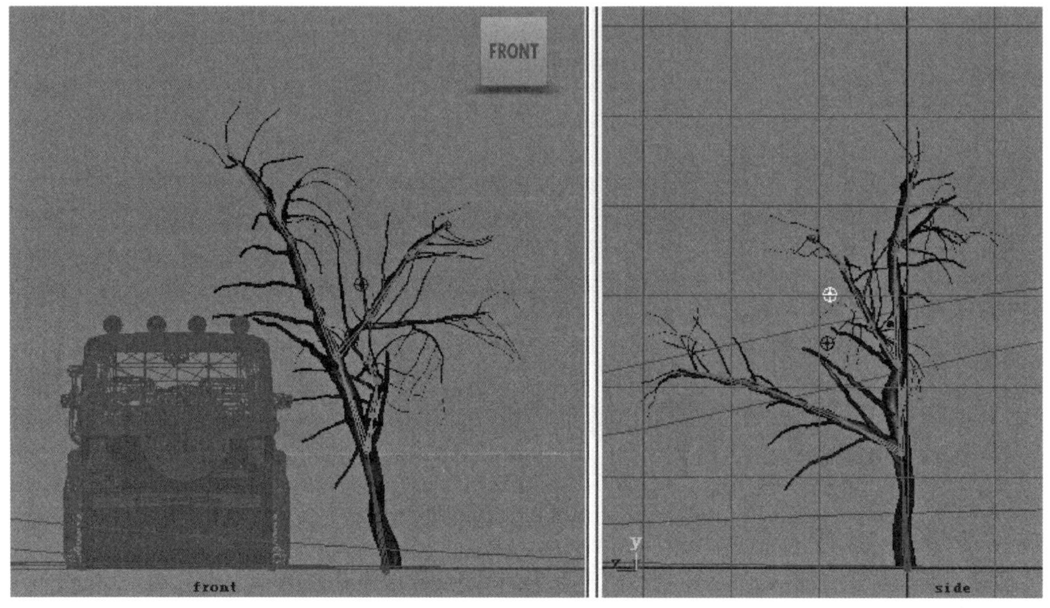

图 7-11

在为 Input Mesh 完成上述操作后，还需要为其进行动画处理，以使其能配合汽车动画，选择整套骨骼中上部分骨骼进行旋转动画处理，在动画的时间点上依然注意要与车的出现时机相匹配，动画效果及动画曲线如图 7-12 所示。

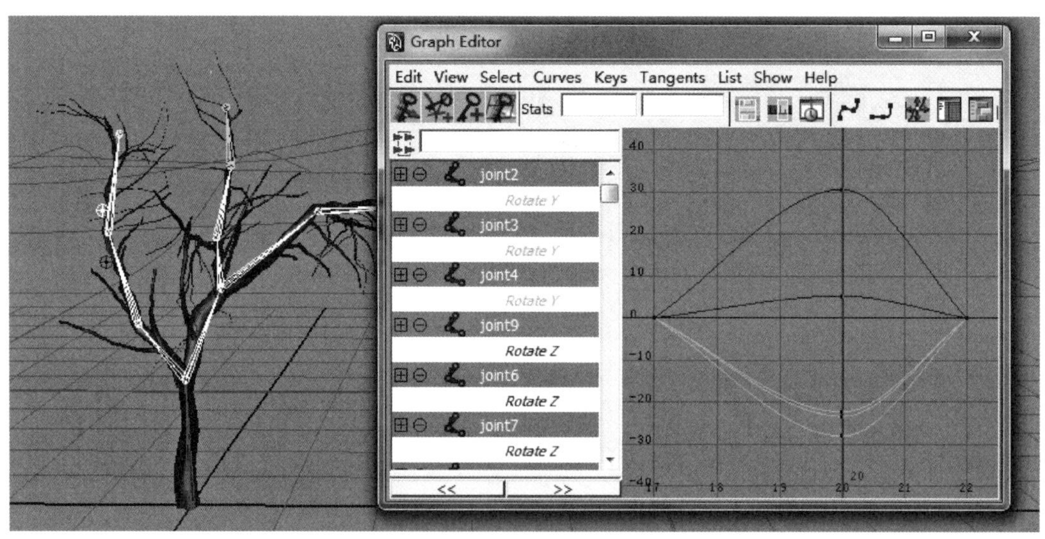

图 7-12

在完成 Input Mesh 的动画制作之后，我们要在场景中开启 Current Mesh 的显示，然后在其 Dynamic Properties 中将 Input Mesh Attract 设为 1，将 Input Attract Damp 设为0. 25，其余参数可以适当调整也可维持不变，基本设置如图 7-13 所示。

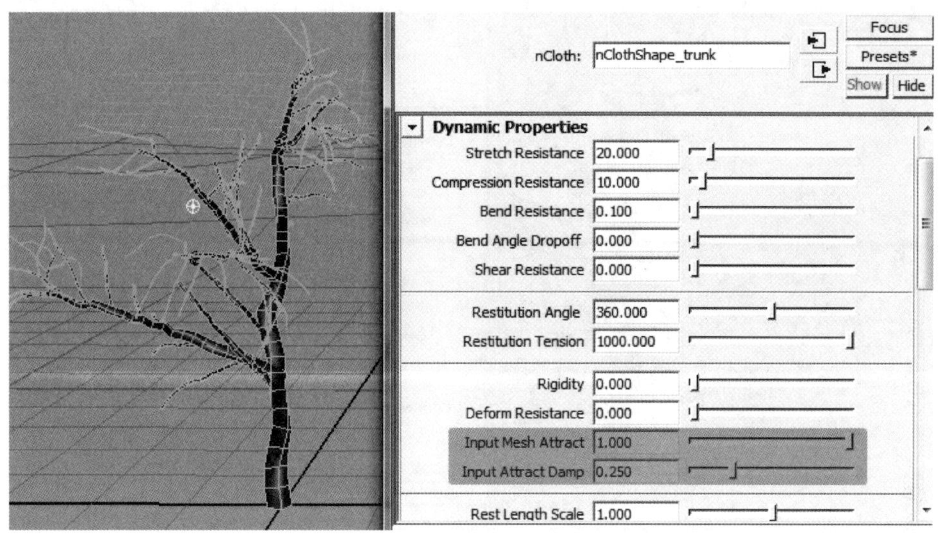

图 7-13

在完成参数设置后，还需要在 nMesh\Paint Vertex Properties 中为 Current Mesh 进行 Input Attract 权重进行绘制，在树枝末端绘制较少的权重(此处为 0. 25)可以使树枝有动画后的抖动效果，这就是常见的二次动画效果。权重分配效果如图 7-14 所示。

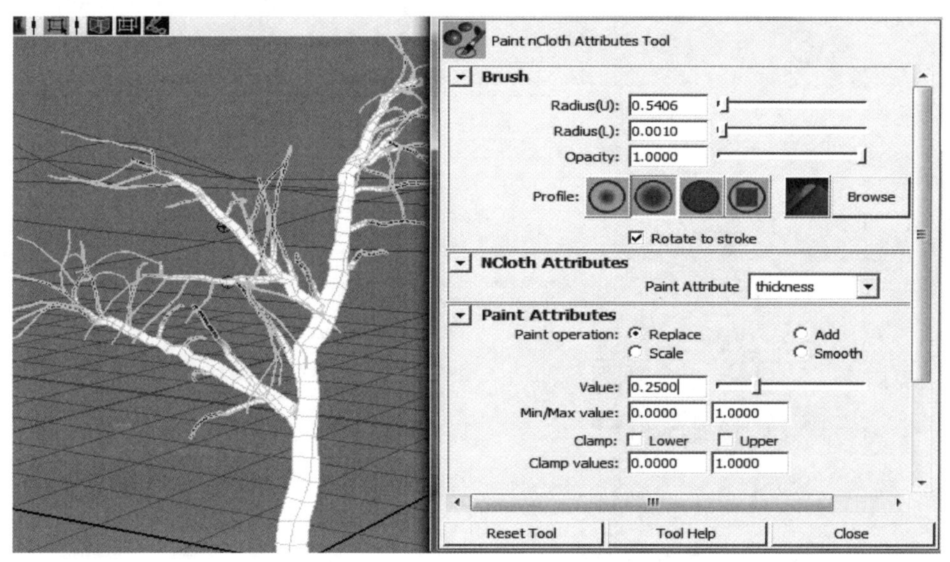

图 7-14

在完成上述设置后继续模拟动画，会发现树枝抖动、树叶飘落都可以实现，但是新问题是所有的树叶都被疾驶的汽车带落，这又缺乏科学。那么该如何实现部分树叶落下，而还有部分树叶留在树枝上呢，这可以通过 nConstraint 来实现。

选中所有树叶的顶点(Vertex),然后加选树干与树枝模型,执行 nConstraint\Point to Surface 动力学约束,过程略,场景显示如图 7-15 所示。

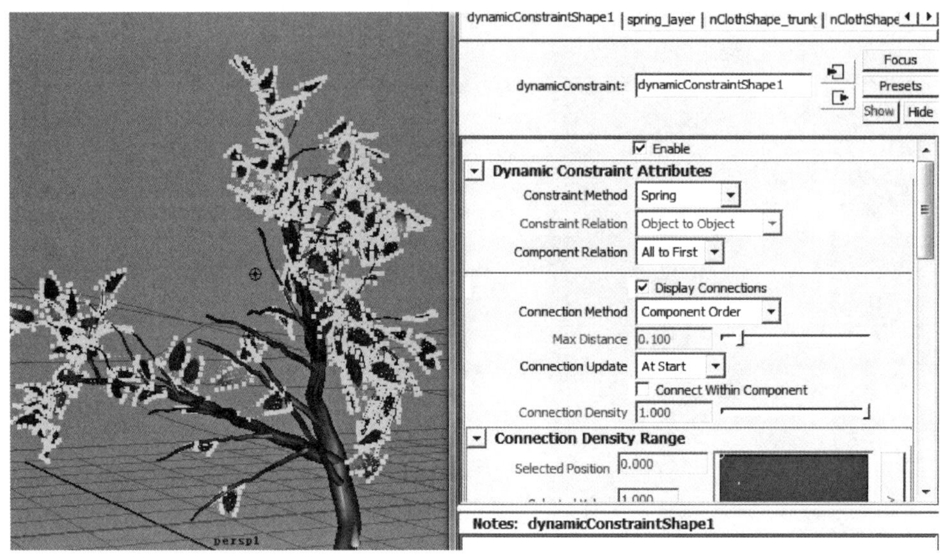

图 7-15

通过在树叶与枝干之间建立动力学约束,就实现了两者之间的粘连关系,然后通过对动力学约束节点下的 Glue Strength 属性的数值做关键帧动画处理,就可以实现树叶与枝干之间的连接与脱离,Glue Strength 的动画帧设置如图 7-16 所示。

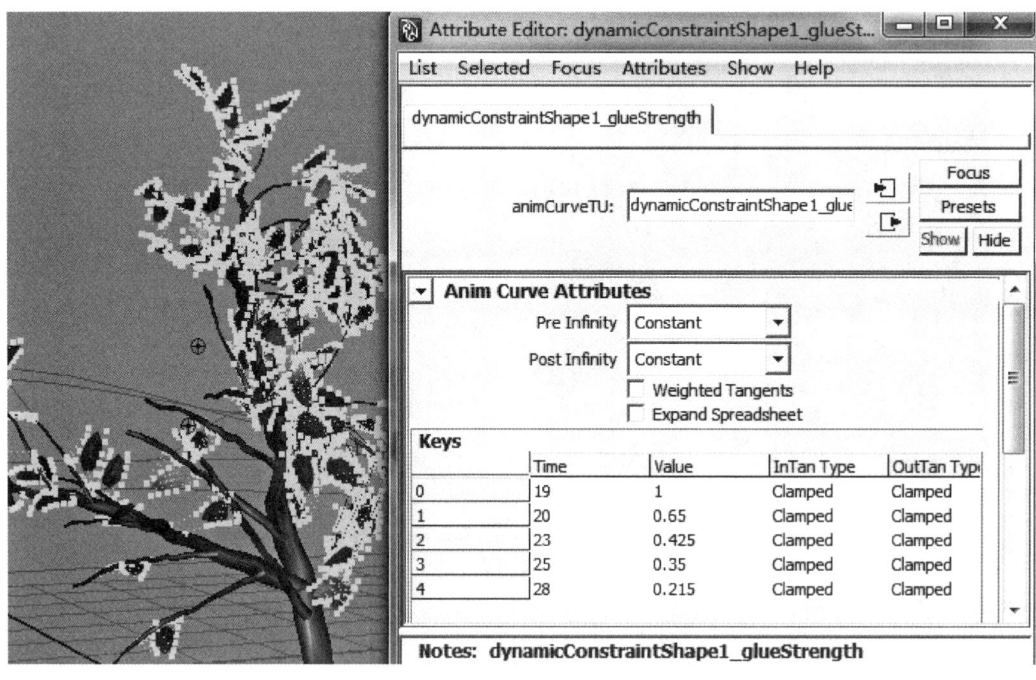

图 7-16

至此本特效的模拟基本思路与相关参数讲解完毕，本模拟最后一步就是生成 nCloth 缓存(cache)文件，以方便模拟效果最终定型。在渲染环节，本文应用了 MentalRay 渲染器，并使用了其自带的物理天光系统，以上具体操作过程在此不再详述，请参考相关手册。

最后需要指出的是，在动力学模拟中思路更重要，而参数则会由于场景的尺寸比例不同所起的效果也不同。此外本文所模拟的效果也有多种非 nCloth 实现方法，并且在本例的过程步骤中也有很多可以变通的解决方法，大家可以认真思考。

第八章 nCloth 特效模拟——翻滚的汽车

Maya 的 nCloth 系统除了可以应用在布料模拟环节，其实还有很多非常有用的用法。如模拟刚体，这主要是由于其提供了丰富的参数与相关节点（主要是动力学约束节点）控制，图 8-1 是要完成的场景测试图：

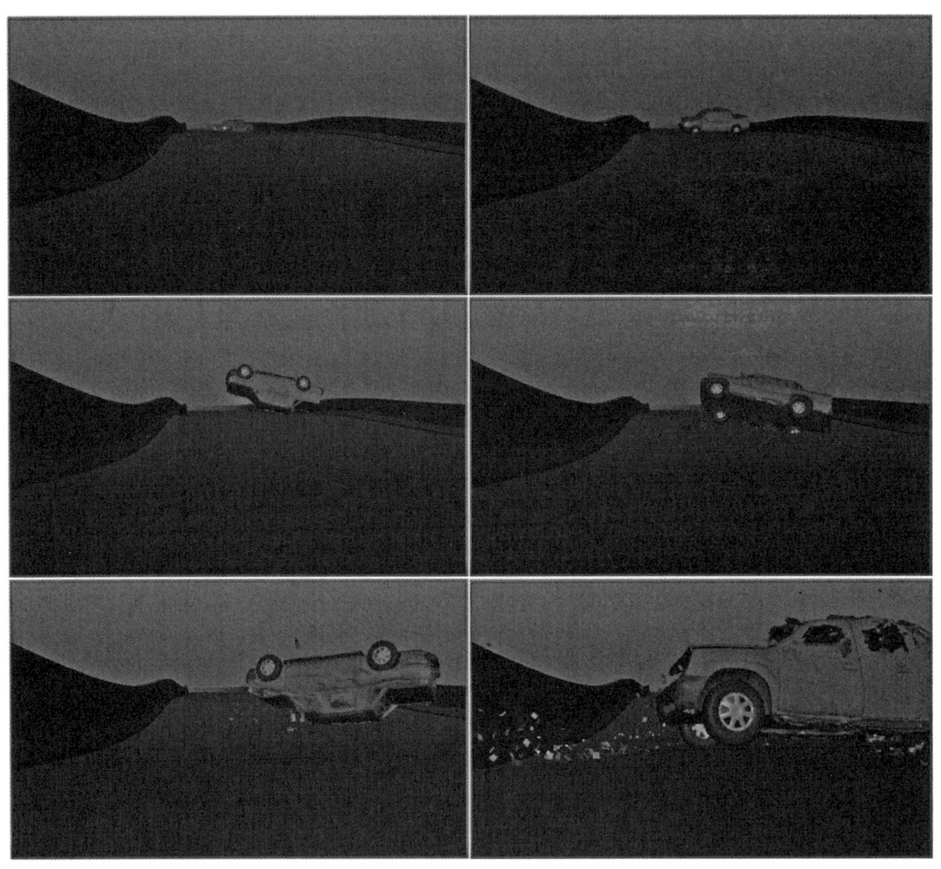

图 8-1

在上面的汽车翻滚动画中主要是分为两部分：其一是汽车作为主体在路面的翻滚，其二是汽车各种配件在翻滚中的破碎。在正常模拟中我们需要先通过模拟得到汽车作为整体在路面的翻滚动画，然后再考虑其各种配件的破碎，而针对汽车作为整体的翻滚，我们可以直接通过对汽车模型的代理简模运用刚体动力学模拟获得，但在本例中我们则依然使用了 Maya 的 nCloth 来完成。

首先打开汽车场景，然后为汽车模型创建一简模物体，该简模物体在一般情况下我们需要尽量比照汽车模型来做（包括要考虑汽车轮子的位置与大小），但是在此处只创建了这种框架模型，我们可以将其理解为汽车的骨架结构，这样在基于 nCloth 模拟中会节省时间，并且由于我们只是为了获得一个汽车翻滚的大概效果，故基本能满足要求，Poly 简模与原汽车模型摆放位置效果如图 8-2 所示。

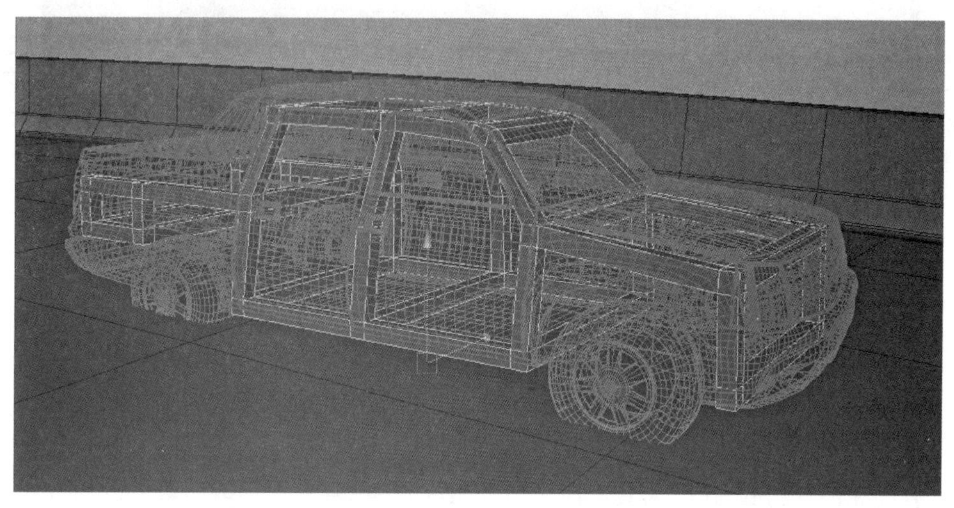

图 8-2

在基本简模物体创建完毕后将开始 nCloth 模拟。首先选中简模，然后执行 nMesh\Create nCloth，将简模物体转化为 nCloth，在设置该 nCloth 物体的属性时我们可参考 Maya 提供的 nCloth 预置材料属性，如 Concrete 与 Soft Sheet Metal，这里只罗列主要参数，首先切换到 Collisions 卷展栏，关闭 Self Collide 选项（因为该简模是框架结构，且几乎为不变形的刚体，故可以考虑关闭其自碰撞属性），将 Thickness 设为 0.02，将 Bounce 设为 0.3，将 Friction 设为 0.065，Collisions 卷展栏其余属性维持不变，有关 Collisions 卷展栏设置效果如图 8-3 所示。

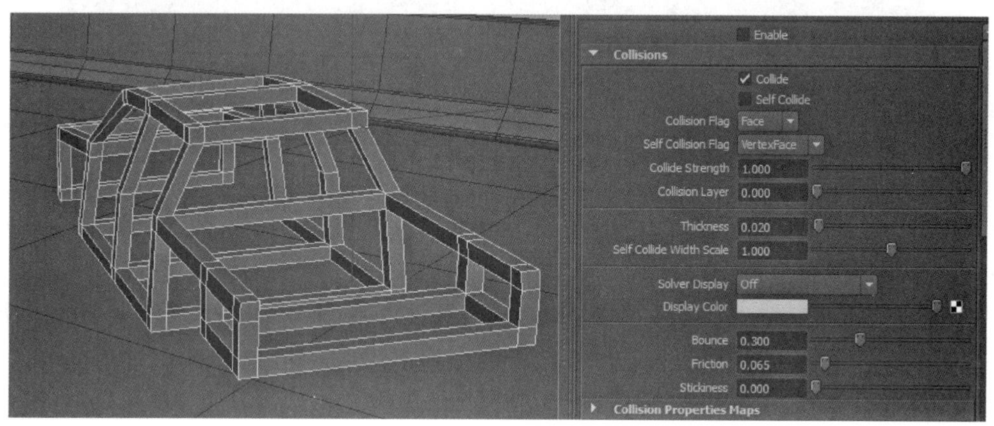

图 8-3

然后继续切换到 Dynamic Properties 卷展栏，将 Restitution Angle 设为 6，将 Rigidity 设为 6，将 Mass 设为 75，维持其余选项不变，虽然在 Dynamic Properties 卷展栏我们只修改了三个参数，但对于 nCloth 物体的属性影响巨大，以上三个参数基本将 nCloth 物体转变为一种带弹性的金属物体，而其余参数维持默认不变即可，有关 Dynamic Properties 卷展栏的设置如图 8-4 所示。

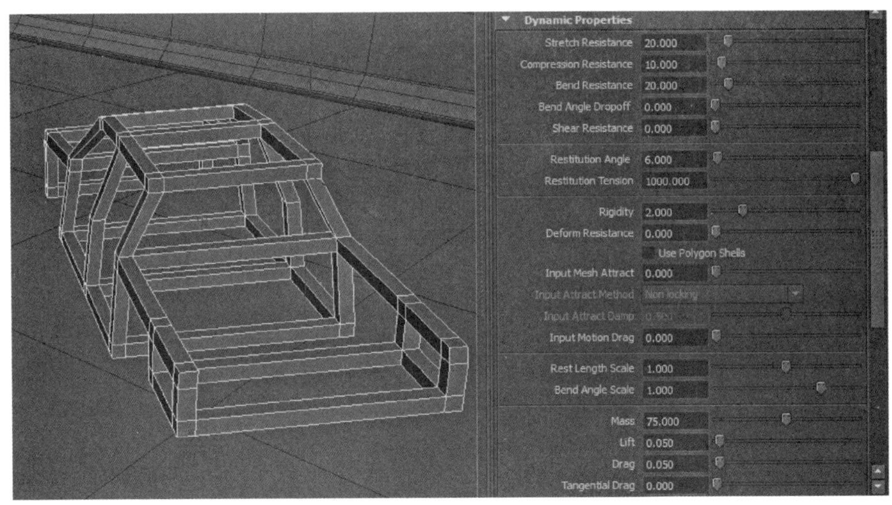

图 8-4

然后选择创建的 nCloth，为其添加一 Uniform Field，在本例中需要将 Uniform Field 的方向值设为〈〈－0.01, 0, 1〉〉，将 Attenuation 设为 0.08，将 Magnitude 进行动画处理，其动画曲线与 Uniform Field 的参数设置如图 8-5 所示。

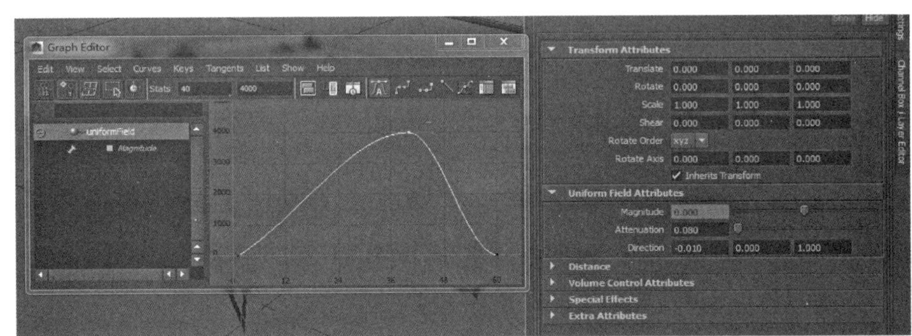

图 8-5

在图 8-5 所示的 Uniform Field 参数中，Magnitude 数值在 40 帧时被设为 4000，而在第 1 帧与第 60 帧均设为了 0，并且也使其在 X 轴负向有轻微一点的偏向，以上参数都是本人经过多次试验所得，请读者尝试即可。

然后将高速路及其两边的挡墙均转化为 nCloth 的 Passive Collider，将高速路的碰撞节点 nRigid_highWayShape 的 Collisions 参数进行如下设置：将 Thickness 设为 0.025，将 Bounce 设为 0.2，将 Friction 设为 0.065，将 Stickiness 设为 0.137，其余参数维持不变，有关 nRigid_highWayShape 的设置过程如图 8-6 所示。

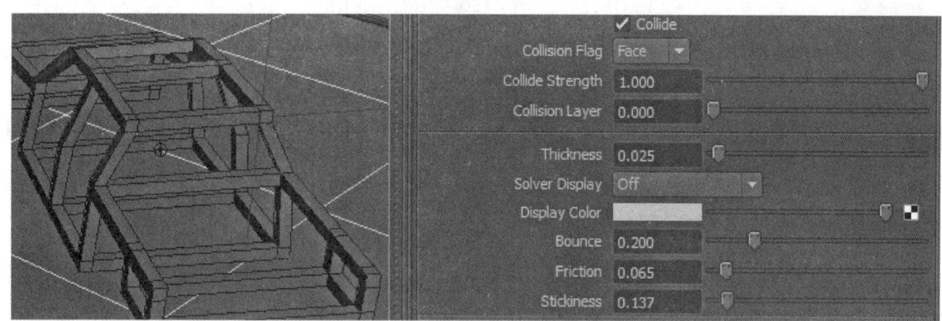

图 8-6

而高速路两边的挡墙在转化为 nCloth 的 Passive Collider 之后，在 Collision 参数设置上可参考上面的 nRigid_highWayShape 参数，在此不再详细阐述。此时播放场景模拟简模物体，就会发现简模物体可以在 highway 上首先滑动然后开始翻滚，效果如图 8-7 所示。

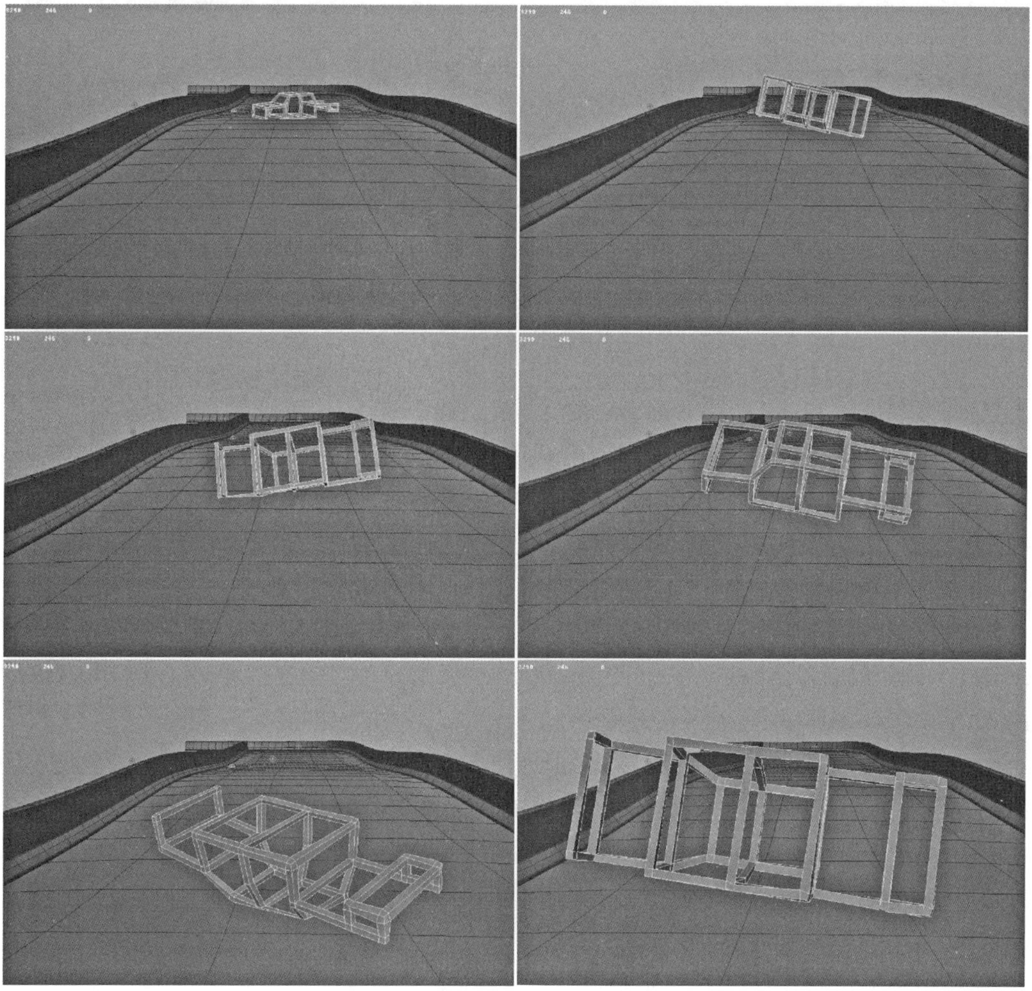

图 8-7

在对汽车简模物体进行模拟中，读者可以尝试对 nucleus 节点下的 Solver Attributes 进行设置，特别是 Substeps 与 Max Collision Iterations 两个参数，这两个参数值设置得越高，则模拟越精确，但是在对简模进行模拟时，则不需要设置较大的值，此时分别设置为 4 与 10 即可满足模拟要求。图 8-7 所示的汽车简模模拟效果基本达到目标要求，那么就可以先为其生成 Cache，选中简模 cage 后执行 nCache\Create New Cache，在弹出的菜单中维持默认选项即可，nCloth_rollCage 缓存对话框设置如图 8-8 所示。

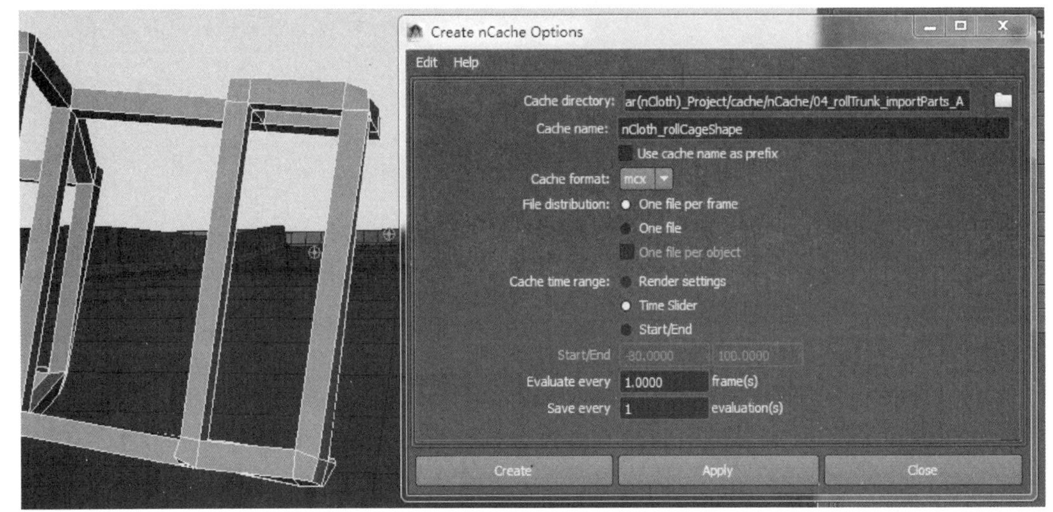

图 8-8

我们在获得了汽车简模框架的运动模拟动画，其实就是获得了汽车在整体翻滚中作为一整体的刚体动画，接下来的问题是我们如何将这种刚体动画提取出来，提取的方法很多，这里我们可以借助 Maya 在 Animation 模块中提供的 Point On Poly 约束功能实现。

由于汽车简模物体的动画是作为 nCloth 被模拟得到，其动画属性是被记录在了汽车简模物体的型节点(Shape 层级)，而刚体动画模拟是记录在物体变化节点(Transform 层级)，因此要首先对汽车简模物体动画进行提取。这里我们可以借助一个 locator 节点实现。

首先在场景中创建一 locator 节点，接着在汽车简模物体上选中一多边形面(需进入 Face 级别)，然后再配合“Shift”键加选新建的 Locator 物体，并将 Maya 当前的模块切换为 Animation，然后执行 Constraint\Point on Poly，在弹出的菜单中维持默认选项即可，执行过程与结果如图 8-9 所示。

此时如果播放动画，就会发现 Locator 物体在跟随汽车简模物体运动，但是通过约束的方式实现的，我们可以将其动画通过烘焙的方式来提取出来，首先选中 locator，然后执行 Edit\Keys\Bake Simulation，在弹出的菜单中维持默认选项即可，在执行 Bake 之后，就会发现 locator 物体的约束动画已经被转化为了关键动画，操作过程与执行效果如图 8-10 所示。

在完成 Locator 动画烘焙之后，我们就可以将原汽车模型物体导入了(原汽车模型物体在制作中各个不同部分应该独立分开的才可，如玻璃、前后保险杠、后视镜等)，然后我们将

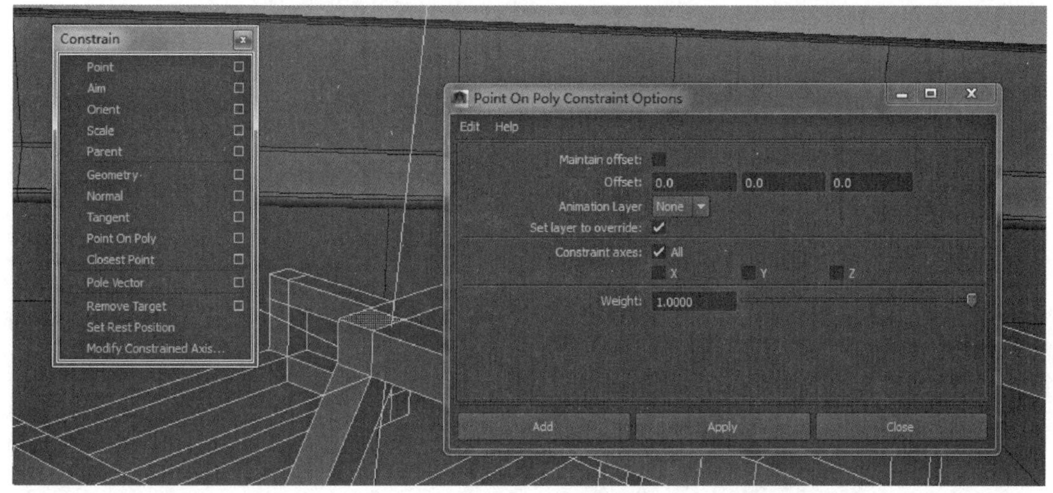

图 8-9

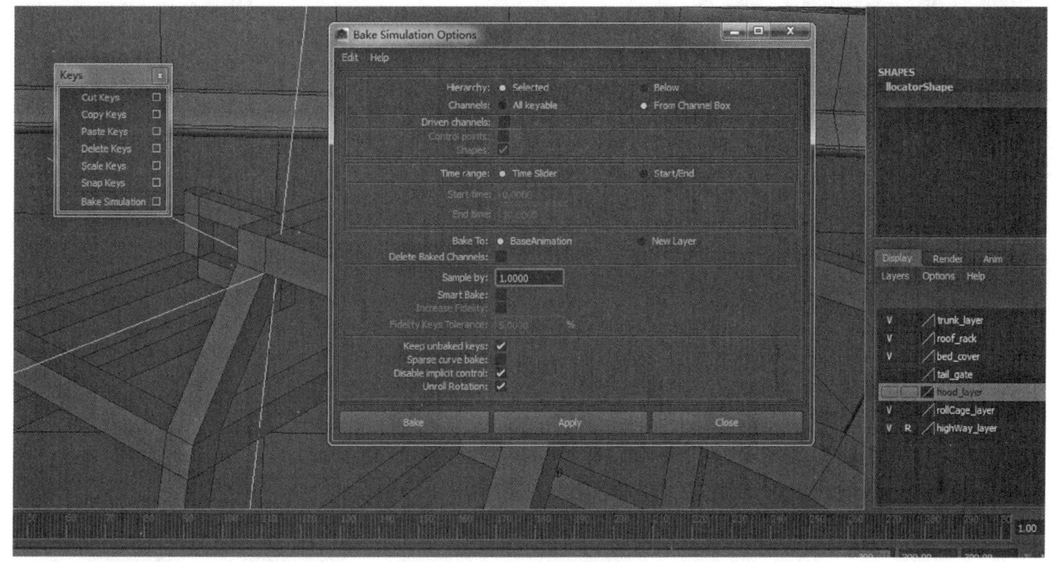

图 8-10

原汽车模型作为 Locator 的子物体即可，这样原汽车模型就具有了刚体动画的性质，场景设置如图 8-11 所示。

这样有关汽车模型的刚体动画部分就完毕了，接下来要实现最复杂的汽车模型各个部件的破碎模拟。在汽车各个部件碎块模拟中我们将综合 nCloth 的参数以及 nCloth 提供的约束来实现，接下来我们将分别介绍各不同部件的设置过程。

首先选中汽车 truckBody 部分，这部分构件主要设置成为比较硬的金属铁皮效果，将该部件转化为 nCloth，并重新命名为 nCloth_truckBody，然后打开 nCloth_truckBodyShape 属性编辑器，在 Collisions 卷展栏中将 Thickness 设为 0.004，将 SelfCollide Width Scale 设为

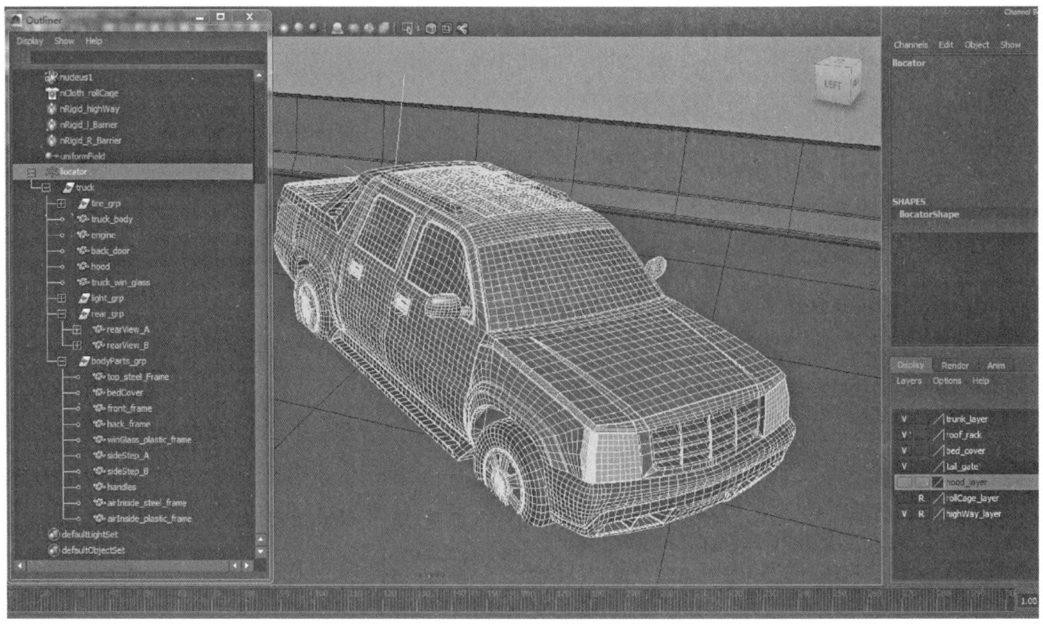

图 8-11

4，将 Bounce 与 Stickiness 均设为 0，将 Friction 设为 0.1，有关 Collisions 窗口设置过程如图 8-12 所示。

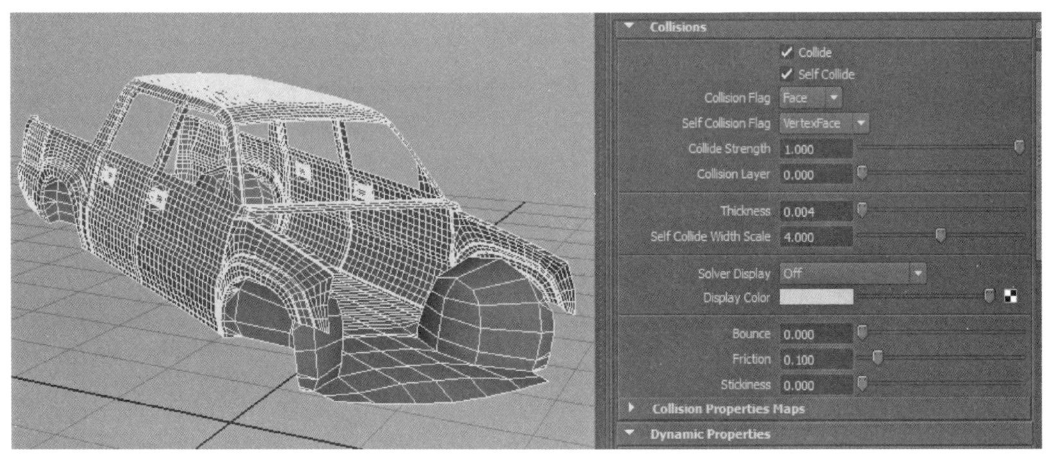

图 8-12

然后继续切换到 Dynamic Properties 卷展栏，将 Strength Resistance、Compression Resistance 与 Bend Resistance 均设为 300，将 Restitution Angle 设为 6，将 Input Mesh Attract 设为 0.1，将 Input Motion Drag 设为 1，将 Mass 设为 50，将 Damp 设为 0.2，将 Stretch Damp 设为 1，可以关闭 Lift、Drag，有关 nCloth_TrunckBody 的 Dynamic Properties 卷展栏参数设置效果如图 8-13 所示。

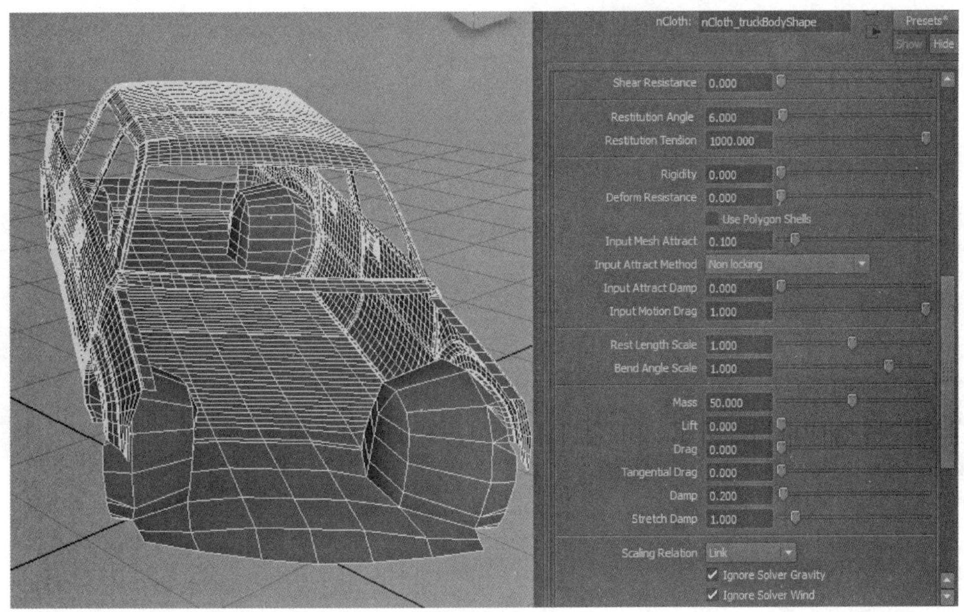

图 8-13

在上面调节出的有关 truckBody 的 nCloth 参数可以保留为预置参数加以重新应用，如可将其应用到引擎盖、车体尾门等部件，但是注意要对 mass（质量）等一些参数适当做出修改。首先选择 hood（引擎盖），将其转化为 nCloth，并将其参数设置为与 nCloth_truckBody 相同，然后切换到 Dynamic Properties，将 Mass 由 50 改为 20，其余参数不变，有关 nCloth_hood 的参数设置如图 8-14 所示。

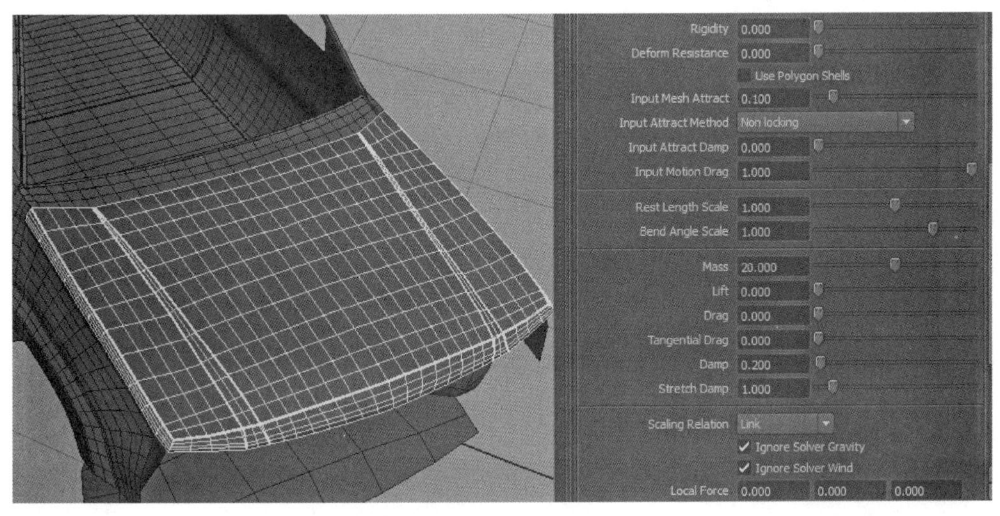

图 8-14

此时我们还需要为 hood 与 truckBody 之间创建约束，由于在撞击中引擎盖会沿着其与 truckBody 的连接处翻卷起来，因此可以将 hood 与 truckBody 相接触的边缘的点使用

pointToSurface 的动力学约束节点约束到 truckBody 上。方法是首先选中 hood 部件上与 truckBody 相接触的点，然后“Shift”键加选 truckBody，并执行 nConstraint \ Point to Surface，在弹出选项中维持默认即可，执行后 pointToSurface 的设置以及场景显示效果如图 8-15 所示。

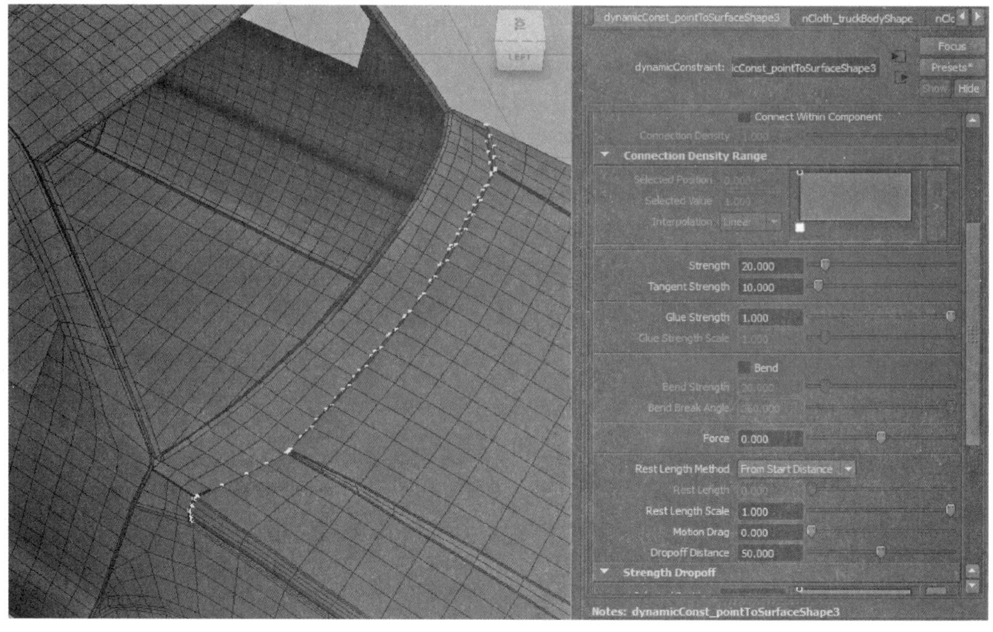

图 8-15

然后选择汽车的货箱尾门，将其转化为 nCloth 物体，并重新命名节点为 nCloth_tailGate，nCloth_tailGate 基本参数设置与 nCloth_truckBody 相同，但也要注意修改 mass，这里也将其改为 20，参数设置如图 8-16 所示。

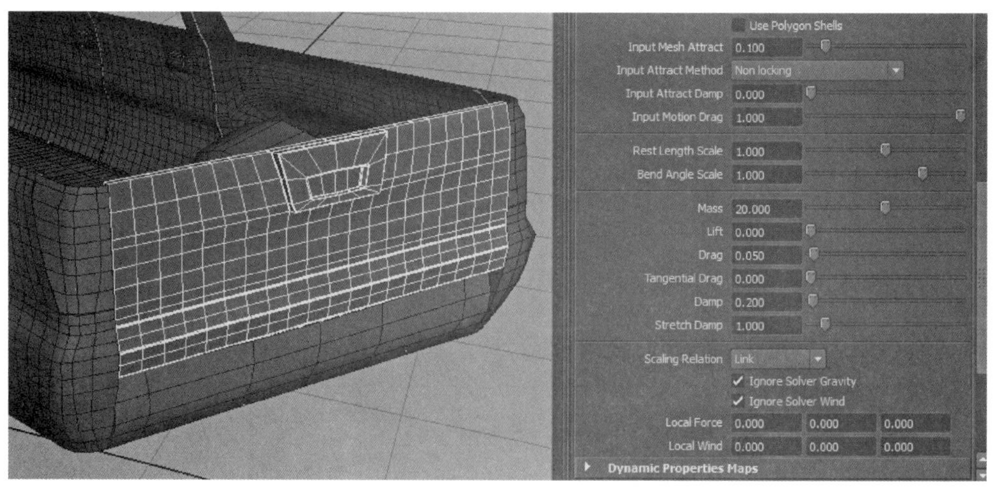

图 8-16

在完成 tailGate 的 nCloth 属性设置后，我们还要为其创建 pointToSurface 约束，以便将其约束到 truckBody 上，在 tailGate 上选择下方靠近 truckBody 的顶点，然后执行 nConstraint\Point to Surface，执行后并设置 pointToSurface 约束参数效果如图 8-17 所示。

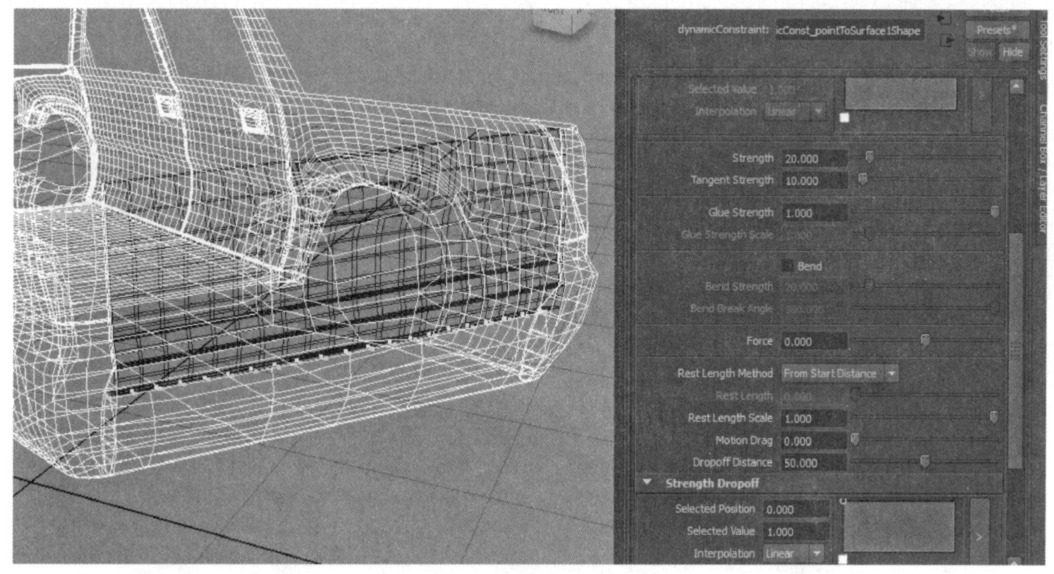

图 8-17

接下来我们选择后备箱盖子 backCover 部件，并将其转化为 nCloth 物体，并首先利用 nCloth_truckBody 的预置参数将其改写，然后再重新调整，维持 Collisions 卷展栏下的参数不变，但是要对 Dynamic Properties 卷展栏下的参数做出一些修改，将 Stretch Resistance、Compression Resistance 与 Bend Resistance 参数设为 200，将 Mass 设为 28，额其余参数基本维持与 nCloth_truckBody 一致即可，有关 nCloth_backCover 的参数设置如图 8-18 所示。

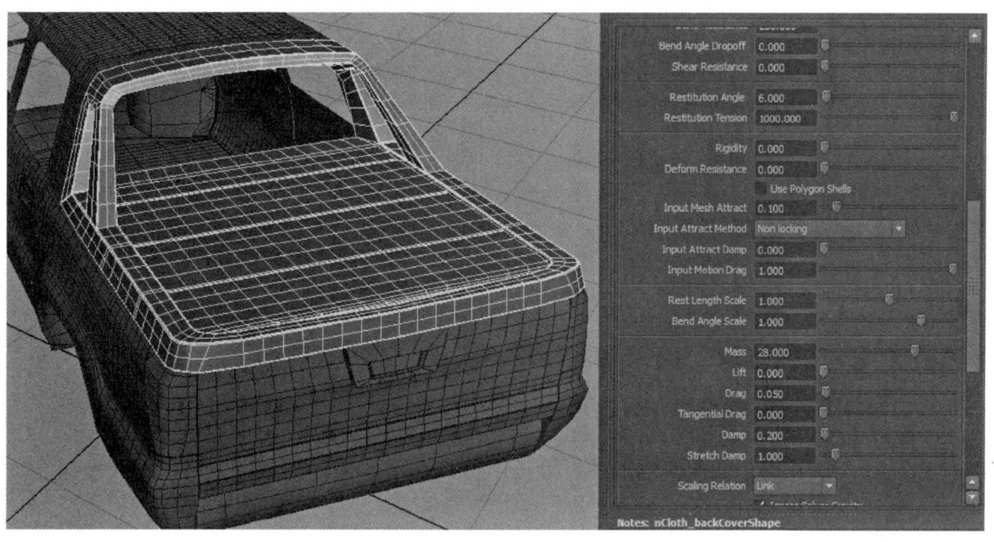

图 8-18

在完成 nCloth_backCover 的动力学属性设置后，我们还需为其创建 pointToSurface 约束，选中 backCover 模型上靠近 truckBody 的外围顶点，接着执行 nConstraint\Point to Surface，然后再选择 backCover 模型上靠近 tailGate 上的点，执行 nConstraint\Point to Surface。之所以要为 backCover 创建两套约束，是由于该模型在将来的碰撞模拟时会分别与两个 nCloth 物体产生交互碰撞，并且两个物体对其影响也不一样，此时 backCover 创建的两个 PointToSurface 在场景中显示与参数设置效果如图 8-19 所示。

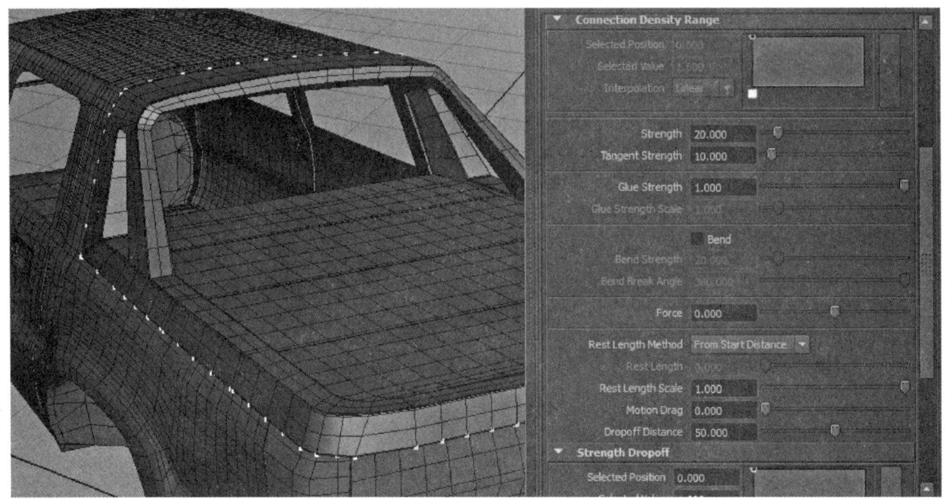

图 8-19

然后我们继续为场景中另外三个，在材质类型上比较类似于 truckBody 的物体 topSteel、sideStepA 与 sideStepB 转化为 nCLoth 物体，其 nCloth 基本参数与 truckBody 基本相同，但注意要将 mass(质量)进行一下调整。一般 mass 的调整可参考相关物体的体积大小，然后还要为各 nCloth 物体与 truckBody 之间创建合适的 pointToSurface 约束，具体设置过程略，但基本设置结果如图 8-20 所示。

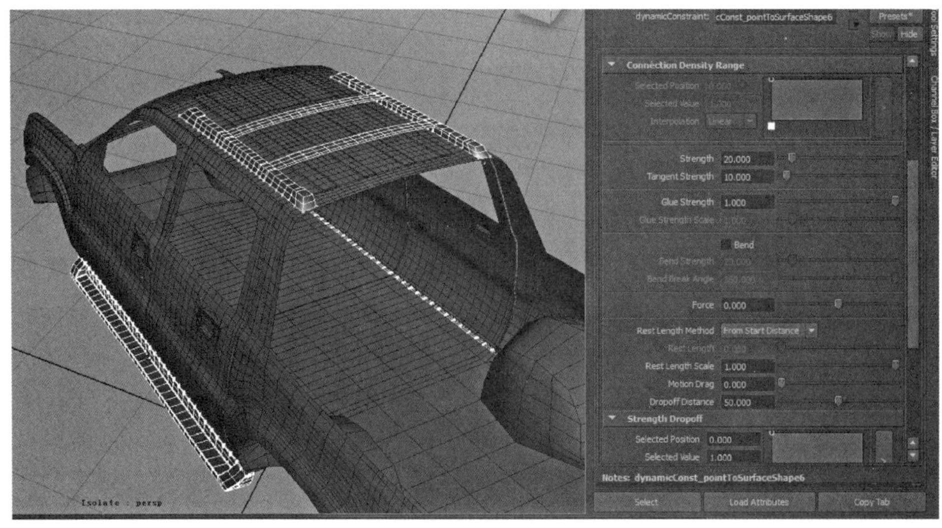

图 8-20

我们接下来为汽车的前后保险杠 bumper 物体创建 nCloth，并分别重新命名为 nCloth_back_bumper 与 nCloth_front_bumper，创建过程略，在参数上重新进行一下调节，首先切换到 Collisions 卷展栏，将 Thickness 设为 0.001，将 Self Collide Width Scale 设为 1，将 Bounce 与 Stickiness 设为 0，将 Friction 设为 0.1，Collisions 卷展栏中的其余参数维持不变；然后切换到 Dynamic Properties 卷展栏，将 Stretch Resistance 与 Compression Resistance 设为 200，将 Bend Resistance 设为 100，将 Restitution Angle 设为 6，将 Input Mesh Attract 设为 0.6，将 Input Motion Drag 设为 1，然后将 Mass 设为 20，将 Drag 设为 5，将 Damp 设为 0.125，将 Stretch Damp 设为 2，以上参数设置基本类似于汽车车体 nCloth_truckBody 的动力学属性，但是在抗拉伸、抗挤压与抗弯曲三个属性数值要低，并且 Damp 数值要稍微高一些，有关 Bumper 的参数设置如图 8-21 所示。

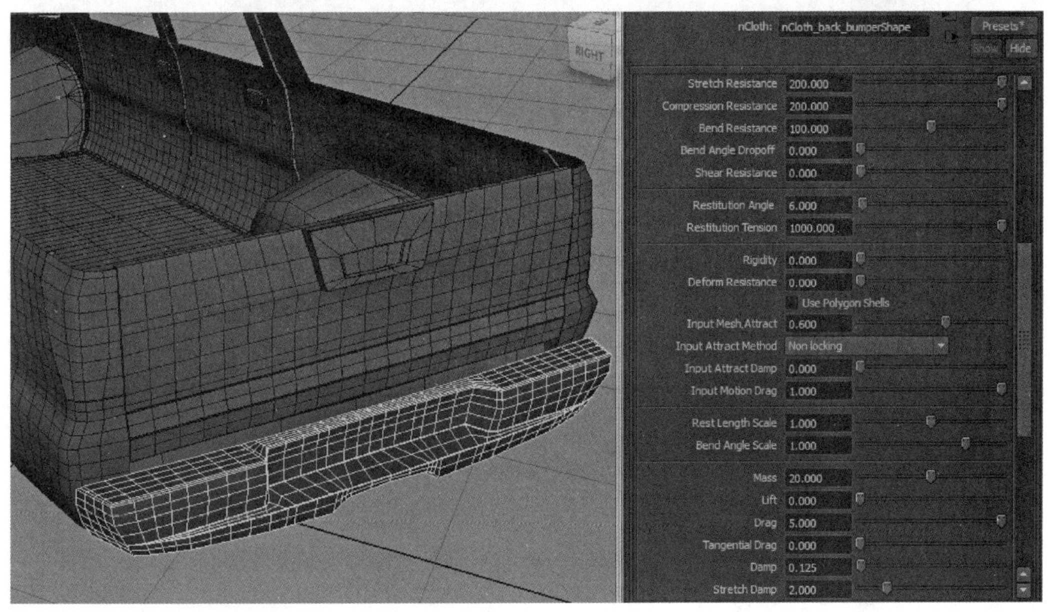

图 8-21

在前后保险杠的动力学属性设置完毕后，还需为其创建与车身的 Point to Surface 动力学约束，在创建约束时尽量选择其与车身相接触的点，前后保险杠在创建完 Point To Surface 约束后，在场景中显示如图 8-22 所示。

在完成汽车外围金属部件的 nCloth 动力学属性设置后，我们接下来要完成一些易碎件如汽车玻璃、车灯、后视镜等部件的动力学模拟。首先选择汽车的车窗玻璃来完成 nCloth 制作，在制作之前需要先将玻璃进行造型修改，这是由于我们在建模时模型的布线一般都比较规整，而过于规范的布线在进行动力学模拟时效果往往不会好，此时就需要我们重新将原来规范布线改为凌乱形式，图 8-23 是修改后的玻璃布线变化。

首先我们选择具有代表性的汽车前挡风玻璃进行制作，在制作中注意三个关键点：其一是玻璃的材质制作，其二是部分玻璃在撞击中如何破碎，其三是部分玻璃在破碎后如何仍然附着在汽车框架上。

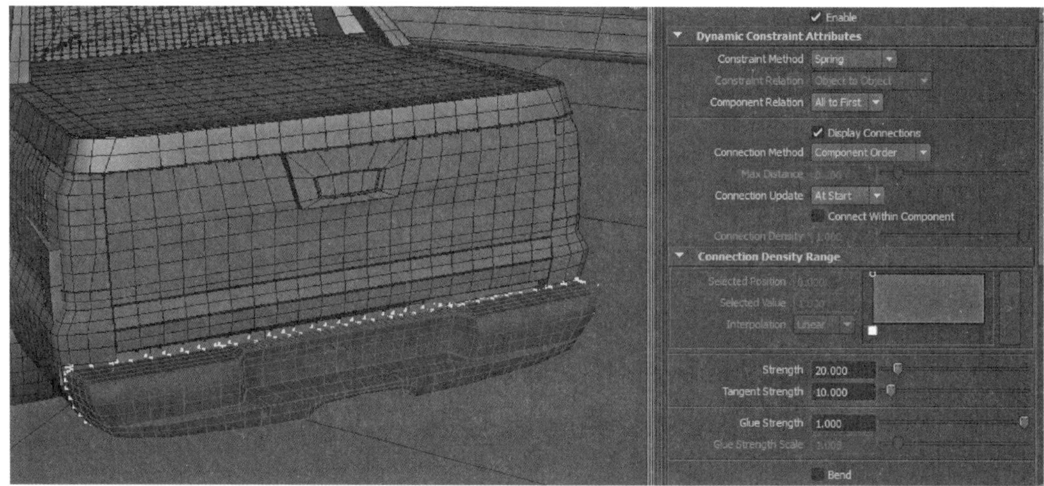

图 8-22

图 8-23

针对以上分析，我们首先选择汽车前窗玻璃，将其转化为 nCloth，并将其重新命名为 nCloth_front_winGlass，然后打开属性编辑器，对其动力学属性进行修改。首先切换到 Collisions 卷展栏，将 Thickness 设为 0.005，将 Self Collide Width Scale 设为 1，将 Bounce 与 Stickiness 设为 0，将 Friction 设为 0.1，Collisions 卷展栏其余参数维持不变，nCloth_front_winGlass 初步参数设置如图 8-24 所示。

接下来我们切换到 Dynamic Properties 卷展栏，将 Stretch Resistance、Compression Resistance 与 Bend Resistance 均设为 200，将 Restitution Angle 设为 6，将 Input Motion

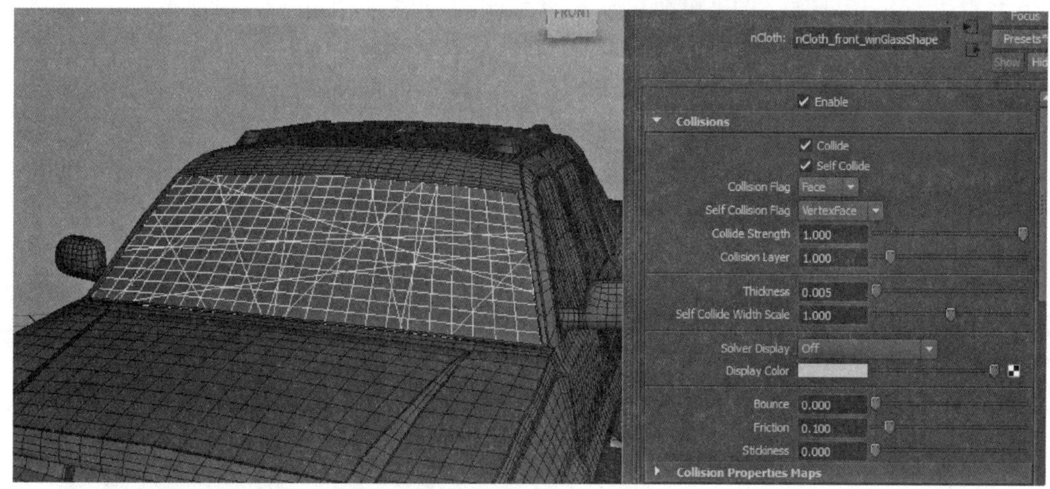

图 8-24

Drag 设为 0，将 Mass 设为 8，将 Damp 设为 0.2，将 Stretch Damp 设为 2，并且 Ignore Solver Gravity 与 Ignore Solver Wind 均去选(表示要受到 Gravity 的影响)，这里有一个很重要的参数及 Input Mesh Attract 我们需要进行动画处理。由于 Input Mesh Attract 能够维持 nCloth 物体和原输入模型之间保持一致性，我们需要汽车碰撞前挡风玻璃与车体保持一致，但是在碰撞后汽车玻璃由于破碎则要有自己的运动方式，因此要采用动画方式来处理，在关键帧需要读者观察员汽车简模物体的运动状态(也可以查看 Locator 物体的运动状态)，这样就可以保证我们在参数上设置合理，在本例中我们将关键帧设在了 73 与 74，在 73 帧及以前保证 Input Mesh Attract 设为 1，而在 74 帧则将 Input Mesh Attract 设为 0，有关 nCloth_front_winGlass 的参数设置效果如图 8-25 所示。

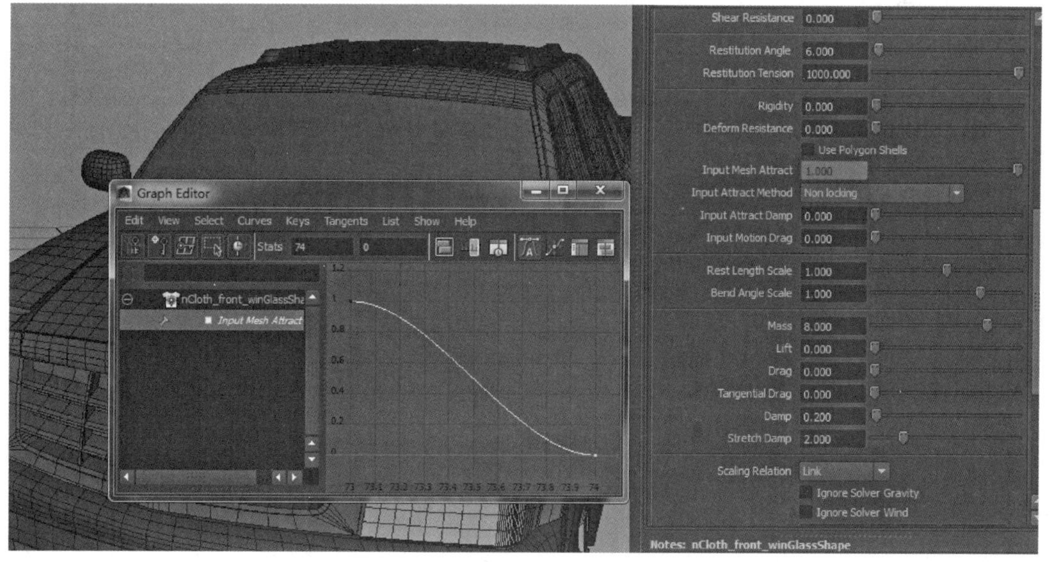

图 8-25

在解决 nCloth_front_winGlass 的属性参数问题后，我们先来解决后面第三个问题，即玻璃在碰撞中破碎后如何有部分残片会留在汽车框架上，因为这个问题比较好解决。我们可以使用 Point To Surface 来解决，在解决这个问题后再解决第二个有关玻璃如何破碎的问题。

由于在碰撞后需要部分玻璃碎片留在车体(truckBody)上，因此我们可手动选择部分需要一直附着在 truckBody 上的点，将它们与车身之间建立 Point To Surface，图 8-26 就是利用 Maya 笔刷选择工具选择需要一直附着在车身上的点，读者会发现非常不整齐。

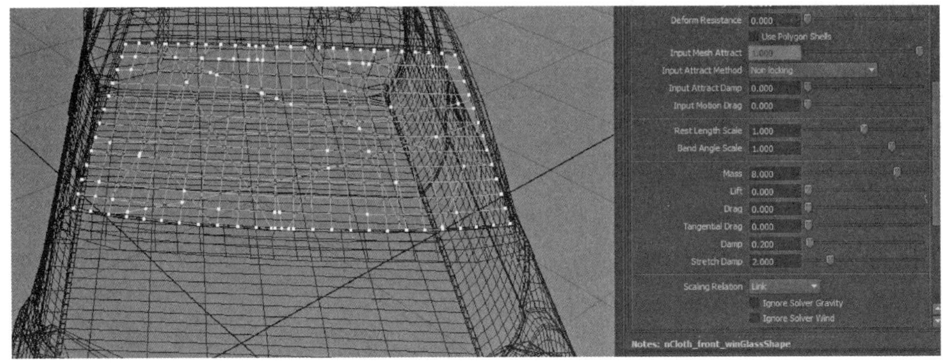

图 8-26

图 8-26 所示的被选择出的点我们可以将其创建为一个选择集(通过菜单命令 Create\Sets\Quick Select Set... 来实现，具体操作过程略)，因为其余未选择的点就是我们将来要碎掉的点。在保证当前点被选择的情况下，配合“Shift”加选 truckBody，然后执行 nConstraint\Point to Surface。这样就将当前选择的点与车身之间创建了 Point to Surface 约束，而参数维持默认不变即可，基本效果如图 8-27 所示。

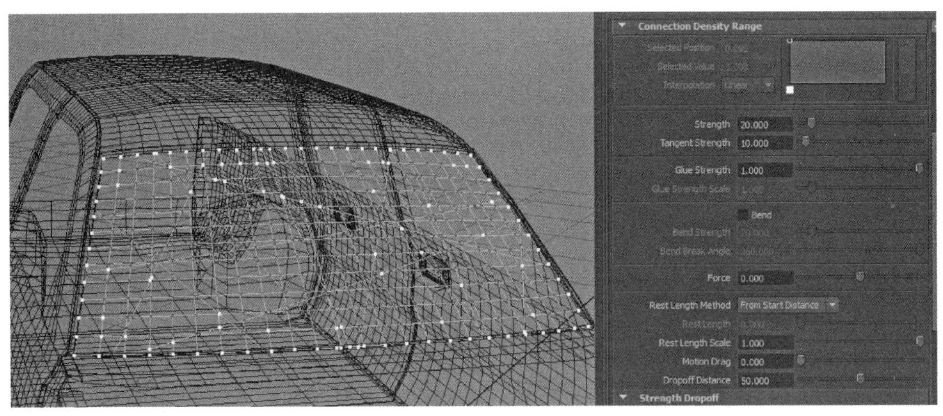

图 8-27

然后通过反选命令(Invert Selection)反向选择上面没有被 Point to Surface 约束的点，将选中的点创建 Tearable Surface 约束，创建 Tearable Surface 约束后，要对该约束的参数进行修改，打开其属性编辑器。首先切换到 Dynamic Constraint Attributes 卷展栏，维持

Constraint Method 为 Weld 不变，将 Max Distance 设为 0.01，维持该卷展栏的其余选项不变；然后切换到 Connection Density Range 卷展栏，将 Strength 与 Tangent Strength 均设为 200，将 Glue Strength 设为 0.1，勾选 Bend，将 Bend Strength 设为 100，将 Bend Break Angle 设为 10，维持该卷展栏下的其余属性不变，有关前窗玻璃的 Tearable Surface 约束的设置效果如图 8-28 所示。

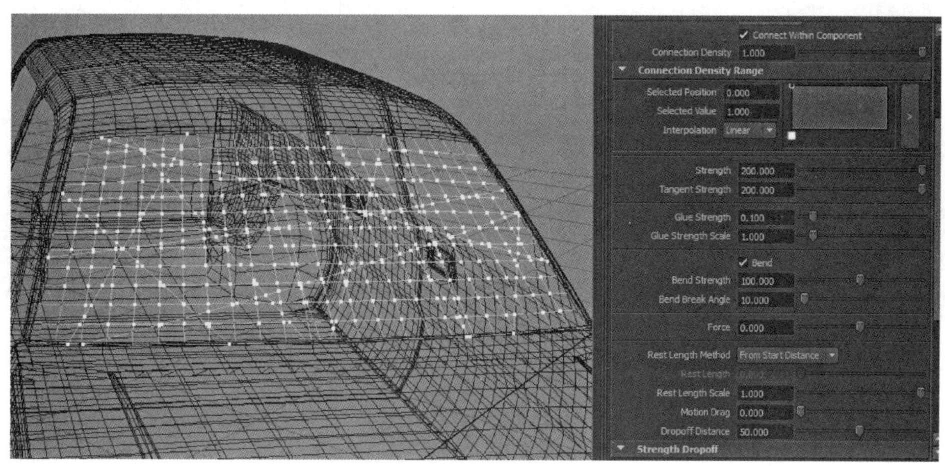

图 8-28

上面关于 Tearable Surface 约束节点的设置方法我们可以保存为预置文件，并在后面制作其余玻璃时使用同样约束手法时调用，具体制作过程在此不再详述。

在对其余汽车玻璃制作中也遵循同样的步骤，首先将模型转化为 nCloth 物体，在参数上可以通过调用预置的方式使用前车窗玻璃的相关参数，然后通过 paint 笔刷手动选择那些需要在破碎后依然要附着在 truckBody 上的顶点，利用 Point to Surface 将其约束在 truckBody 表面；然后反选其余的点利用 Tearable Surface 约束将其进行破碎处理，在参数设置上可以通过调用预置的方式来使用汽车前窗玻璃制作中所调节的参数，其余玻璃的具体制作过程在此不再详述，制作后的效果如图 8-29 所示。

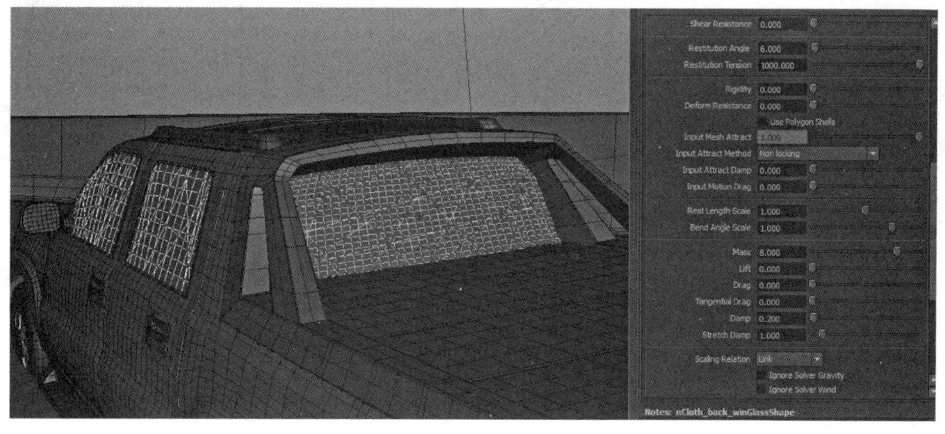

图 8-29

在完成车窗玻璃 nCloth 属性设置后，在整个汽车构件中还剩下后视镜、车灯与汽车的进气格栅需要处理。我们可以首先对进气格栅进行处理，因为进气格栅与车灯之间的破碎效果较类似。在制作进气格栅破碎中我们要采用一种 Use Polygon Shell 模式。

首先选中汽车进气格栅造型，进入到 face 级别后选中所有 polygon 平面，选中将 Maya 模块切换到 Polygons，并执行 Edit Mesh\Detach Component。此操作是将所有的 face 全部分离，如果我们单选一个 face，会发现各个顶点之间是断开的，此时检测模型效果如图 8-30 所示。

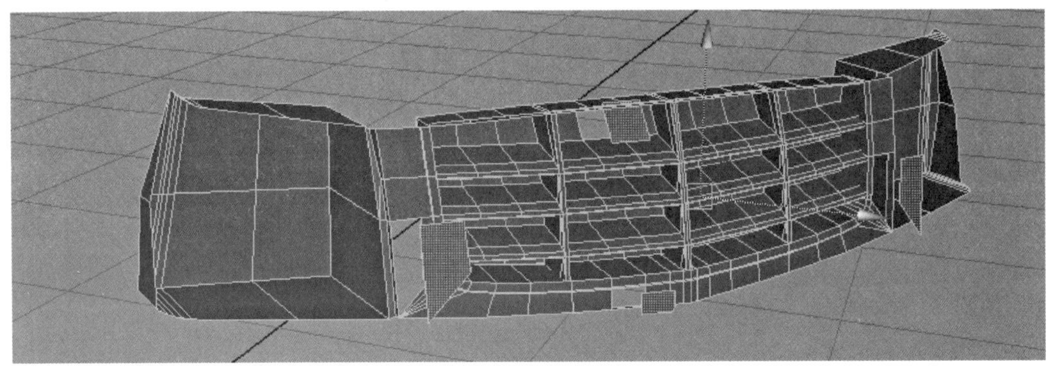

图 8-30

我们不需要将 Face 移开原来的位置，因此配合“Ctrl+z”取消上述才做，选择该进气口模型将其转化为 nCloth 物体，并打开其属性编辑器，首先切换到 Collisions 卷展栏，将 Thickness 设为 0.01，将 Self Collide Width Scale 设为 1，将 Bounce 设为 0.5，将 Friction 设为 0.8，将 Stickiness 设为 0.1，Collisions 卷展栏其余参数维持不变，有关 Collisions 卷展栏参数设置效果如图 8-31 所示。

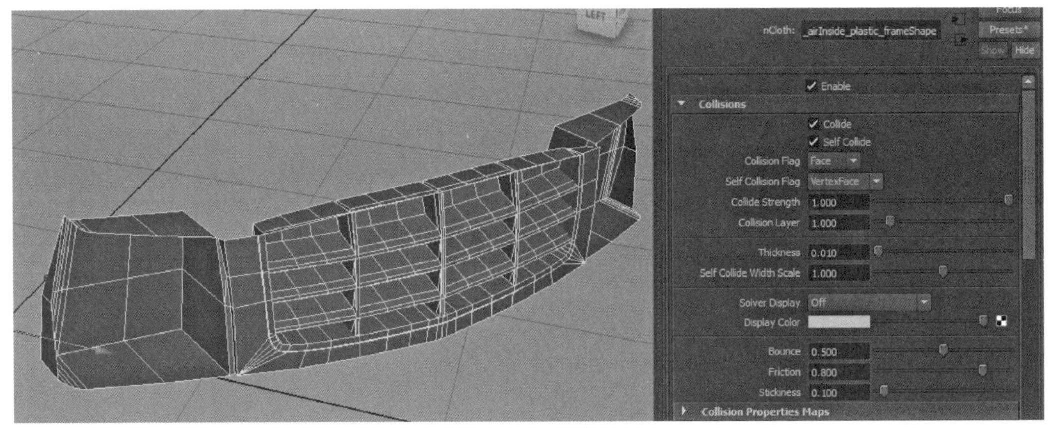

图 8-31

然后我们继续将卷展栏切换到 Dynamic Properties，将 Rigidity 设为 5，一定要勾选 Use Polygon Shells，该选项非常重要。然后将 Mass 设为 20，将 Damp 设为 0.25，将 Stretch

Damp 设为 0.1，其余参数维持不变，此时 Dynamic Properties 卷展栏的设置效果如图 8-32 所示。

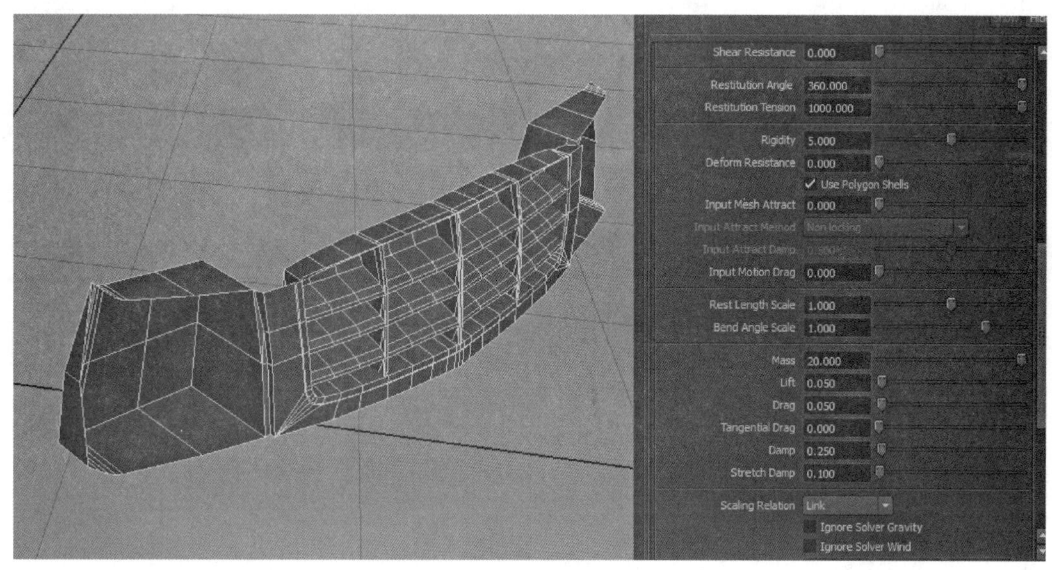

图 8-32

nCloth 基本参数设置完毕后选择该模型，并执行 nConstraint\Transform，为该 nCloth 物体创建一整体的 transform 约束，并将该约束的 Strength 设为 200，其余参数维持不变。然后我们利用场景中的 locator1 来父子约束该动力学约束，其目的是为了将该 nCloth 作为一整体来跟随车体运动，设置过程略，设置效果如图 8-33 所示。

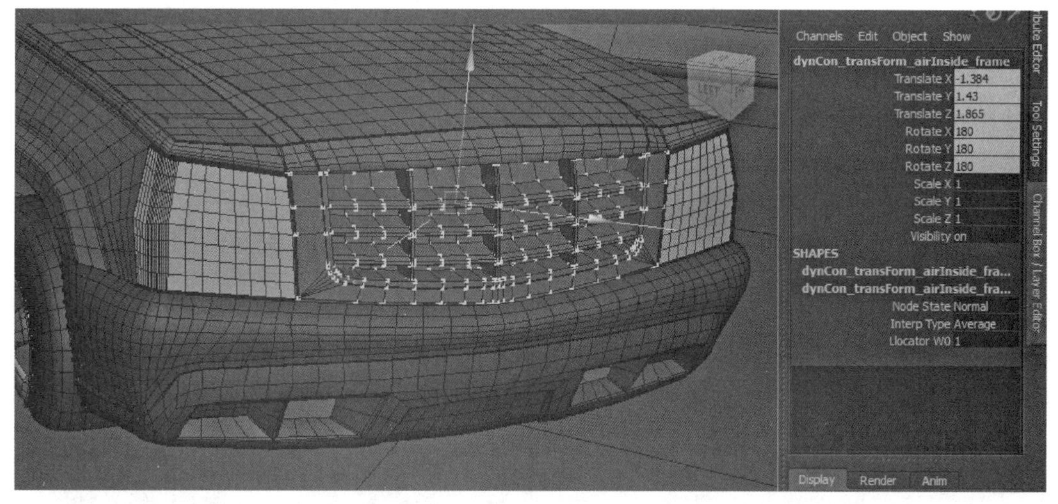

图 8-33

汽车两边的车灯模型操作方式也同于该进气格栅的操作，首先将模型的面打散（使用 Detach Component 菜单命令），然后将两车灯模型分别转化为 nCloth，而在参数设置上调用预置的方法来使用进气格栅的设置，最后将两个车灯 nCloth 物体分别使用 transform 约束，并使用进气格栅的 transform 约束物体将两个车灯的 transform 物体进行父子约束，这样就可以保证两个车灯物体与汽车模型，在开始一起滚动，然后在地面碰撞后会碎裂，基本设置完成后场景显示如图 8-34 所示。

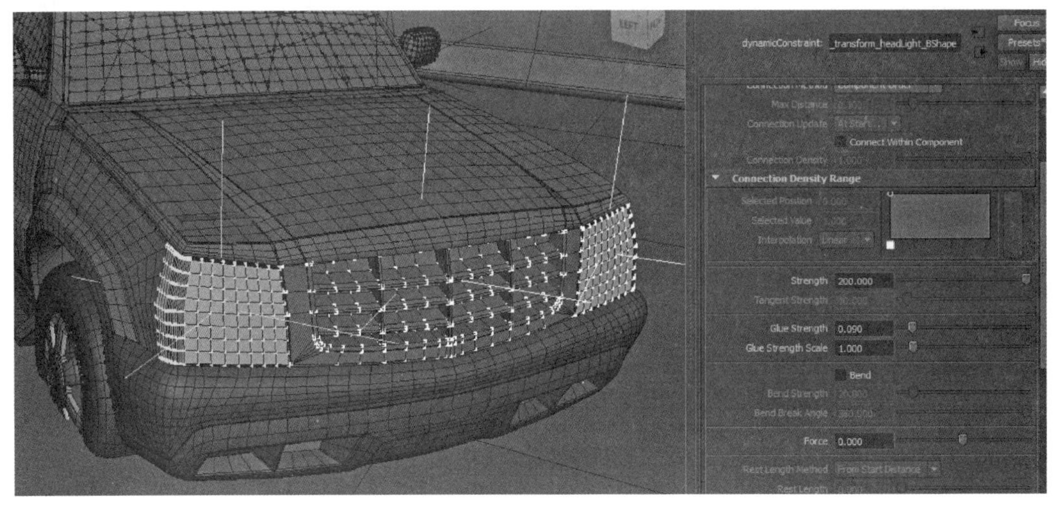

图 8-34

我们接下来完成汽车两个后视镜的 nCloth 动力学属性设置，后视镜理论上应该是玻璃与塑料的混合材质，即在破碎时部分碎裂方式与车窗玻璃雷同，而部分破碎方式与汽车进气格栅雷同，但本例中我们为了方便起见，只是将其作为一个整体，作为刚体运动即可。

首先选中一个后视镜，将其转化为 nCloth，并打开属性编辑器，首先切换到 Collisions 卷展栏，将 Thickness 设为 0.001，将 Self Collide Width Scale 设为 1，将 Bounce 设为 0，将 Friction 设为 0.1，将 Stickiness 设为 0，维持 Collisions 卷展栏中其余属性不变，关于 Collisions 卷展栏的设置效果如图 8-35 所示。

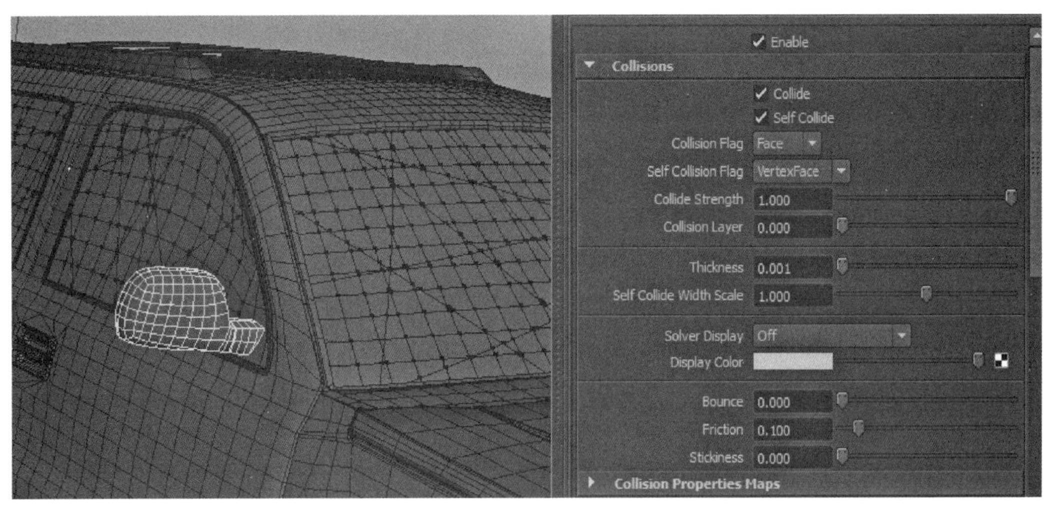

图 8-35

然后切换到 Dynamic Properties 卷展栏，将 Stretch Resistance、Compression Resistance 与 Bend Resistance 均设为 200，将 Restitution Angle 设为 6，关闭 Input Mesh Attract 与 Input Motion Attract，将 Mass 设为 10，将 Damp 与 Stretch Damp 均设为 0.1，而将 lift、Drag、Tangential Drag 均设为 0，有关 Dynamic Properties 卷展栏的设置效果如图 8-36 所示。

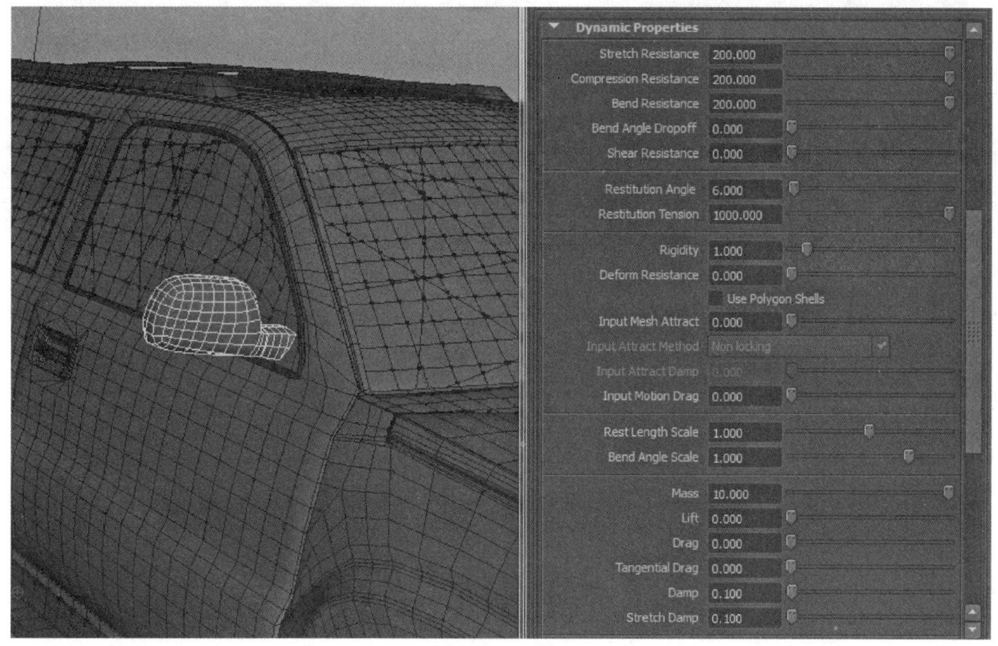

图 8-36

然后选择已经转化为 nCloth 的后视镜物体，将其应用 transform 约束，并将 transform 约束的 Strength 设为 200，而将 Glue Strength 设为 0.04，Glue Strength Scale 的默认 1 不变，有关 transform 约束的属性设置效果如图 8-37 所示。

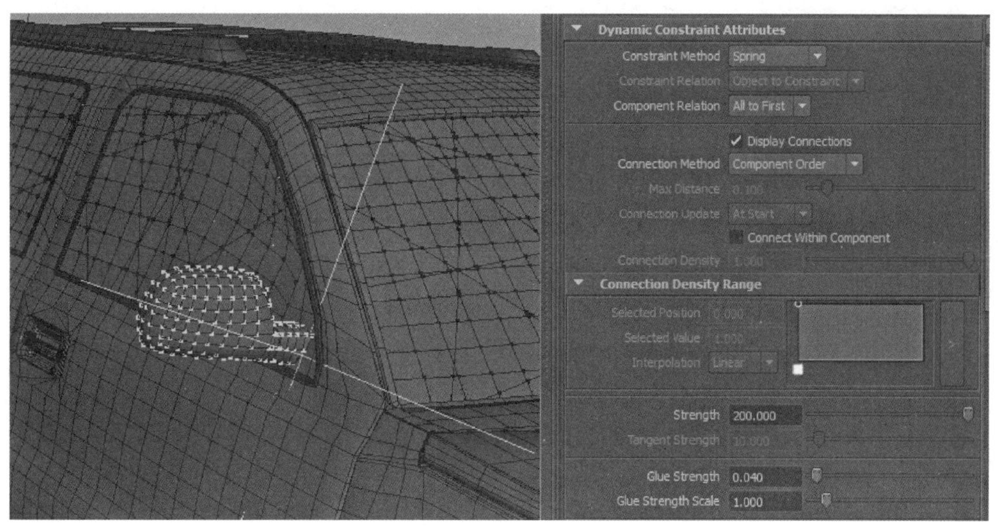

图 8-37

在完成后视镜物体 nCloth 属性设置与 transform 动力学约束后，我们还需利用 Point On Poly 的动画约束方式将 transform 约束到汽车模型 A 柱附近，设置过程略，效果如图 8-38 所示。

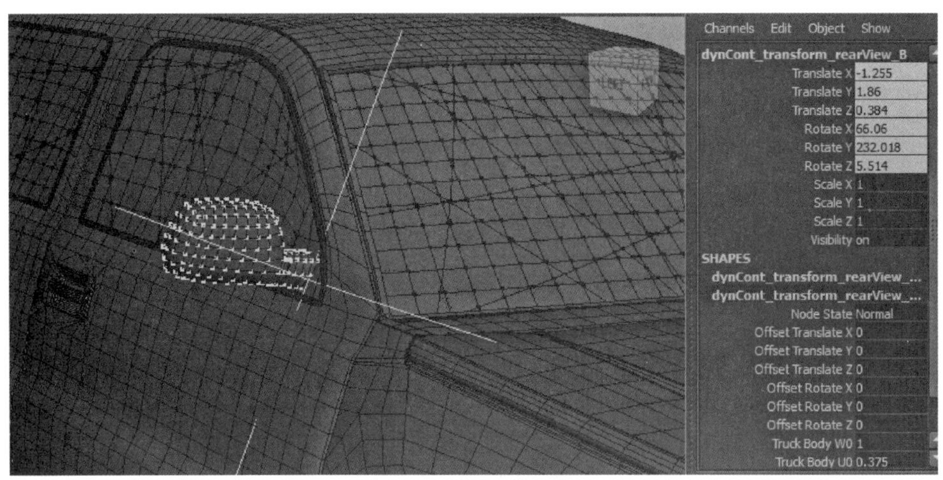

图 8-38

然后采用同样的步骤和设置方法完成另一边后视镜的 nCloth 动力学属性制作，当两个后视镜的动力学属性均设置完成后，我们可以通过查看大纲视图观察场景中所有的汽车部件被转化为 nCloth 物体之后的场景的显示情况，如图 8-39 所示。

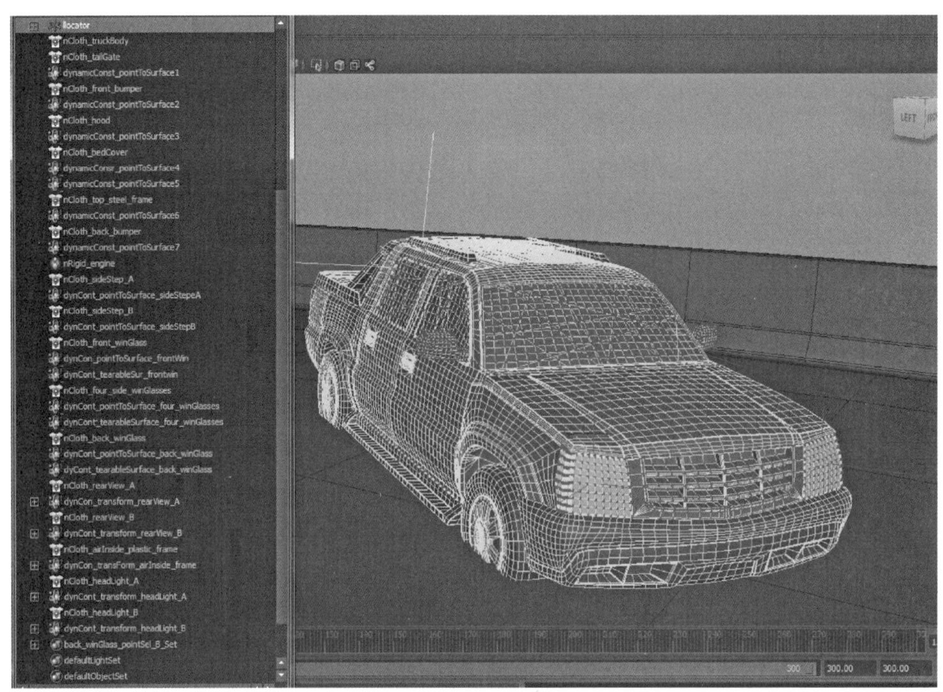

图 8-39

针对当前场景，在所有部件的动力学属性设置完毕后我们需要创建 nCache，然后在完成缓存后通过播放查看模拟效果，并对不满意的部分部件重新修改相关参数。在创建缓存时我们需要选中场景大纲视图中所有带有 nCloth 标识的物体（注意此时不需要对汽车简模物体重新制作缓存），然后执行 nCache\Create New Cache，在弹出菜单中注意勾选 One file per object，其余选项维持默认不变即可，设置过程如图 8-40 所示。

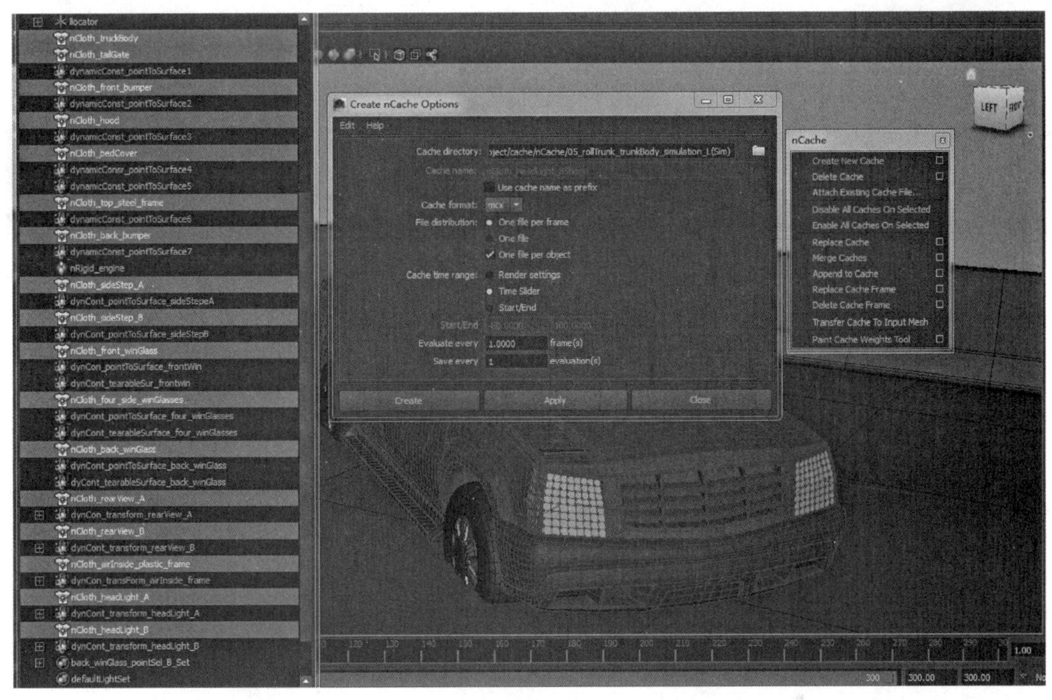

图 8-40

由于场景中 nCloth 物体较多，故生成缓存时间会较长，在整个翻滚汽车模拟动画中，对于各个部件的动力学参数设置主要是依据 Maya 提供的预置参数以及单建场景进行测试两种方法得到，在撰写中略过了单建场景进行测试的环节，也对参数的意义做更多详细说明，但请读者参考 Maya 的 Manual 并配合相关视频教程来获得更加深入的理解。

在整个教程中细心的读者会发现我们对于车轮的模拟没有制作，这主要是由于我们在前期简模框架物体制作及模拟中未考虑该部件，如果读者想综合考虑车轮的模拟，除了要在轮毂与轮胎的材质上加以考虑，还可以在简模创建与模拟阶段就加以考虑。请读者自己思考完成。

9

第九章 nHair 应用模拟——长发

本章主要详细阐述利用 Maya 集成的 nHair 毛发解算系统来模拟角色长发，在角色毛发模拟方面 Maya 早期版本提供了 hair 与 fur 两套系统。其中 hair 用来模拟长发，而 fur 则一般用来模拟短发，当然二者应用也并不局限于毛发模拟方面。在实质上无论 hair 或是 nHair 都是 Maya 柔体动力学（softBody），因此理解 Maya 的 softbody 对于掌握 hair 或 nHair 都非常重要。图 9-1 是我们要完成的角色毛发模拟效果。

图 9-1

在角色的长发模拟中，长发造型的修饰是非常繁琐的工作，需要不断的由线到面，然后再由面到线的反复修正，且还会进行中间模型转化。在使用 nHair 进行模拟之前，如果想直接在模型表面（或代理模型）生成 nHair，那么模型 UV 的合理分布就显得异常重要，但由于本例中是通过先创建曲线然后在转为 nHair 的方式，故对模型 UV 分布没有要求。首先将视图切换到前视图，并创建一 Construction Plane 使其成为 live 物体，这样在为角色模型创建初始的发型造型线时就不会被角色的头部所遮挡，方法是执行 Create\Construction

Plane，在创建面板上将 Pole Axis 设为 YX，创建过程及效果如图 9-2 所示。

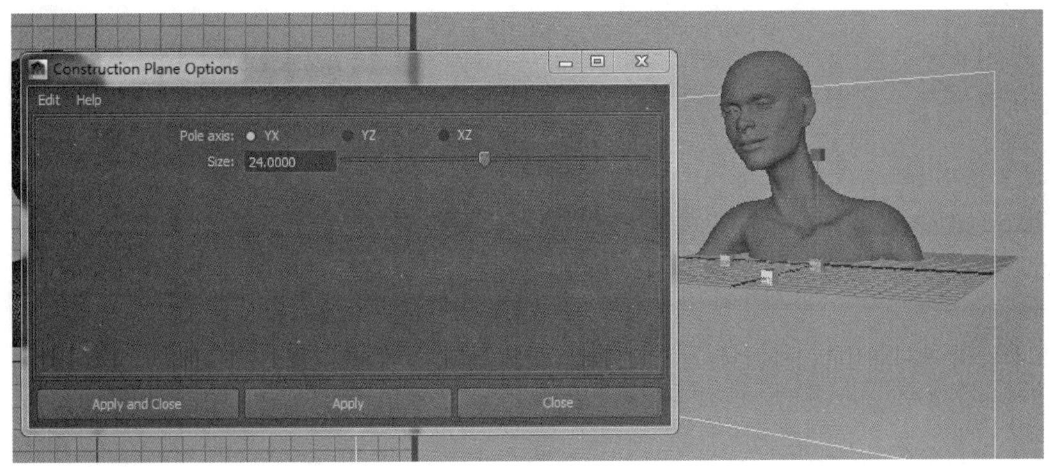

图 9-2

然后将该 Construction Plane 上移并调整到合适位置，并勾选 Statue Line（状态栏）上的 Make the Selected Object Live 按钮，则其被激活，如图 9-3 所示。

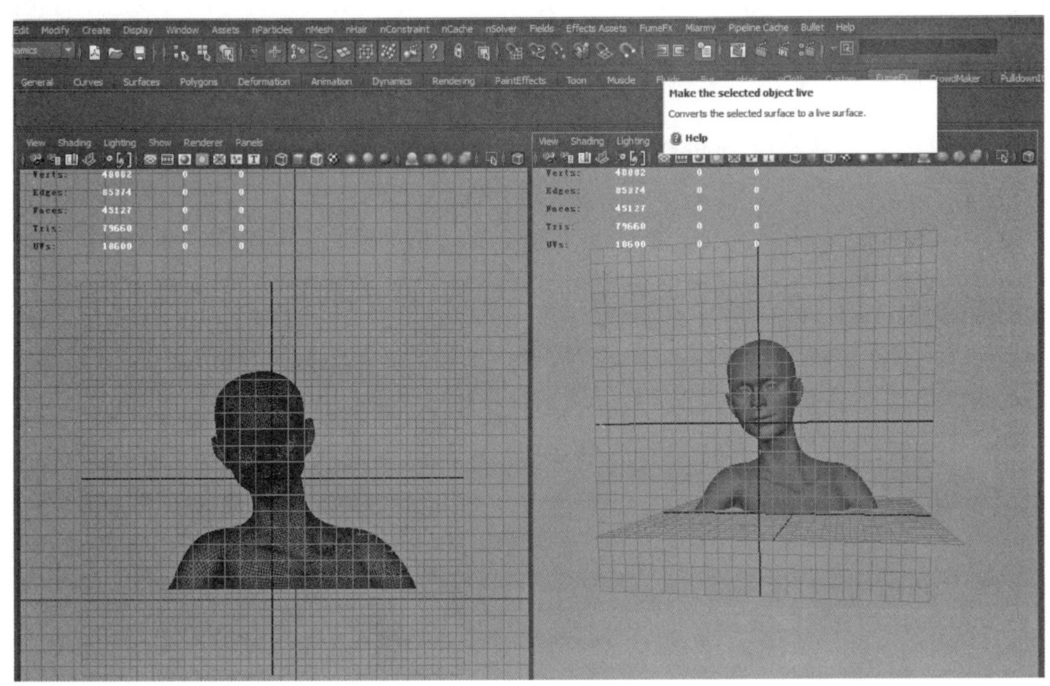

图 9-3

在上图 9-3 中为了创建方便，可以将前视图的网格显示关掉。此时如果我们创建发型造型线，则造型线将会分布在该 Construction Plane 上，在创建初始造型线时主要使用 CV Curve Tool 工具，维持默认选项即可，且精度上（即控制点）也无需太多，完成角色头部左侧初始造型线的效果如图 9-4 所示。

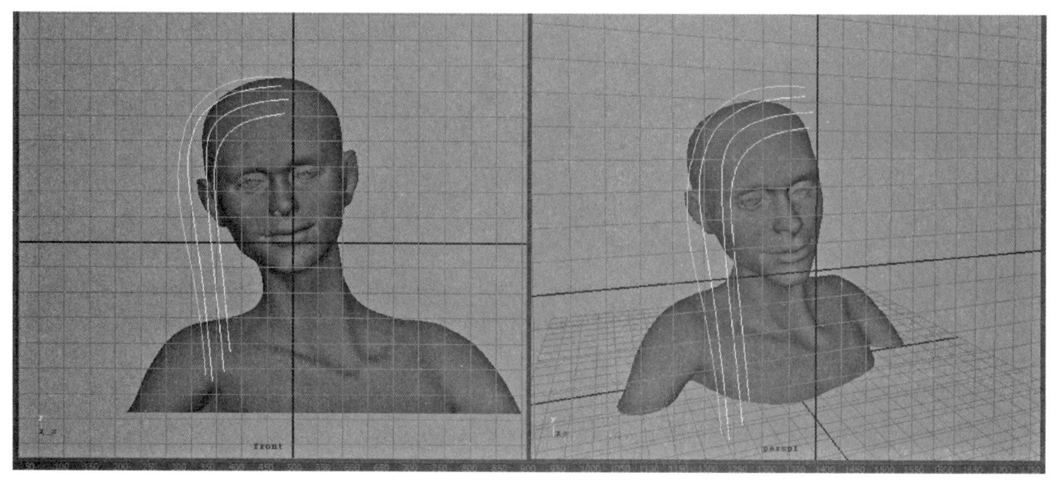

图 9-4

然后我们去掉 Make Selected Object Live 勾选，将造型线重新调整位置与大小，是其在角色的头部上的分布，在调整中可能要将曲线的轴点重新改变位置。具体操作方法即可以利用 insert 键，也可以直接配合使用“d”，具体操作过程略，另外在调整左侧头发造型时我们只建了四条曲线，需要在后面进行拷贝增加即可，并对曲线重新调整大小，此时初步调整曲线分布状态如图 9-5 所示。

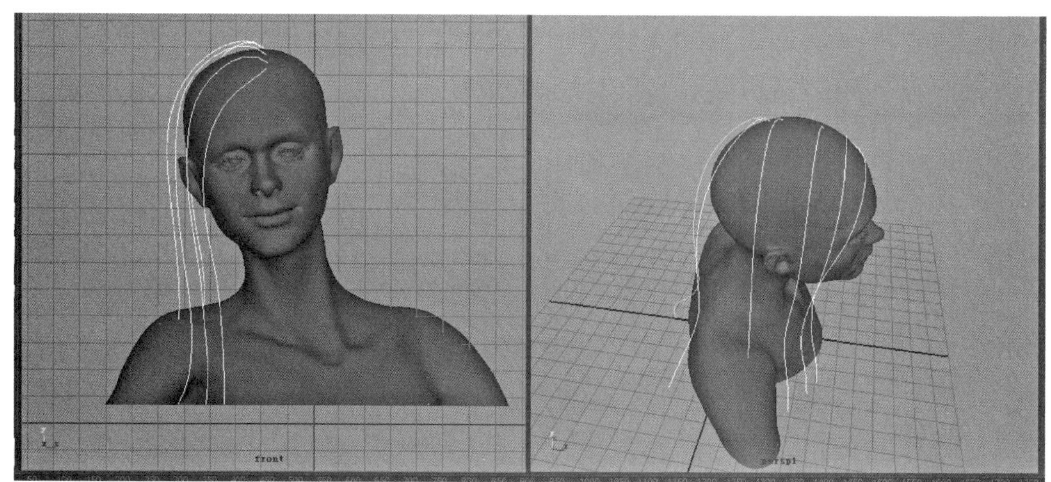

图 9-5

然后按照同样的方法完成角色头发右侧造型曲线的创建，效果如图 9-6 所示。

在头发两侧初级造型线创建完成后，我们分别对其执行 loft，则得到两个放样曲面，如图 9-7 所示。

这两个放样曲面在将来会被作为 Live 平面来方便我们在其表面继续创建头发更加精细的造型线，但此时我们还需继续增加造型平面，首先来创建角色前额位置发型的初级造型

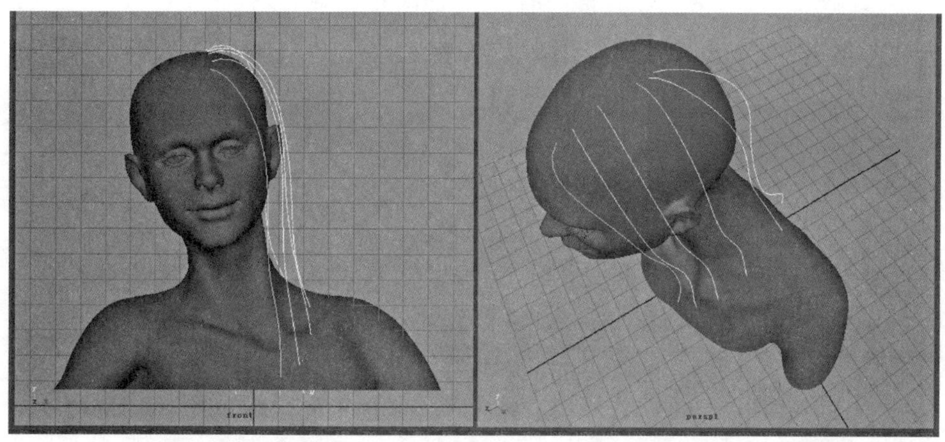

图 9-6

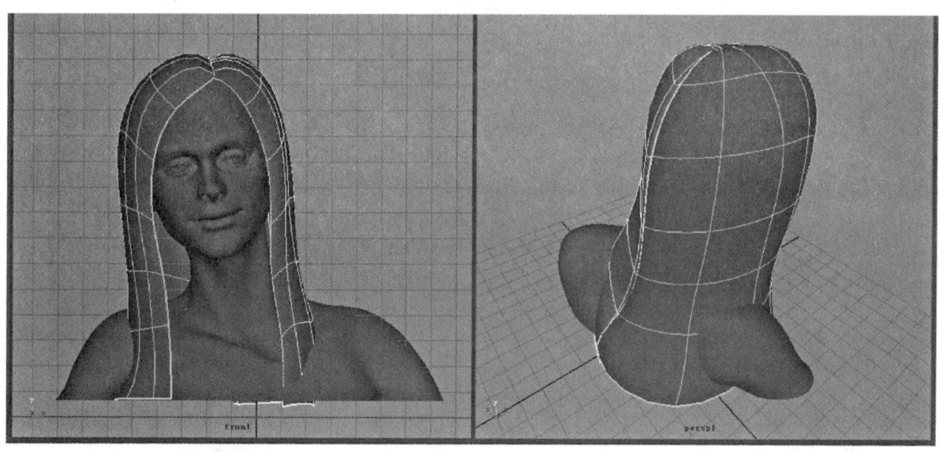

图 9-7

曲线，如图 9-8 所示。

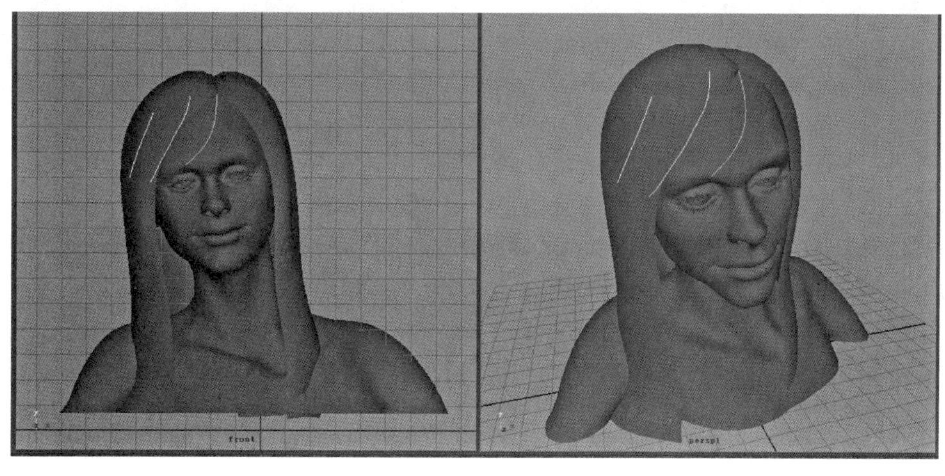

图 9-8

然后继续将这三条造型线 loft 成曲面，效果如图 9-9 所示。

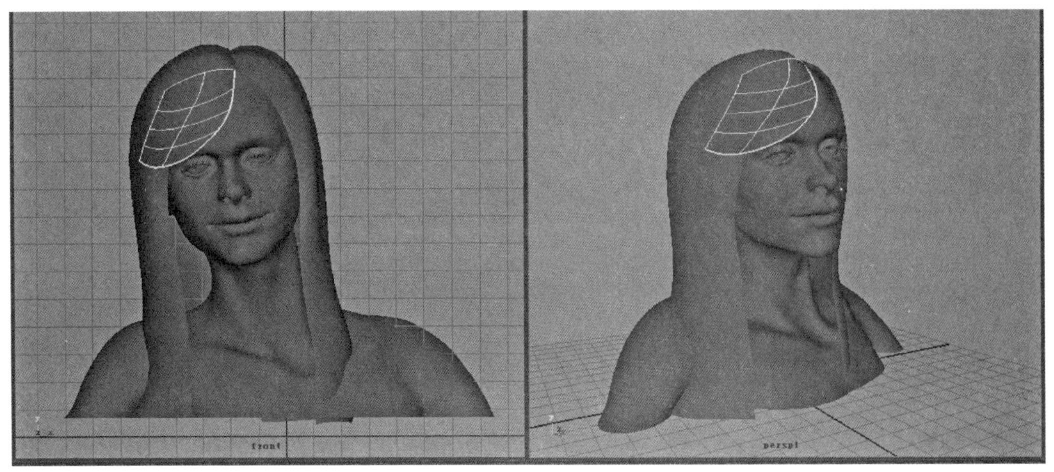

图 9-9

如果只是以这三个 loft 曲面为基础来创建更加精细的头发造型线，则角色头发会显得单薄，缺乏厚度。因此还需添加两个头发造型曲面，这需要额外在创建一些初级造型曲线，效果如图 9-10 所示。

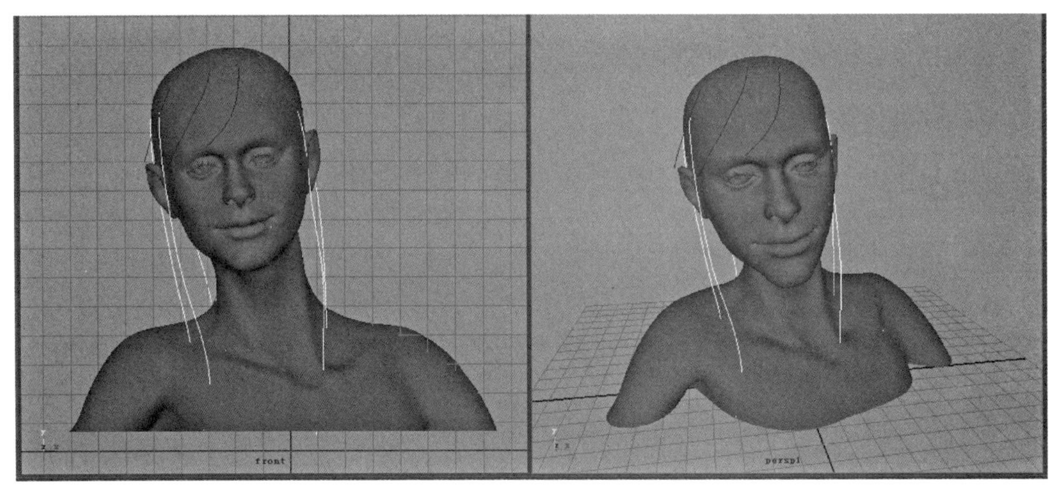

图 9-10

此时在进行 Loft 放样，则所有完成的初级造型曲面如图 9-11 所示。

在该角色的发型创建中，我们重点关注角色的正面与侧面的造型修饰，对角色的后面造型未加以关注。这主要是基于静帧角度考虑，如果是动画角色则要全面考虑。

接下来则是要在这些曲面上依据其起伏趋势创建曲线，方法是首先将曲面指定 Live 平面，然后使用 CV Curve Tool 工具绘制即可。初步绘制左侧造型精细造型线效果如图 9-12 所示。

在所有曲面上重新绘制完造型曲线后效果如图 9-13 所示。

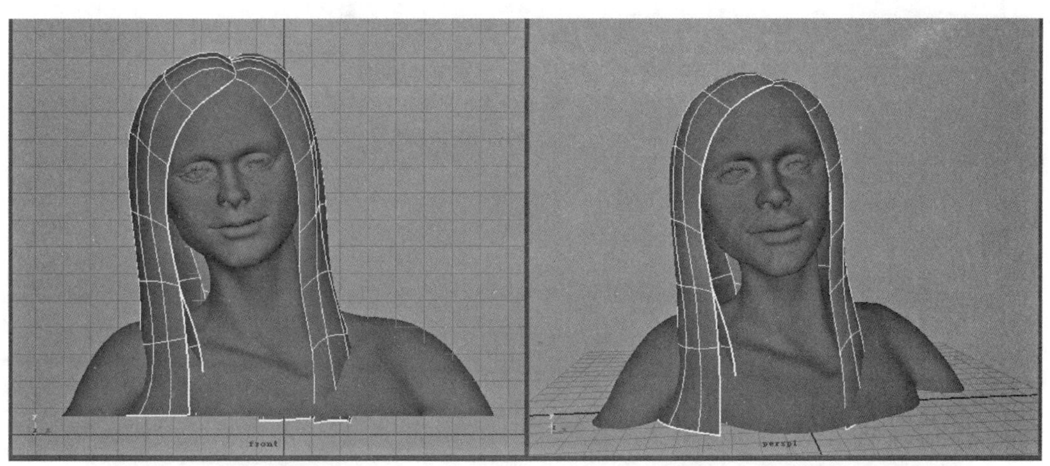

图 9-11

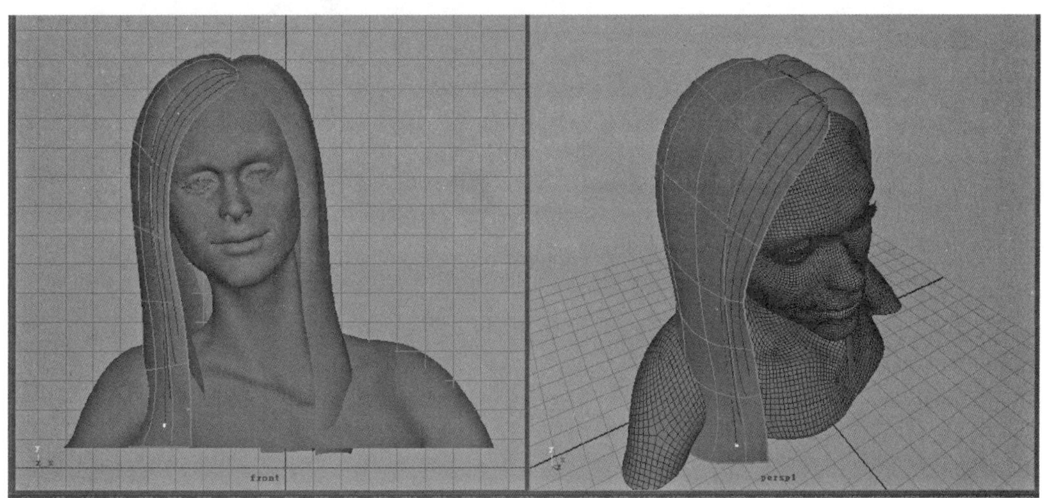

图 9-12

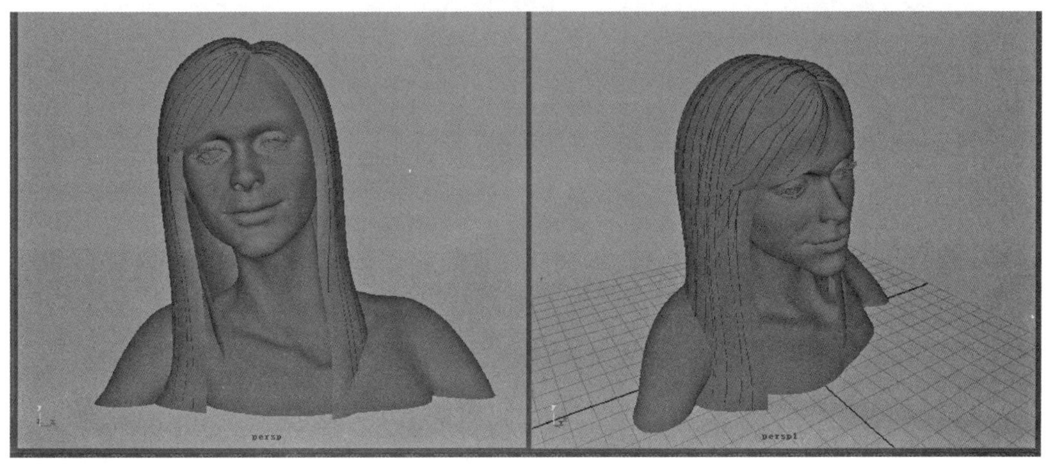

图 9-13

在沿着造型曲面创建完新的较精细的造型线后，我们需要将这些附着在曲面上曲线独立于原曲面之外。这需要选择所有曲面上曲线，然后执行 Edit Curves\Duplicate Surface Curves，执行后场景效果如图 9-14 所示。

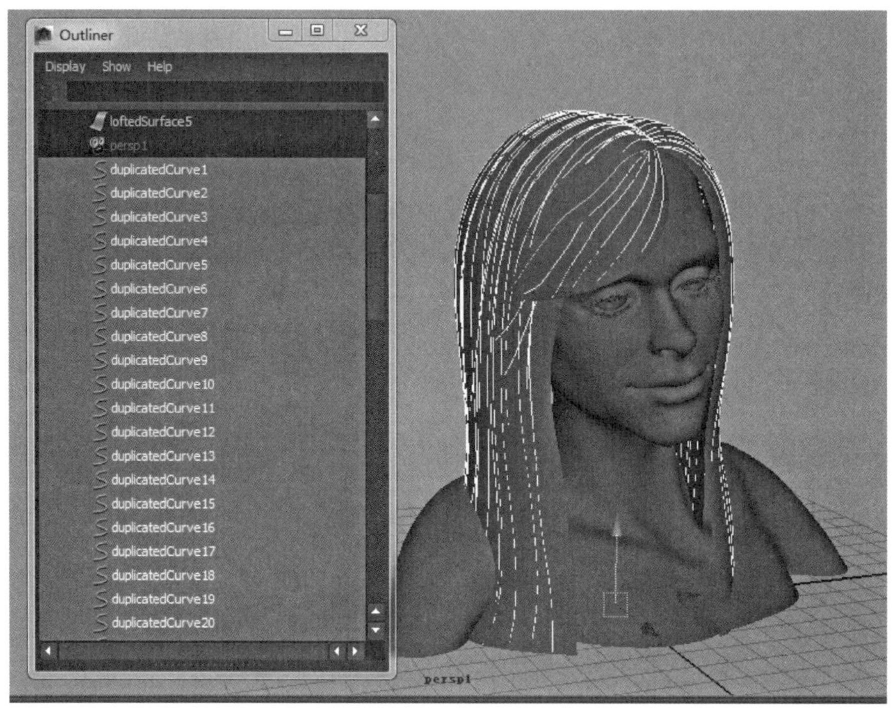

图 9-14

为了管理方便，可已将复制出的曲线直接删除历史、成组并放在新的显示层中，此时场景显示如图 9-15 所示。

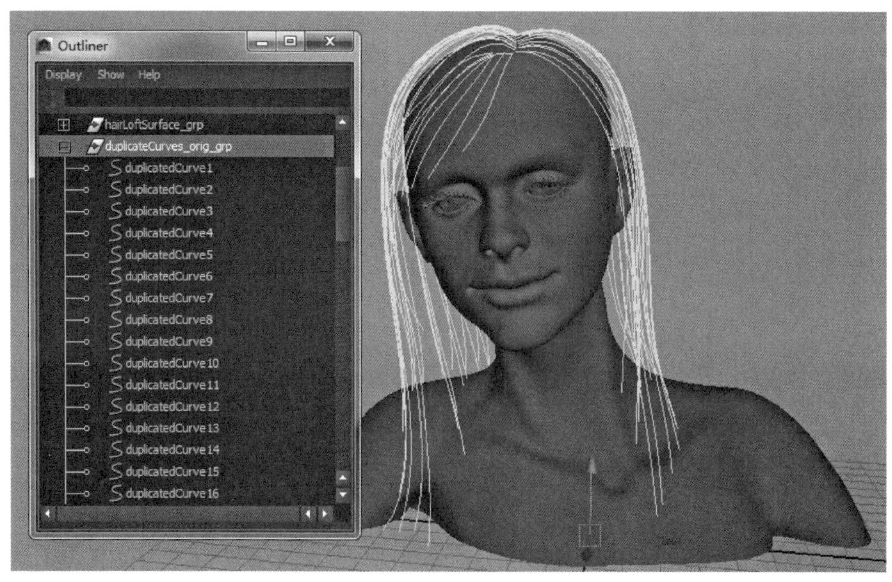

图 9-15

此时生成的曲线还不是创建头发造型的最终曲线，还需要以这些曲线作为 stroke 生成 PaintEffect，并将 PaintEffect 生成 Nurbs，然后再生成头发造型曲线，这才基本完成了头发造型线的制作。此外在比较旧的版本 Maya 中，通过 Duplicate Surface Curves 生成的曲线在后续使用上会有较大问题，特别是在生成 PaintEffect 时，PaintEffect 可能会产生不确定性的扭曲，但在 Maya2014 中不会发生这种问题。如果使用旧版本的 Maya，可以考虑先利用 hair 系统进行一次转化，然后再通过使用 StartCurve 来解决这种问题，此过程略。

在利用这些比整理后的曲线生成 paintEffect 之前，我们先进行一次 panitEffec 预设测试。此时先选择其中一条曲线，重新将其复制后并将其移开一定位置，然后将 Maya 模块切换到 Rendering 模块，在保证复制出的曲线选择状态下，执行 Paint Effects\Curve Utilities\Attach Brush to Curves，执行过程与场景效果如图 9-16 所示。

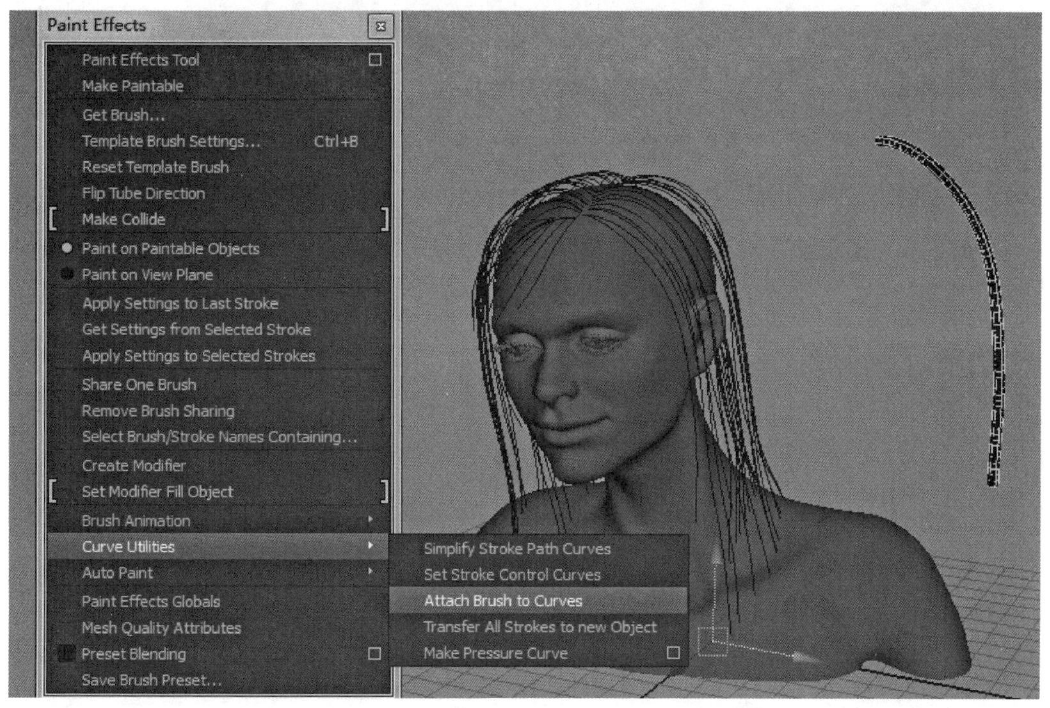

图 9-16

此时我们要对新生成的 Stroke1 进行编辑，首先打开 stroke1 的属性编辑器，首先将 strokeShape1 节点下的 Sample Density 由 1.0 降低到 0.2～0.3 左右，此处设为 0.26，这样在将来生成 Nurbs 曲面时会减少曲面的段数，然后切换到 brush 属性编辑面板，将 Brush Profile 卷展下的 Brush Width 设为 0.11，将 Flatness 设为 1，此时场景中的 Paint Effect 将变为平面，这也是我们想要的效果，设置过程与场景显示如图 9-17 所示。

此时为了 PaintEffect 显示的效果更加适合观察，可以做更深一步调整，如打开 Brush2 属性面板的 Shading 卷展栏，将颜色 Color1 设为黄褐色，并继续打开 Illumination，勾选 Illuminated，将 Specular 设为 0.2，设置过程与 PaintEffect 效果在场景中显示如图 9-18 所示。

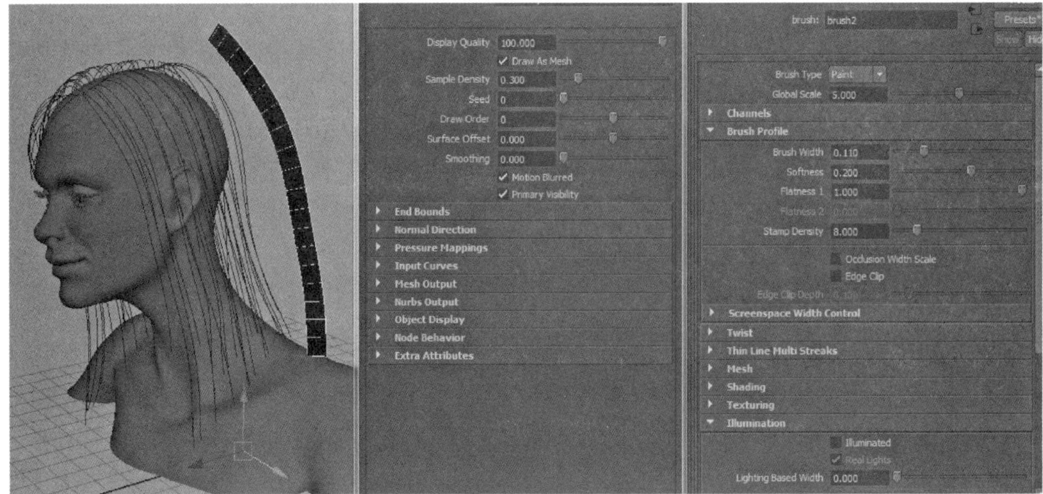

图 9-17

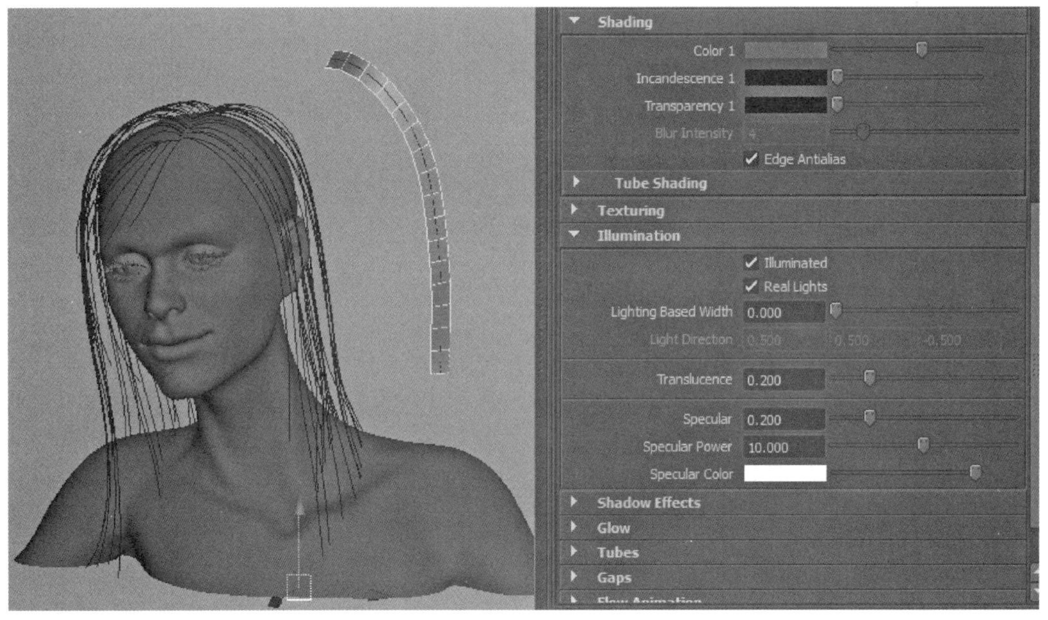

图 9-18

此时我们需要将当前的笔刷性赋予场景中的所有头发造型曲线上，选择角色原有的头发造型曲线，执行 Paint Effects\Curve Utilities\Attach Brush to Curves，此时场景效果如图 9-19 所示。

此时新生成的 PanitEffect 基本集成了我们先前调整的颜色信息，但是并没有集成 Sample Density 属性，因此段数比较密集。此时可以将原来设置好的参数以 Preset 方式保存，然后在场景选择所有新生成的 Storke，并在 Preset 中应用，执行过程与场景显示效果如图 9-20 所示。

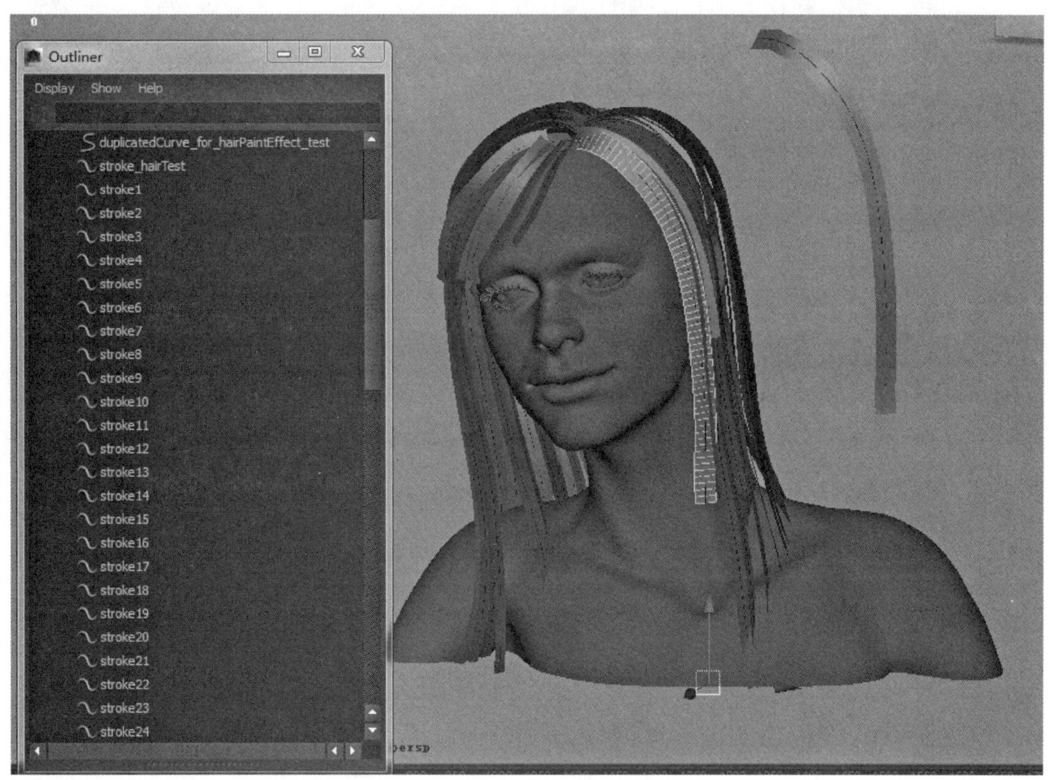
Outliner
Display Show Help
duplicatedCurve_for_hairPaintEffect_test
stroke_hairTest
stroke1
stroke2
stroke3
stroke4
stroke5
stroke6
stroke7
stroke8
stroke9
stroke10
stroke11
stroke12
stroke13
stroke14
stroke15
stroke16
stroke17
stroke18
stroke19
stroke20
stroke21
stroke22
stroke23
stroke24
persp

图 9-19

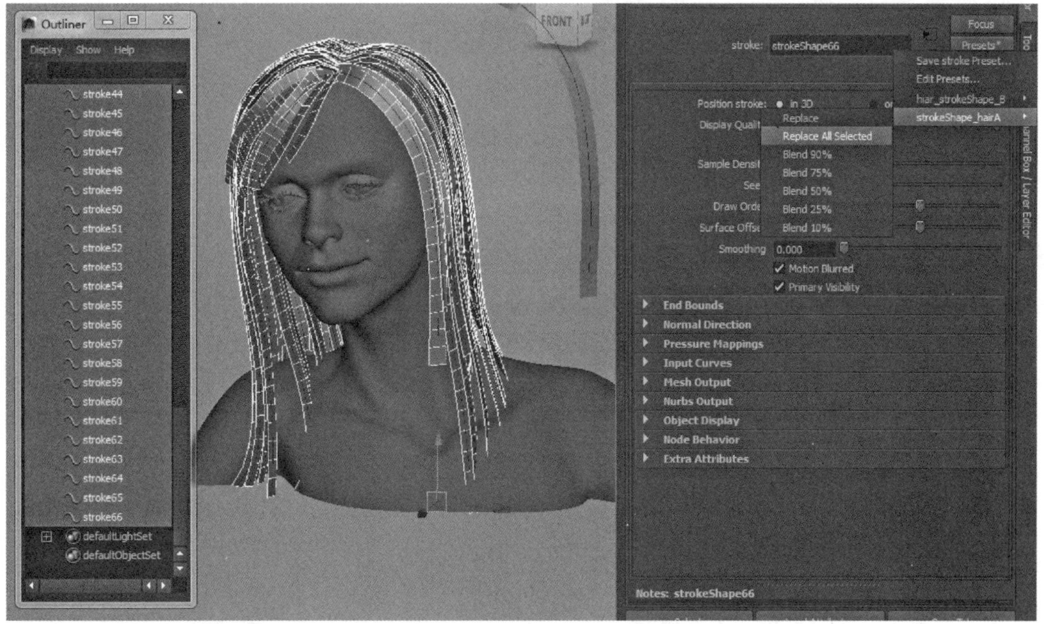
Outliner
Display Show Help
stroke44
stroke45
stroke46
stroke47
stroke48
stroke49
stroke50
stroke51
stroke52
stroke53
stroke54
stroke55
stroke56
stroke57
stroke58
stroke59
stroke60
stroke61
stroke62
stroke63
stroke64
stroke65
stroke66
defaultLightSet
defaultObjectSet
FRONT
stroke: strokeShape66
Focus
Presets*
Save stroke Preset...
Edit Presets...
hair_strokeShape_B
strokeShape_hairA
Position stroke: in 3D
Replace
Replace All Selected
Blend 90%
Blend 75%
Blend 50%
Blend 25%
Blend 10%
Smoothing 0.000
Motion Blurred
Primary Visibility
End Bounds
Normal Direction
Pressure Mappings
Input Curves
Mesh Output
Nurbs Output
Object Display
Node Behavior
Extra Attributes
Notes: strokeShape66

图 9-20

当然我们也可以利用 Maya 提供的 Attribute Spread Sheet 来批量修改这些新生成的 Stroke，并且 Attribute Spread Sheet 编辑器在批量修改属性方面也常常使用，如图 9-21 所示。

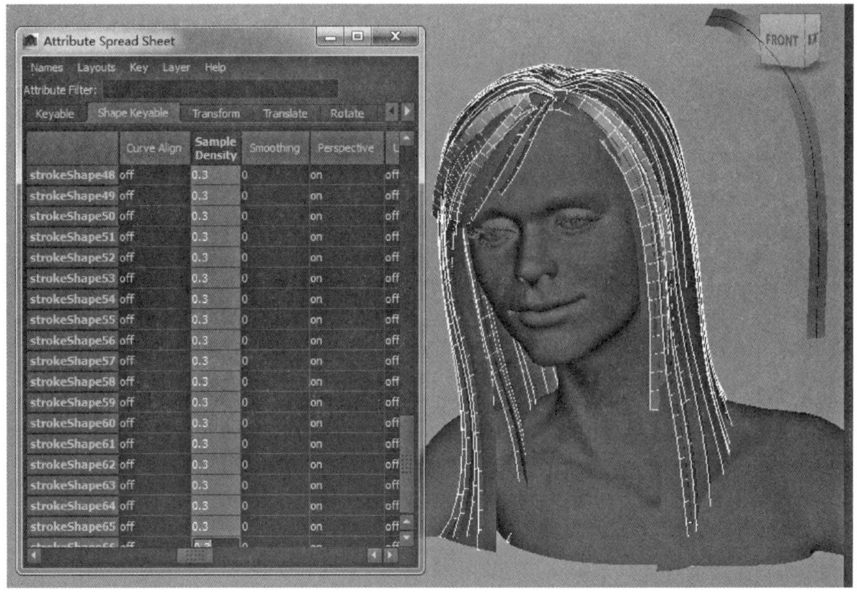

图 9-21

此时如果将新生成侧 paintEffect 理解为头发，则此角色的头发过于整齐了，我们还需做一些有机修饰，从而使整个角色头发造型在 PaintEffect 阶段就显得非常自然。这需要做两种调整。首先，针对每一个 Stroke 都要做一些旋转变化，其次则是针对一些特殊位置的 Stroke 则要做精细的造型变化。

针对第一点，需要首先选择某些 Stroke，然后细微调整 Brush Width 与 Twist 两个属性变化，从而获得头发造型在整体平顺性上高低起伏变化。注意这儿的 Twist 可以设为负值，但无论正值或负值都不过大，头发右侧造型的初步调整如图 9-22 所示。

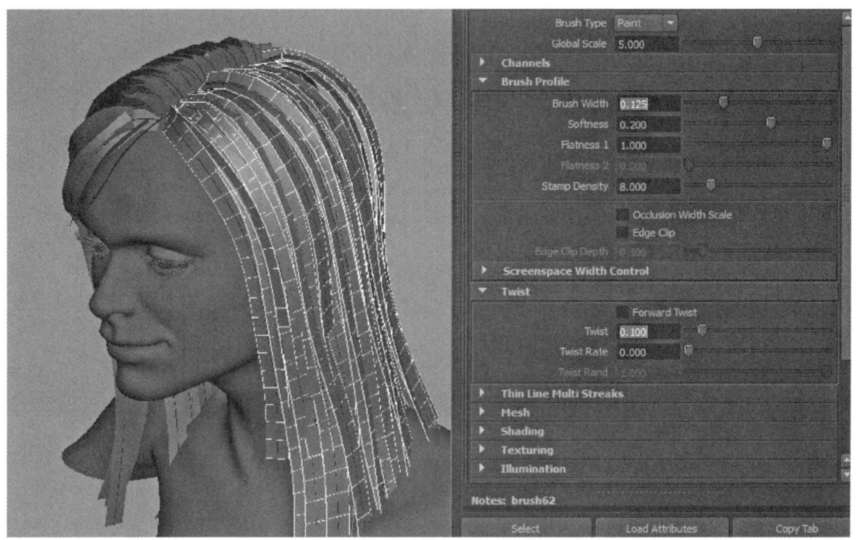

图 9-22

然后继续对发型细节进行更加精细的调整，如选择最前面的头发做一个弯曲变化。此时我们可以选择所有的曲线，接着将 Maya 模块切换到 Surface 模块，然后执行 Edit Curves\Modify Curves\Lock Length，如图 9-23 所示。

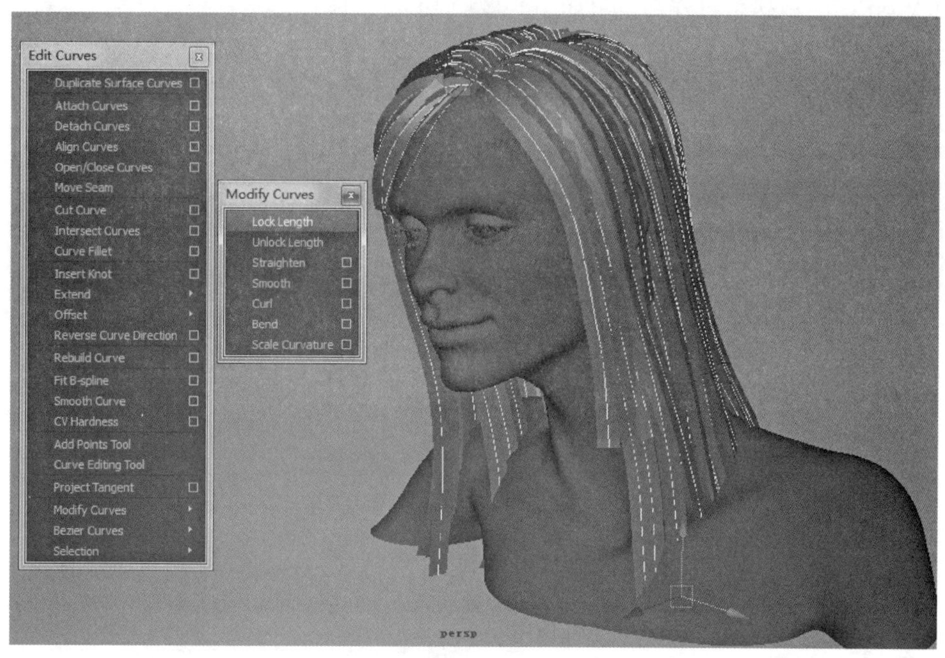

图 9-23

然后再选择单个曲线并进入到 CV 编辑状态即可，初步编辑效果如图 9-24 所示。

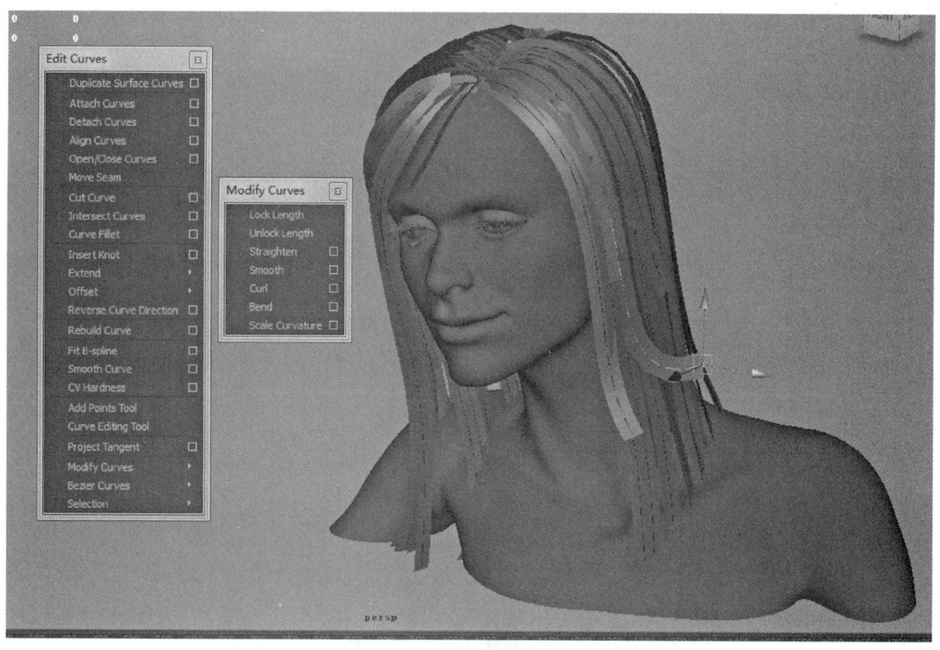

图 9-24

还可以将头顶部位的头发弄得稍微蓬松一些，但此时如果不想改变头发下部的造型，则要将所有曲线的 Length 取消锁定状态，即先选中所有曲线，接着执行 Edit Curves\Modify Curve\Unlock Length，然后再选择右侧部分曲线，再执行 Edit Curves\Selections\Select First CV on Curve，执行过程与效果如图 9-25 所示。

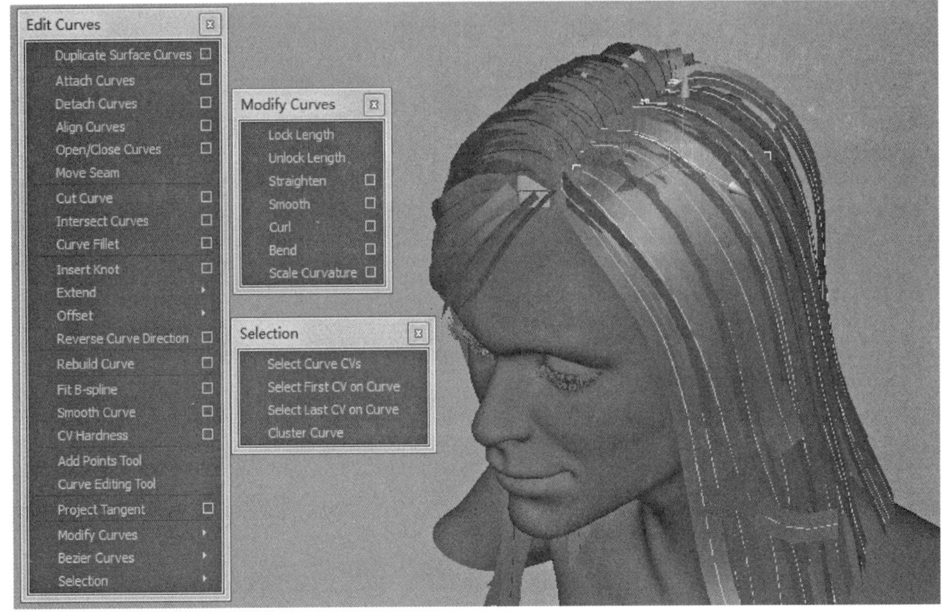

图 9-25

下一步可以利用键盘的上下箭头来切换所选择的 CV 点，并通过移动工具来批量调整。此时读者也可以开启 Move 工具下的 Soft Selection 选项，从而使调整变得更加精细，如图 9-26 所示。

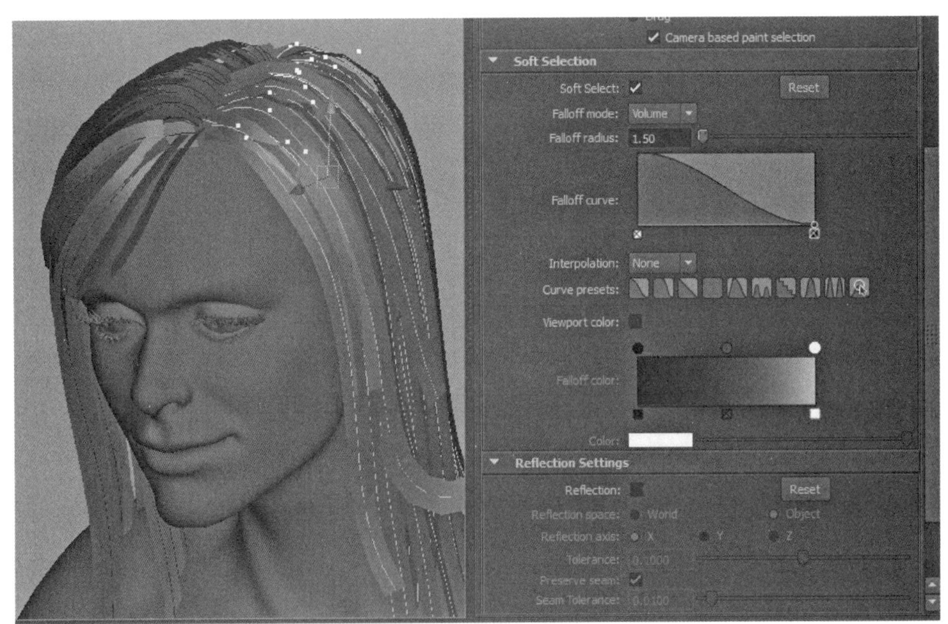

图 9-26

不断地使用上面的方法进行调整，则角色的头发造型用的 Stroke 会逐渐地多样化起来，其基本形态大体上决定了角色将来的头发形态，最终将头发造型用 Stroke 调整为如图 9-27 所示的样式。

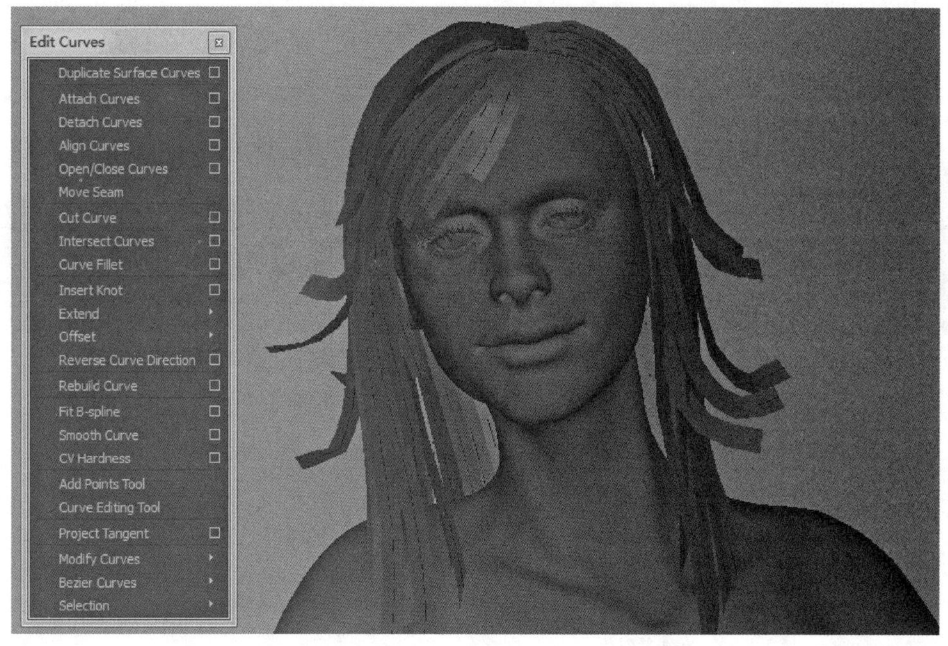

图 9-27

完成上面 stroke 形态修改后，就可以将 PaintEffect 转化为 Nurbs Surface，从而生成最终的长发造型曲线了。首先选中所有的 Stroke，然后执行 Modify\Convert\Paint Effects to NURBS，执行后场景显示如图 9-28 所示。

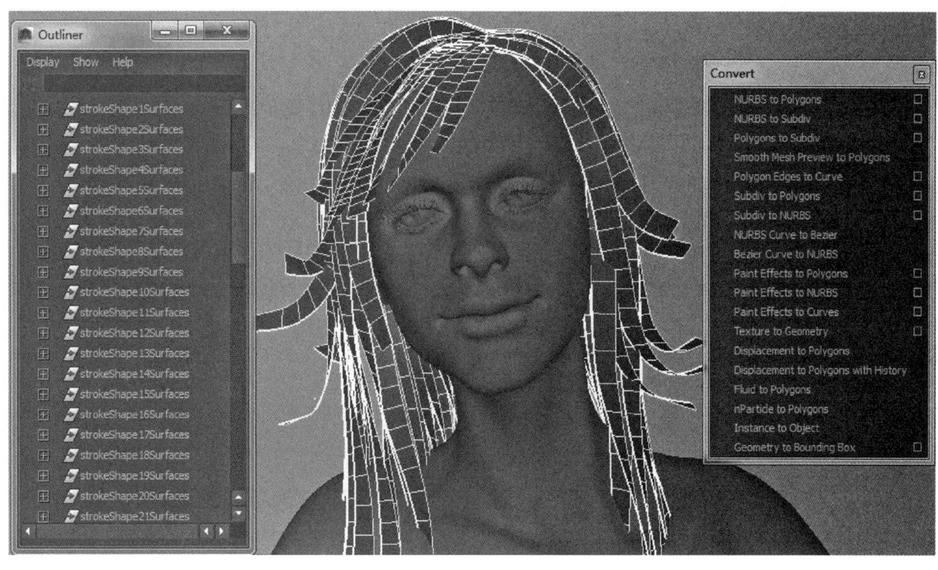

图 9-28

此时对于新生成的 NURBS 如果对于局部细节不满意，可以通过调整原来的 Curves 来进行修改，调整后将借助这些 NURBS 曲面来获得最终的头发造型曲线。选中所有的 NURBS 曲面，然后执行 Edit Curves\Duplicate Surface Curves Options，在弹出的菜单中只勾选 U 向，此时在场景中就生成了角色头发模拟所需的最终造型线，效果如图 9-29 所示。

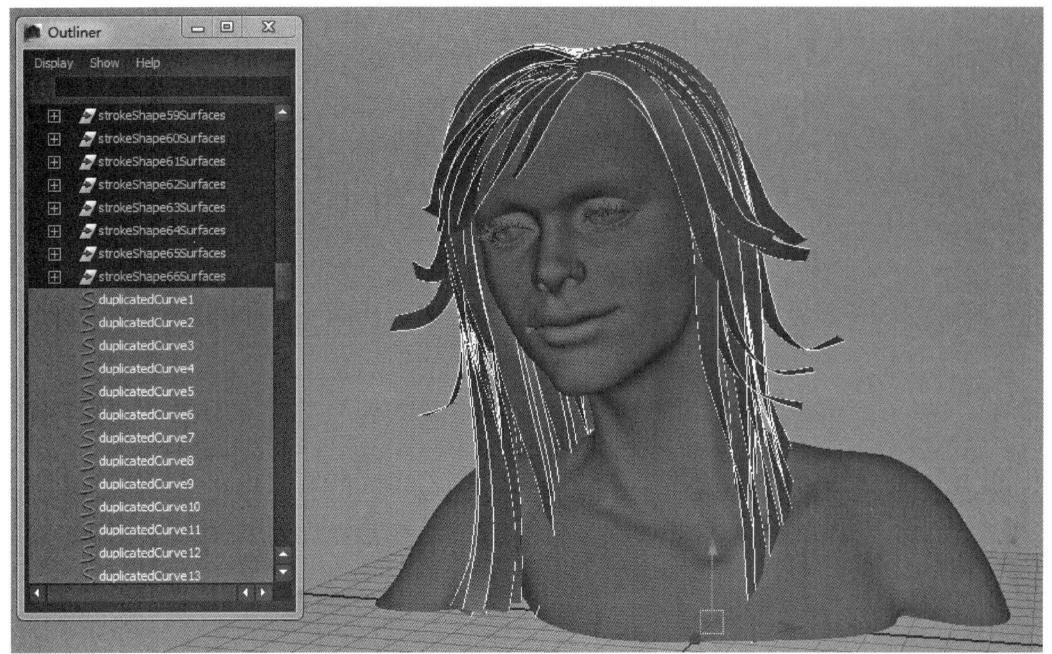

图 9-29

然后需要对新生的曲线删除历史并成组，从而方便后面的场景管理。此时我们需要将这些曲线转化为 nHair 曲线了，为了方便起见，我们首先在场景生成一个简单一点的 nHair 系统，然后将这些曲线再指定到该系统中，这是一个比较方便的操作。

首先在场景中创建一个简单的 poly plane，为了在将来的渲染中不影响主要物体，需要将该 plane 放置较远处比较合适，然后选择该物体，执行 nHair\Create Hair，在弹出的设置对话框中将 Output 设为 Paint Effect and NURBS Curves，将 U count 设为 1，将 V count 设为 1，其余参数维持不变，执行过程与场景显示结果如图 9-30 所示。

观察此时大纲视图（Outliner）中的节点变化，场景中已经完整地创建了一个 nHair 系统，现在只需将头发造型线指定到该系统中即可了。此时在大纲视图中，选中造型曲线，然后执行 nHair\Assign Hair System\HairSystemShape1，过程及结果如图 9-31 所示。

接下来我们可以通过调整 nHair 系统参数来完成头发造型的最终制作。但是在进行形态调整之前，需要先对场景进行一下灯光设置，在场景中首先创建了两盏面光源，并开启光线跟踪投影，然后开启了 Mental Ray 的 Indirect Lighting，接着打开了其提供的 Physical Sun and Sky，具体详细设置过程略，有关 Maya 灯光照明方面的知识请读者参考其余相关教程，注意这里我们使用了 Mental Ray 照明。

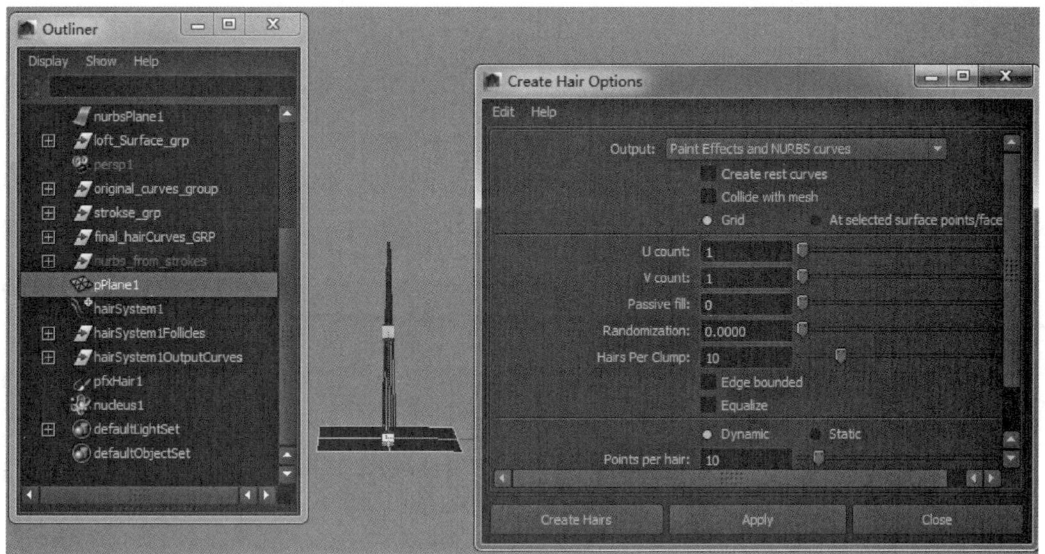

图 9-30

图 9-31

接下来调整头发在造型，选中场景中的 hairSystemShape1，并打开其属性编辑器。首先展开 Clump and Hair Shape 卷展栏，将 Hair per Clump 设为 80，将 Sub Segments 设为 5，将 Thinning 设为 0.17，将 Clump Twist 设为 0.1，将 Clump Width 设为 0.2，将 Hair Width 设为 0.005；然后切换到 Clump Width Scale 与 Hair Width Scale 卷展栏，将控制曲线都做出一

定调整，以上的数值调整与曲线调整请参考图 9-32 所示。

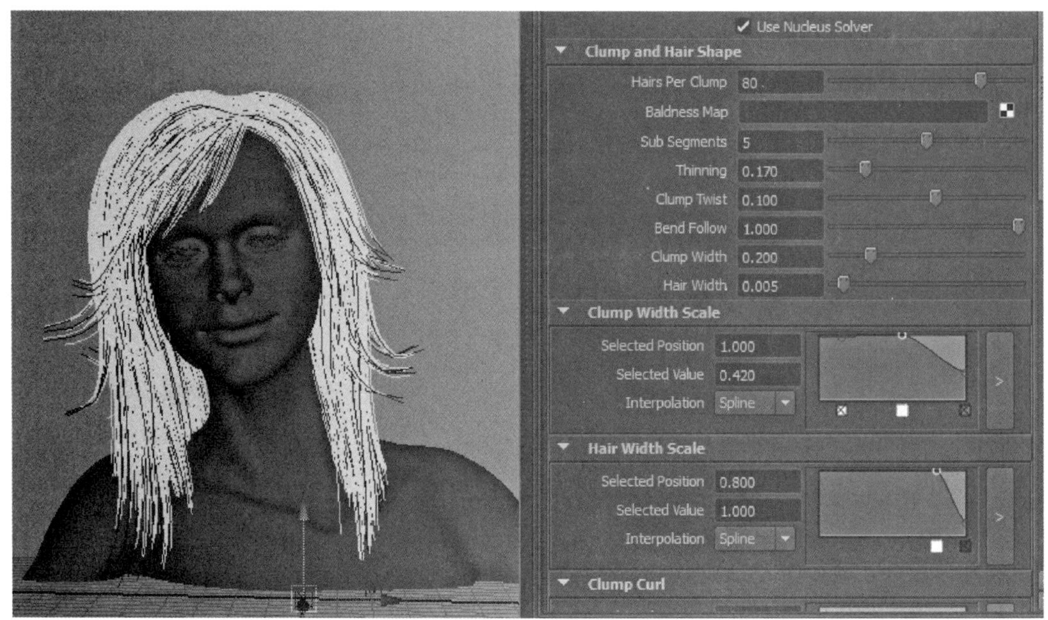

图 9-32

此时初步渲染场景，效果如图 9-33 所示。

图 9-33

接下来要对头发进行动力学模拟，并在模拟中对发型进一步的定型操作。在图 9-33 中，如果仔细观察，则角色的头发与面颊有一些穿插，这是由于我们在创建头发造型线时该处的造型线距离模型过近，并且头发在制作中开启了 Clump Width 参数（该参数可以保证在制作头发中只使用较少的造型线就可以制作出有一定厚度的头发，但其不足之处是可能头发的部分厚度过大，从而与模型产生穿插）。解决方式有两种：其一是在制作头发造型线初期就需要考虑到未来的 Clump Width 参数，这需要一定的经验；另外一种方法是利用碰撞的方法将该处的造型线向外移动。这里我们采用碰撞的方法来解决问题。

此时如果我们直接模拟场景，则角色的头发会直接下垂，这时角色头发的造型会彻底改变，如图 9-34 所示。

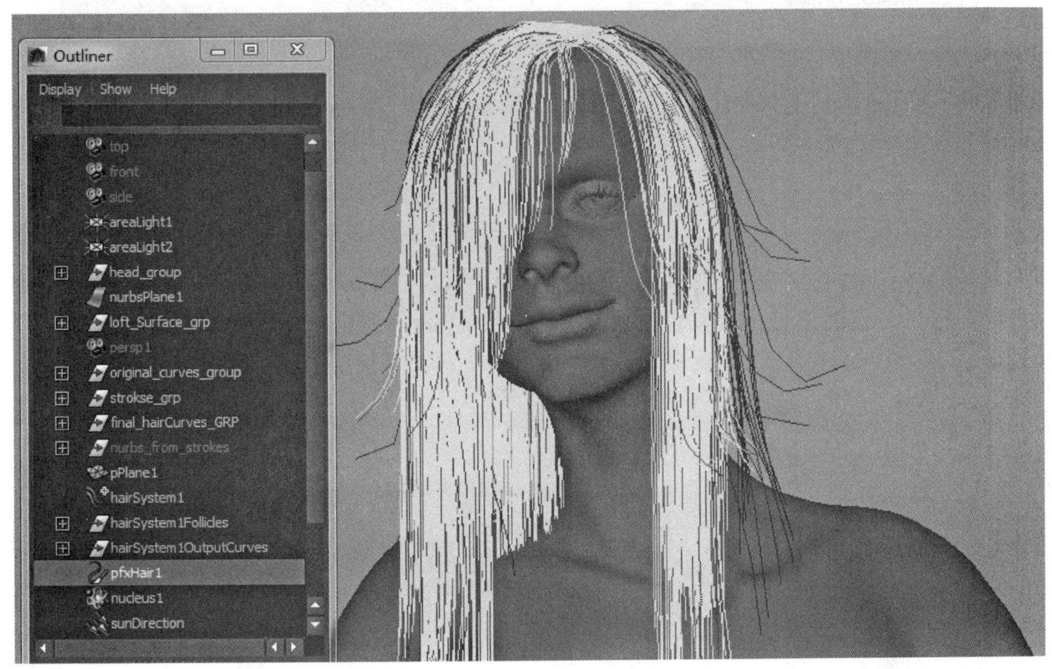

图 9-34

在 nHair 的动力学模拟中，曲线有三种状态，即 Start Position、Current Position 与 Rest Position，分别是初始状态、当前状态与放松状态。Current Position 表示的是曲线在 nHair 系统中被模拟的即时状态，是一直处于一种动态范围中；而 Rest Position 则表示的是在经过足够长的时间后，通过 nHair 系统的模拟曲线最终呈现的状态，以上三种状态的查看可通过 nHair\Display 菜单实现，如图 9-35 所示。

为了使头发具有良好的定型，在本例中我们可以将头发的 Start Position 指定为 Rest Position，由于头发造型线是我们自己创建的，故此时在 nHair 系统中只有 Current Position，因此我们可以在第一帧时将 Current Position 既指定为 Start Position，又指定为 Rest Position。方法是在大纲视图中选中 hairSystem1OutputCurves，然后执行 nHair\Set Strat Position\From Current 与 Set Rest Position\From Current 即可，如图 9-36 所示。

接着切换回 HairSystemShape1，在属性编辑器中打开 Start Curves Attract 卷展栏，该卷展栏下的 Start Curve Attract 是非常至关重要的参数。通过开启该数值，能够很好地起到控制头发造型的作用，此时可以配合 nSolver\Interactive Playback（交互式播放）来查看造

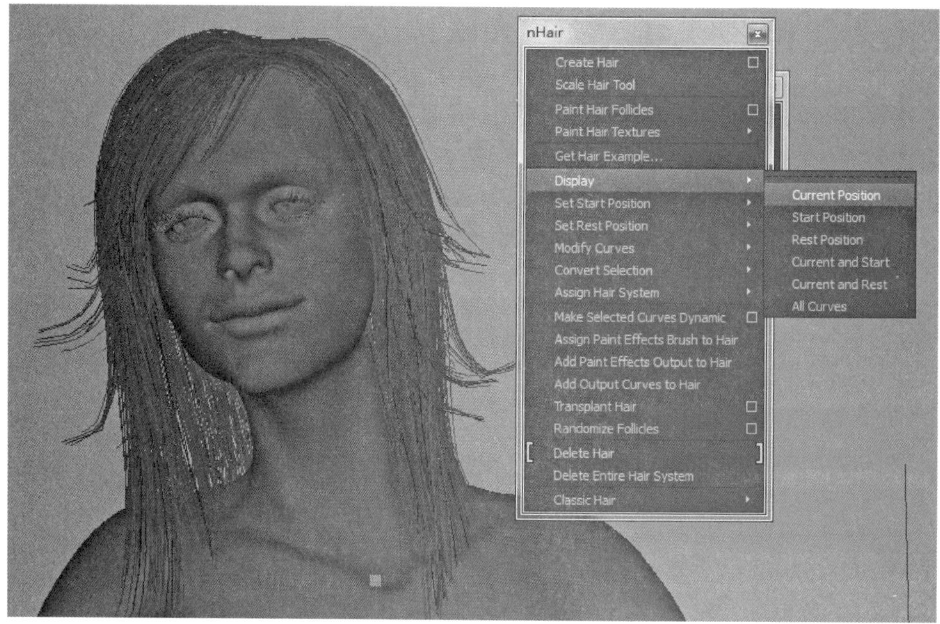
nHair
Create Hair
Scale Hair Tool
Paint Hair Follicles
Paint Hair Textures
Get Hair Example...
Display
Set Start Position
Set Rest Position
Modify Curves
Convert Selection
Assign Hair System
Make Selected Curves Dynamic
Assign Paint Effects Brush to Hair
Add Paint Effects Output to Hair
Add Output Curves to Hair
Transplant Hair
Randomize Follicles
Delete Hair
Delete Entire Hair System
Classic Hair
Current Position
Start Position
Rest Position
Current and Start
Current and Rest
All Curves

图 9-35

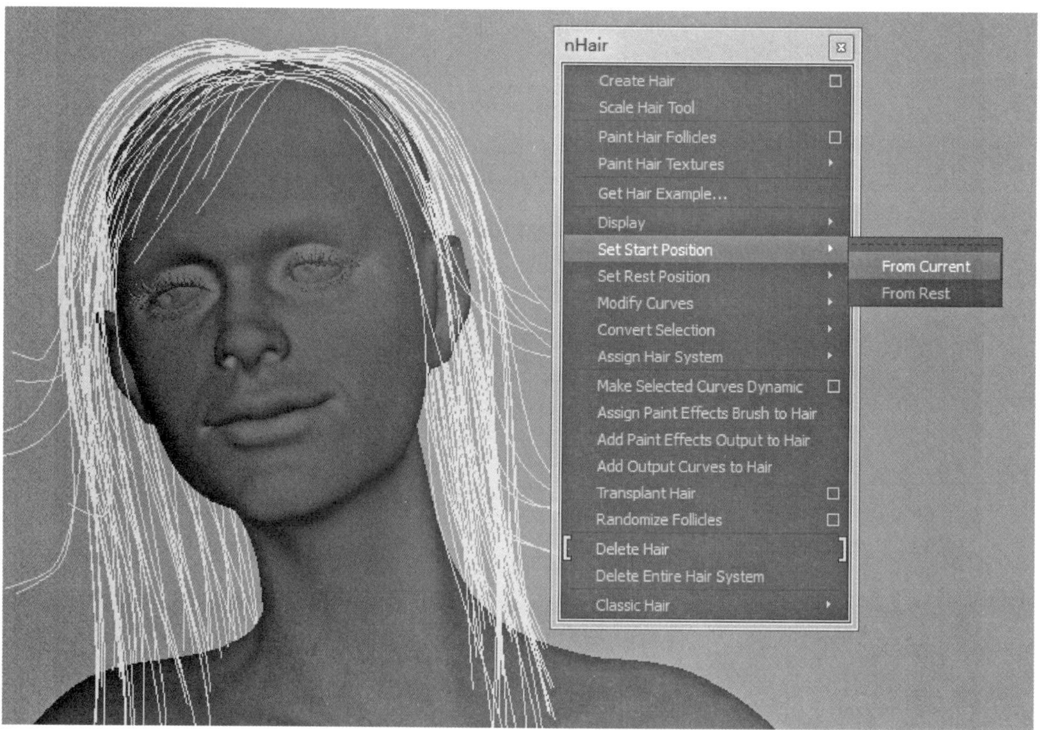
nHair
Create Hair
Scale Hair Tool
Paint Hair Follicles
Paint Hair Textures
Get Hair Example...
Display
Set Start Position
Set Rest Position
Modify Curves
Convert Selection
Assign Hair System
Make Selected Curves Dynamic
Assign Paint Effects Brush to Hair
Add Paint Effects Output to Hair
Add Output Curves to Hair
Transplant Hair
Randomize Follicles
Delete Hair
Delete Entire Hair System
Classic Hair
From Current
From Rest

图 9-36

型在模拟中变化，在本例中将该参数设置为 0.12 至 0.16 均可，如图 9-37 所示。

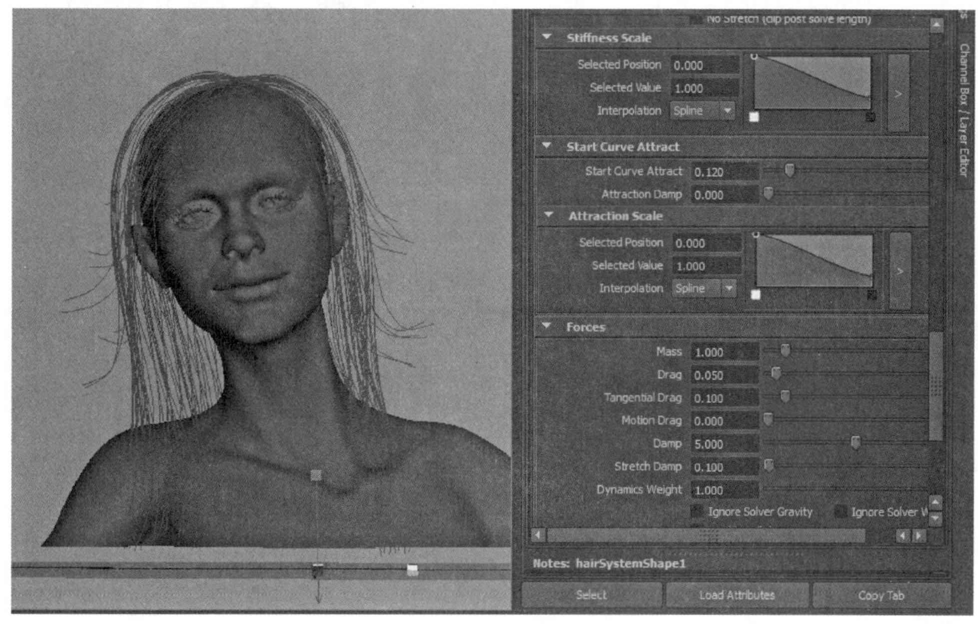

图 9-37

此时我们先解决部分头发与角色的脸部有穿插的问题，在场景中创建一个多边形球体，然后将其放到头部位置，并进行适当缩放，该多边形球主要用于作为头发模拟中的碰撞物体，故需删除历史，将渲染属性全部关闭，并重新为其指定一透明材质，具体操作过程略，初步调整位置到如图 9-38 所示。

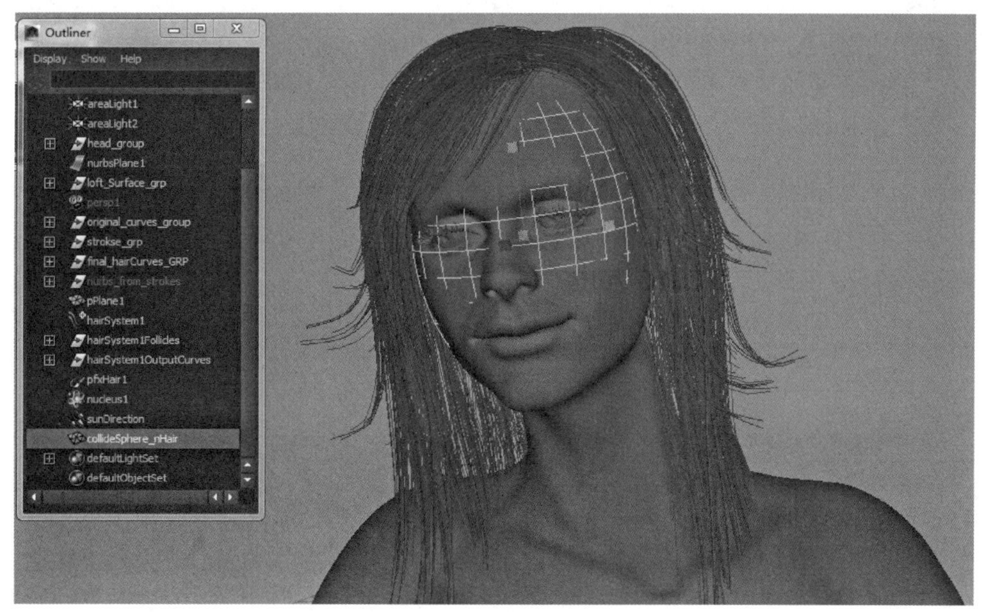

图 9-38

在完成上述步骤后，我们将其转化为 nHair 的碰撞体，由于在 Maya 版本中，nParticle、nMensh 与 nHair 已经统一，并且可以相互作用，因此只需将多边形球变成 Passive Collider 即可，方法是选中多边形球，然后执行 nMesh\Create Passive Collider，如图 9-39 所示。

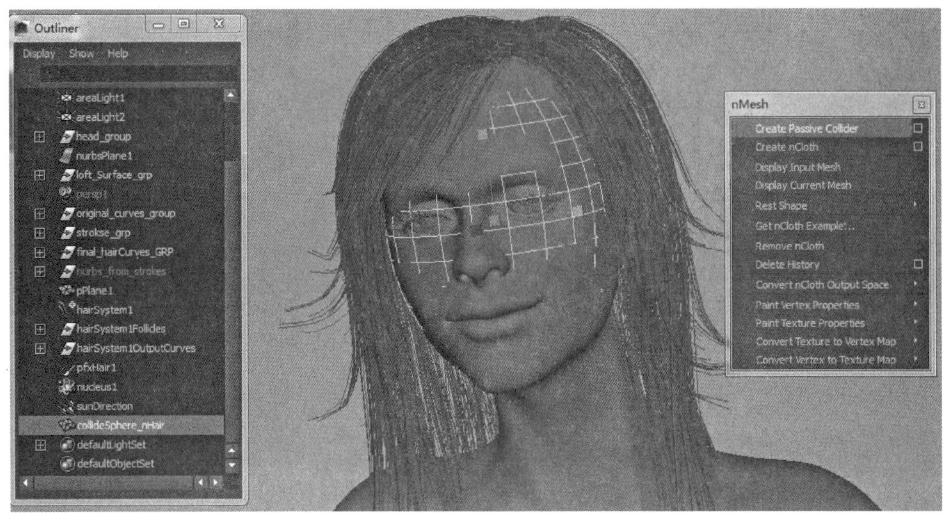

图 9-39

接着还是打开 nSolver\Interactive Playback，在 nHair 模拟过程中不断调整该碰撞球（缩放或移动），调整中会发现头发曲线被逐渐地碰撞离开角色模型。如果在调整中一个碰撞球不足以达成效果，可以多建一些碰撞球来实现，但都需要在交互式模拟中调整来达到效果，此时通过不断调整碰撞球（在角色面部位置创建了两个碰撞球），得到的模拟效果图 9-40 所示。

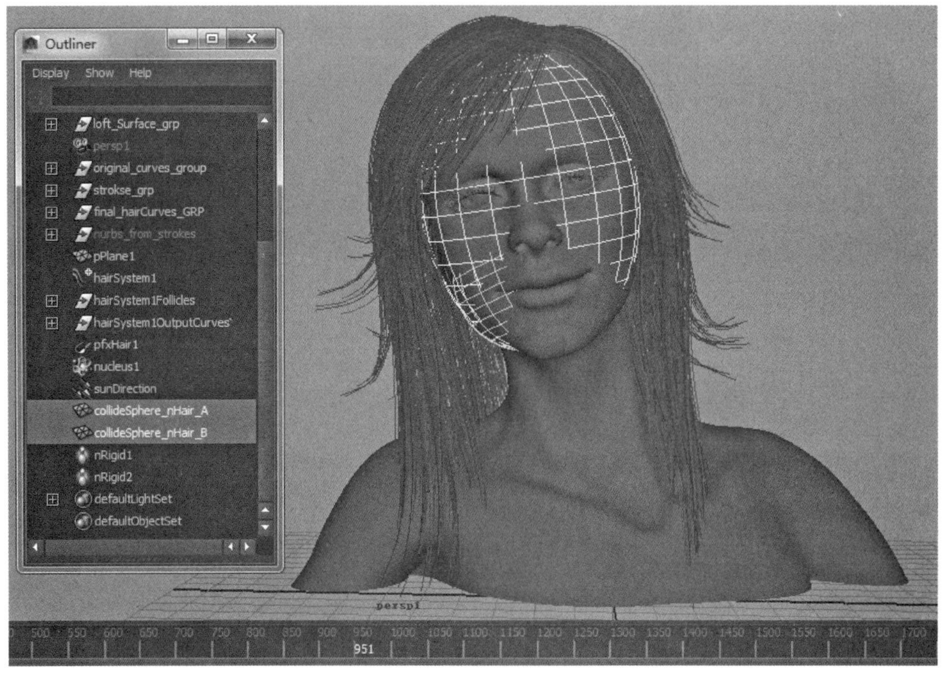

图 9-40

此时渲染场景效果如图 9-41 所示。

图 9-41

在图 9-41 中,我们会发现角色面部头发穿插情况得到一定缓解,如果想进行更加深入调整,则只需多添加一些碰撞球即可。此时如果对当前模拟情况满意,则将当前的曲线状态设为初始状态,这样在重新模拟时才会从当前状态继续开始。选中 hairSystem1 中的输出曲线,然后在当前模拟帧状态下执行 nHair\Set Start Position\From Current 和 Set Rest Position\From Current,这样当前头发的模拟造型就被定型成功,设置过程如图 9-42 所示。

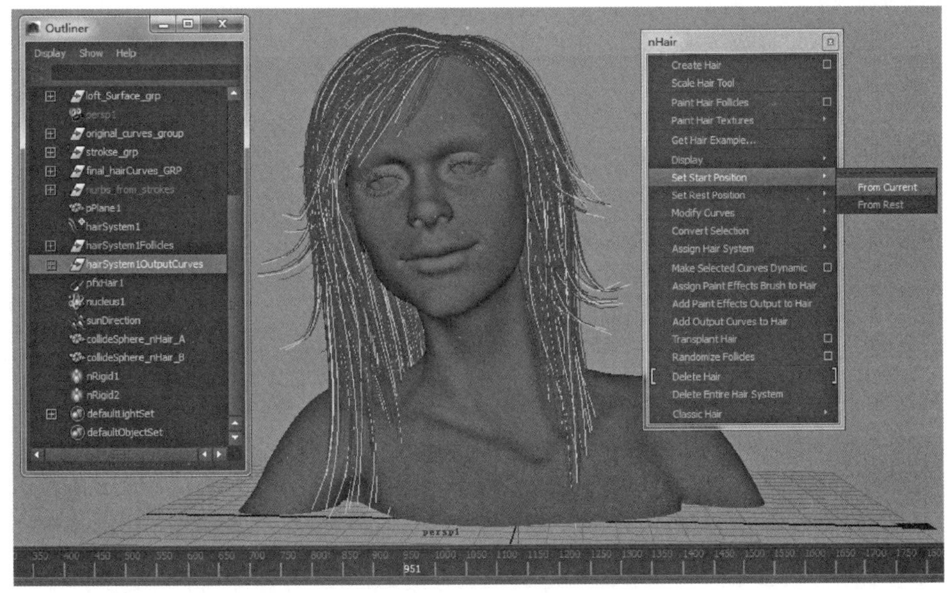

图 9-42

此时可以重复上面的操作方法，将角色的肩部头发也进行修整，这样就可以解决角色头发与肩部的穿插问题，关于肩部的碰撞球设置与碰撞效果如图 9-43 所示。

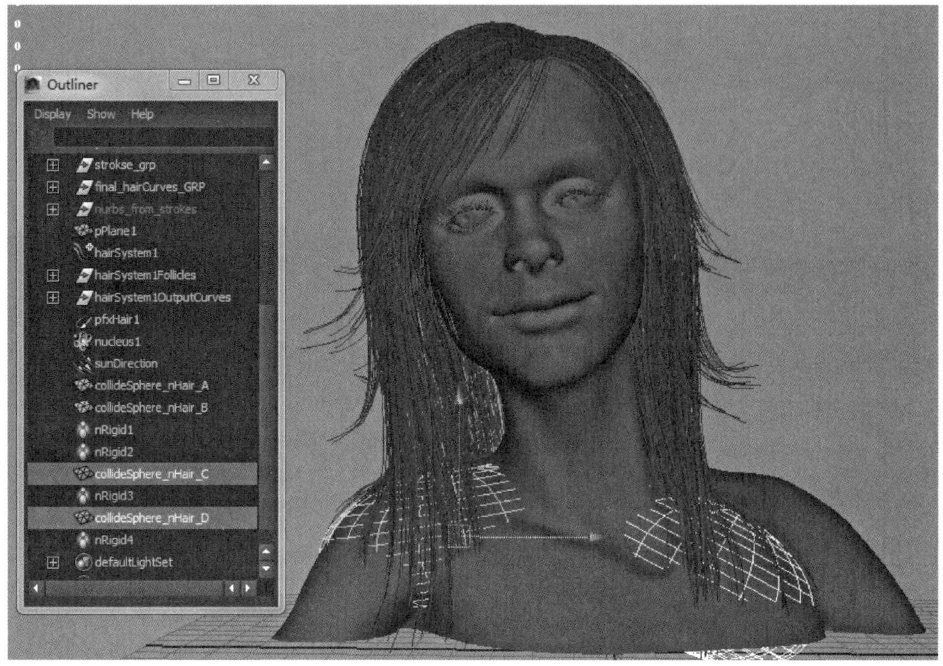

图 9-43

此时需要将当前的造型模拟效果进行初始化，方法前述一致，只需将曲线的当前模拟状态(Current Position)设为 Start Position 和 Rest Position 即可，操作过程略，此时渲染场景则得到效果如图 9-44 所示。

图 9-44

仔细观察角色肩部的头发造型变化，会发现头发造型在肩部位置按照肩部的模型变化有了很大改观。如果制作更加细致准确的头发造型，需要读者有耐心多添加碰撞球，然后不断地模拟并不断地初始化模拟结果。对于本教程来讲，关于造型部分的主要基本知识点讲解完毕了。我们接下来主要考虑如何实现头发与角色（头部）一起运动。

首先为角色头部创建简单绑定，并简单制作动画（绑定与动画过程略），角色基本动画效果如图 9-45 所示。

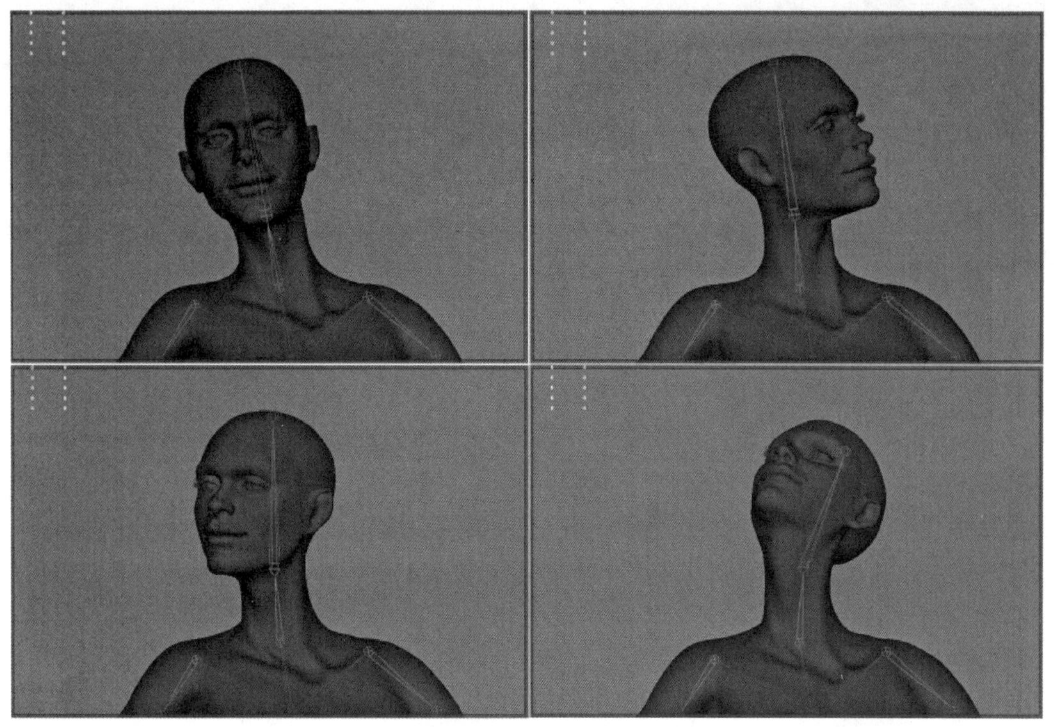

图 9-45

如果想将头发跟随角色头部一起运动，在当前状态下只需将头发的 Start Curves 作为头部骨骼的子物体即可。首先在大纲视图中选中 hairSystem1OutpuyCurves，然后执行 nHair\Convert Selection\To Start Curves，这样就由当前的模拟输出曲线选择状态转化为了开始曲线，然后“Shift”键加选头部骨骼，并按键盘上的“p”，此时 Start Curves 就成了头部骨骼的子物体，此时查看大纲视图与场景显示效果如图 9-46 所示。

还需要将碰撞球也作为相应位置骨骼的子物体，当然也可以使用约束工具实现，虽然父子关系不会产生新的节点，从而降低场景负担，但父子关系改变了场景的层次结构。因此有时使用约束会更有利于场景管理，这里使用了父子约束来实现，大纲视图与场景显示如图 9-47 所示。

此时为了使头发造型在模拟中尽量能维持原造型风格，还需选中所有的 follicleShape 节点，将 Follicle Attribute 中的 Rest Pose 的设置由 From Curve 改为 Same As Start，这可

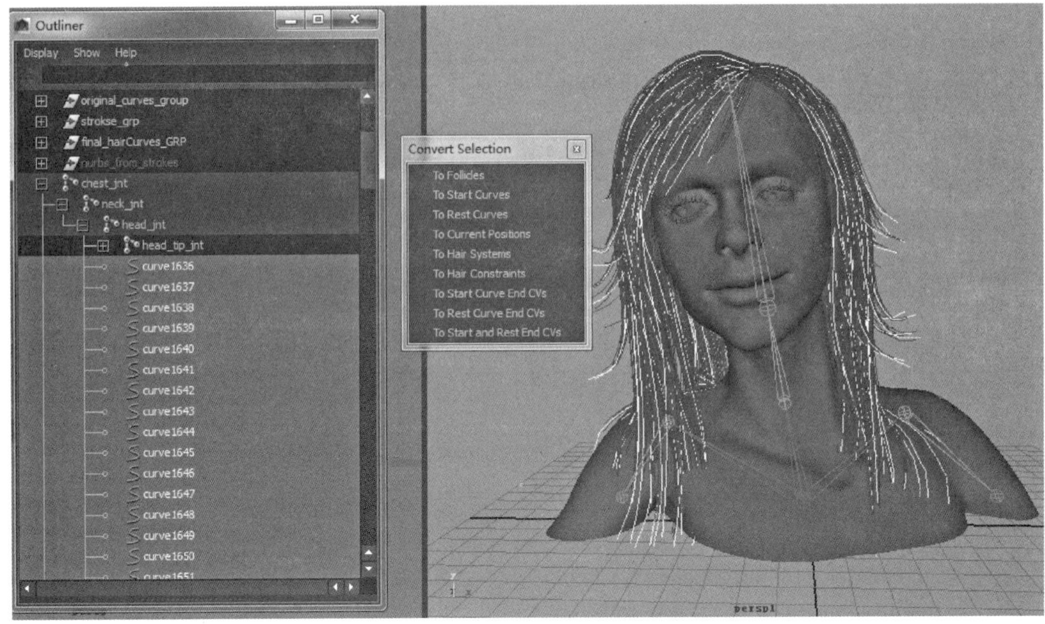

图 9-46

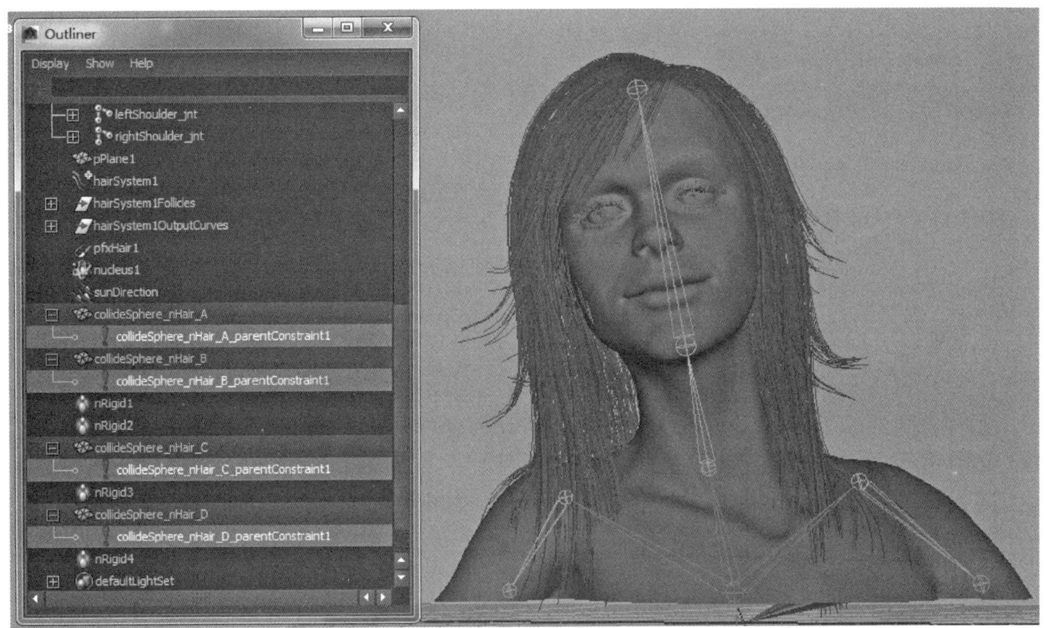

图 9-47

借助 Attribute Spread Sheet 实现，设置效果如图 9-48 所示。

此时我们再重新播放动画，观察动画模拟中不自然的地方，当角色头部产生上扬动画时，角色的头发运动会不自然，如图 9-49 所示。

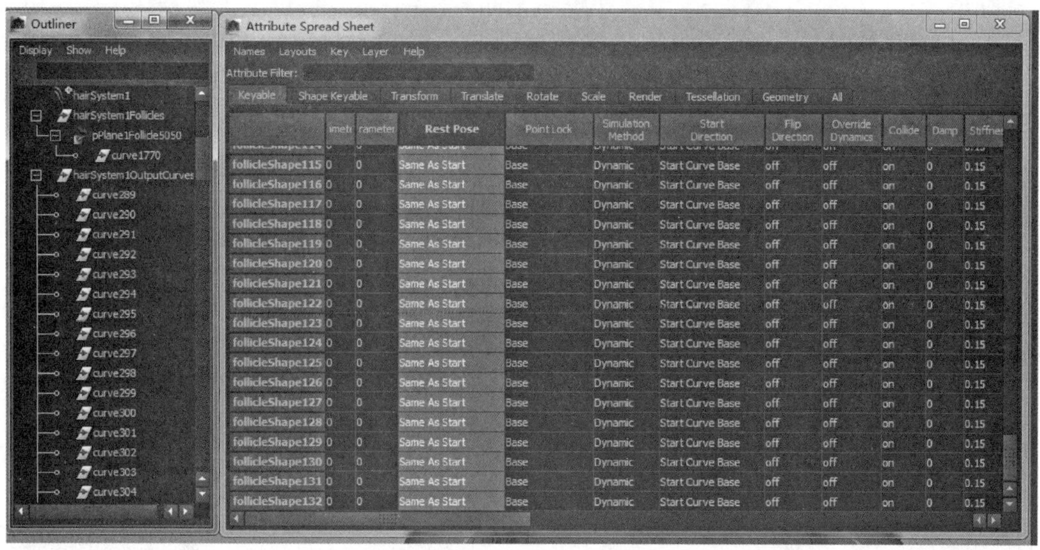
Outliner
Display Show Help
hairSystem1
hairSystem1Follicles
pPlane1Follicle5050
curve1770
hairSystem1OutputCurves
curve289
curve290
curve291
curve292
curve293
curve294
curve295
curve296
curve297
curve298
curve299
curve300
curve301
curve302
curve303
curve304
Attribute Spread Sheet
Names Layouts Key Layer Help
Attribute Filter:
Keyable Shape Keyable Transform Translate Rotate Scale Render Tessellation Geometry All
Rest Pose Point Lock Simulation Method Start Direction Flip Direction Override Dynamics Collide Damp Stiffnes
follicleShape115 0 0 Same As Start Base Dynamic Start Curve Base off off on 0 0.15
follicleShape132 0 0 Same As Start Base Dynamic Start Curve Base off off on 0 0.15

图 9-48

图 9-49

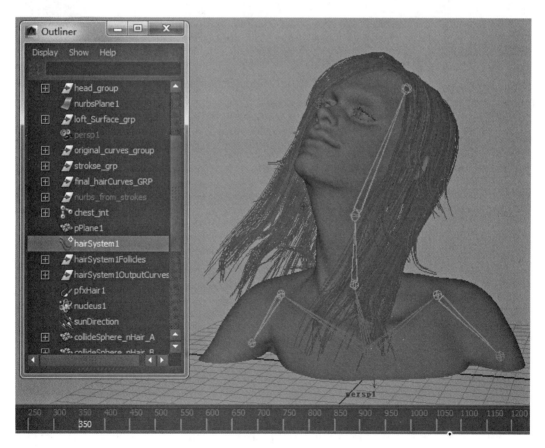

在图 9-49 所示中，角色头发虽然在跟随头部运动，但是显得过于生硬。这主要是由于 HairSystemShape 下 Start Curve Attract 及 Attraction Scale 两个参数需要进一步调整，特别是 Attraction Scale，可以通过调节 Attraction Scale 的图形曲线来改变这种生硬效果，图 9-50 是模拟到 370 帧时未对 Attraction Scale 图形曲线做出修改时的头发造型曲线效果。

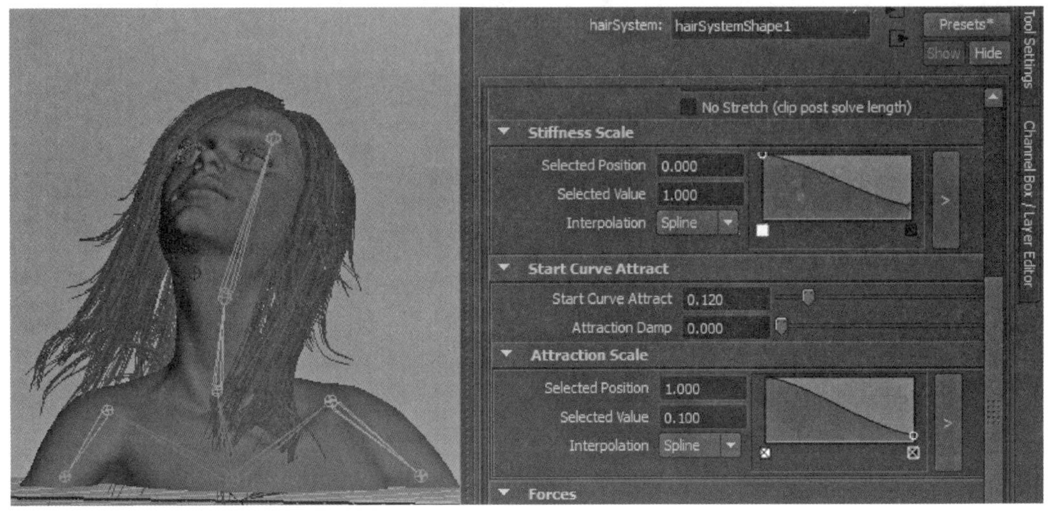

图 9-50

接下来要对 Attraction Scale 参数做出修改并重新模拟的效果，此时头发造型的模拟明显更加自然，并且在角色头部上的造型也保持较好，图 9-51 是修改参数后的模拟效果。

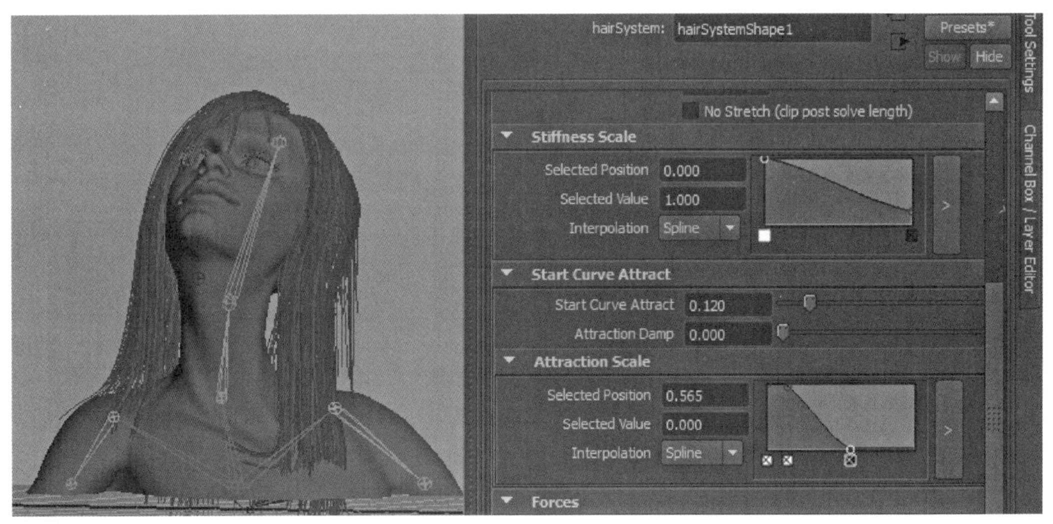

图 9-51

此时如果头发模拟比较合适，就可以为其创建缓存了，由于在 Maya2014 中基于 nucleus 解算器的模拟效果（如 nParticle、nCloth 与 nHair）都是可以利用 nCache\Create New Cache 来创建缓存，具体创建过程此处不再详述，在 nHair 缓存创建完毕后就在时间滑条上拖动鼠标从而即时查看头发的模拟效果了。

本章节虽然是关于 Maya 动力学 nHair 应用的，但是在介绍中确实在头发造型的如何定型上做了详细阐述，而对于 nHair 的相关动力学参数介绍的较少。如果读者想了解更多有关 nHair 使用相关方面的知识可参考相关资料，如 Maya 自身提供 Manual(即官方帮助文件)。图 9-52 是在完成缓存后渲染的头发造型效果。

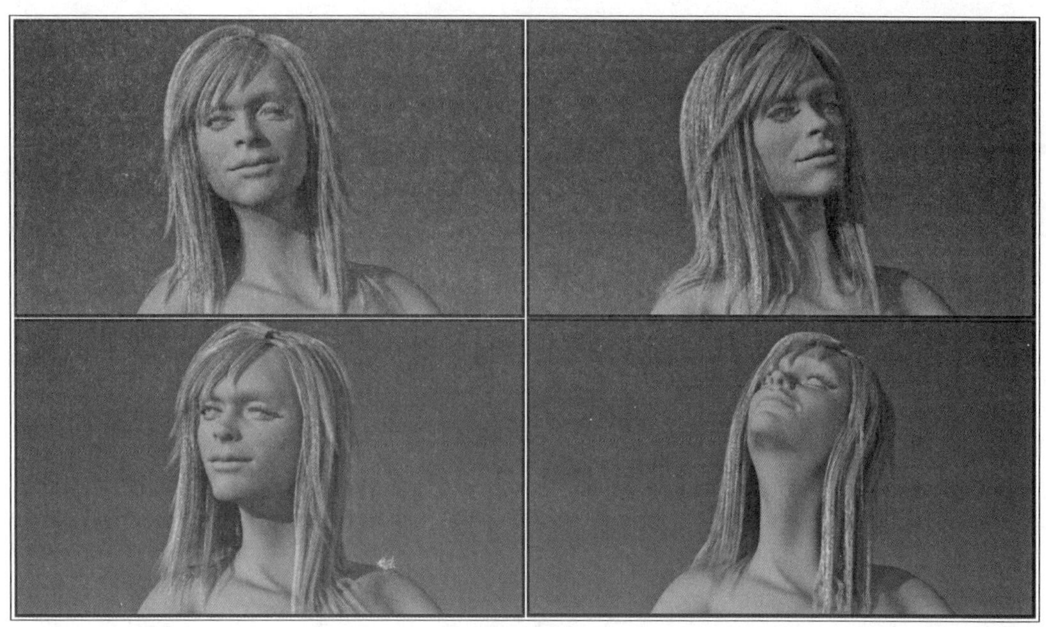

图 9-52

第十章 Bullet 刚体模拟——撞击雕像

Bullet 是一个开源的物理模拟计算引擎，它被广泛地集成与 Houdini、Maya、Blender 等三维软件中，如果读者对原有的 Maya 的 RBD(Rigid Body Dynamics)系统比较熟悉的话，会知道其模拟效率低下，在真正的项目实践中应用较少，早起的比较复杂刚体模拟常用额外插件实现，如目前使用较多的 PDI。虽然现在 Bullet 系统被集成到 Maya 中后，并且其在模拟上功能也在不断改进，但是 Bullet 系统有一个不足之处，那就是其自身没有提供快捷的破碎工具，因此在模拟前期的破碎过程用户还得要另外实现。图 10-1 是我们将要完成的破碎模拟效果。

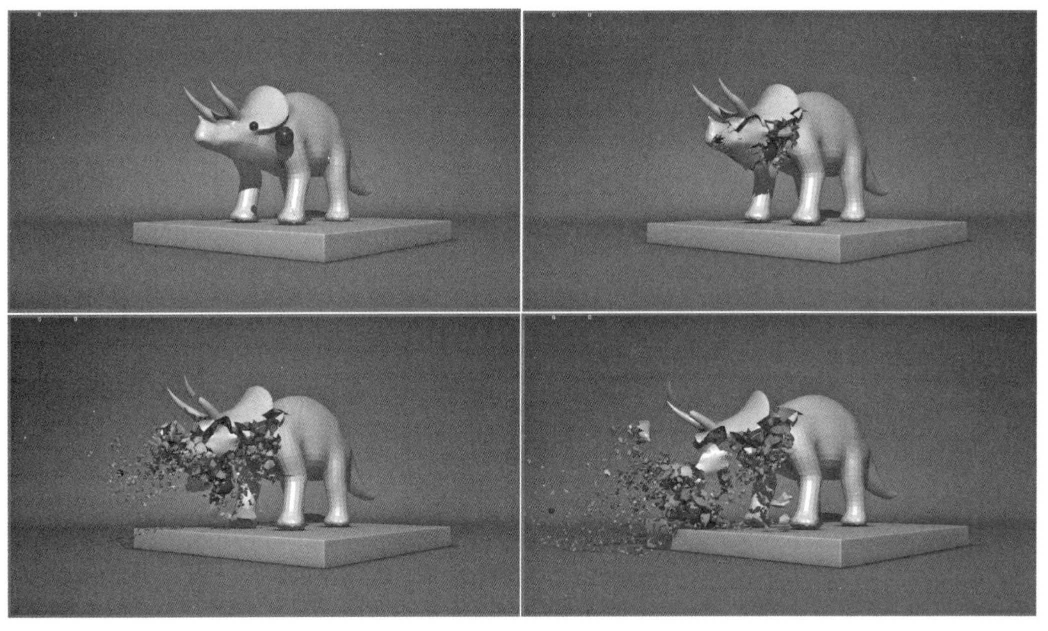

图 10-1

在本例中我们的破碎适应 PDI 来实现，当然读者有兴趣也可以借助 Maya 自身的 Shatter 工具。从本人的使用经验来看，PDI 是基于 RBD 方式来实现破碎的最好用的插件，有兴趣的读者可以自己去研究。在本例中个，我借助了 PDI 工具所提供的基于 local 方式的破碎方式，在图 10-1 中左上角所示的破碎中，读者可以看到有两个撞击点，因此我们在破碎中可以在模型上设置两个 local 点，图 10-2 是我们破碎完成后碎块在场景中显示状态。

读者可以在图 10-2 中观察到犀牛的嘴部与左肩的前部碎块非常密集，这是将来要被撞击的两个区域，而其余部分则碎块比较大。那些是非主要撞击区域，但会碎裂，至于碎裂的程度、时机等效果需要我们在模拟中慢慢调整。

在完成破碎后，我们需要基于先前的撞击点来手动创建 Rigid Sets。

Bullet 系统能够进行大量真实的刚体模拟（large-scale, highly-realistic dynamic and kinematic simulations），其主要借助的一个比较先进的模拟手段就是 Rigid Sets。Rigid Sets 的好处是可以包含一个需要解算的所有的刚体物体（It is best to create a Rigid Set that comprises all of the Rigid Body objects included in the solve），此外创建 Rigid sets 还有另外的好处，就是可以在所创建的 Sets 中使用约束（Glue），这样可以使要模拟的 sets 中的各碎块物体像一个整体一样对模拟的物理环境进行反应（behave as a single piece of geometry），有关 Bullet physics 的 Rigid Sets 的优势请读者参考 Bullet 的官方帮助。

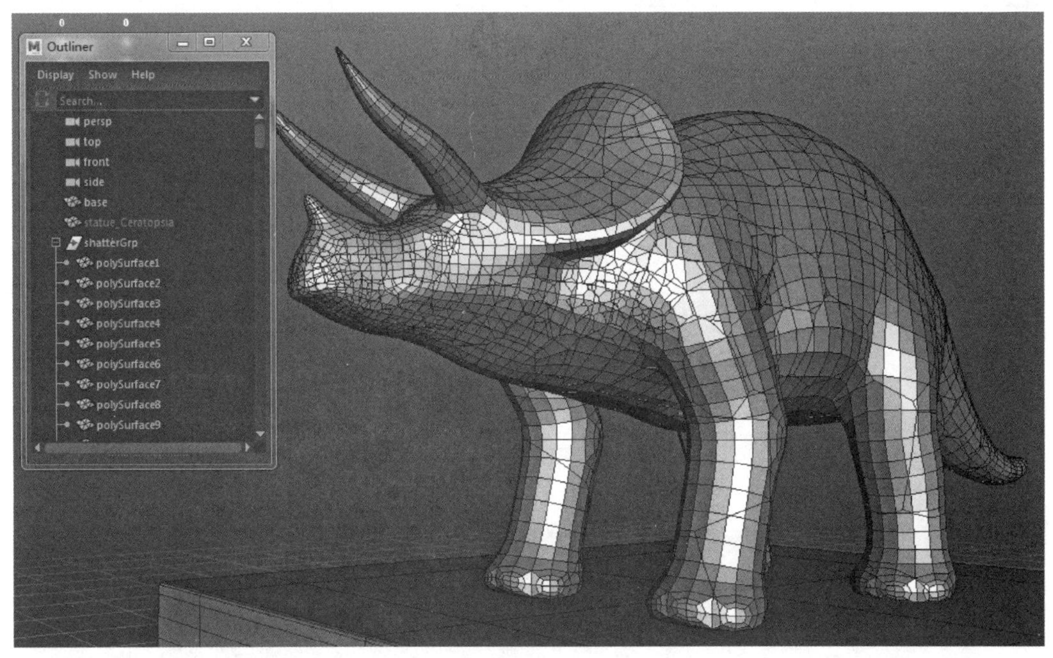

图 10-2

手动创建 Rigid Sets 对于用户来说就是将碎块进行合理分组（Group），这可能需要读者在头脑中预先构想一下自己想要的撞击破碎的效果应该是什么样的，这样读者就会能有目的地且快速地进行分组操作。在本例中本人主要进行了六个分组，首先两个撞击点附近的碎块分别分成不同的组，分别是 head_grp 与 left_grp，如图 10-3 所示。

然后我们将犀牛犄角部分与左前腿上部也分别成组，分别为 tophead_grp 与 shoulder_grp，如图 10-4 所示。

图 10-3

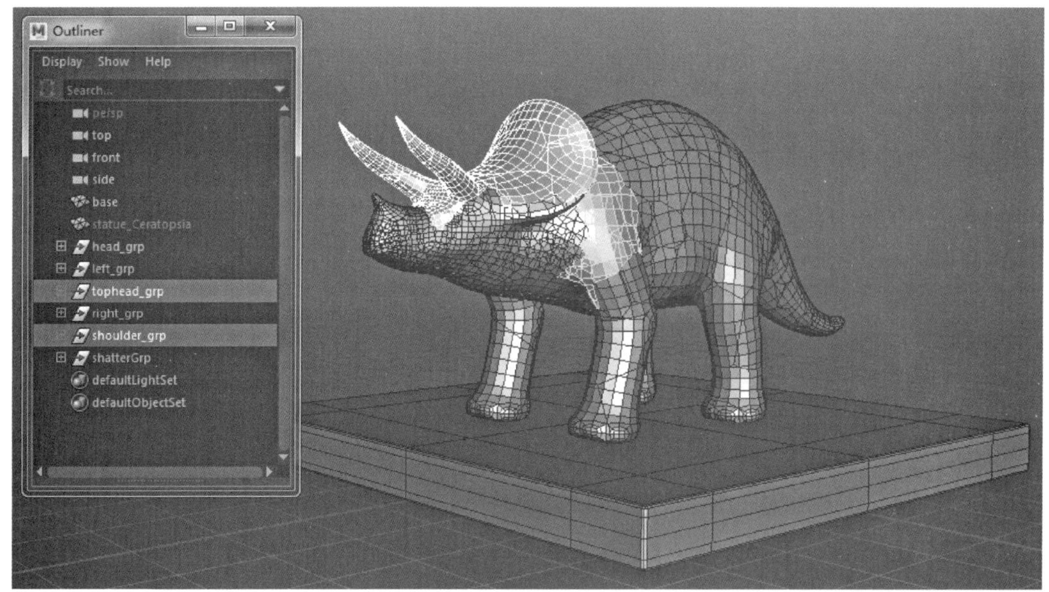

图 10-4

最后的两个组是右侧前腿与整个后部躯体，分别是 right_grp 与 shatterGrp，如图 10-5 所示。

在手动创建完分组后，我们就需要为各自的分组创建不同的 Rigid Sets。创建过程比较简单，首先要将 Maya 模块切换到 FX，此时 Bullet 如果已经从 plugin 中加载的话，则会显示在主菜单栏中，否则请读者先进行加载。首先选择相应的组，如 head_grp，然后执行 Bullet\

图 10-5

Rigid Sets，在弹出的菜单中为了方便后面识别与管理，可以将即将创建的 Sets 用同样的前缀命名，如命名为 headSet，其余参数暂时维持不变即可，创建过程如图 10-6 所示。

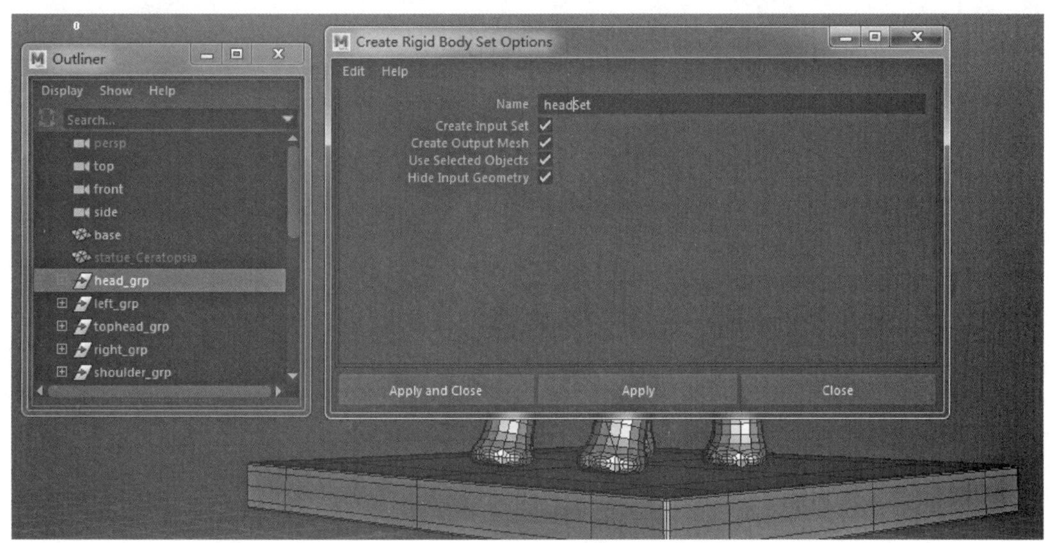

图 10-6

当我们为场景中的所有组创建完相应的 Sets 之后，在所有的 set 创建完毕后，我们还需要将犀牛下的底座物体设置为 static 类型的刚体，具体设置过程略，此时大纲视图中的显示效果如图 10-7 所示。

此时如果需要查看 Bullet 系统模拟前各不同 set 的预设参数，我们需要到 bulletSolver 节点下去查看相应的节点，当然我们一可以借助 Node Editor 来查看，如图 10-8 所示。

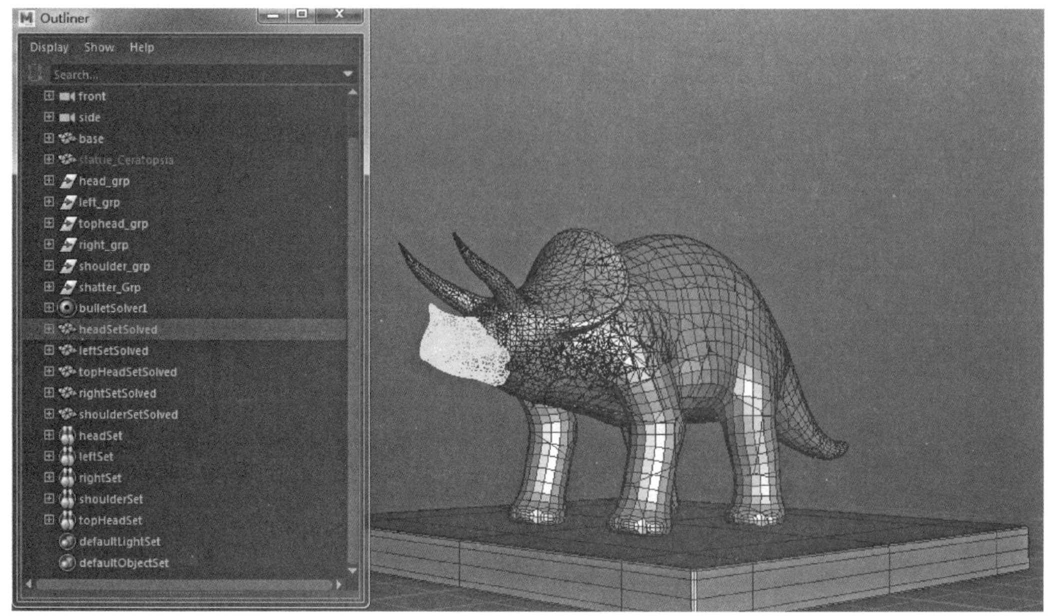

图 10-7

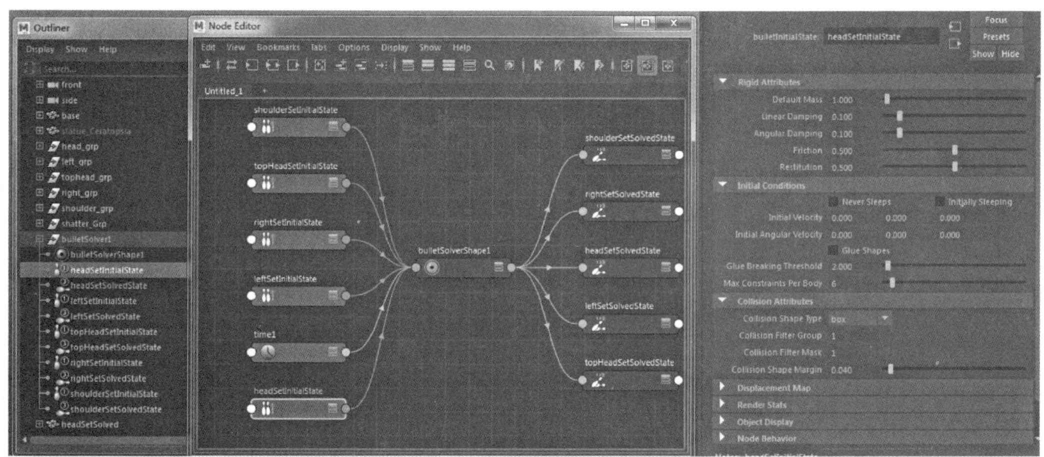

图 10-8

此时我们需要先对一些重要参数进行调整，然后进行初步模拟。首先 BulletSolver-Shape1 节点下的 Split Impulse 与 Ground Plane 开启，Split Impulse 能对模拟初期的碎块之间的穿插错误产生纠正（产生推力进行分开），Ground Plane 表示启用地面碰撞，其余参数暂时维持默认，设置效果如图 10-9 所示。

此时模拟场景效果如图 10-10 所示。

此时会发现整个雕塑产生一个爆炸的效果，这是由于各个 Rigid Sets 的模拟参数还没有进行设置。首先在大纲视图中将各个 Rigid Sets 选中，然后将其下 Collision Attributes 卷展栏下的 Collision Shape Type 由 Box 设为 Hull，这是 Bullet 提供的一种凸多面体（Convex

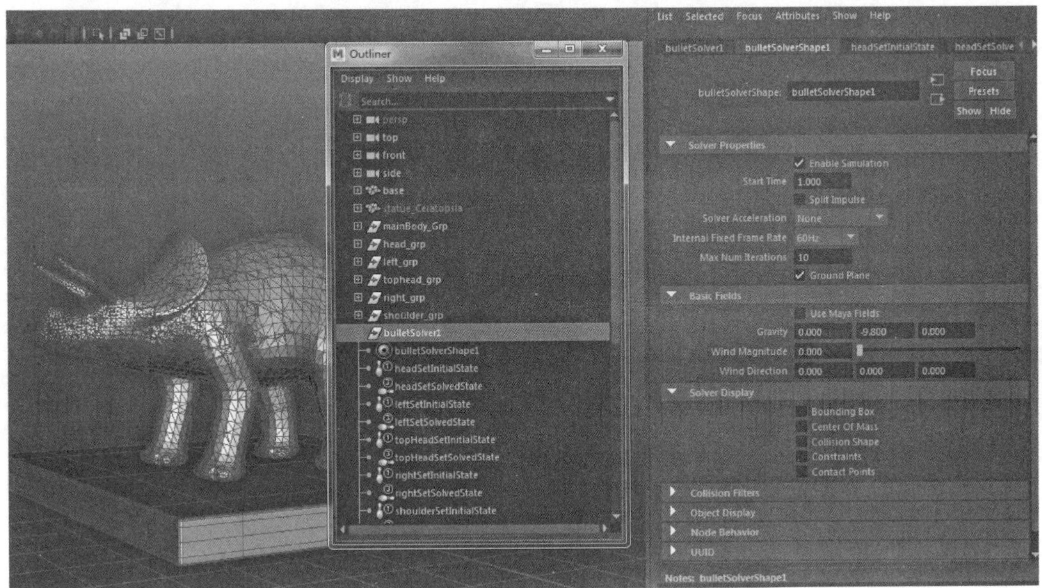

图 10-9

图 10-10

Hull)代理方式；将 Collision Shape Margin 由 0.04 设为 0，这是碰撞边缘距离参数，表示我们需要各碎块代理物体之间进行无缝碰撞，设置过程如图 10-11 所示。

在我们将所有的 Rigid Set 进行相关类似的设置后重新模拟场景，效果如图 10-12 所示。

此时犀牛雕塑则不再是爆炸状态，而是变成了好像由于自身的重量过大将自己压垮一样，直接向下坍塌。在每个 Rigid Sets 的属性编辑中都有 Initial Conditions 卷展栏，在该卷

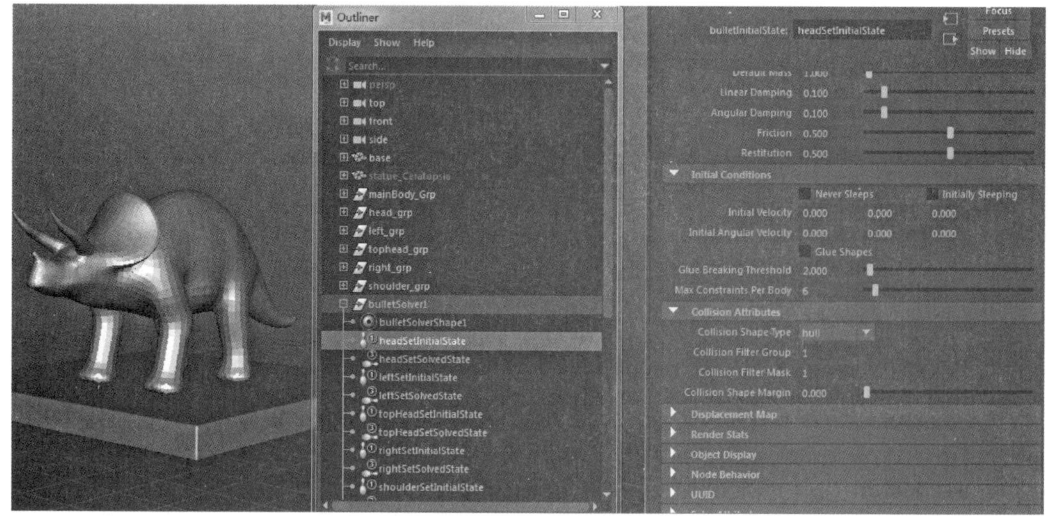

图 10-11

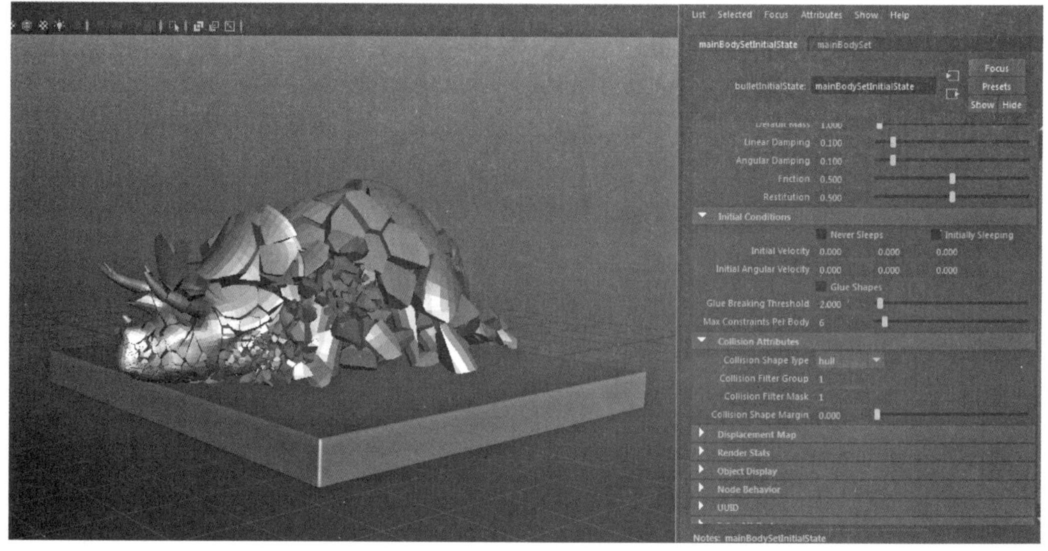

图 10-12

展栏中有一个默认去选属性 Initially Sleeping，该选项的含义是可以让该 Rigid Sets 在初始状态下不进行任何动力学模拟，只有在其余外力作用时才进行解算。由于本例中我们要进行的是雕像的撞击破碎模拟，因此需要在后面的模拟中要把该参数开启，这样犀牛雕塑就会在直到撞击前一直保持完整状态。具体设置过程略，请读者自行完成。

接下来我们完成两个撞击物体（小球）的制作，首先要在场景中创建两个小球，Scale 大小在本例中一个是 0.25（用来撞击嘴部），一个是 0.6（用来撞击腿部），在位置摆放上要与我们在破碎时所设的 local 位置尽量重合，然后移开一段距离，并将二者转变为 Bullet 的 Rigid Body，稍大的球的质量设为 0.8，速度设为－60，稍小的球的质量设为 2，速度设为－50，设置过程与播放场景的模拟效果如图 10-13 所示。

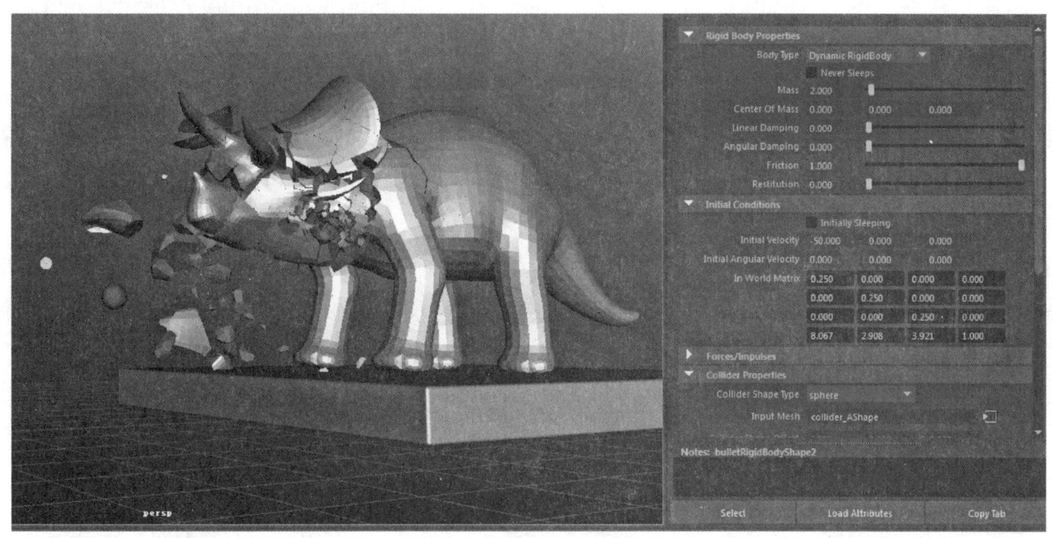

图 10-13

此时会发现犀牛模型在撞击的影响下发生破碎，但有一个问题是场景中较小的球错过了撞击点，故犀牛模型的嘴部保持了完整，此时需要做进一步修改。针对较小的小球，我们可以加大初始速度，也可以适当改变其初始位置，从而确保其与犀牛模型相撞，我们将小球略微上移后，重新播放场景后动画模拟效果如图 10-14 所示。

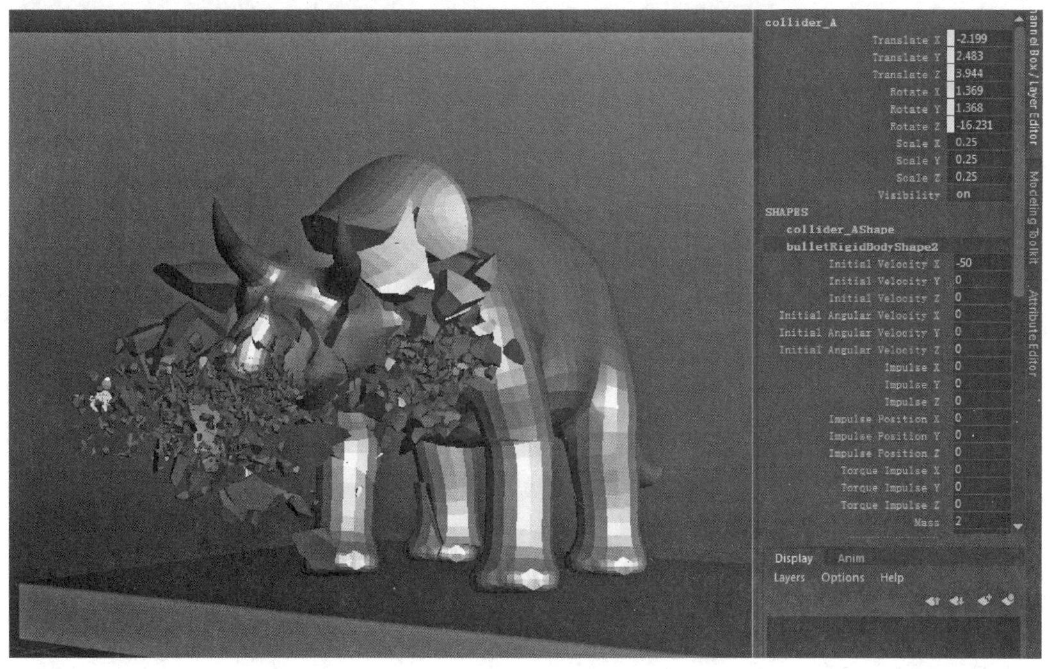

图 10-14

关于撞击小球的位置调整我们可以继续进行，但此时我们需要调整的是各个不同 Rigid Sets 属性中另外两个属性值，就是每一个 Rigid Set 的 Initial Conditions 卷展栏下的 Glue Shapes 选项中的 Glue Breaking Threshold 与 Max Constraints per Body。Glue Shape 选项的开启表示要在相连的各碎块之间建立约束连接，Glue Breaking Threshold 表示如果打断这种碎块之间的连接需要至少多大的力量，而 Max Constraints per Body 表示在一个 Rigid Body 中最多可以有存在 Glue Constraints，当然这三个参数我们还可以与每一个 Rigid Sets 的 Default Mass 相关联进行调整，如果一个 Rigid Sets 的质量很大，Glue Breaking Threshold 与 Max Constraints per Body 都很大，那么很明显该 Rigid Sets 会非常坚固，被撞击后不容易有破碎产生。此时我们可以将所有犀牛的 Rigid Sets 的 Glue Shapes 开启，两个参数也维持默认，并将个 Rigid Sets 的质量适当地统一加大，本例中都设为 2，此时模拟场景效果如图 10-15 所示。

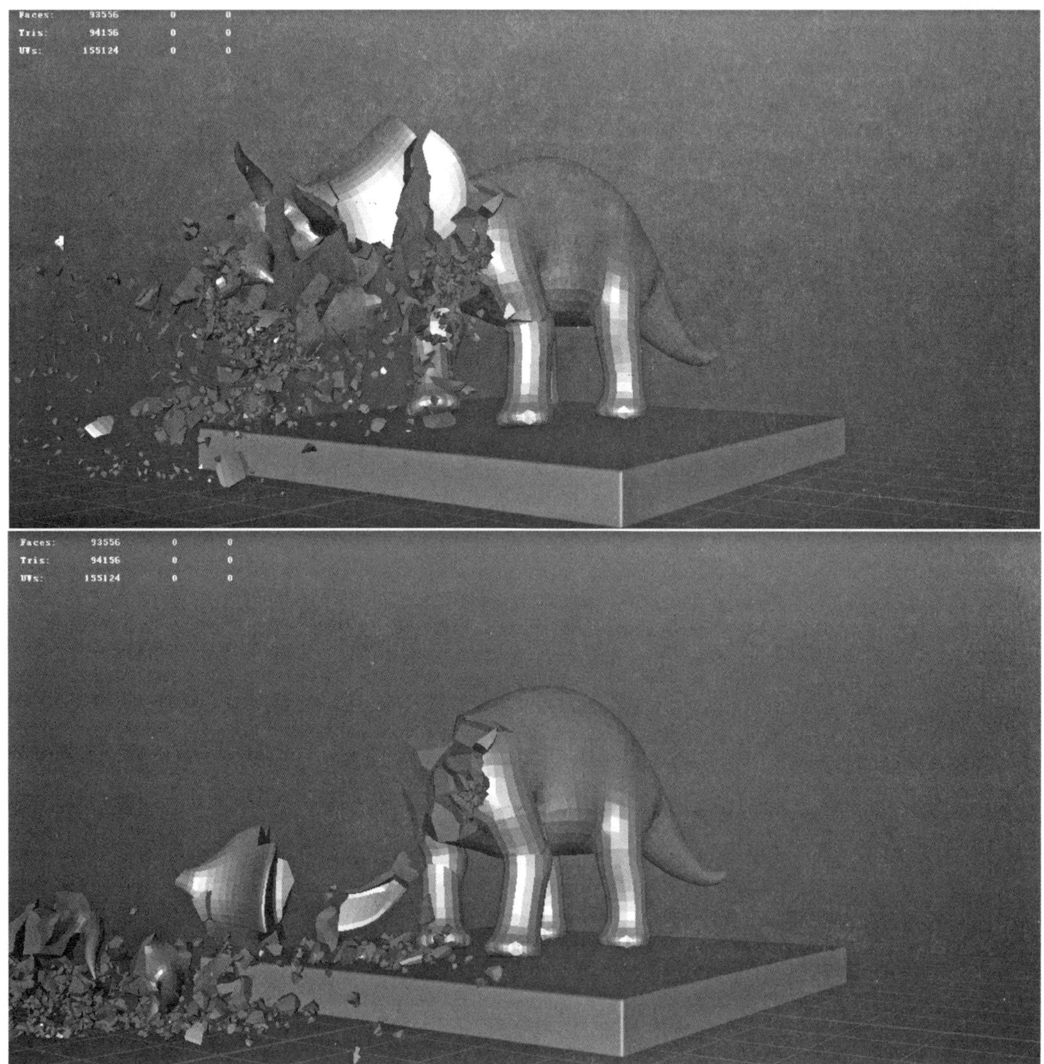

图 10-15

此时场景中各 Rigid Sets 非常易碎，并且在落地后的小的碎块在地面的运动(旋转与位移)时间都较长，此时我们可以对各 Rigid Sets 的参数分别进行调整，并不断对模拟效果进行烘焙。此处本人只将最后的相关参数呈现给读者，请读者作为参考，另外读者需要注意的是，即时参数一样，模拟效果也会因机器不同而不同，故读者在参数调整中理解参数的意义是非常重要的。

图 10-16 是 headSetInitialState 的最终参数设置效果。

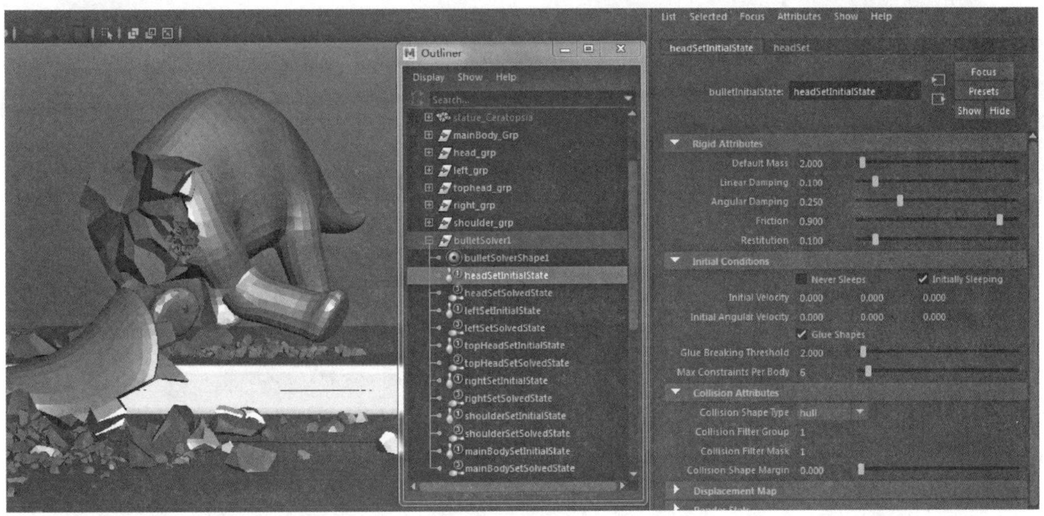

图 10-16

图 10-17 是 leftSetInitialState 的最终参数设置效果。

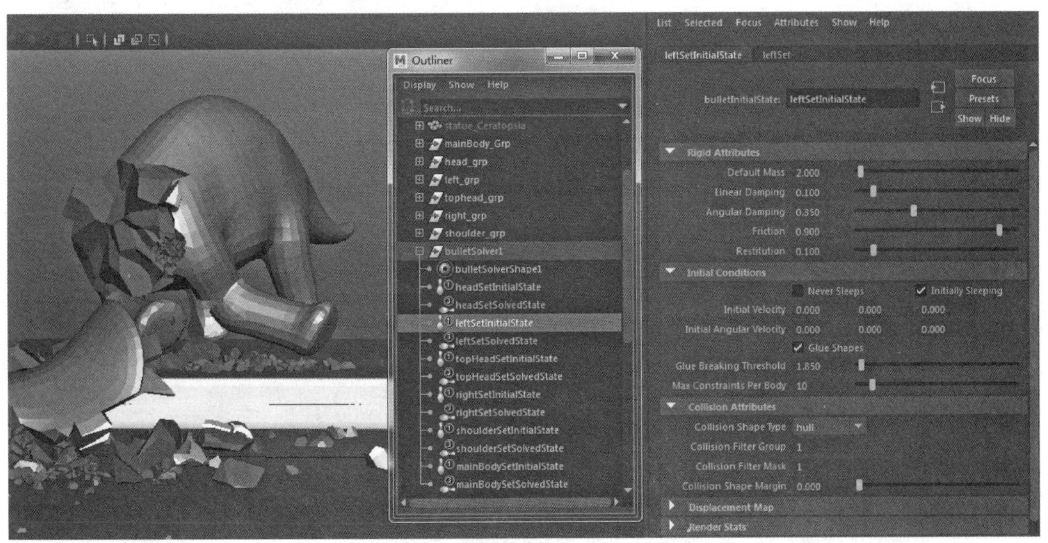

图 10-17

图 10-18 是 topHeadSetInitialState 的最终参数设置效果。

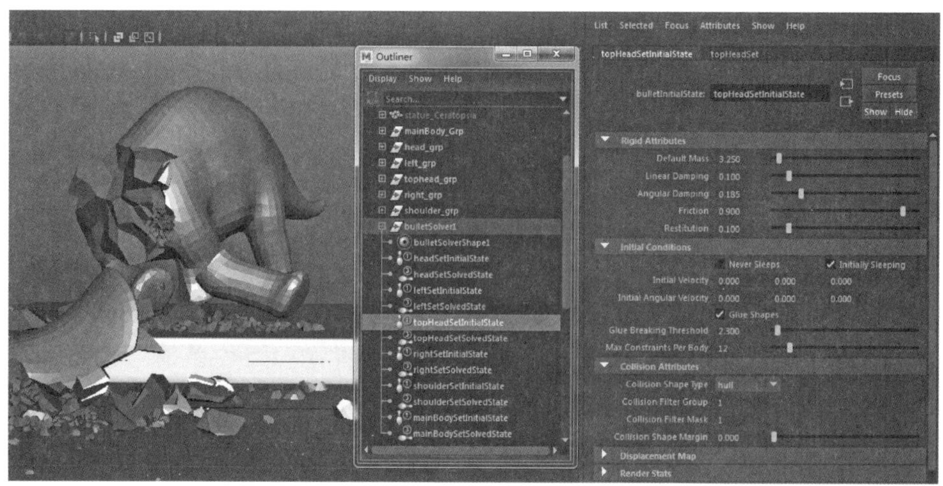

图 10-18

图 10-19 是 rightSetInitialState 的最终参数设置效果。

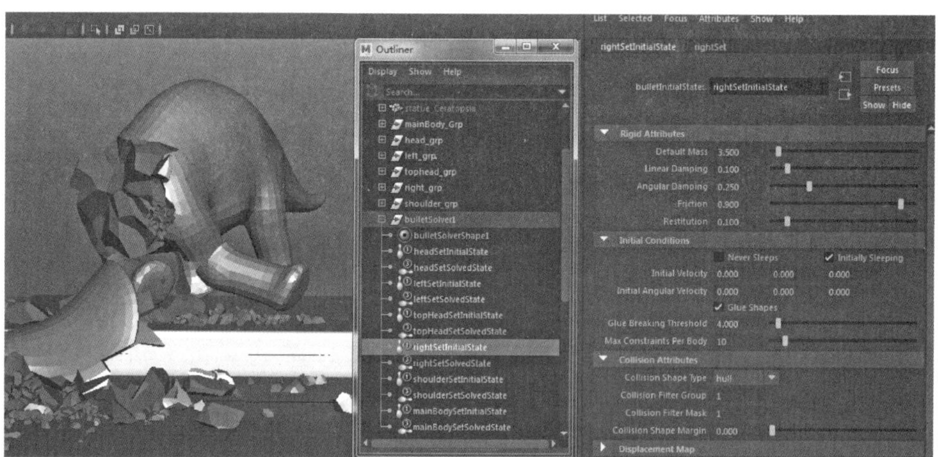

图 10-19

图 10-20 是 shoulderSetInitialState 的最终参数设置效果。

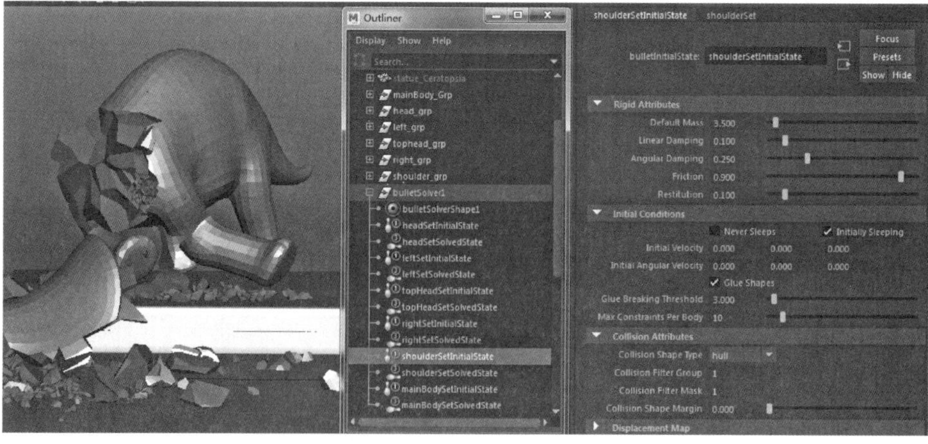

图 10-20

图 10-21 是 mainBodySetInitialState 最终参数设置效果。

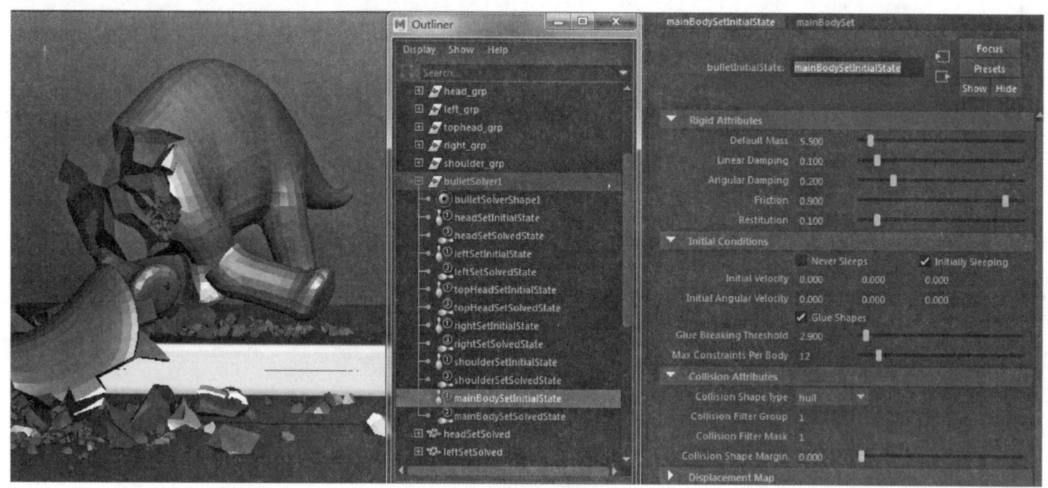

图 10-21

在最后模拟中我们对 bulletSolverShape1 的参数进行了调整，如将 Internal Fixed Frame Rate 设为 240，将 Max Num iterations 设为 50，将 Gravity 设为－30，基本设置效果如图 10-22 所示。

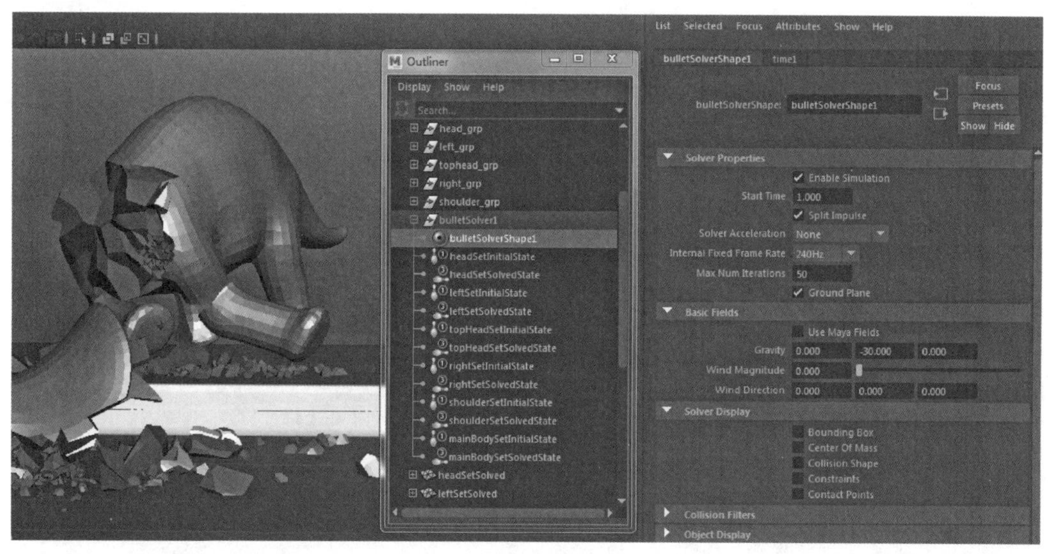

图 10-22

此时重新模拟场景，播放效果首先如图 10-23 所示。

在图 10-23 的模拟效果中可看到犀牛模型的两个撞击部位破碎的比较严重，而头部犄角的部位由于 Glue Shape 参数等相关参数设置得比较高，基本没有破碎，此时继续向前模拟，动画效果如图 10-24 所示。

在图 10-24 中我们能观察到头部犄角是作为一个整体下落的，我们可以在后面的模拟

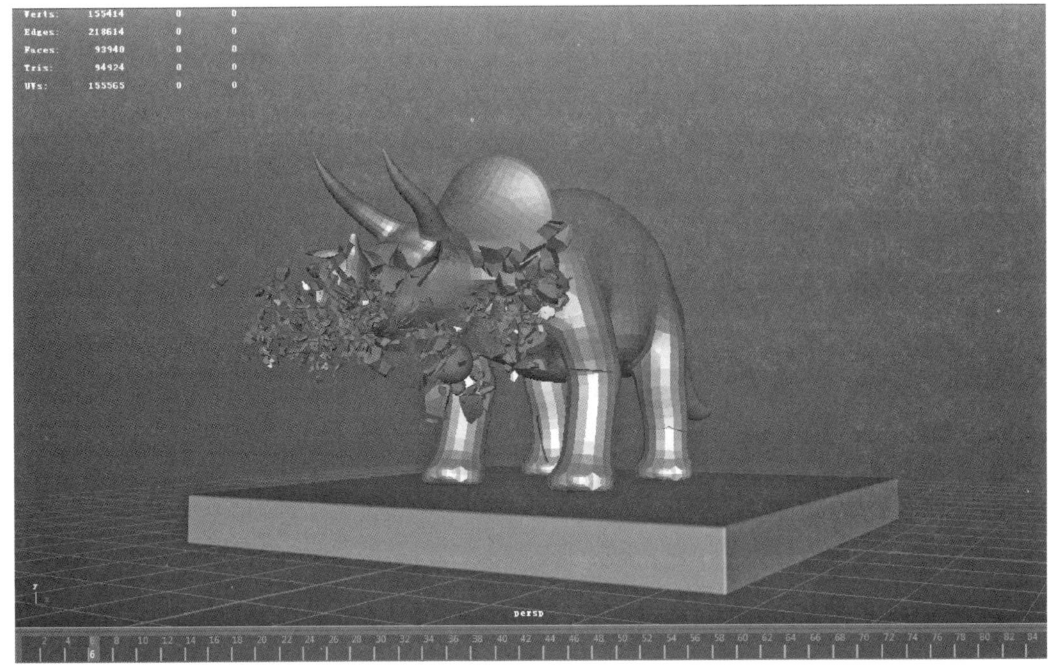

图 10-23

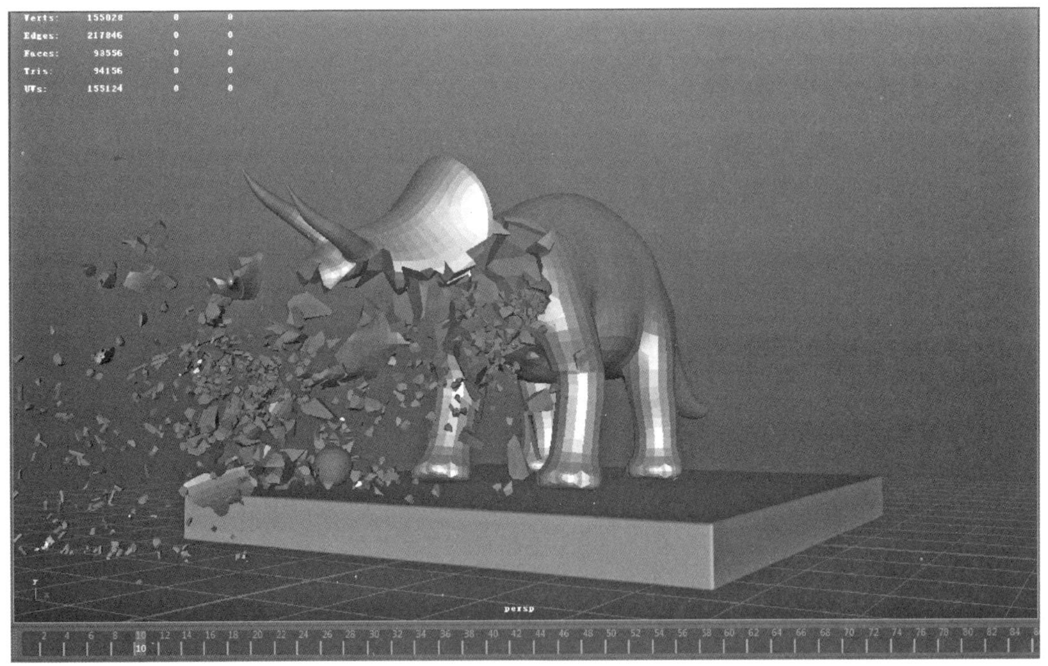

图 10-24

中看到该部位是如何在与地面撞击后被二次破碎的。

继续播放动画模拟效果如图 10-25 所示。

图 10-25

此时继续播放动画，我们会发现撞击的后续扩散效应在犀牛的后部身体产生扩散，后部躯体也开始破碎倒塌，当然该效果是否自然合理，完全取决于读者或导演要求，其他效果读者可以细调 mainBodySetInitialState 相关参数来实现。当然对于一些破碎裂痕的生成位置，则读者必须在 Bullet 模拟之前完成，此时如果继续模拟场景，最后基本效果如图 10-26 所示。

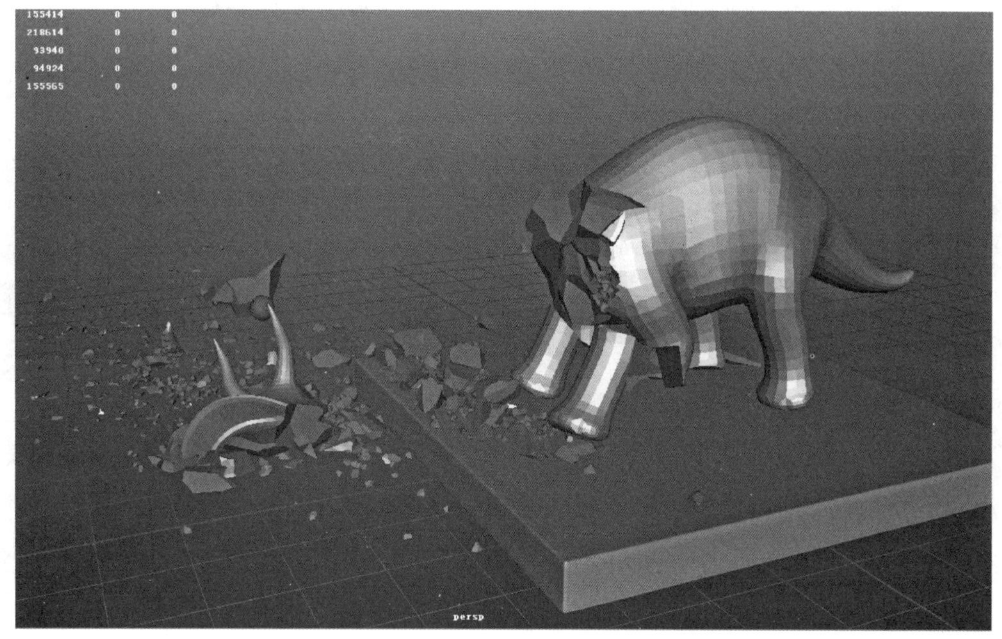

图 10-26

在图 10-26 中所示的效果非常具有戏剧性，犀牛的整个躯干竟被前面两条短腿支撑住。此时如果对整个模拟过程满意，那么我们需要将整个过程保存为缓存进行输出。

首先在大纲视图中选中所有的 * Set 物体及 collider_A 与 collider_B，选择过程如图 10-27 所示。

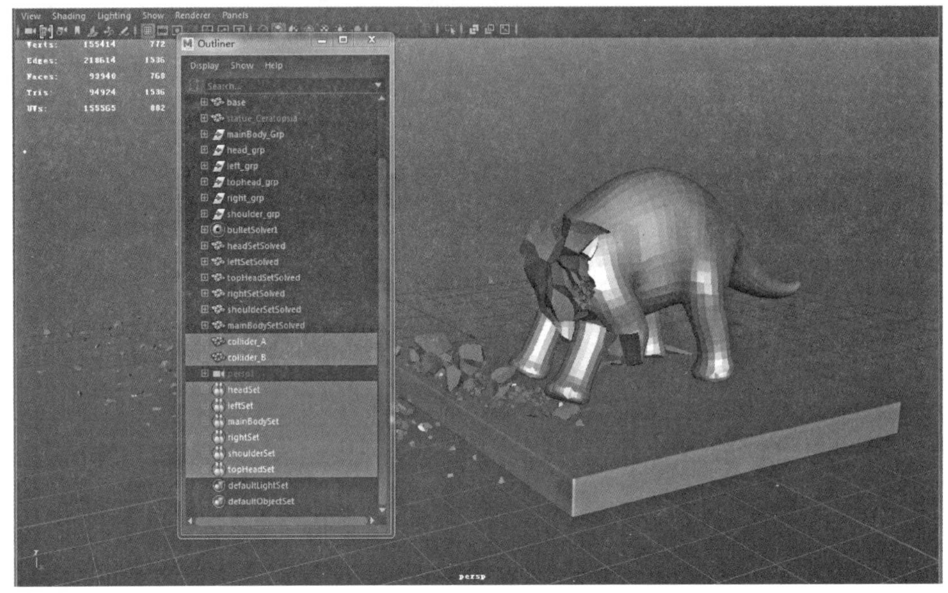

图 10-27

然后执行 Bullet\Export Selection to Alembic... 在弹出的菜单中主要是在 Advanced Options 中将 Strip Namespaces 与 UV Write 开启，并将 File Format 设为 HDF5 - Maya 2014 Ex tension2 and legacy 格式，其余设置略，设置效果如图 10-28 所示。

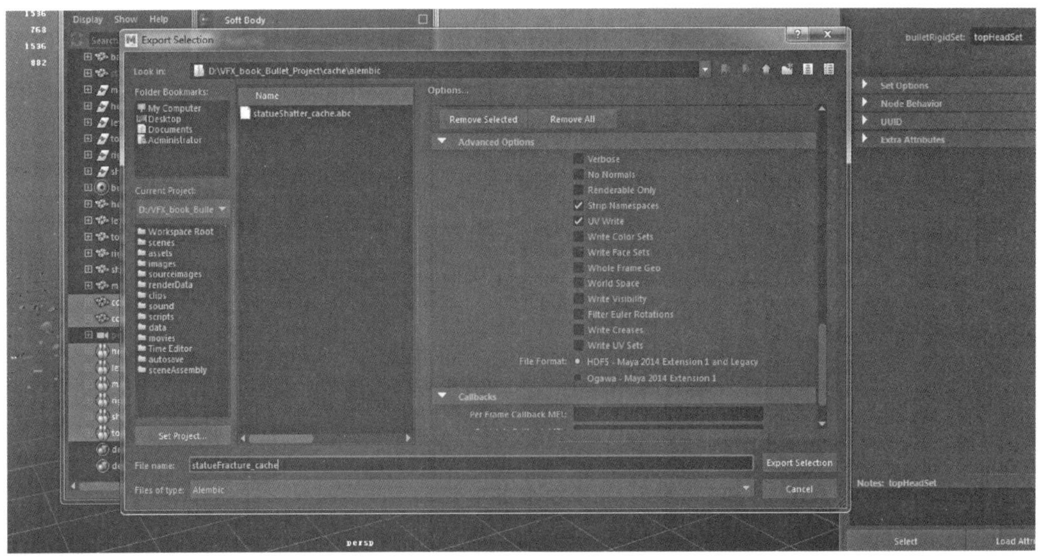

图 10-28

在 Alembic 缓存导出成功后我们需要将该缓存导入会场景，但需注意的是在导入缓存之前先要彻底删除场景中的所有 Bullet 的相关节点，此时需执行 Bullet\Delete Entire Bullet System，执行后在观察大纲视图，会发现所有的 Bullet 相关的节点都被清除了，大纲视图显示如图 10-29 所示。

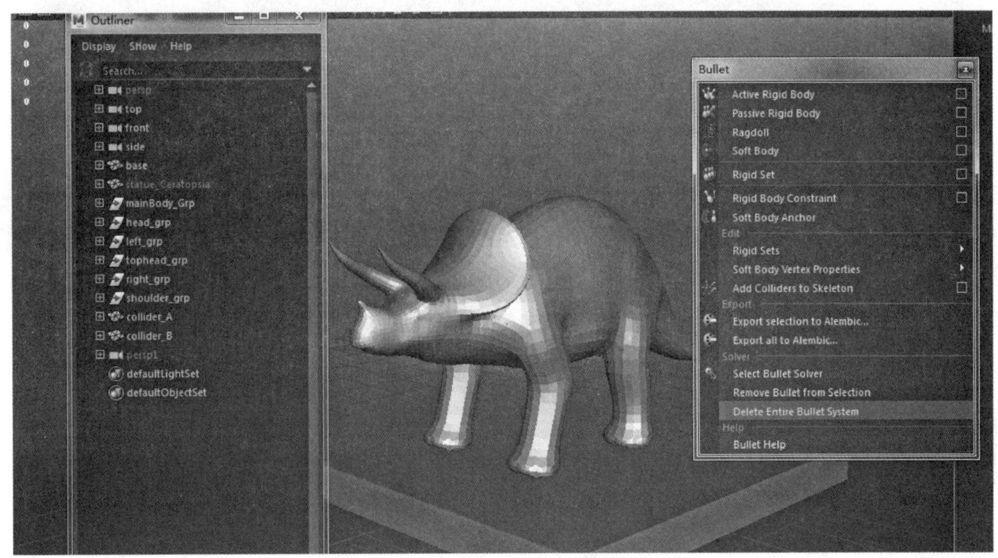

图 10-29

我们执行 Cache\Import Alembic... 在弹出的设置菜单中首先勾选 Import under current selection(实质上我们并不选择任何物体)，然后勾选 Merge，设置过程如图 10-30 所示。

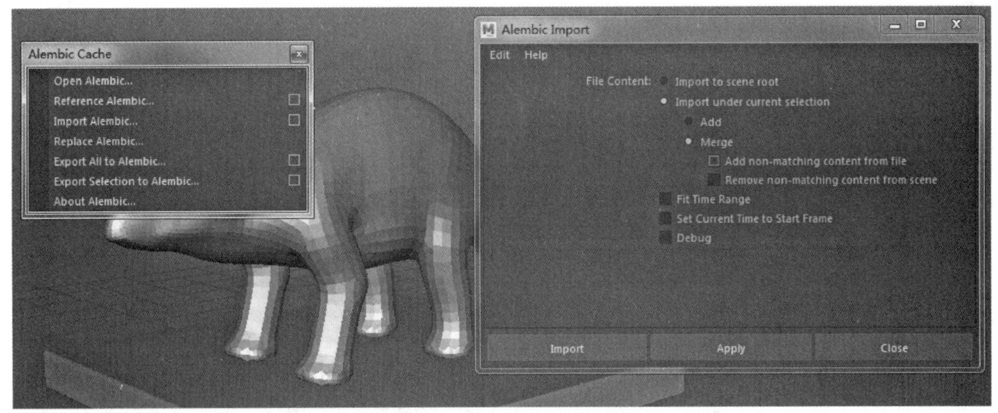

图 10-30

接着继续执行，在弹出的窗口中选择我们导出的 Alembic 格式的缓存文件即可，经过一段时间等待后，在 Maya 的反馈窗口就会出现缓存导入成功的消息提示。现在就可以在时间滑条上任意拖动鼠标查看场景的破碎效果了，此时场景的大纲视图没有任何变化，但读者可以通过查看 Node Editor 来查看每一个碎块的连接变化，如图 10-31 所示。

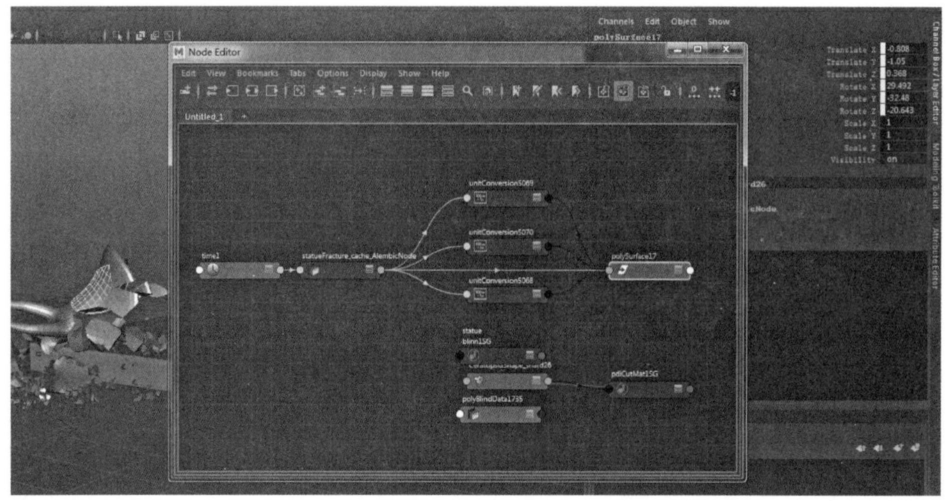

图 10-31

此时如果读者对 Houdini 中的 Bullet 系统模拟大量破碎刚体的流程有了解，则会非常明白此时我们导入 Alembic 缓存的实质意义何在。对于将 Bullet 系统应用于破碎模拟的基本流程我们就介绍完了。如果还需对场景继续调整，那么特效上则主要是一些碎屑与烟雾的添加，在灯光及材质上的调整请读者自己完成。

首先碎屑的实现需要借助 nParticle 系统实现，此时需要将破碎的雕像物体转化为粒子发射器，但问题是由于碎块过多，这样会产生大量的粒子发射器，会严重拖慢场景的解算速度，此时的方法是能将所有的碎块转换为一个 Mesh 物体（当然破碎过程还必须保持）。我们在场景中首先隐藏除犀牛雕像以外的所有物体，然后选择犀牛雕像的 6 个组，执行 Mesh\Combine，将此时生成的新物体命名为 statue_combine_geo，归功于编辑历史的原因，我们拖动场景，破碎动画是完好的。此时场景效果及大纲视图显示如图 10-32 所示。

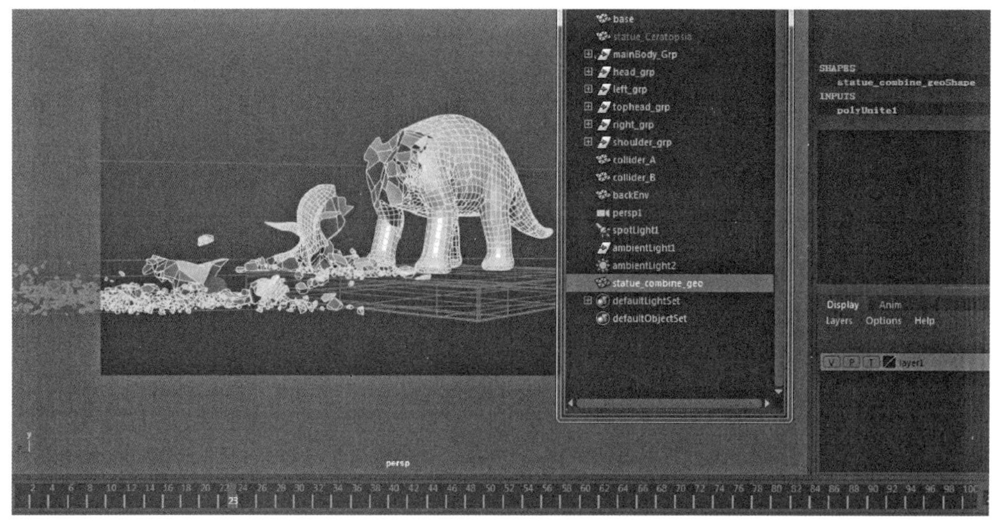

图 10-32

由于编辑历史的存在，场景交互反而变慢，因此我们需要将 statue_combine_geo 以 geometry cache 格式导出。首先选中该物体，执行 Cache\Geometry Cache\Export Cache，在弹出的菜单中维持默认选项即可，如图 10-33 所示。

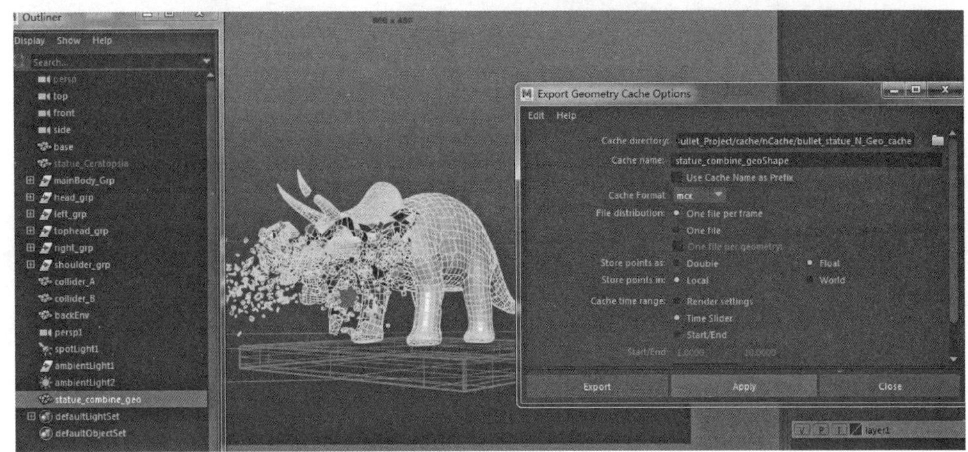

图 10-33

当 Geometry Cache 导出成功后，我们会在 Maya 的反馈栏中得到提示，此时就可以先删除 statue_combine_geo 的历史，然后将其导出的 Geometry Cache 在倒回给自身，此时场景与大纲视图显示效果如图 10-34 所示。

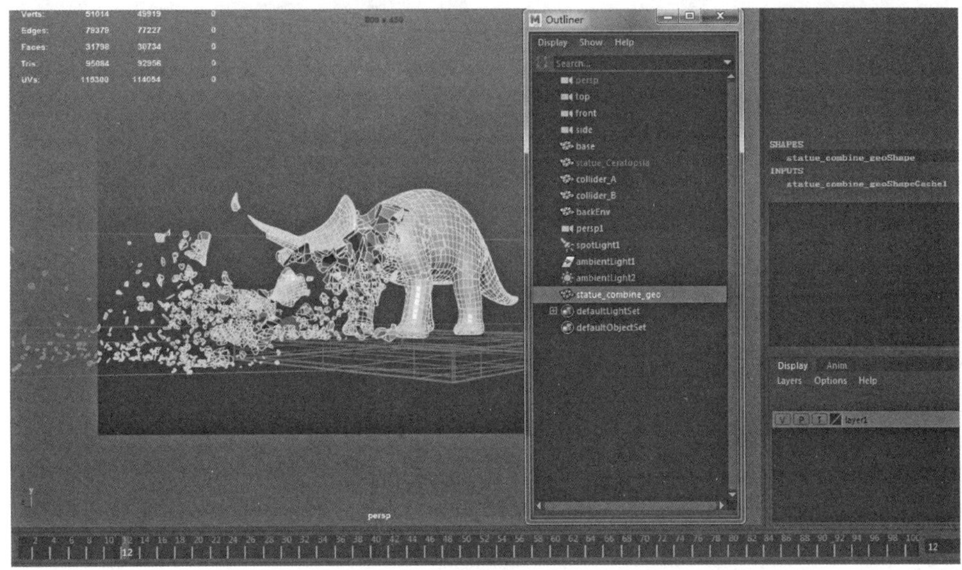

图 10-34

此时如果在拖动时间滑条，会发现场景的交互速度非常快，我们在此基础之上继续完成 nParticle 碎屑的制作。首先我们要选择犀牛模型，然后执行 nParticle\Emit from Object，在弹出的菜单中先将 Rate 关闭(设为 0，该值需要后面参考破碎情况进行 Key 帧处理)，然后将 Speed 设为 3，将 Speed Random 设为 3，将 Tangent Speed 设为 0. 25，将 Normal Speed 设为 1，设置效果如图 10-35 所示。

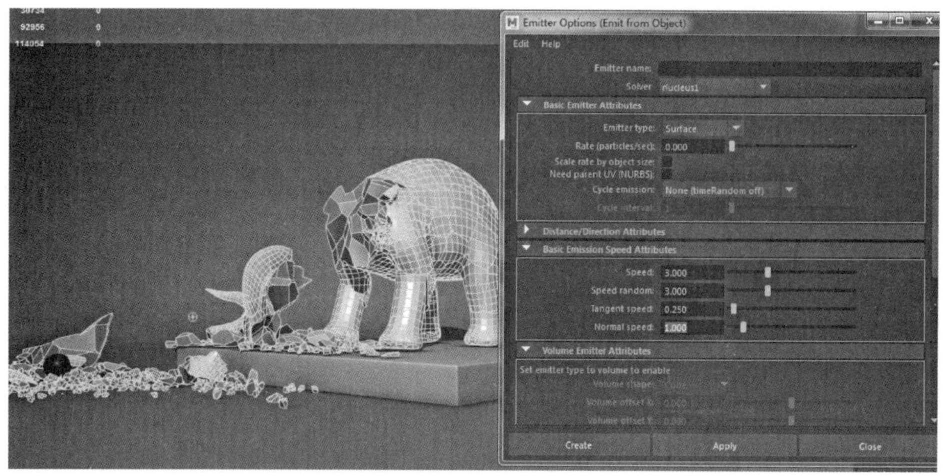

图 10-35

在保证 Emitter 选中情况下回到场景中通过观察破碎的模拟情况来为其 Key 帧，图 10-36 是经过调整后的关键帧数值。

图 10-36

此时要对 nParticle 简单进行一下表达式控制，由于场景犀牛模型主要是集中头部破碎，故躯干部是不要产生碎屑的。我们可以将犀牛模型腿部以下脖子以后产生的粒子除掉，从而碎屑产生的比较合理。此时我们可以在场景中创建一个 locator 物体来帮我们定位，然后在 nParticle 中利用创建表达式来实现，表达式如下所示：

```
float $yPos = `getAttr "loc.ty"`;
```

```
float $zPos = 'getAttr "loc.tz"';
vector $posOrg = nParticleShape1.position;
if(($posOrg.y < $yPos) || ($posOrg.z < $zPos)){
nParticleShape1.lifespanPP = 0;
}else{
nParticleShape1.lifespanPP = rand(0.5,1);}
```

Locator 物体(需被重命名为 loc)创建位置与表达式输入情况如图 10-37 所示。

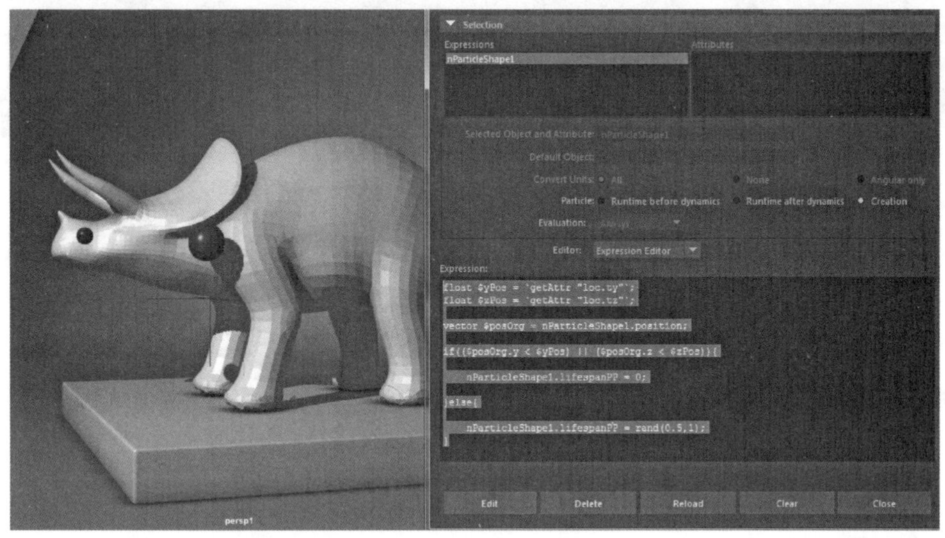

图 10-37

此时我们还需对 nParticle 的形态及颜色等做一些调整，在本例中主要是将粒子的渲染形态设为了 Tube(s/w)，其余参数调整及模拟效果如图 10-38 所示。

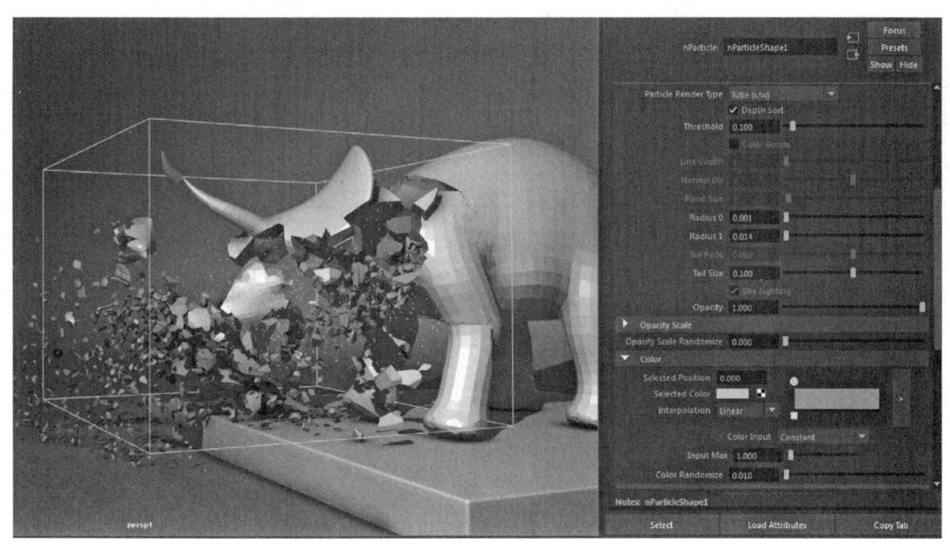

图 10-38

我们还需要对 Nucleus 系统中参数进行一些调整，加大重力场（本例中设为 30）并适当调整风场的大小、风向、噪波等，具体参数设置与场景模拟如图 10-39 所示。

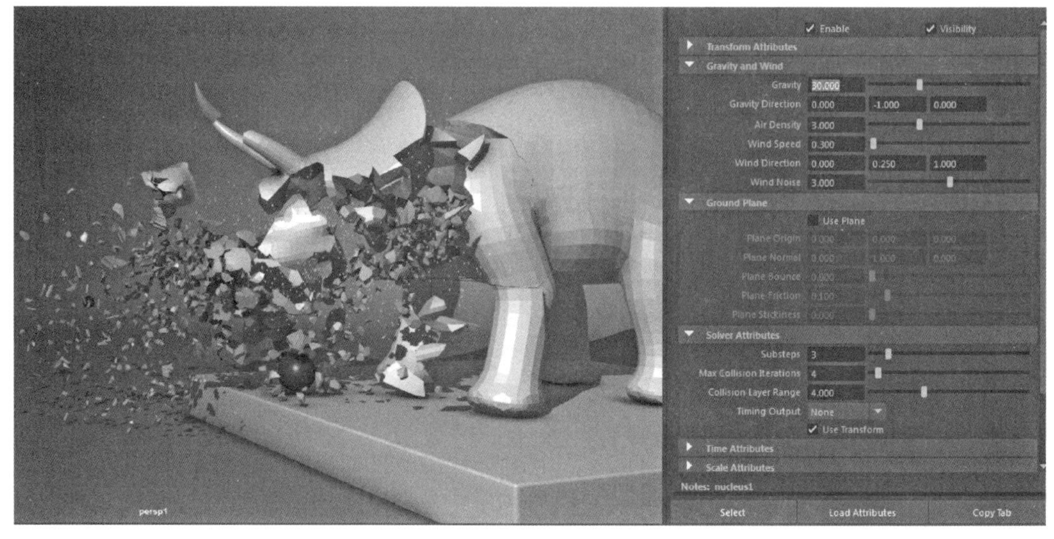

图 10-39

此时如果感觉场景中 nParticle 运动形态过于有序，可以考虑为其添加紊乱场，在本例中我们为其添加了一个 Cube 类型的紊乱场，其余参数调整及场景模拟效果如图 10-40 所示。

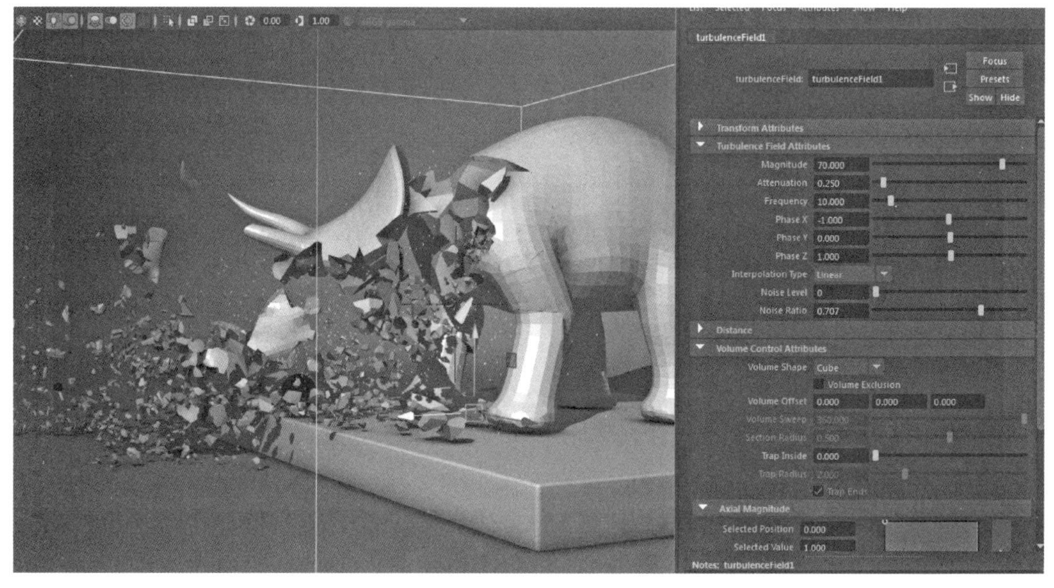

图 10-40

在碎屑效果中我们只使用了 tube(s/w)形态的粒子，并且在发射位置上我们也没有做非常精确控制。如果读者想进一步改进可以从以上两个方面进行，比如使用粒子替代

(nParticle 的粒子替代之后的物体在运动上控制要比传统粒子更加方便)，在发射位置控制上，一方面可以开启 Per-Point Emission Rates，另一方面可以在对碎块物体进行 combine 组合时就进行有针对性的操作，关于以上提到的这些做法请有兴趣的读者自行尝试。

最后要提及的是上面破碎效果中还缺少一点烟雾效果，这需要用到 Fluid 来实现，在后面章节中我们会详细介绍 Maya Fluid 模块的使用，故此处先略，但有兴趣的读者可自行尝试。

第十一章 Fluid 特效制作一例——房屋燃烧

本章我们将详细讲解在房屋失火燃烧时，火与烟共同出现时的效果。图 11-1 所示的效果是我们即将完成的最终效果（该效果经过后期软件的简单调整，故可能与原 Maya 中的制作的初始状态有所不同），在图 11-1 所示燃烧效果主要由四个不同知识点构成，我们依次讲解。

图 11-1

在制作中首先要完成场景准备，包括模型、材质、灯光及初步的渲染层的设置等，由于这些不是本书的重点，故略，房屋场景准备完成效果如图 11-2 所示，参考图 11-1 中的效果，我们主要围绕靠近镜头处的屋门及前面窗户等位置产生燃烧及烟雾效果。

为了制作方便我们可以先将与制作中无关的场景通过层功能进行隐藏，最后只将主体场景保留，这样可以加快场景的交互显示速度。首先在主体房子门口创建一个 fluid 网格来模拟房子门板燃烧的效果，将其重新命名为 doorFire_fluid，注意该 fluid 的摆放位置要门的相互关系，然后在 Container Properties 卷展栏下将该 fluidShape 的 Base Resolution 设为 130（在本例中所提及的参数都可以作为最后的渲染参数来使用），将 Size 可以设为 10、10、8

图 11-2

(维持 Size 不变亦可),并将 Boundary X 与 Boundary Y 均设为 None,将 Boundary Y 设为－Y,此时 fluid 的位置摆放与基本设置如图 11-3 所示。

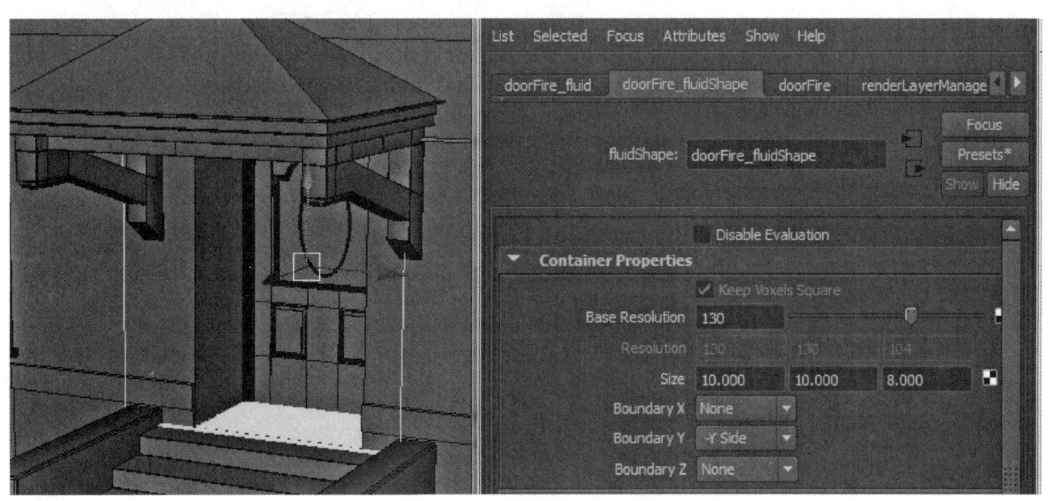

图 11-3

然后继续切换到 Container Method 卷展栏,将 fluidShape 的 Density、Velocity、Temperature 与 Fuel 均设为 Dynamic Grid,设置效果如图 11-4 所示。

继续切换到 Display 卷栅栏,将 Slices per Voxel 设为 1,将 Voxel Quality 设为 faster,将 Boundary Draw 设为 Bounding box,其余参数维持不变,这样场景在模拟中交互显示速度会比较快。此时场景显示如图 11-5 所示。

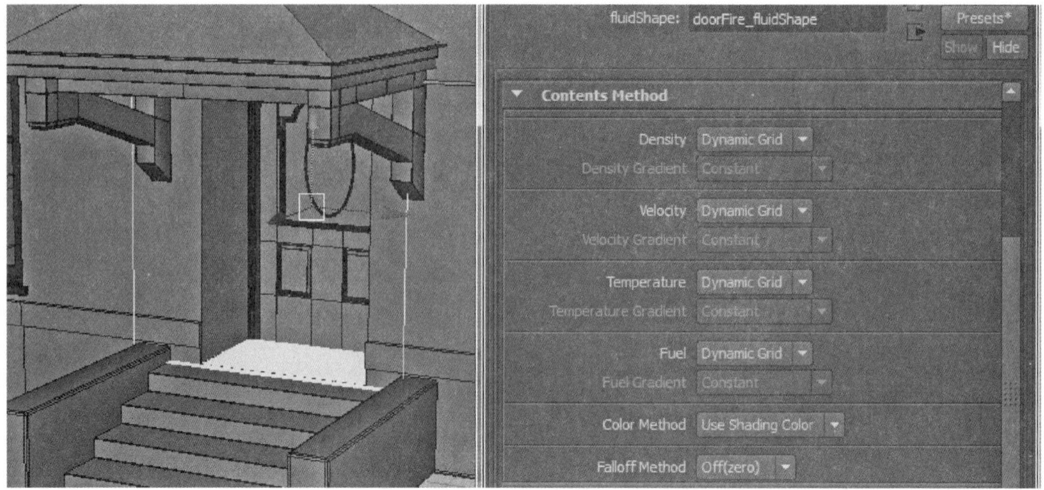

图 11-4

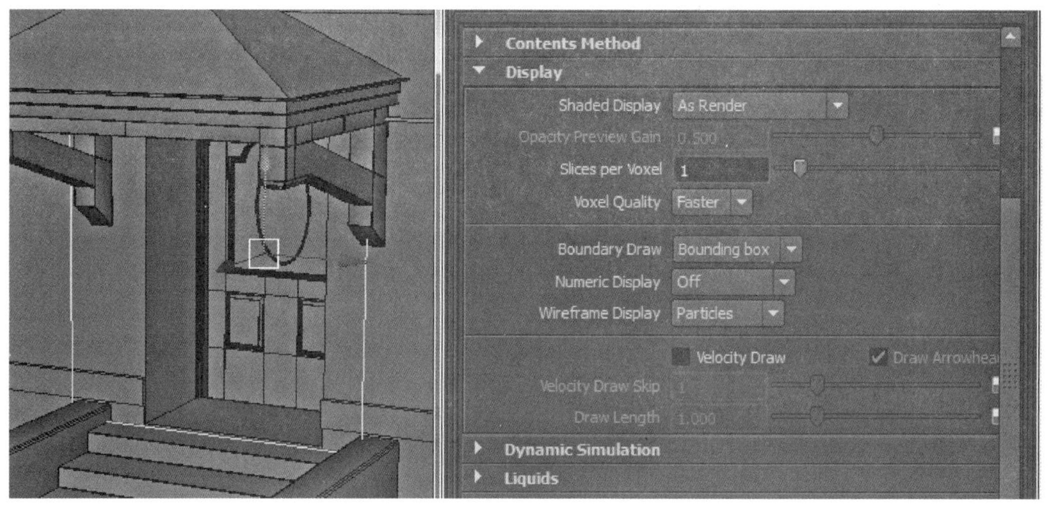

图 11-5

切换到 Dynamic Simulation 卷展栏，将 Viscosity、Friction、Damp 均设为 0，将 High Detail Solve 设为 All Grids，将 Substeps 设为 1，将 Solver Quality 设为 30，将 Simulation Rate Scale 设为 2，其余参数选项维持不变，有关 Dynamic Simulation 设置结果如图 11-6 所示。

切换到 Auto Resize 卷展栏，开启 Auto Resize 和 Resize To Emitter，关闭 Resize Closed Boundaries 与 Resize In Substeps，将 Max Resolution 设为 600，将 Auto Resize Threshold 设为 0，将 Auto Resize Margin 设为 10，有关 Auto Resize 卷展栏的设置情况如图 11-7 所示。

切换到 Contents Details 选项的 Density 属性卷展栏，维持 Density 下的各属性参数不变，然后切换到 Velocity 卷展栏，将 Swirl 属性设为 4.5，其余参数维持不变，有关 Density 和 Velocity 卷展栏的参数设置如图 11-8 所示。

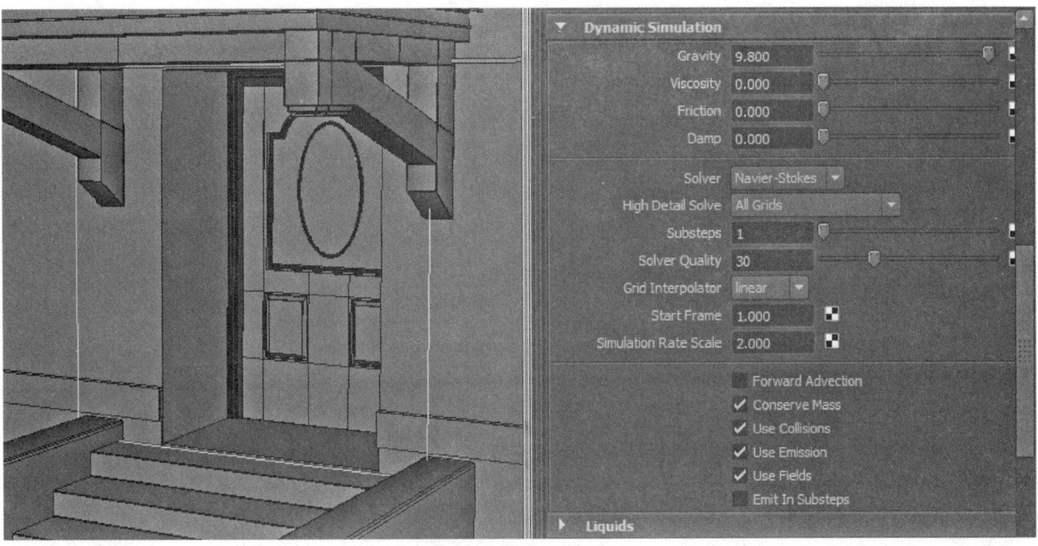

图 11-6

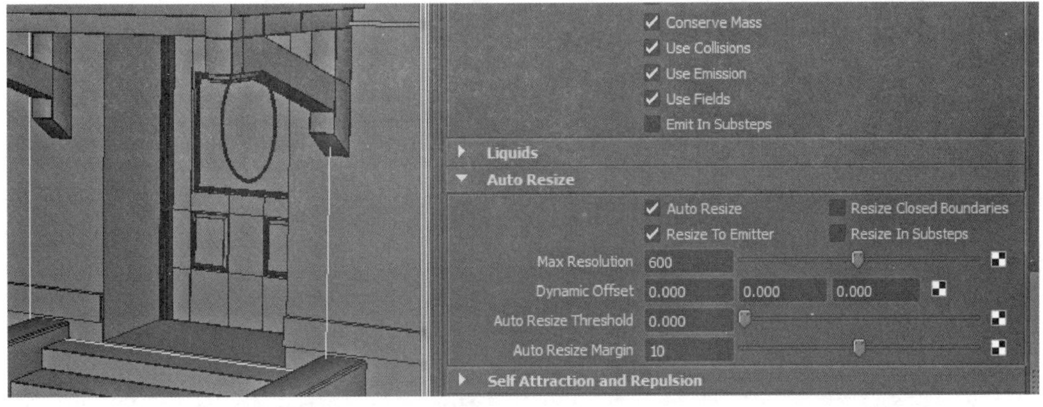

图 11-7

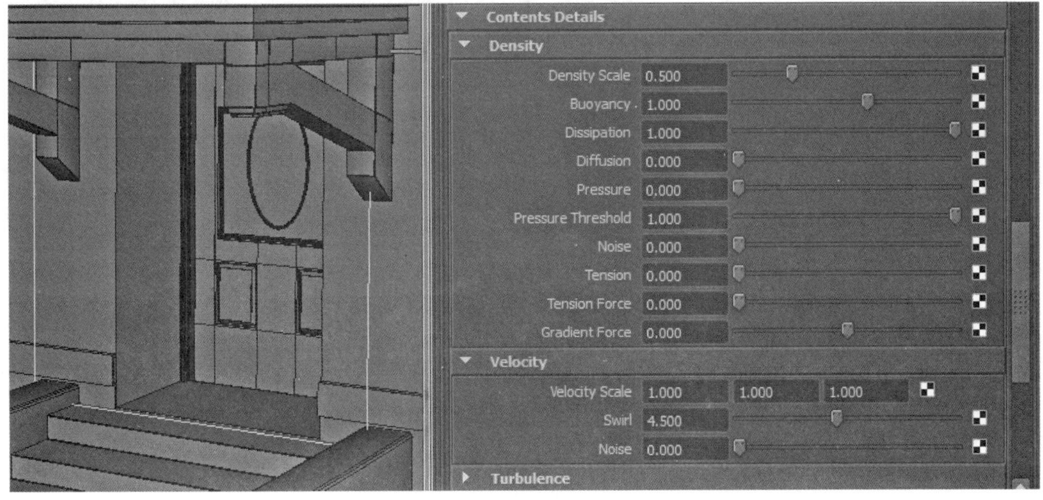

图 11-8

维持 Turbulence 卷展栏参数不变(默认为不开启),然后继续切换到 Temperature 卷展栏,将 Temperature Scale 设为 2. 5,将 Buoyancy 设为 20,将 Dissipation 设为 6,将 Turbulence 设为 1,将其余选项设为 0,此时 Temperature 卷展栏设置情况如图 11-9 所示。

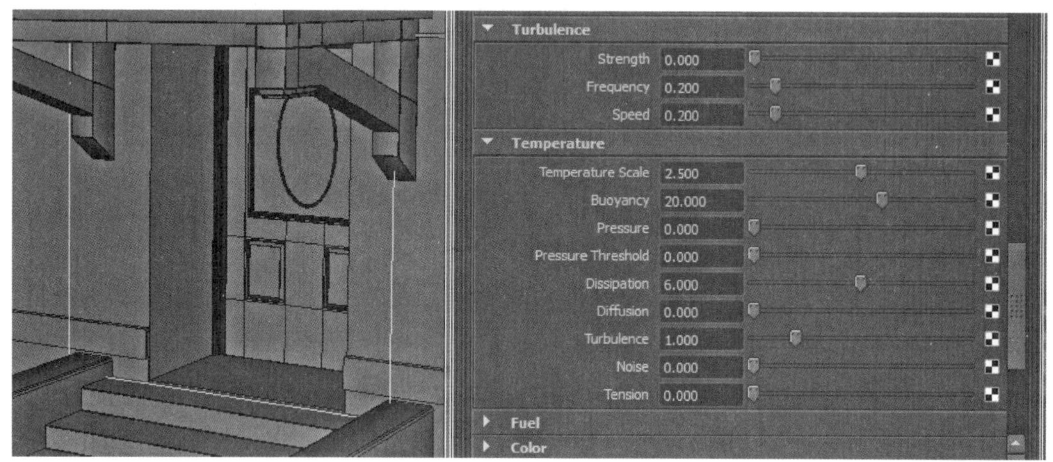

图 11-9

接着切换到 Fuel 卷展栏,将 Fuel Scale 设为 1,将 Reaction Speed 设为 1,将 Max Temperature 设为 0. 01,将 Heat Released 与 Light Released 均设为 1. 0,将 Light Color 设为白色,此时 Fuel 卷展栏的设置情况如图 11-10 所示。

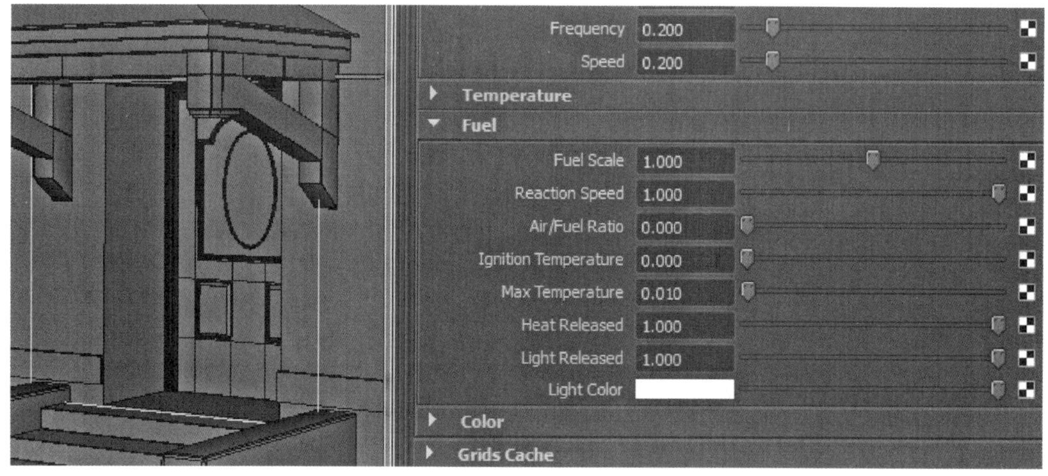

图 11-10

切换到 Shading 卷展栏,将 Transparency 设为 V 值约等于 0. 345 的灰色,关闭 Glow Intensity(读者可以尝试开启),将 Dropoff Shape 设为 Cube,将 Edge Dropoff 设为 0;然后切换到 Color 卷展栏,将 ramp 颜色调整为黑灰渐变,将 Color Input 设为 Density,将 Input Bias 设为 0. 75,此时关于 shading 与 color 卷展栏的设置效果如图 11-11 所示。

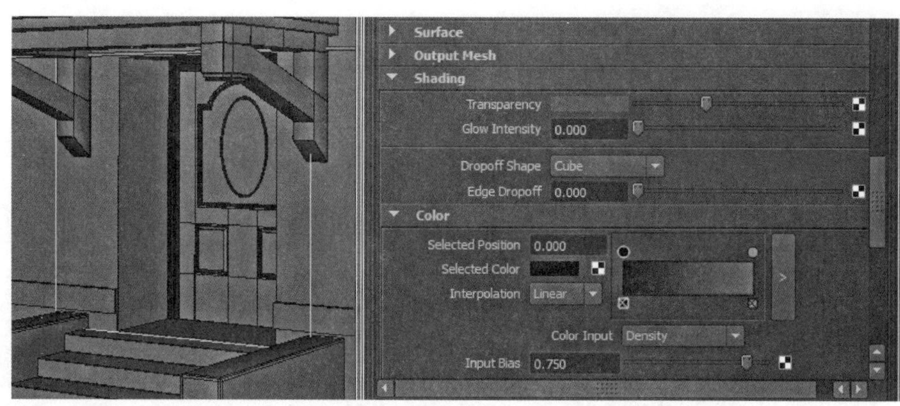

图 11-11

继续切换到 Incandescence 卷展栏，将 Ramp 的颜色渐变设置成如图 11-12 所示，并将 Incandescence Input 设为 Temperature，将 Input Bias 设为 0.965，基本设置如图 11-12 所示。

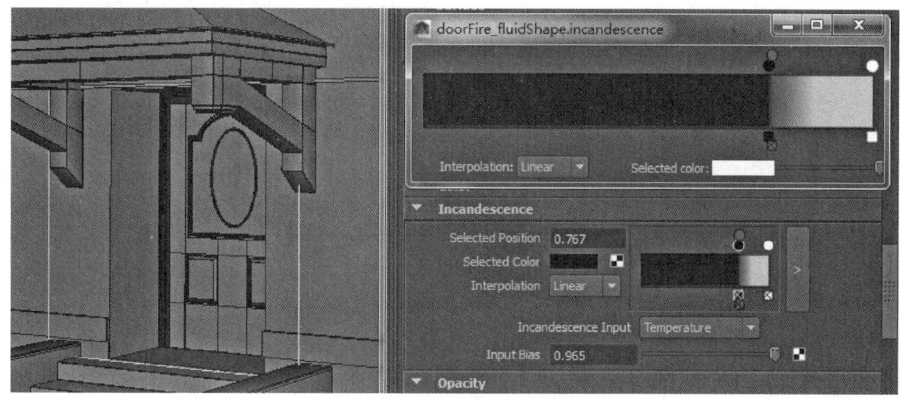

图 11-12

切换到 Opacity 卷展栏，将 Opacity 的颜色曲线变化调成如图 11-13 所示，并将 Opacity Input 设为 Temperature，将 Input Bias 设为 0.715，基本设置如图 11-13 所示。

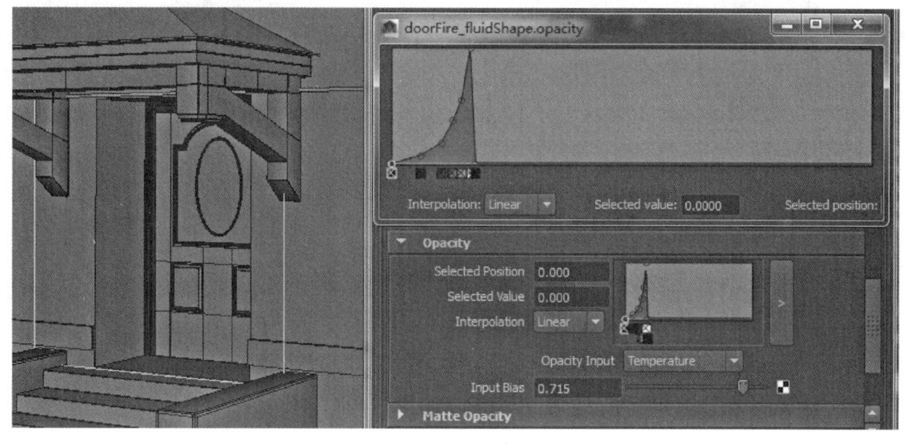

图 11-13

切换到 Shading Quality，将 Quality 设为 1，将 Render Interpolation 设为 Smooth，其余参数维持不变；然后切换到 Lighting 卷展栏，开启 Self Shadow 选项，将 Shadow Opacity 设为 1，将 Shadow Diffusion 设为 0，将 Light Brightness 设为 1，将颜色设为白色，将 Ambient Brightness 设为 0.25，将 Ambient Diffusion 设为 2，其余参数设置如图 11-14 所示。

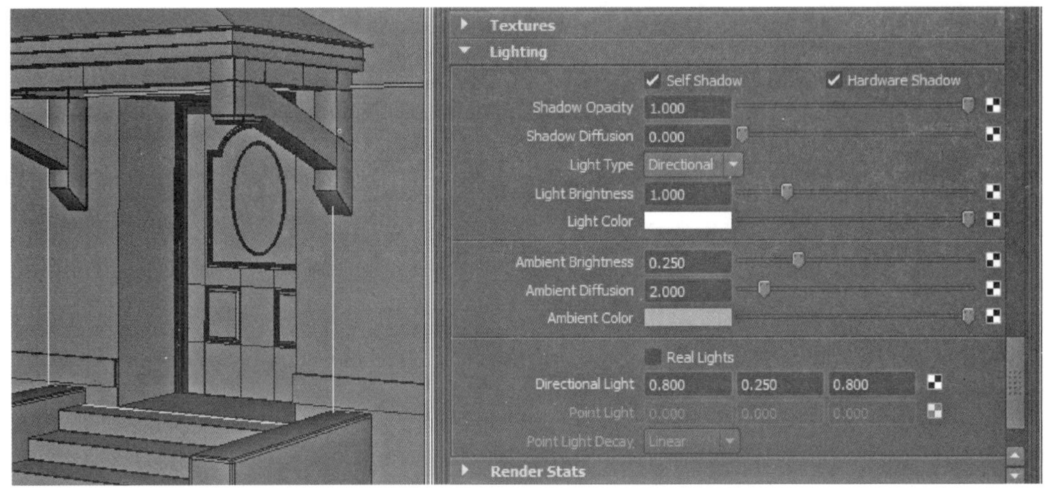

图 11-14

至此有关 doorFire_fluid 网格的设置就基本完成，但还需要为其创建一流体发射器，首先创建一简单 pCube 物体并进行缩放，注意要将其摆放到合适位置，并将其重命名为 pCube_doorEmitter，然后选择该物体并加选 doorFire_Fluid，执行 Fluid Effects/Add/Edit Contents/Emit from Object，可以先维持创建参数不变，在完成创建后再继续修改。在本例中主要是将新创建的流体发射器的 Density、Heat、Fuel 均开启，并以 Add 模式发射即可，在大小上均为 1，其余参数维持不变。有关该发射器的参数设置如图 11-15 所示。

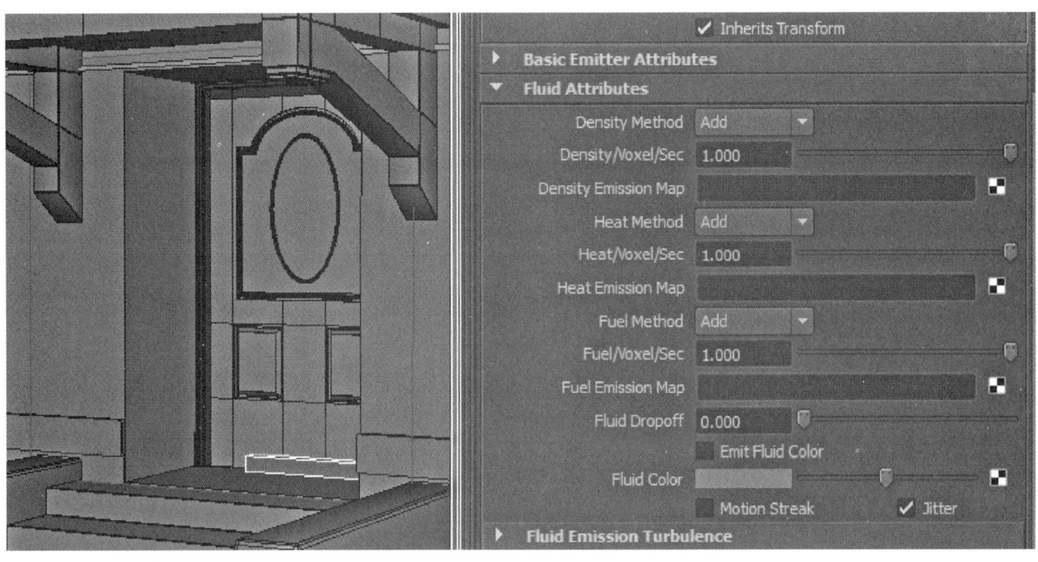

图 11-15

模拟后渲染场景如图 11-16 所示，这样关于门板燃烧的效果就制作完毕，接下来我们制作门前柱子燃烧的效果。

图 11-16

首先创建一流体框，并将其命名为 doorPoleFire_fluid，将其 Base Resolution 设为 80，将 Size 设为 15、15、15，将 Boundary X、Z 均设为 none，将 Boundary Y 设为－Y，并将其摆放到合适位置，初步效果如图 11-17 所示。

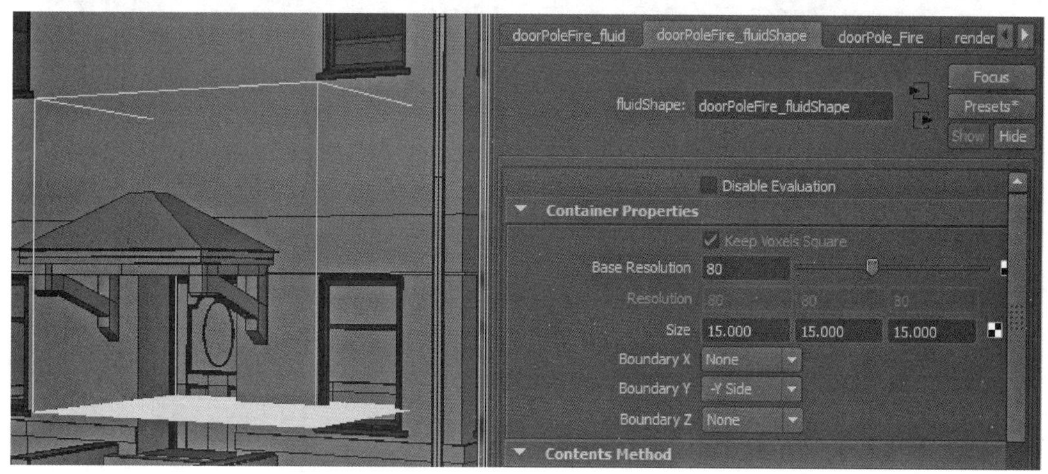

图 11-17

切换到 Contents Method 卷展栏，将 Density、Velocity、Temperature、Fuel 均设为 Dynamic Grid，然后在 Display 卷展栏先将 Slice per Voxel 设为 1，将 Boundary Draw 设为 Bounding Box，其余选项维持默认即可，此时的 doorPoleFire_fluid 显示效果如图 11-18

所示。

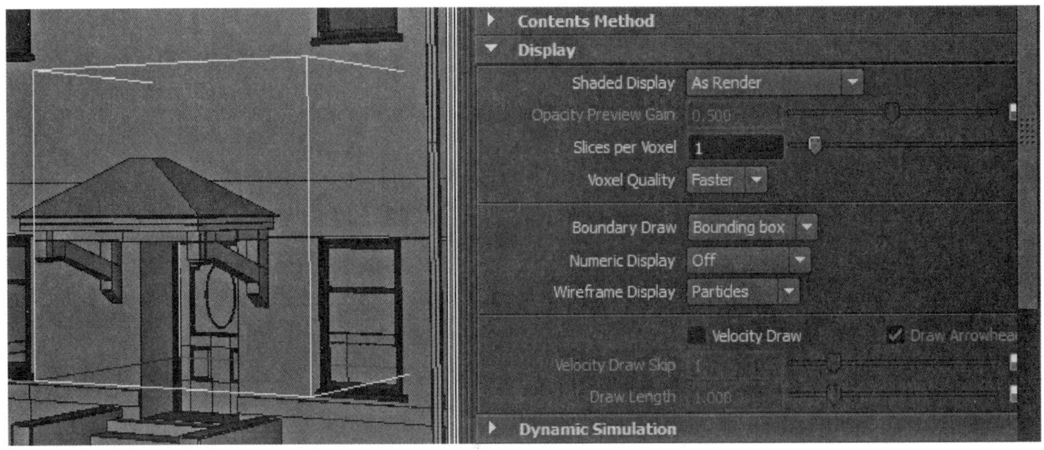

图 11-18

切换到 Dynamic Simulation 卷展栏，将 High Detail Solve 设为 All Grids，将 Substeps 设为 1，将 Solver Quality 设为 30，将 Simulation Rate Scale 设为 1.5，其余选项维持不变，此时 Dynamic Simulation 卷展栏设置效果如图 11-19 所示。

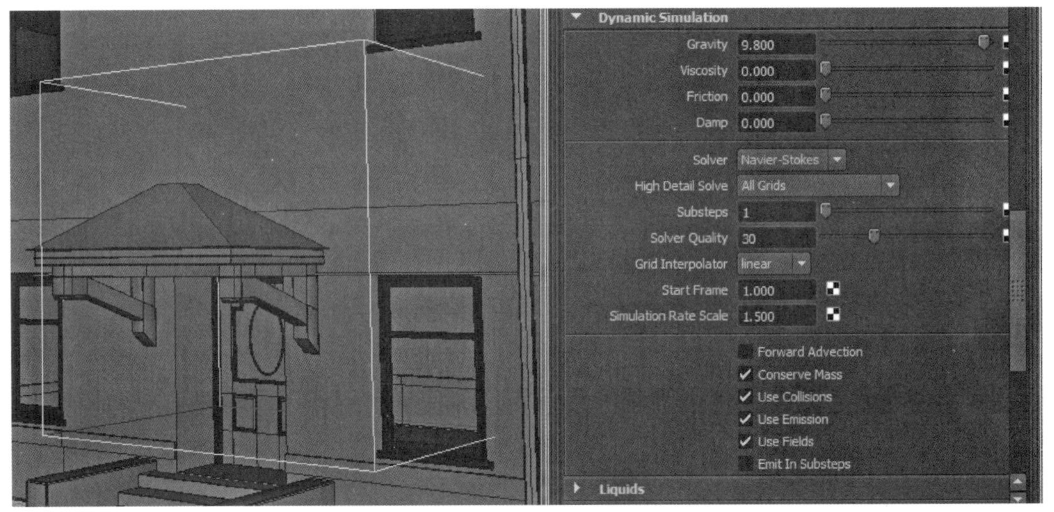

图 11-19

切换到 Auto Resize 卷展栏，开启 Auto Resize 与 Resize To Emitter，但关闭 Resize Closed Boundaries 与 Resize In Substeps，将 Max Resolution 设为 500，将 Auto Resize Threshold 设为 0，将 Auto Resize margin 设为 10，关于 Auto Resize 卷展栏设置效果如图 11-20 所示。

接着切换到 Contents Details 卷展栏，首先将打开 Density 属性设置栏，将 Density Scale 维持默认 0.5 不变，Buoyancy 设为 1，Dissipation 设为 1，其余选项依然维持默认不变，然后将 Velocity 卷展栏下的 Swirl 设为 5，其余选项维持不变，此时 Density 与 Velocity 两个卷展栏的属性设置如图 11-21 所示。

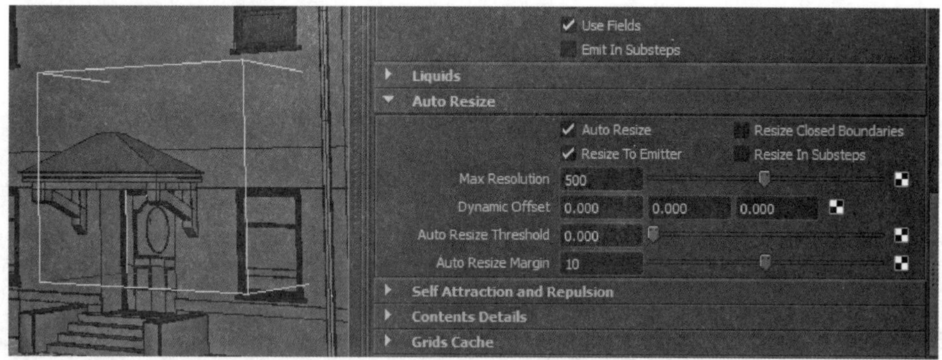

图 11-20

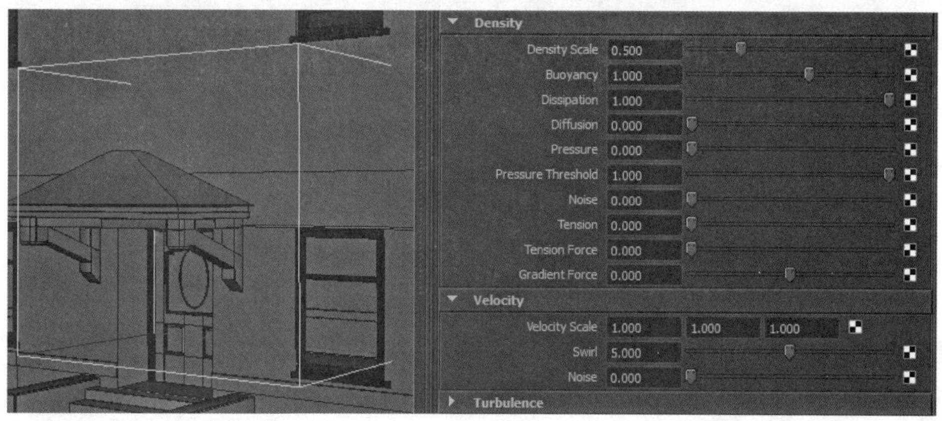

图 11-21

保持 Turbulence 属性卷展栏下的属性不变(默认情况下不开启 Turbulence),继续打开 Temperature 卷展栏进行设置,将 Temperature Scale 设为 2. 5,将 Buoyancy 设为 100,将 Dissipation 设为 4,将 Turbulence 设为 1,其余选项设为 0,有关 Turbulence 与 Temperature 属性的设置情况如图 11-22 所示。

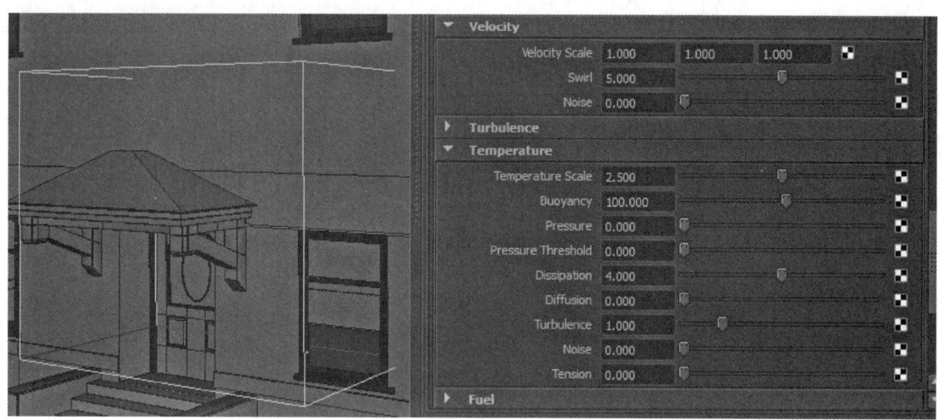

图 11-22

继续打开 Fuel 卷展栏，Fuel Scale 设为 1，Reaction Speed 设为 1，将 Max Temperature 设为 0.01，将 Heat Released 与 Light Released 均设为 1，Light Color 设为纯白色，关于 Fuel 卷展栏设置情况如图 11-23 所示。

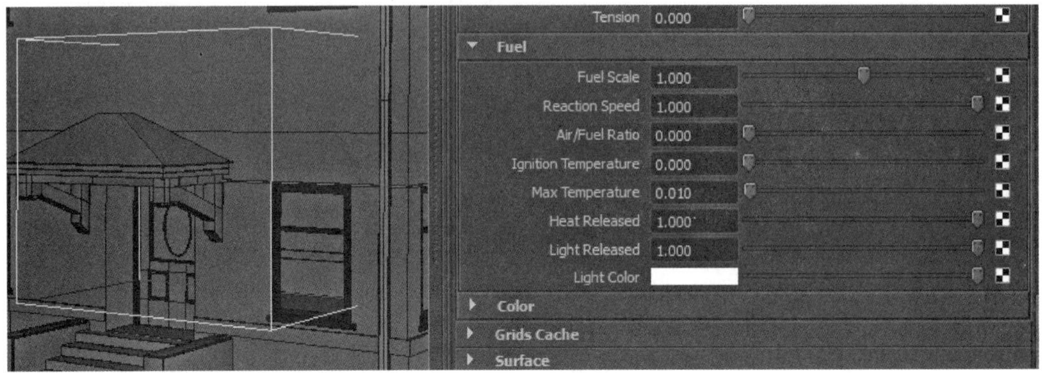

图 11-23

接着打开 Shading 卷展栏，首先将 Transparency 设成 0.5 的灰色，保持 Glow Intensity 为 0，然后在 Color 卷展栏中将 Ramp 的颜色设为黑灰渐变，并 Color Input 设为 Density，将 Input Bias 设为 0.45，此时 Shading 与 Color 两个卷展栏的设置情况如图 11-24 所示。

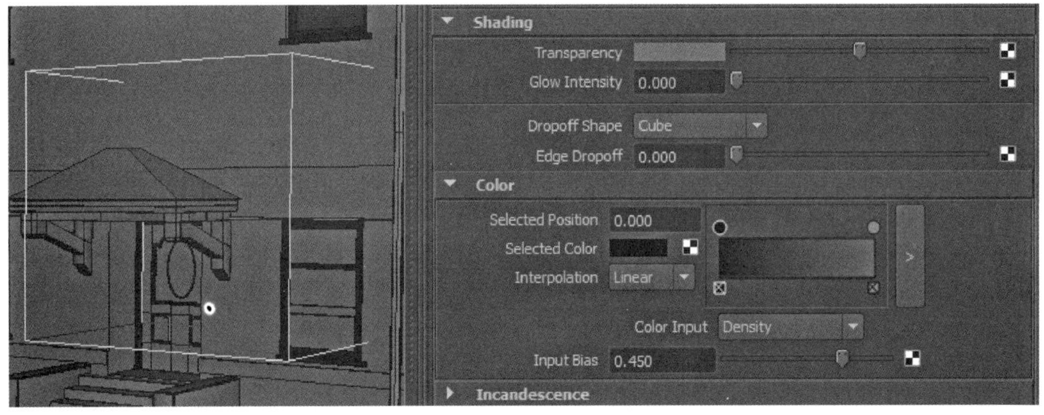

图 11-24

打开 Incandescence 卷展栏进行自发光设置，基本设置效果如图 11-25 所示，注意 Ramp 颜色最右侧的白色其实是黄色，只是将 V 值调大所致，在制作火焰类等炙热效果时一般都是大于 2，本例中是 2.7，还需将 Input Bias 设为 0.9，将 Incandescence Input 设为 Temperature，关于 Incandescence 卷展栏的设置效果如图 11-25 所示。

切换到 Opacity 属性卷展栏，将 Opacity Input 设为 Temperature，将 Input Bias 设为0.5 左右，这里是 0.54，关于 Opacity 卷展栏的设置如图 11-26 所示。

切换到 Shading Quality 卷展栏，将 Render Interpolator 设置为 Smooth，维持其余选项不变，继续打开 Lighting 卷栅栏，开启 Self Shadow，将 Shadow Opacity 设为 1，将 Shadow

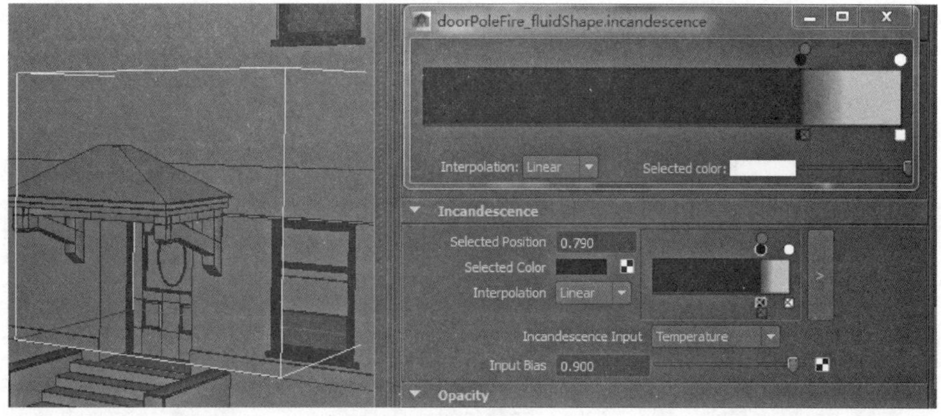

图 11-25

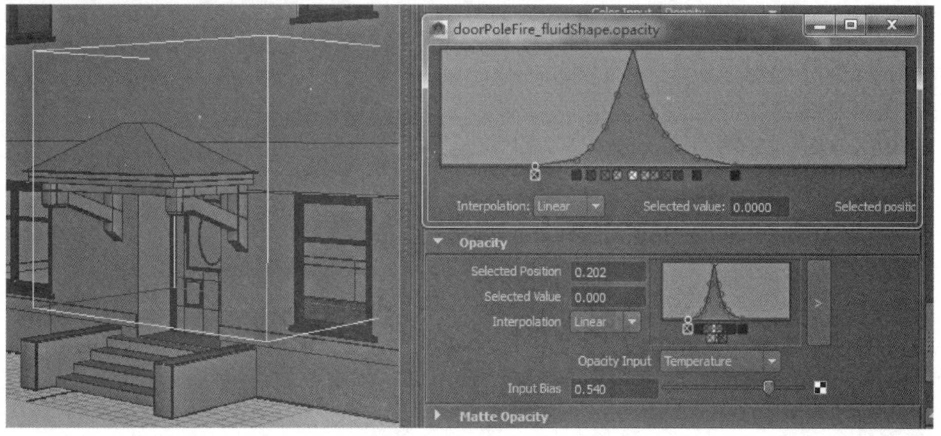

图 11-26

Diffusion 设为 0，将 Ambient Brightness 设为 0.25，将 Ambient Diffusion 设为 2.0，而 Lighting 卷展栏的其余参数设置基本如图 11-27 所示。

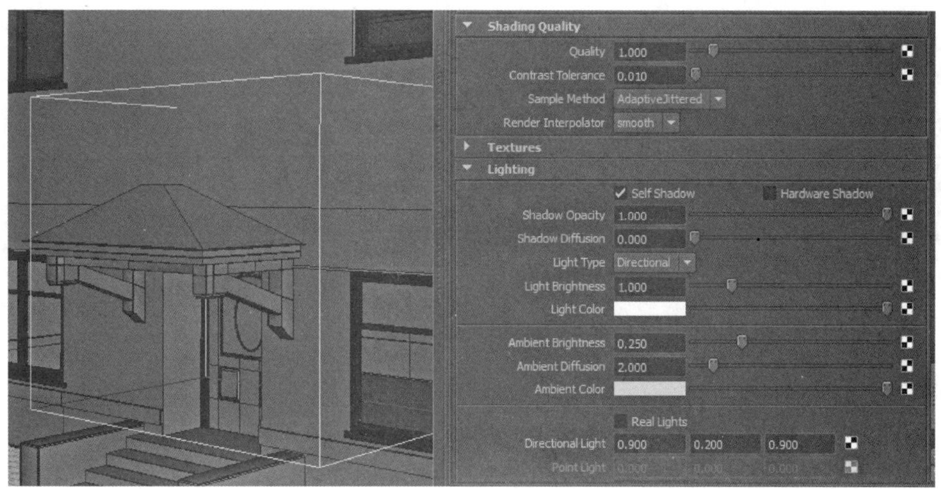

图 11-27

在完成 doorPoleFire_fluid 的参数设置后，还需为其添加发射器，此时将相应需要产生燃烧效果的物体复制一份（可进行一些材质及渲染属性的设置，此处略），然后先选择复制出的物体，再选择 doorPoleFire_fluid，执行 Emit from Object，在弹出的菜单中维持默认选项即可，可在最后的属性编辑器中重新进行修改，基本设置情况如图 11-28 所示。

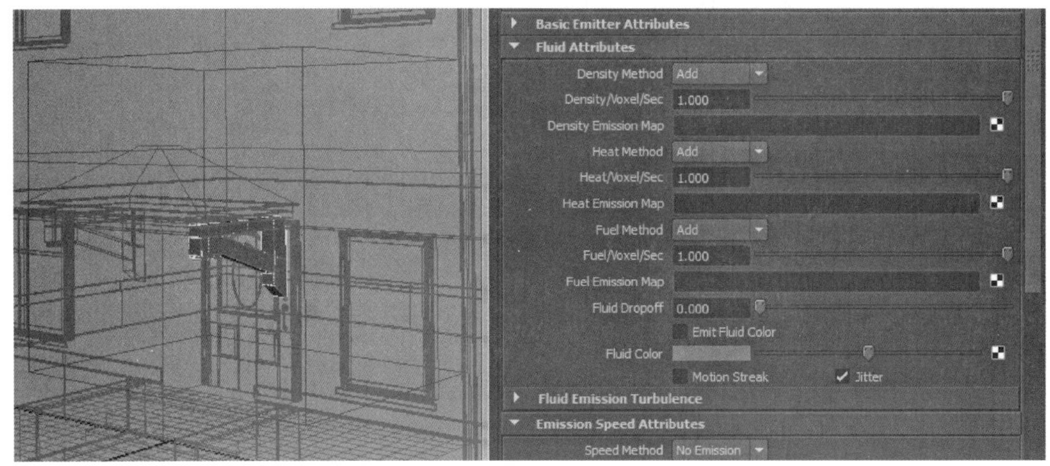

图 11-28

此时还需将部分相关物体作为 doorPoleFire_fluid 的碰撞体，关于流体碰撞的设置方法略，基本设置结果如图 11-29 所示。

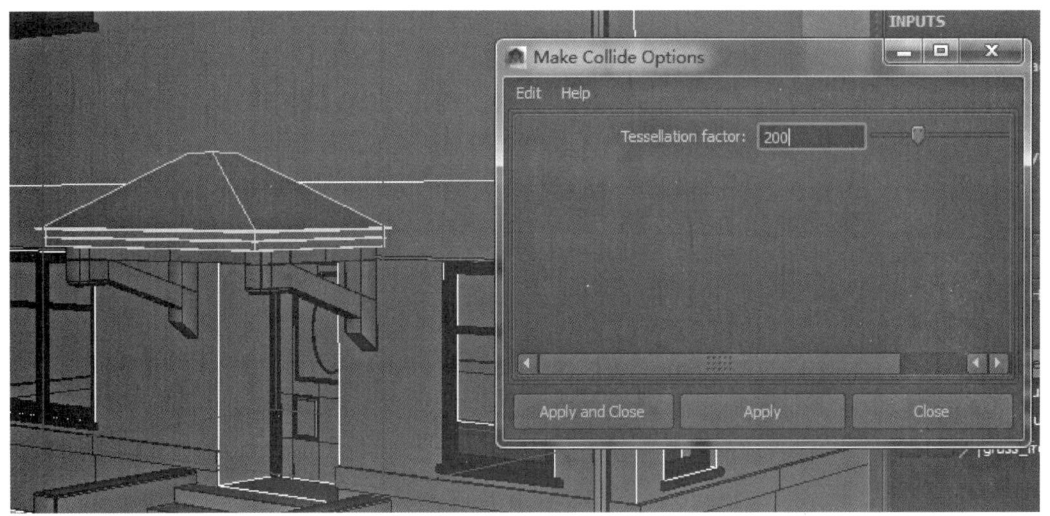

图 11-29

此时为了提升 doorPoleFire_fluid 的模拟效果，可为其添加一 volumeAxisField，将 Magnitude 设为 3，将 Volume Shape 设为 Box，将 Away From Center 设为 1，开启 Turbulence，并将其设为 0.25，将 Turbulence Speed 设为 0.2，将 Turbulence Freq 均设为 0.7，将 Detail Turbulence 设为 1，其详细参数设置如图 11-30 所示。

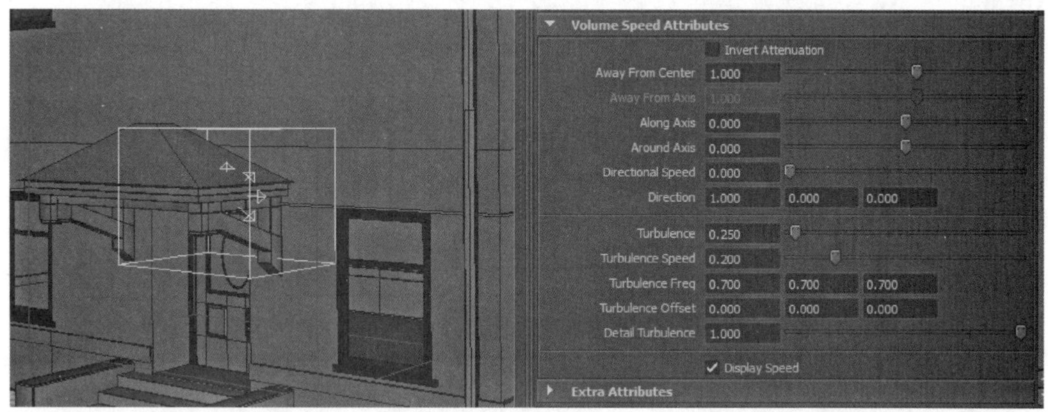

图 11-30

这样有关 doorPoleFire_fluid 的流体燃烧效果基本就完成了，可以先进行模拟场景然后渲染测试，测试效果如图 11-31 所示。

图 11-31

接下来我们要模拟燃烧的柱子往下掉落燃烧物并带有火苗的效果，此时需要利用到粒子模拟掉落的物质，然后利用粒子来作为流体发射器使用。首先在场景中创建一体积粒子发射器，将其重新命名为 Emitter_forDropPar，并将产生的粒子 particle1 重新命名为 dropPar。修改 Emitter_forDropPar 的基本参数，首先将 Emitter Type 设为 Volume，并将 Volume Shape 设为 Cube，合理缩放后摆在燃烧的柱子位置处，并将 Rate(Particle/Sec) 设为 2(此处数值不易过大，且在最后的处理时需要对其进行关键帧处理以配合柱子的燃烧效果，请读者思考完成，本处略)，此外将 Distance/Direction Attributes 及 Basic Emission Speed

Attributes 下参数均设为 0，可以将 Volume Speed Attributes 卷展栏下的 Away From Center 设为 1，但其余选项均设为 0，关于发射器的基本设置与摆放位置如图 11-32 所示。

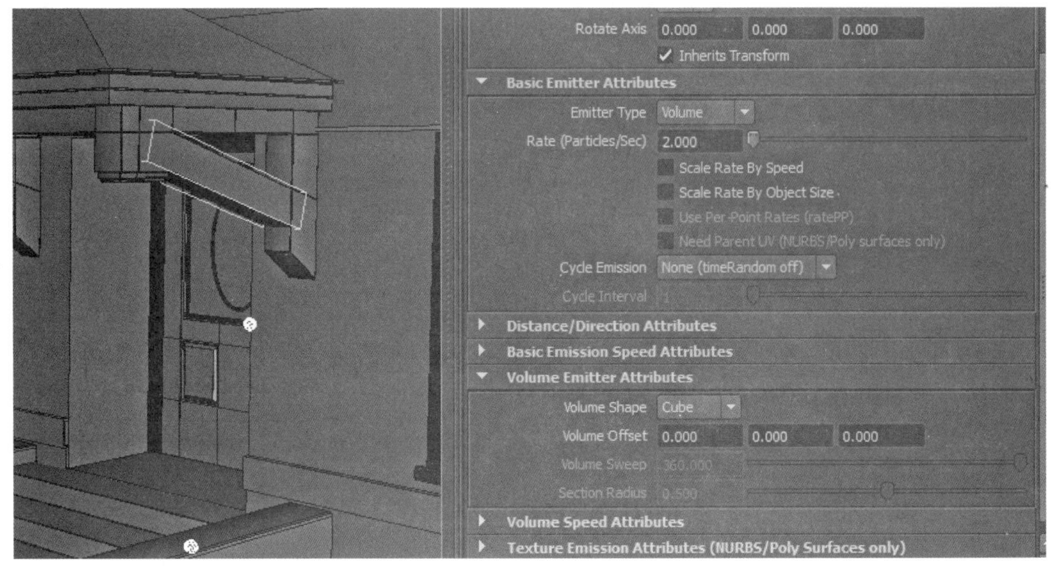

图 11-32

图 11-32 中所示的粒子下落我们可在添加重力场完成，添加过程略。此时还需将一些相关物体与下落的粒子之间产生碰撞，从而可以实现碎屑掉落地面后在地面继续燃烧的效果，此时需要为粒子设置合理的碰撞参数，在本例中可以关闭粒子碰撞中 Resilience（反弹）属性，基本设置效果如图 11-33 所示。

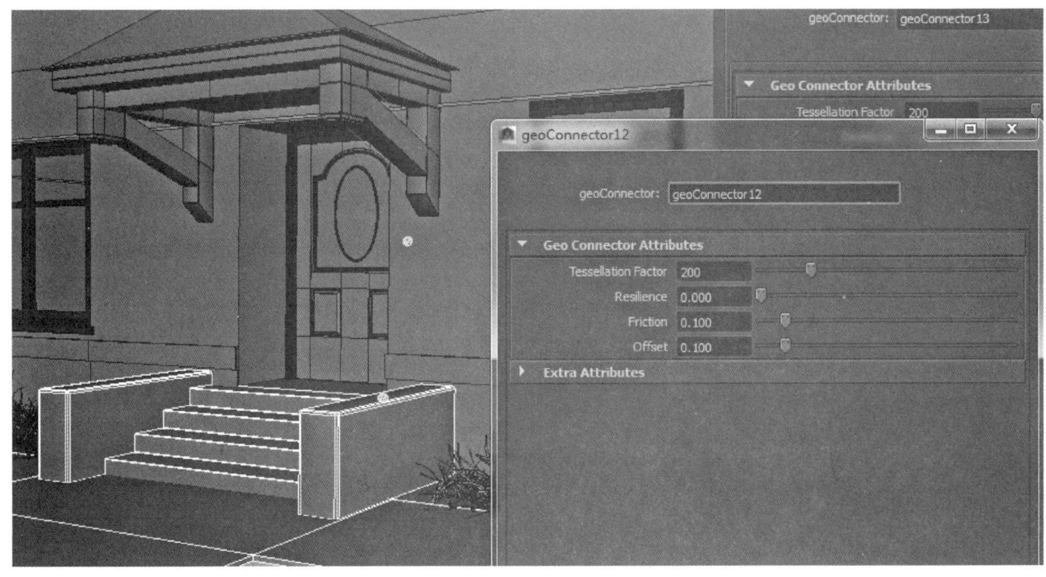

图 11-33

在粒子模拟基本完毕后在场景中创建新的流体框，将其重新命名为 dropFire_fluid，首先将 Base Resolution 设为 80，将 Size 分别设为 10、16、10，将 Boundary X 与 Boundary Z 设为 None，将 Boundary Y 设为 _ — Y Side，并将 Contents Method 卷展栏中的 Density、Velocity、Temperature 及 Fuel 均设为 Dynamic Grid，并将其摆放在粒子发射器 Emitter_forDropPar 的相对合适位置，初步设置与摆放位置如图 11-34 所示。

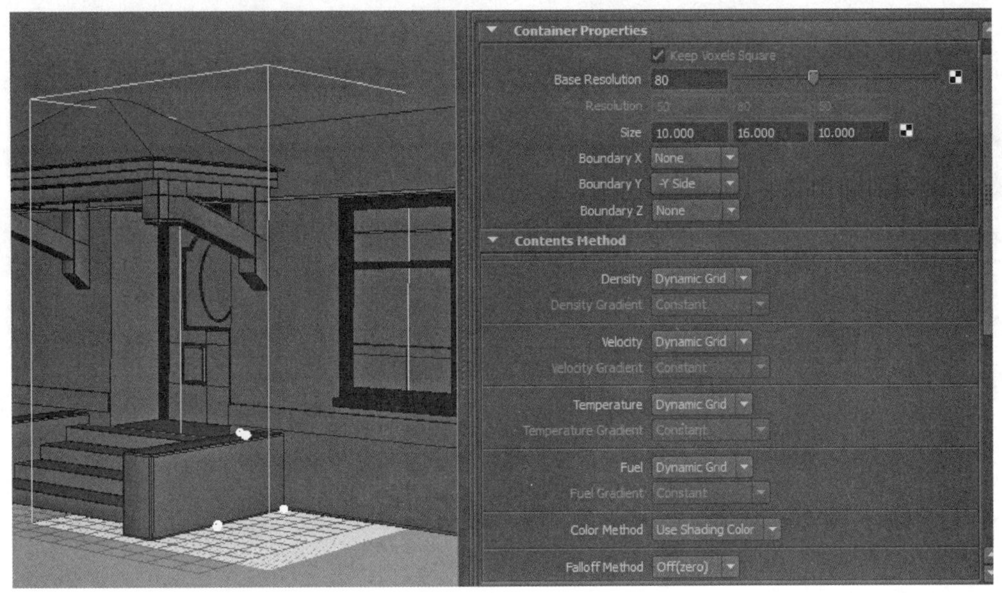

图 11-34

切换到 Display 卷展栏，将 Slice per Voxel 设为 1，将 Boundary Draw 由 Bottom 设为 Bounding Box，然后切换到 Dynamic Simulation 卷展栏，将 High Detail Solve 设为 All Grids，将 SubSteps 设为 1，将 Solver Quality 设为 30，将 Simulaition Rate Scale 设为1.6，其余选项维持默认即可，有关 Dynamic Simulation 卷展栏的设置如图 11-35 所示。

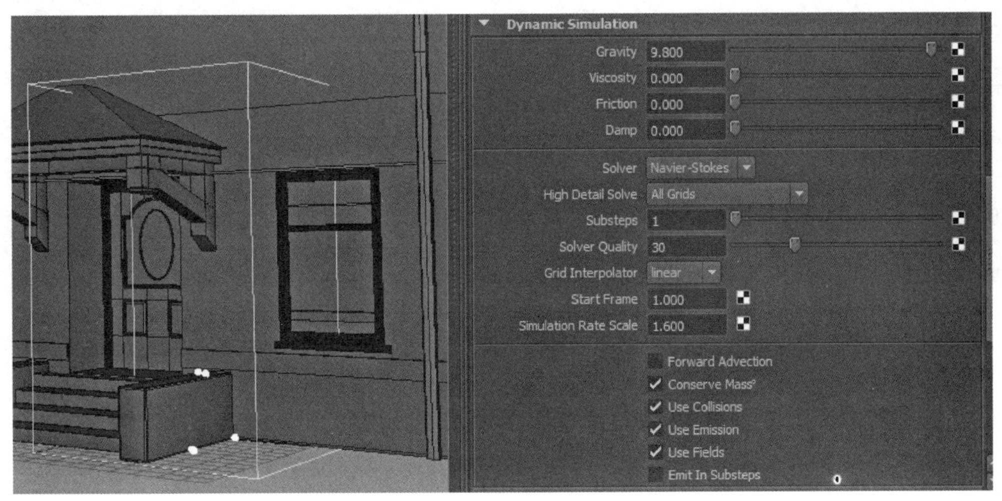

图 11-35

切换到 Auto Resize 卷展栏，开启 Auto Resize 与 Resize To Emitter，但关闭 Resize Closed Boundaries 与 Resize In Substeps，将 Max Resolution 设为 400，将 Auto Resize Threshold 设为 0，将 Auto Resize Margin 设为 8，有关 Auto Resize 对话框的设置情况如图 11-36 所示。

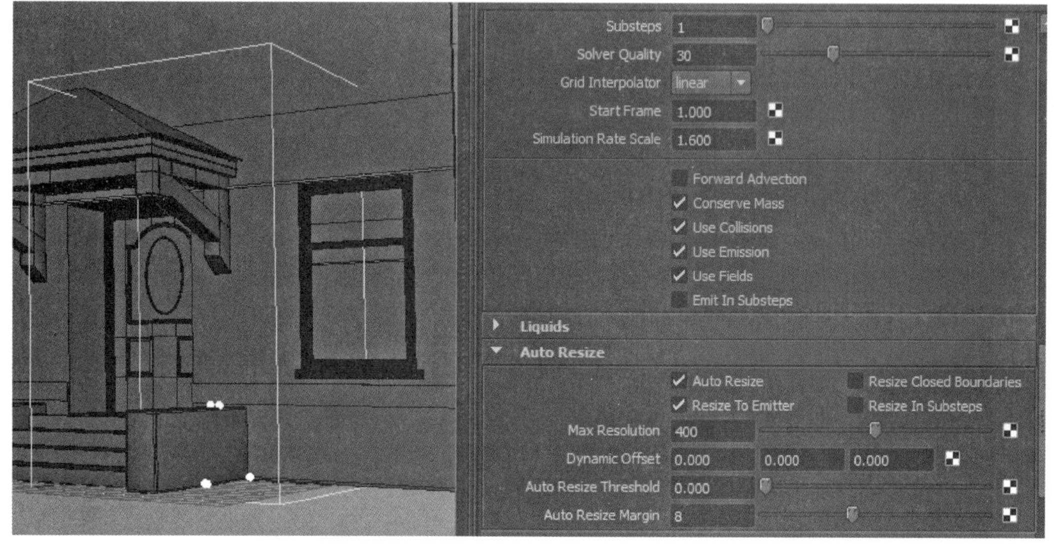

图 11-36

切换到 Contents Detail 卷展栏并打开 Density 属性设置栏，维持 Density Scale 0.5 不变，将 Buoyancy 设为 0，将 Dissipation 设为 2，其余参数维持默认即可，有关 Density 对话框的设置情况如图 11-37 所示。

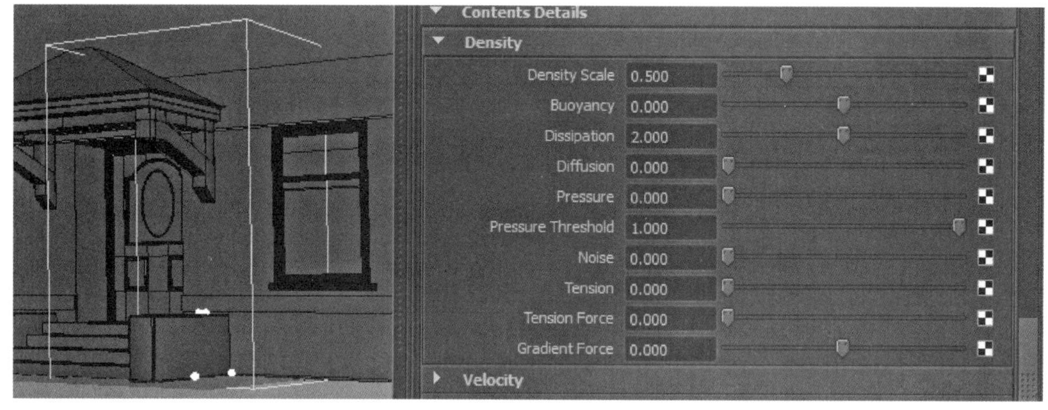

图 11-37

切换到 Velocity 卷展栏，将 Swirl 设为 5，维持 Velocity Scale 与 Noise 不变，继续切换到 Turbulence 卷展栏，将 Strength 设为 0.25，将 Frequency 设为 0.5，将 Speed 设为 0.2，此时 Velocity 与 Turbulence 属性的设置情况如图 11-38 所示。

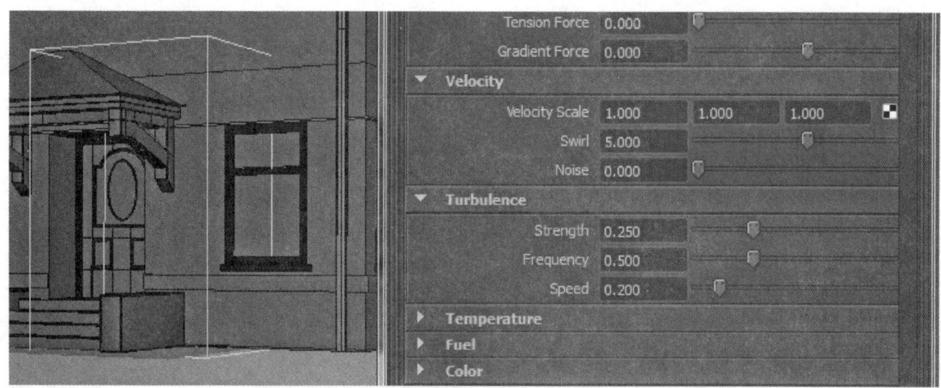

图 11-38

切换到 Temperature 卷展栏，将 Temperature Scale 设为 2，将 Buoyancy 设为 5，将 Dissipation 设为 6，将 Diffusion 设为 0.1，将 Turbulence 设为 1，其余参数均设为 0，关于 Temperature 卷展栏的设置如图 11-39 所示。

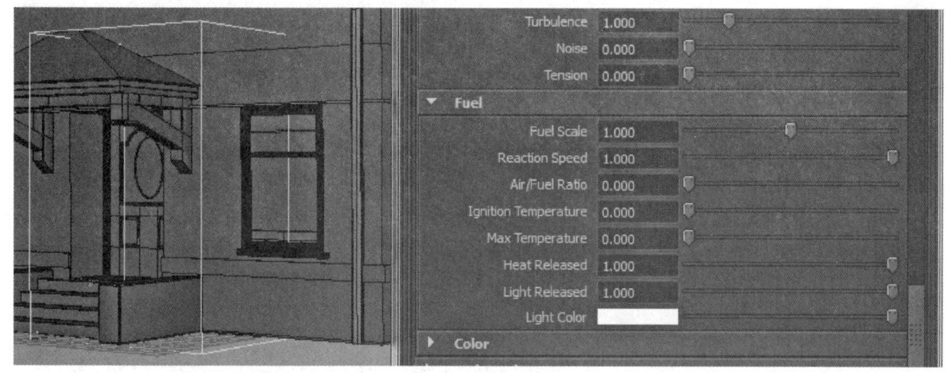

图 11-39

切换到 Fuel 卷展栏，将 Fuel Scale 设为 1，将 Reaction Speed 设为 1，将 Heat Released 设为 1，将 Light Released 设为 1，将 Light Color 设为纯白色，将其余选项均设为 0，Fuel 卷展栏的设置效果如图 11-40 所示。

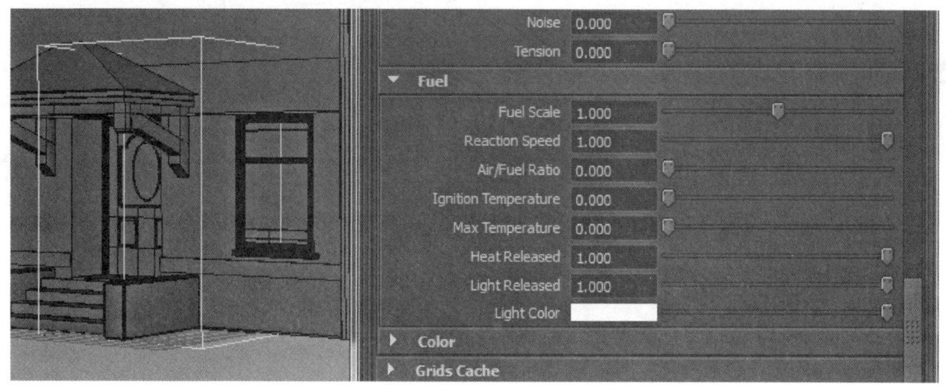

图 11-40

切换到 Shading 卷展栏，将 Transparency 设置为 0.3 左右的深灰色，维持 Shading 卷展栏下其余选项不变；继续切换到 Color 卷展栏，将 ramp 贴图调整为左黑右灰形式的渐变颜色，将 Color Input 设为 Temperature，并将 Input Bias 设为 0.666，此时 Shading 与 Color 两卷展栏的设置效果如图 11-41 所示。

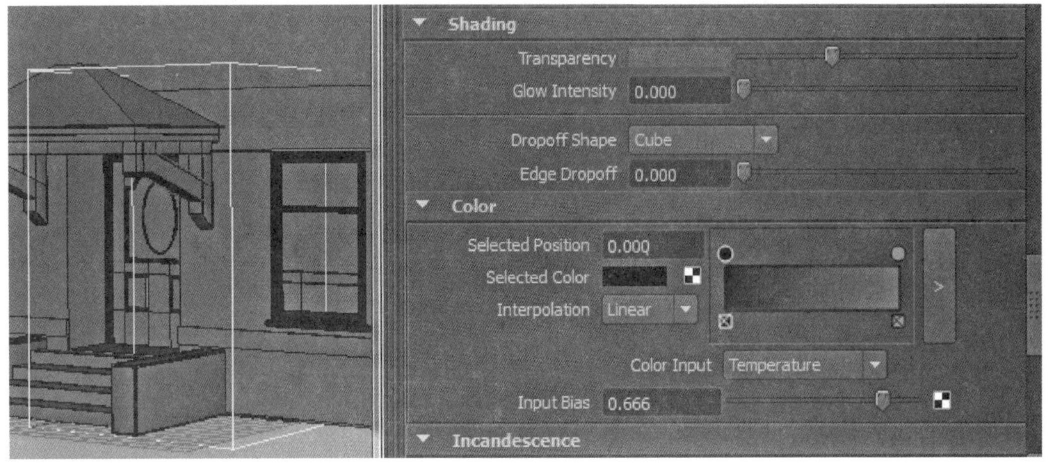

图 11-41

切换到 Incandescence 卷展栏，将 Ramp 贴图调整为黑红亮黄（V 值大于 2）的渐变形式，并将 Incandescence Input 设为 Temperature，将 Input Bias 设为 0.93，读者可参考前面的 Incandescence 属性的设置方法，本卷展栏的设置效果如图 11-42 所示。

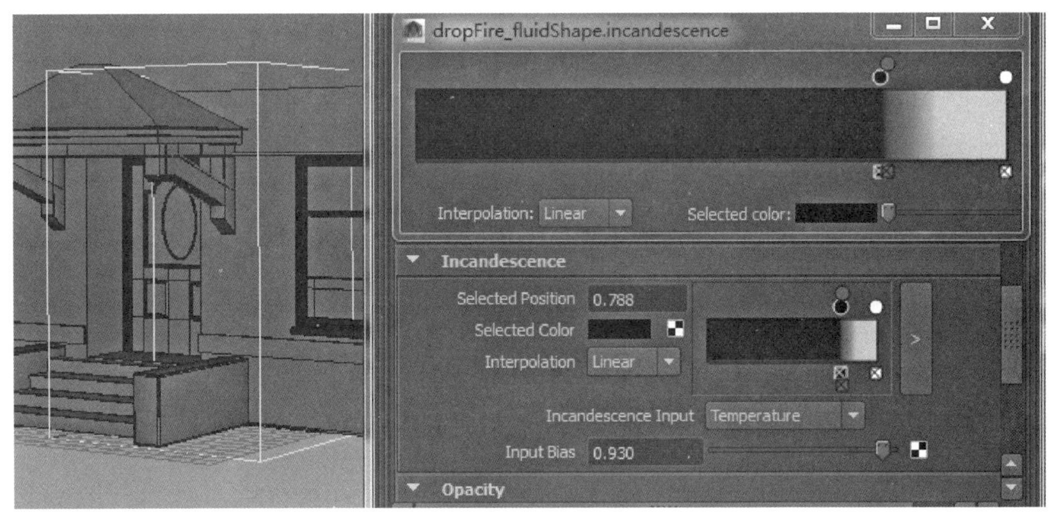

图 11-42

切换到 Opacity 卷展栏，将 Opacity Input 设为 Density，将 Input Bias 设为 0.5，并将 Opacity 的 ramp 贴图样式调整为如图 11-43 所示。

切换到 Shading 卷展栏，将 Render Interpolator 设为 smooth，维持其余参数不变，继续

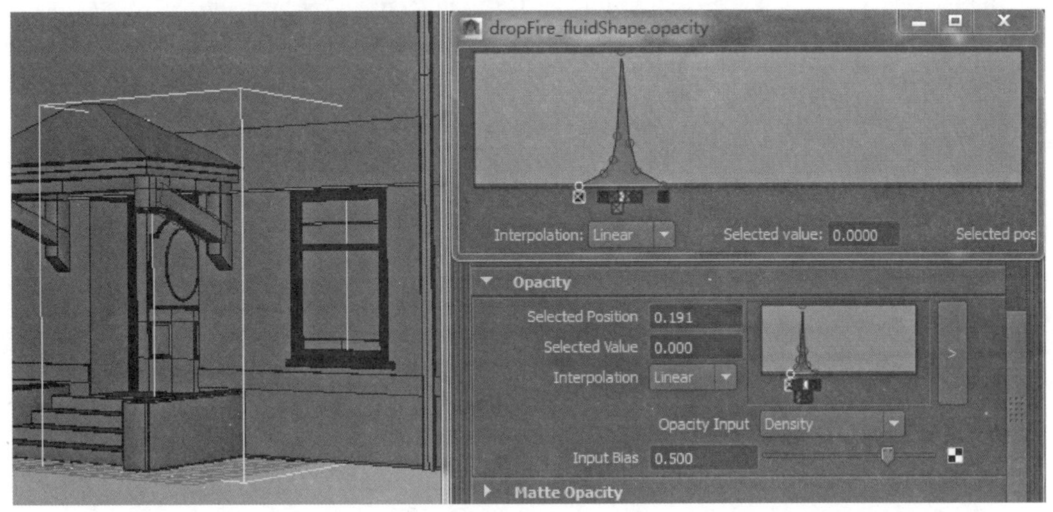

图 11-43

切换到 Lighting 卷展栏，开启 Self Shadow，将 Shadow Opacity 设为 1，将 Shadow Diffusion 设为 0，将 Light Brightness 设为 1，颜色设为纯白，将 Ambient Brightness 设为 0.25，将 Ambient Diffusion 设为 2，将 Ambient Color 颜色设为偏暗的浅蓝色，有关 Shading Quality 与 Lighting 的卷展栏设置效果如图 11-44 所示。

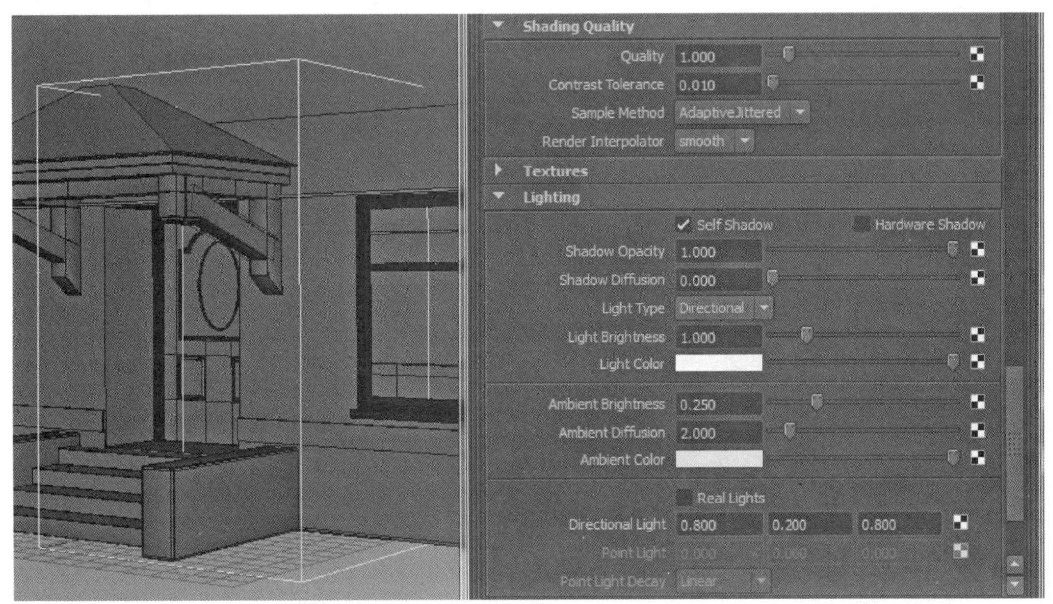

图 11-44

这样有关 dropFire_fluid 的参数就基本设置完毕，接下来要利用 dropPar 来发射流体，首先选中 dropPar，然后选择 dropFire_fluid，并执行 Fluid Effects/Add/Edit Contents/Emit from Object，在弹出的发射参数面板中先维持默认，然后再重新修改。首先在 Basic Emitter

Attributes 中将 Emitter Type 设为 Omni，将 Rate(Percent)设为 8000，将 Max Distance 设为 0.175；而 Fluid Attributes 卷展栏则将 Density、Heat、Fluid 的 Method 均设为 Add，将 Voxe/Sec 均设为 1，其余参数维持不变，有关 Basic Emitter Attributes 卷展栏的设置效果如图 11-45 所示。

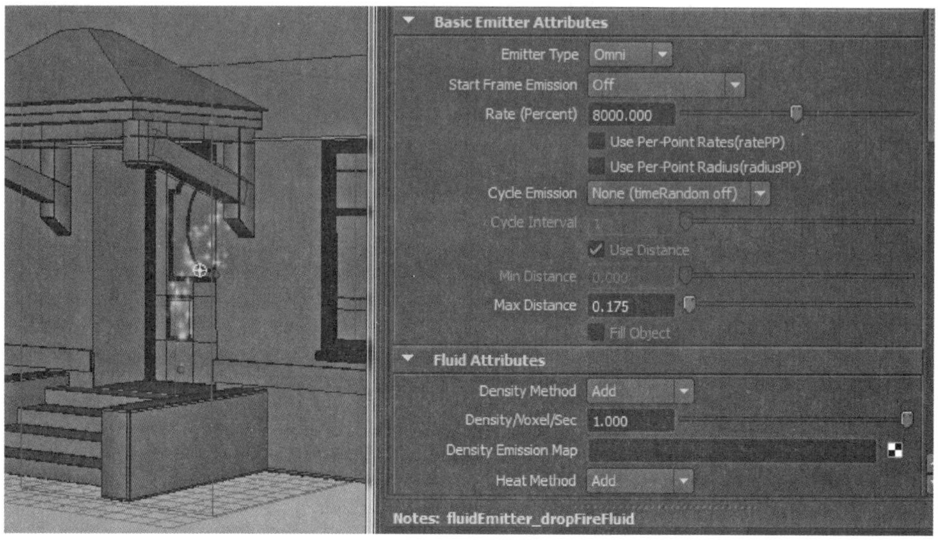

图 11-45

此时可以模拟场景并渲染，测试效果如图 11-46 所示。

图 11-46

现在有关火焰掉落的效果就制作完毕，接下来要完成房屋正对摄像机右侧的窗户燃烧并冒出浓烟的效果。首先在场景关闭 dropPar(可将 Max Count 由－1 设为 0)与 dropFire_ fluid(开启 Disable Evaluation),然后在场景中新建一 fluid 流体框,重名为 winSmokeFire_fluid_A,将 Base Resolution 设为 120,将 SizeX、SizeY 与 SizeZ 分别设为 15、30、20,将 BoundaryX 设为 None,将 BoundaryY 设为－YSide,将 BoundaryZ 设为－ZSide,其摆放位置以及 Container Properties 与 Contents Method 的基本设置如图 11-47 所示。

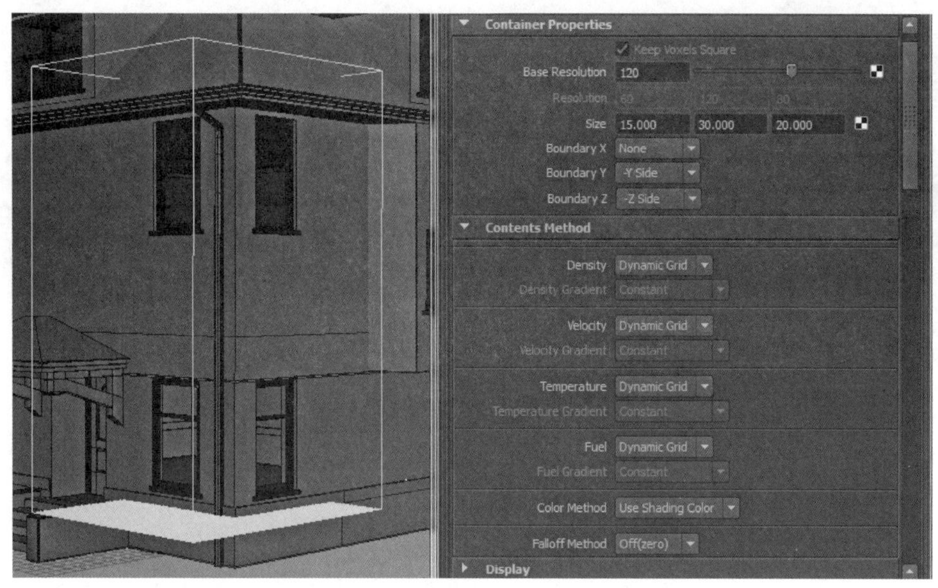

图 11-47

切换到 Display 卷展栏,将 Slices per Voxel 设为 1,将 Boundary Draw 设为 Boundary Box,维持该卷展栏下的其他选项不变,然后继续打开 Dynamic Simulation 卷展栏,维持 Gravity 为 9.8,将 Damp 设为 0.005,将 High Detail Solve 设为 All Grids,将 Substeps 设为,将 Solver Quality 设为 30,将 Simulation Rate Scale 设为 1.25,其余参数维持不变,有关 Dynamic Simulation 卷展栏的设置如图 11-48 所示。

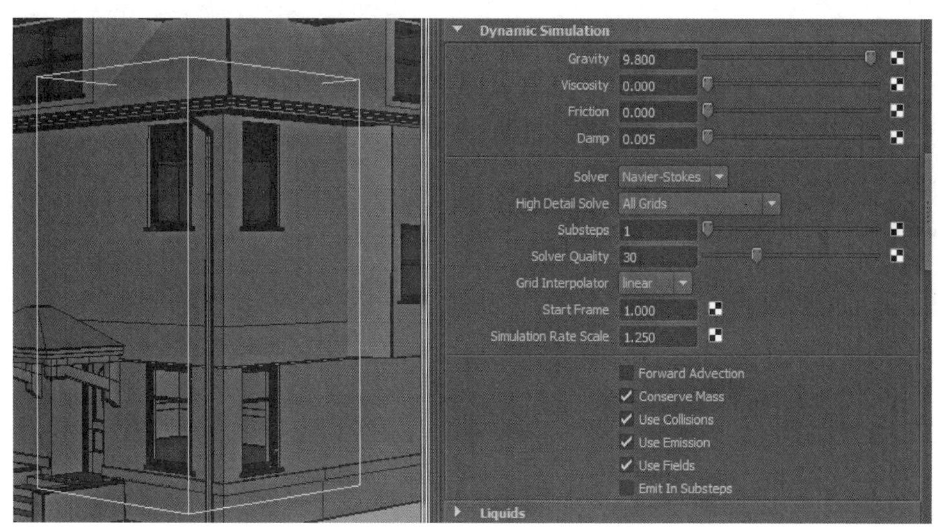

图 11-48

切换到 Auto Resize 卷展栏，开启 Auto Resize 与 Resize To Emitter，关闭 Resize Closed Boundaries 与 Resize In Substeps，将 Max Resolution 设为 800，将 Auto Resize Threshold 设为 0，将 Auto Resize Margin 设为 12，有关 Auto Resize 卷展栏设置效果如图 11-49 所示。

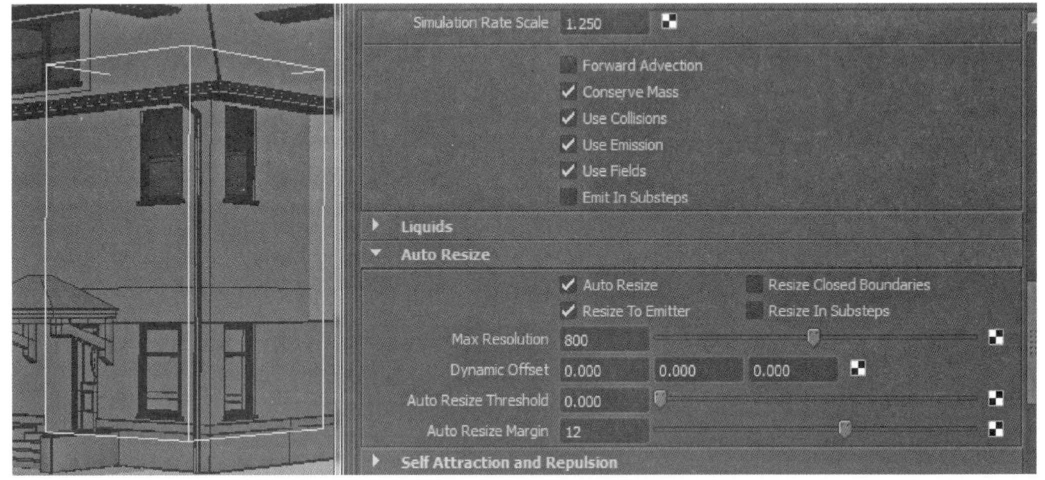

图 11-49

切换至 Density 卷展栏，将 Density Scale 设为 0.5，将 Buoyancy 设为 8，将 Dissipation 设为 1，将 Pressure Threshold 设为 1，其余参数均设为 0，有关 Density 的设置如图 11-50 所示。

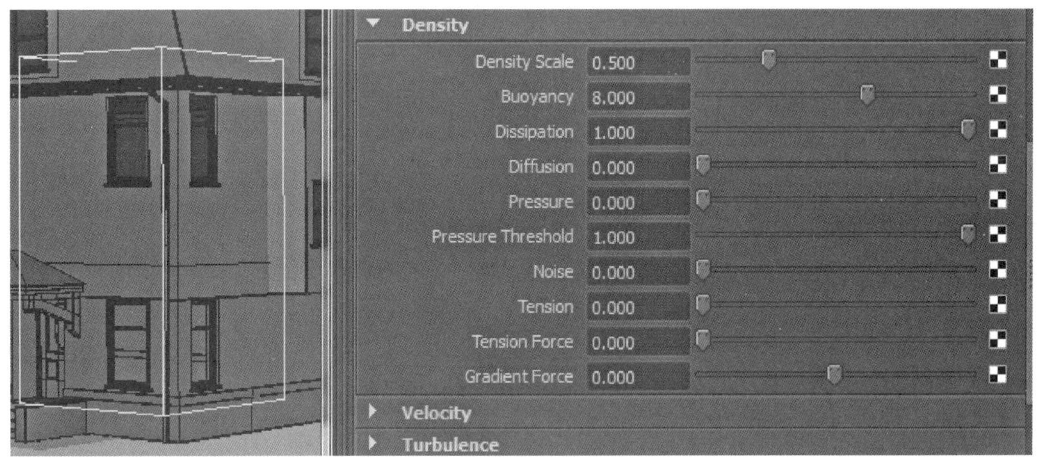

图 11-50

切换至 Velocity 卷展栏，将 Swirl 设为 10，维持其余参数不变；略过 Turbulence 卷展栏的设置，打开 Temperature 卷展栏，将 Temperature Scale 设为 2，将 Buoyancy 设为 200，将 Dissipation 设为 8，将 Turbulence 设为 1，将其余参数设为 0，有关 Velocity 与 Temperature

卷展栏的设置情况如图 11-51 所示。

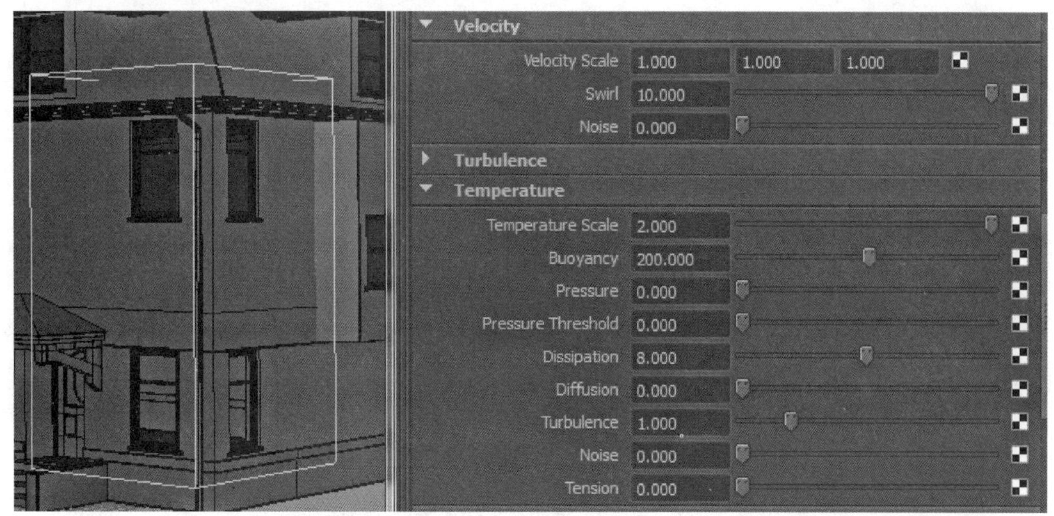

图 11-51

切换至 Fuel 卷展栏，将 Fuel Scale 设为 1，将 Reaction Speed、Heat Released、Light Released 均设为 1，而其余参数均设为 0，将 Light Color 设为纯白色，有关 Fuel 卷展栏设如图 11-52 所示。

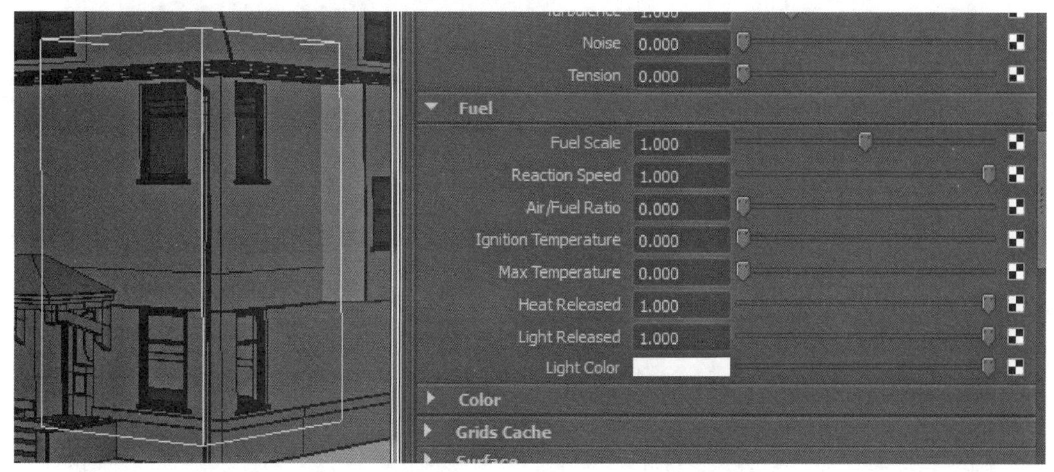

图 11-52

切换至 Shading 卷展栏，将 Transparency 设为 V 值为 0.285 的灰色，其余参数不变，切换到 Color 卷展栏，将 ramp 贴图设为左黑右灰(V 值为 0.45 左右)的渐变色，将 Color Input 设为 Density，并将 Input Bias 设为 0.315，有关 Shading 与 Color 卷展栏的设置如图 11-53 所示。

切换到 Incandescence 卷展栏，将 Ramp 贴图颜色调整为如图 11-53 所示的黑红黄渐变颜色，将 Incandescence Input 设为 Temperature，将 Input Bias 设为 0.914，基本

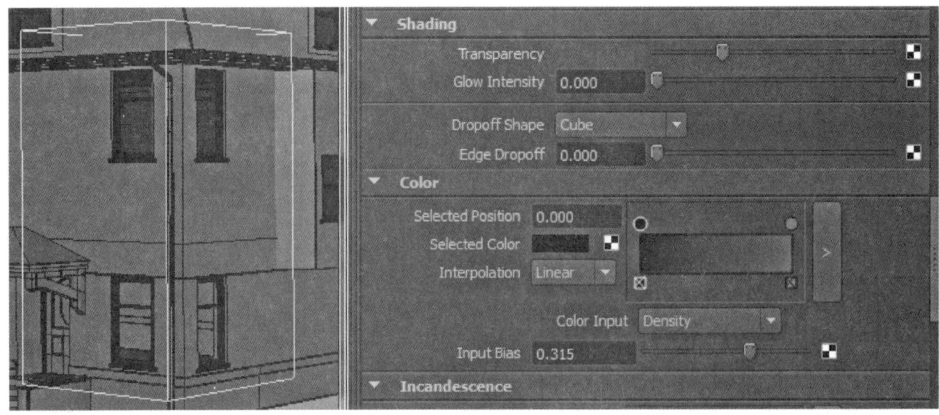

图 11-53

Incandescence 卷展栏基本设置如图 11-54 所示。

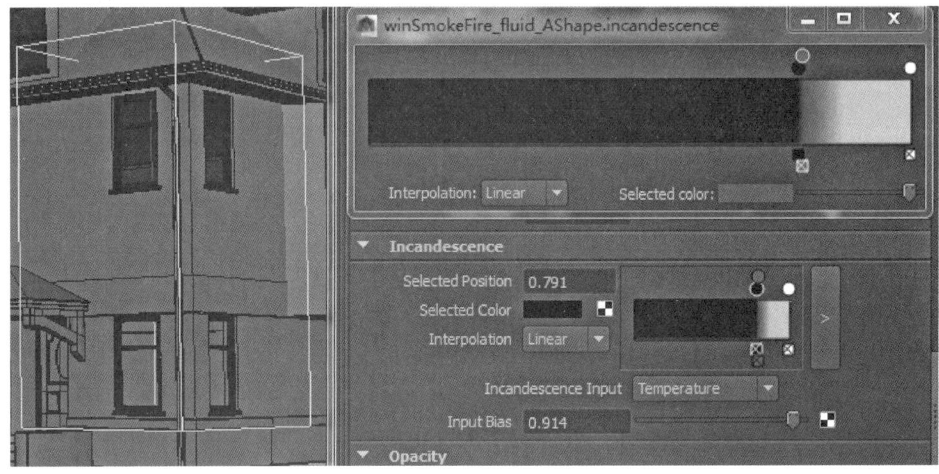

图 11-54

切换到 Opacity 卷展栏，将 Ramp 贴图调整为如图 11-55 所示的形状，将 Opacity Input 设为 Density，将 Input Bias 设为 0.505，此时 Opacity 卷展栏设置如图 11-55 所示。

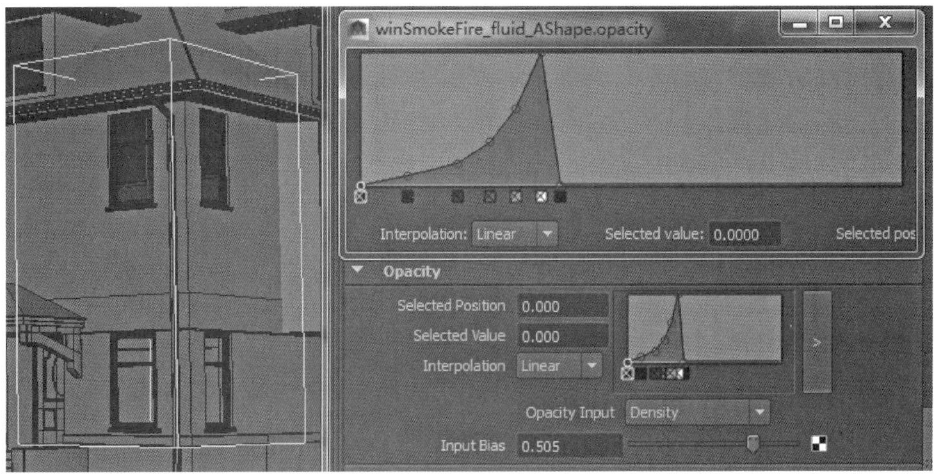

图 11-55

切换至 Shading Quality 卷展栏下的 Quality 设为 1，将 Render Interpolator 设为 smooth，其余参数维持不变；继续切换到 Lighting 卷展栏，开启 Self Shadow，将 Shadow Opacity 设为 1，将 Shadow Diffusion 设为 0，将 Light Brightness 设为 1，将 Light Color 依然设为纯白色，j 将 Ambient Brightness 设为 0. 35，将 Ambient Diffusion 设为 2，Ambient Color 可以设为白色或偏黄一点的白色，此时 Lighting 卷展栏的设置效果如图 11-56 所示。

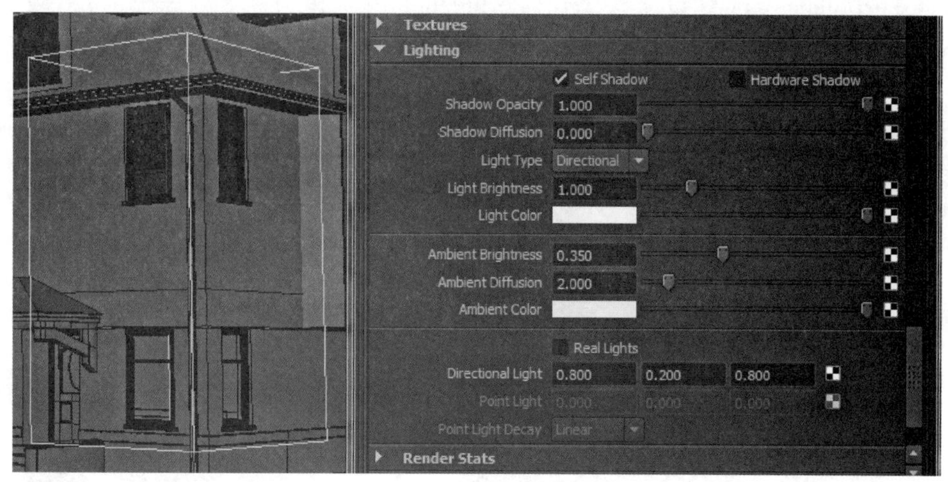

图 11-56

在完成 winSmokeFire_fluid_A 的流体框设置后，需要为该流体框添加流体发射器。选中流体框，执行 Fluid Effects/Add/Edit Contents/ Emitter 选项，将新增加的流体发射器体积类型设为 Cube，Density Method、Heat Method、Fuel Method 均设为 Add，将 Voxel/Sec 均设为 1，其余参数均维持不变，新增加的流体发射器要进行合理缩放并摆放在窗户的合适位置，详细设置以及摆放位置参考图 11-57 所示。

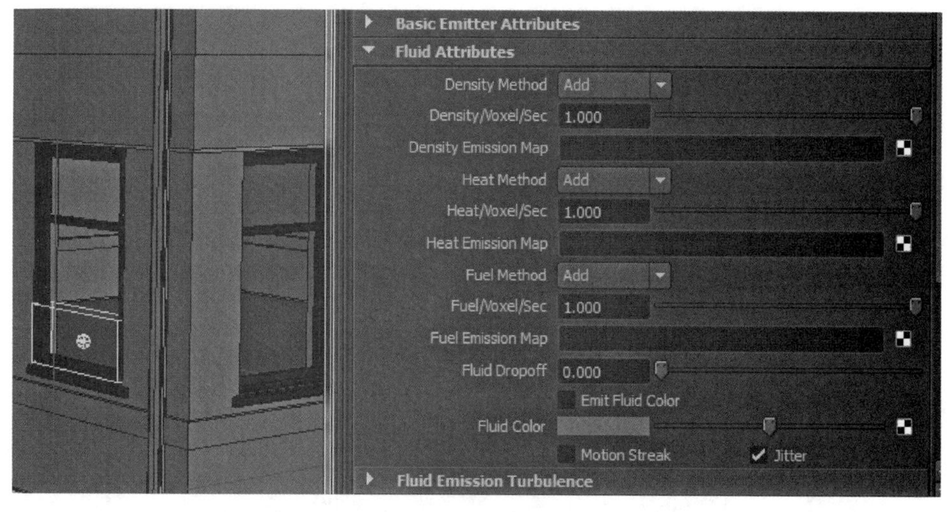

图 11-57

在完成流体框与发射器的设置后，还需要为流体框添加一体积轴场（VolumeAxisField）来改进模拟效果，体积轴向场要进行缩放并进行合理设置。首先将新创建的体积轴场重新命名为 VolumeAxisFied_winSmokFire_A（为场景管理需要），并将 Magnitude 设为 13，将体积轴场的 Volume Shape 设为 Cube，将 Away From Center 与 Around Axis 设为 0，将 Along Axis 与 Direction Speed 设为 1，将 Direction 参数分别设为 0、1 和 0.85，将 Turbulence 设为 0.05，将 Turbulence Speed 设为 0.2，将 Turbulence Freq 设为 0.3、0.35 与 0.3，将 Detail Turbulence 设为 1，有关体积轴场的大小、摆放位置以及详细设置参考图 11-58 所示。

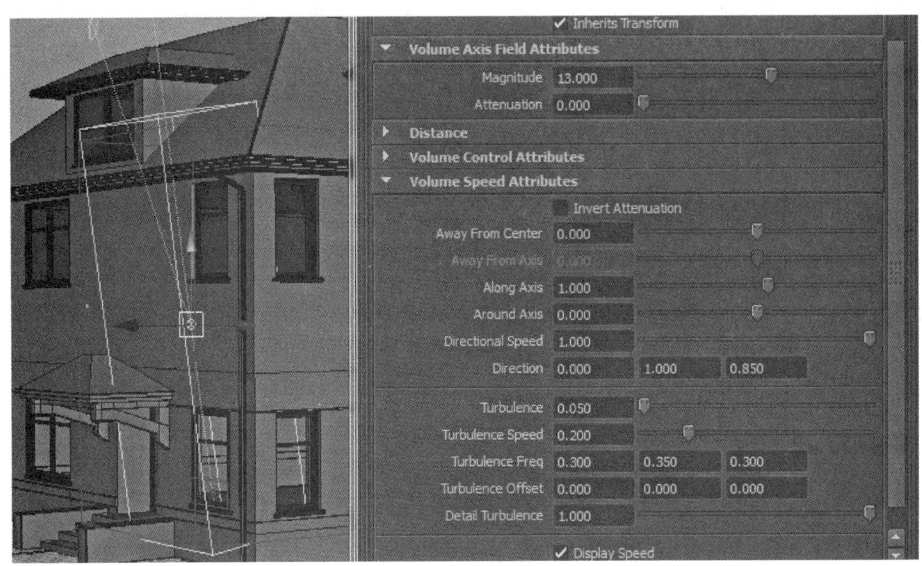

图 11-58

完成后可以对 winSmokeFire_fluid_A 进行单独模拟来查看效果，图 11-59 是模拟并渲染的效果。在上述设置中读者会发现我们未将房屋以及窗户等物体设为 winSmokeFire_fluid_A

图 11-59

碰撞体，但读者可以尝试添加该碰撞，并进行测试渲染对比前后效果，此处略。

在房屋的另一侧窗户应该会产生相同的燃烧并带着浓烟的效果，此时在制作中完全可以借鉴 winSmokeFire_fluid_A 的制作方式进行，大家也可以借助 Maya 提供的参数预置即 Preset 功能来快速完成，只是在体积轴场的方向上要做出调整，在此不再赘述。可将另一侧窗户的流体框命名为 winSmokeFire_fluid_B，在制作完毕后进行测试并渲染的效果如图 11-60 所示。

图 11-60

最后我们需要在房屋的左侧的窗户位置制作一只有浓烟冒出效果的流体，这种效果的流体模拟相比较于带有燃烧效果的流体模拟要容易许多。首先还是在场景中创建一新的流体框，并将其重新命名为 winSmoke_fluid，将 Base Resolution 设为 60，将 Size 设为 20、20 和 20，将 Boundary X 设为 None，将 Boundary Y 设为 -Y，将 Boundary Z 设为 -Z，在 Contents Method 卷展栏中将只将 Density 与 Velocity 设为 Dynamic Grid，而将 Temperature 与 Fuel 均设为 Off，有关 Container Proprties 与 Contents Method 卷展栏的设置效果如图 11-61 所示。

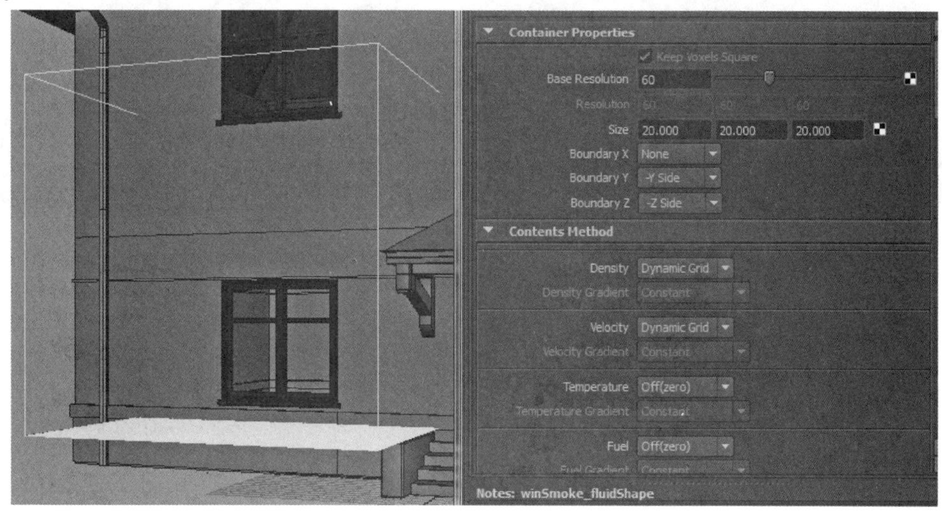

图 11-61

在 Display 卷展栏中将 Slice per Voxel 设为 1，将 Boundary Draw 设为 Bounding box，保持其余选项不变，然后切换至 Dynamic 卷展栏，将 Damp 设为 0.01，将 High Detail Quality 设为 All Grids，将 Solver Quality 设为 30，维持其余选项默认值不变，有关 Dynamic Simulation 卷展栏的设置如图 11-62 所示。

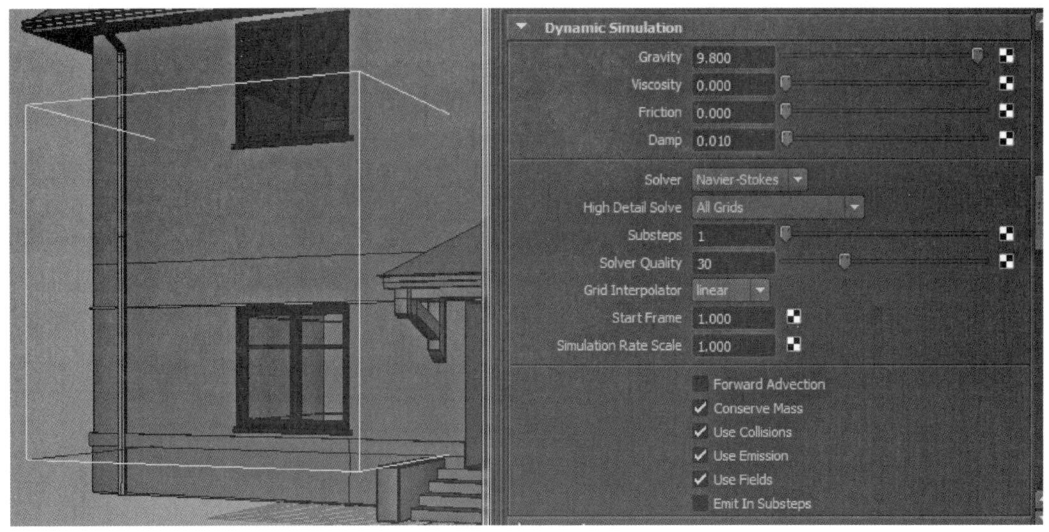

图 11-62

切换到 Auto Resize 卷展栏，开启 Auto Resize 与 Resize To Emitter，关闭 Resize Closed Boundaries 与 Resize In Substeps，将 Max Resolution 设为 1000，将 Auto Resize Threshold 设为 0，将 Auto Resize Margin 设为 12，Auto Resize 卷展栏设置情况如图 11-63 所示。

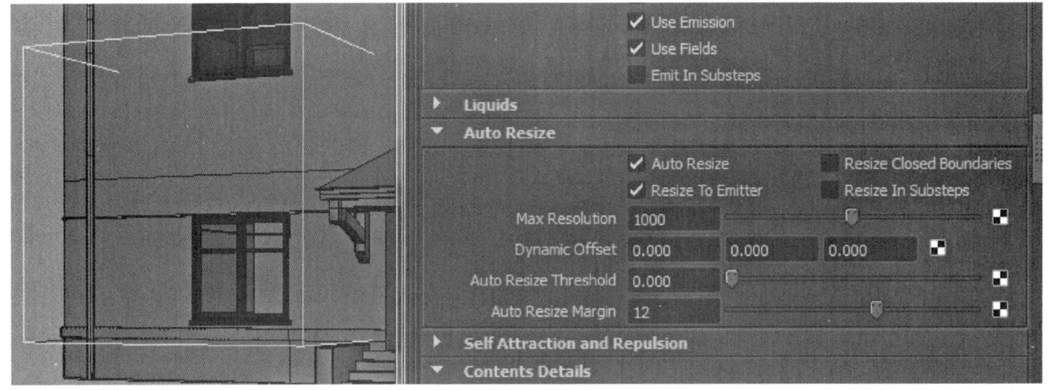

图 11-63

切换到 Contents Details 属性设置面板并首先打开 Density 卷展栏，Density Scale 值维持 0.5 不变，将 Buoyancy 设为 5.5，将 Dissipation 设为 0.1，Pressure Threshold 维持 1 不变，其余选项均设为 0，此时 Density 卷展栏设置如图 11-64 所示。

切换到 Velocity 卷展栏，将 Swirl 设为 12，其余选项维持不变，Turbulence、

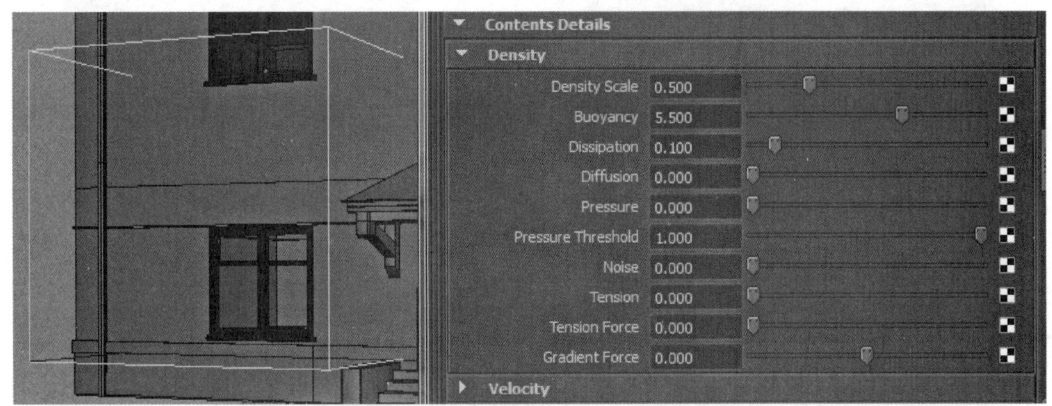

图 11-64

Temperature 与 Fuel 卷展栏的设置均不需要更改。直接切换至 Shading 卷展栏，将 Transparency 设为 0.55 的灰色，其余选项维持默认即可，此时 Velocity 与 Shading 卷展栏的设置情况如图 11-65 所示。

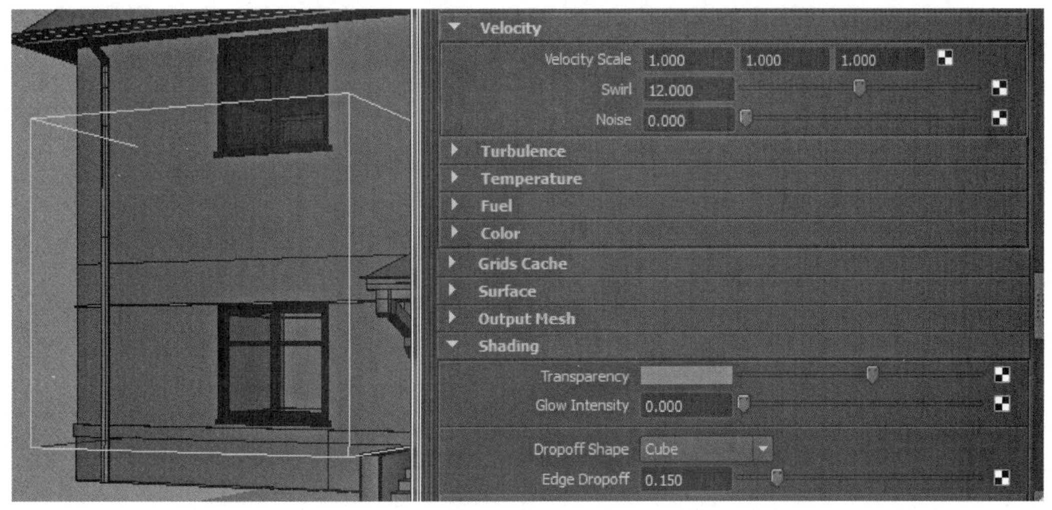

图 11-65

切换到 Color 卷展栏，将 ramp 贴图调整为如图 11-66 所示的样式，注意中间颜色是 0.215左右的深灰色，将 Color Input 设为 Density，将 Input Bias 设为 0.35，Color 卷展栏设置如图 11-66 所示。

略过 Incandescence 卷展栏，直接切换到 Opacity 卷展栏，将 Opacity Input 设为 Density，Input Bias 维持 0 不变，将贴图调整为如图 11-67 所示。

切换至 Shading 卷展栏，将 Render Interpolator 设为 smooth，其余选项不变，然后打开 Lighting 卷展栏，开启 Self Shadow，将 Shadow Opacity 设为 1，关闭 Shadow Diffusion，将 Light Brightness 设为 1，Light Color 纯白色不变，将 Ambient Brightness 设为 0.25，

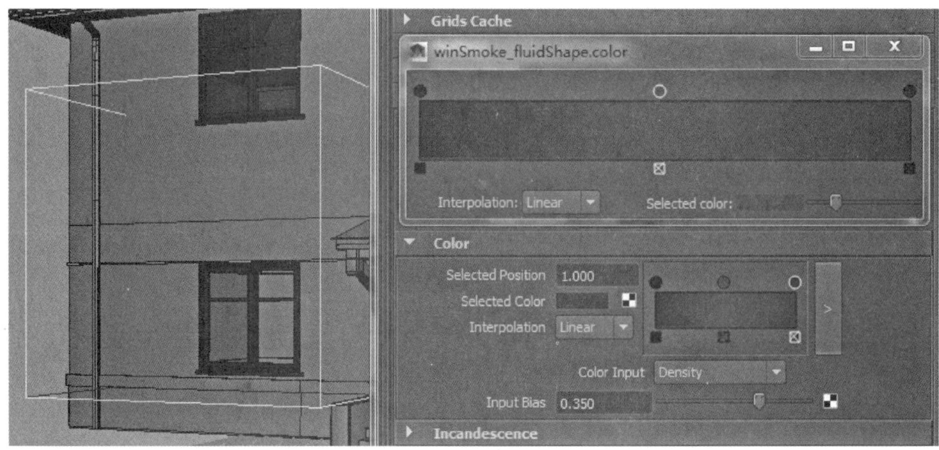

图 11-66

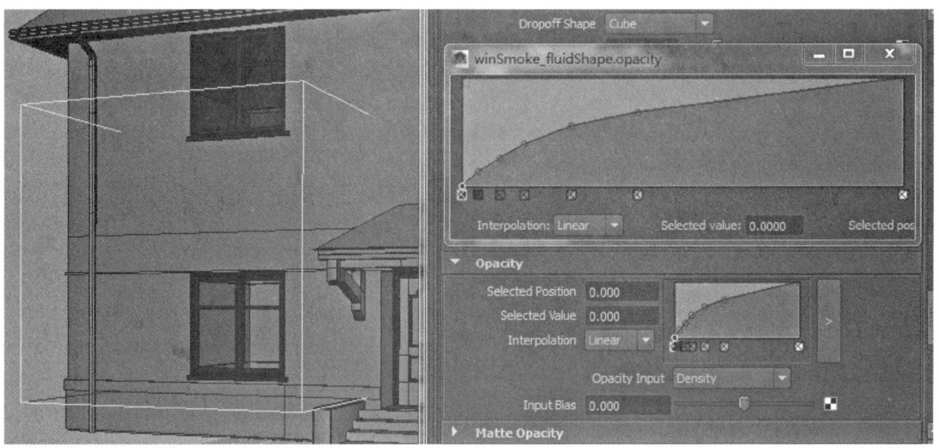

图 11-67

Ambient Diffusion 设为 2，Ambient Color 设为偏蓝一点的白色，Lighting 卷展栏的设置如图 11-68 所示。

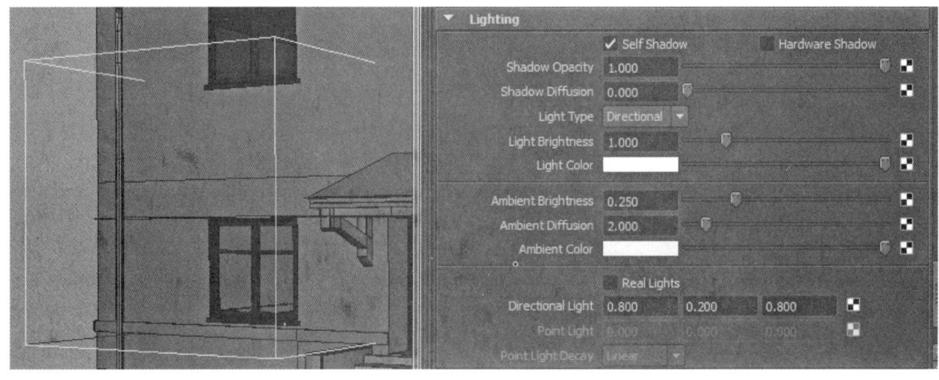

图 11-68

接下来我们还需为流体添加一 VolumeAxisField(体积轴场)来提升模拟效果，为管理场景方便起见，将其重命名为 VolumeAxisField_winSmoke_fluid，将 Magnitude 设为 30，将 Volume Shape 设为 Cube，在 Volume Speed Attributes 卷展栏中将 Away From Center、Along Axis 以及 Around Axis 均设为 0，将 Directional Speed 设为 1，将 Direction 分别设为 0、1 与 1.35；开启 Turbulence，并先将其设为 0.3，将 Turbulence Speed 设为 0.2，将 Turbulence Freq 均设为 1，而 Turbulence Offset 与 Detail Turbulence 可维持默认值，此时有关该场的设置及在场景中摆放参考图 11-69 所示。

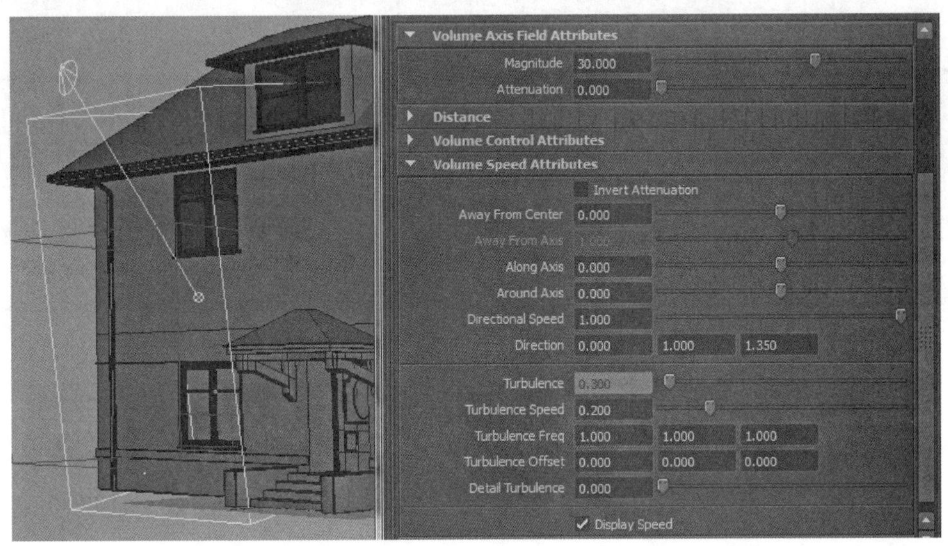

图 11-69

在对 VolumeAxisField_winSmoke_fluid 设置时，为了增加 fluid 烟雾模拟时真实性(即避免 Fluid 的模拟初期阶段出现蘑菇头效果)，可对 Turbulence 值进行动画处理，动画曲线设置情况如图 11-70 所示。

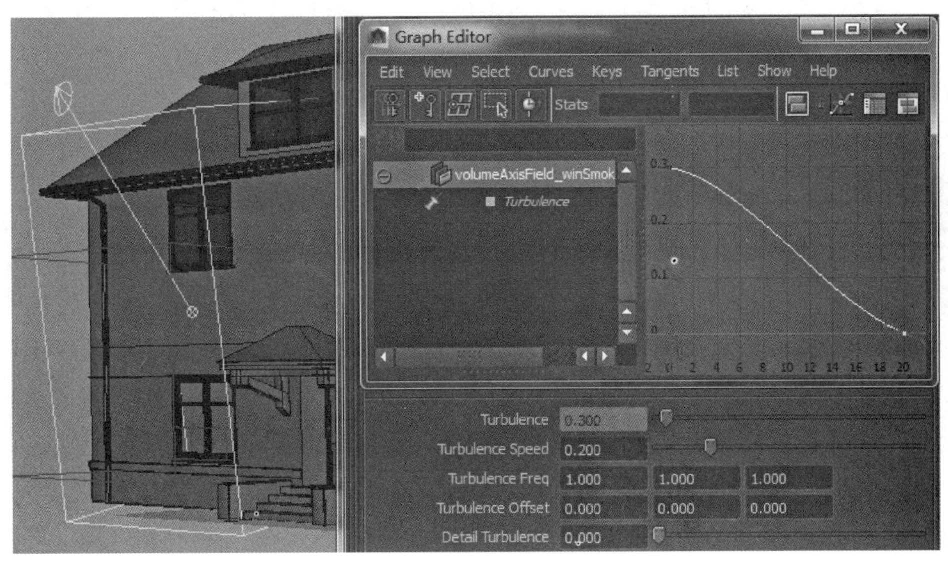

图 11-70

这时有关 fluid 部分设置完毕，接下来要为其添加发射器，具体操作过程请参考前面章节，仍然将新增加的发射器体积类型设为 Cube，将发射器的 Along Axis 与 Around Axis 均设为 0，将 Direction Speed 设为 1，将 Direction X 设为 0，将 Direction Y 设为 0. 5，将 Direction Z 设为 1，并将发射器合理缩放后摆在合适位置，基本设置及摆放位置如图 11-71 所示。

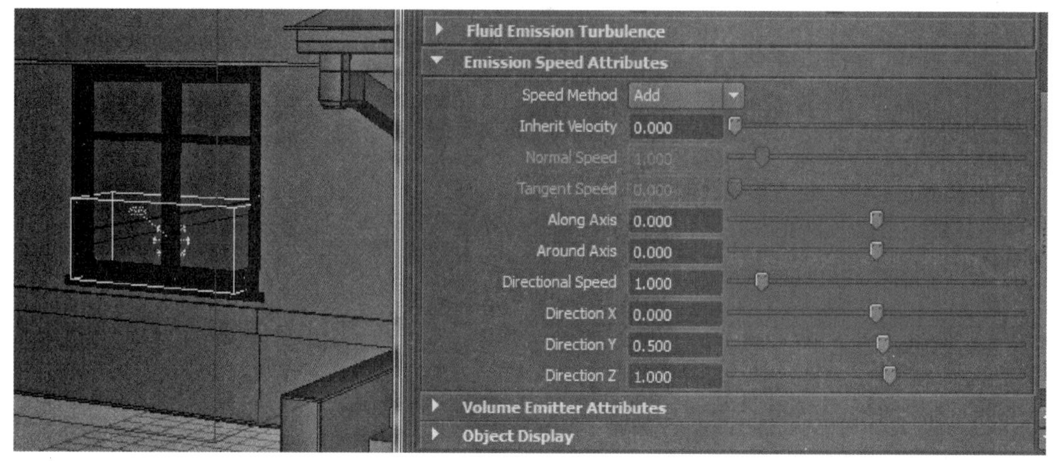

图 11-71

上面的发射器需要对 Density/Voxel/Sec 做关键帧动画处理，这样可以使烟雾发射效果更好，Density/Voxel/Sec 的动画曲线设置如图 11-72 所示。

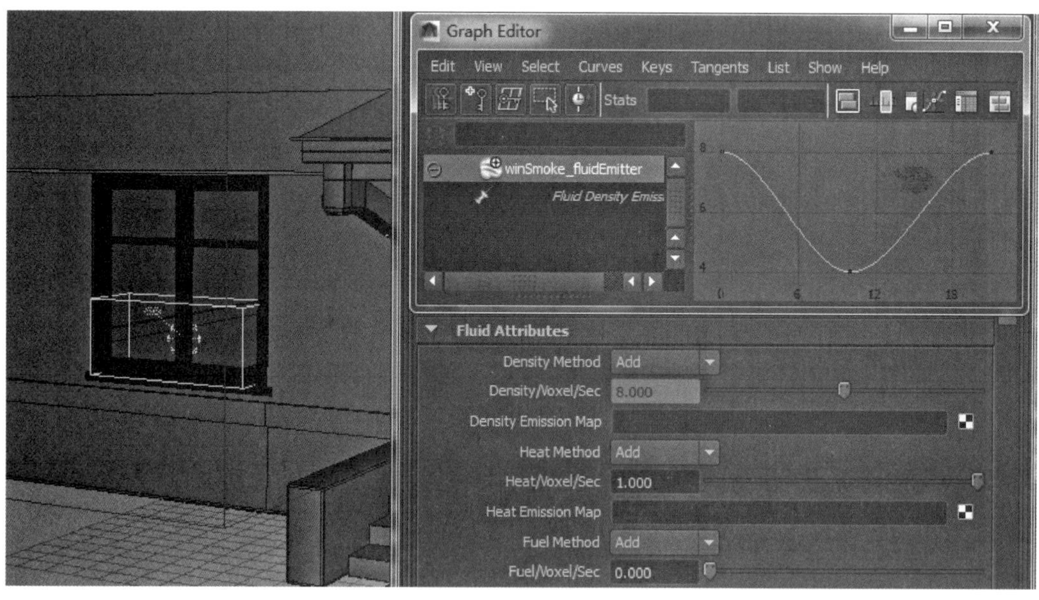

图 11-72

在围绕 winSmoke_fluid 的相关设置均完毕后，可对其进行模拟并进行测试渲染，测试效果如图 11-73 所示。

图 11-73

至此本例中有关房屋燃烧的效果就制作完毕，在本例中比较综合地阐述了物体燃烧中会遇到的各种效果的模拟，读者在练习时需体会不同效果的不同模拟方式，特别是注意 Fuel 与 Temperature 在燃烧模拟中的意义。

12 第十二章 Fluid 特效制作——喷射火焰

在本章中我们主要完成火焰喷射器在喷射火焰时的效果，这种火焰形态与处于燃烧中的火焰最大不同是具有极高的细节，图 12-1 是在制作中的火焰单帧渲染测试文件，读者可观察其在细节上要远远强于一般的燃烧效果，其原因主要是火焰喷射原理所决定的，而图 12-2 是将要模拟场景的序列测试效果。

图 12-1

图 12-2

在制作之前首先进行场景准备，主要是完成喷射器与盾牌的制作，具体制作过程由于与本书主旨不相关，故略，图 12-3 是完成好的模型显示状态。在完成模型准备后就可以进行制作了，在本例中由于火焰喷射是水平向发射的，故在制作中需要将流体框进行水平向旋转。

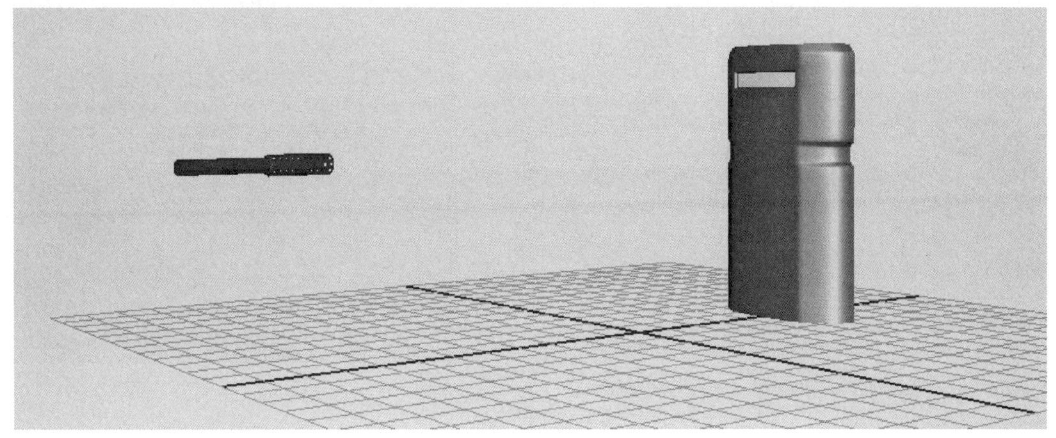

图 12-3

首先在场景中创建 fluid 流体框（默认选项即可），在创建完成后将流体框沿着 Z 轴旋转－90 度，并将 fluid 的 size 大小分别调整为 1、15、1，初步效果如图 12-4 所示。

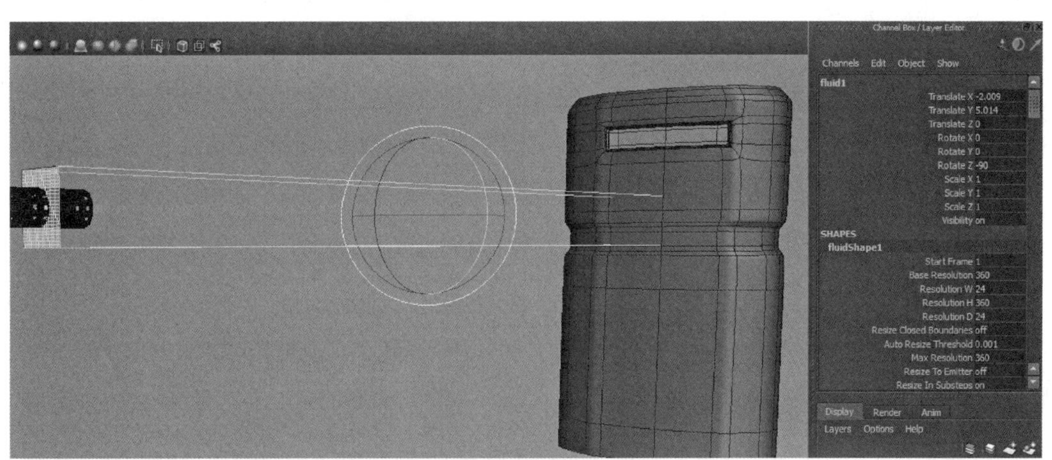

图 12-4

在 fluid 流体框基本摆放合适后就是细调参数的问题了，请读者依据下面的过程进行仔细设置即可。首先在 Fluid 的 container Properties 卷展栏中将 Base Resolution 设置为 360（该值已经是最终渲染质量的设置值。如果只是测试，读者可将该值调低，如 160 等，但需要注意的是，该值越大则火焰的细节质量越高，当然解算也会越慢），然后将 Size 分别设为 1、15、1，将 Boundary X 与 Boundary Z 均设为 None，将 Boundary Y 设为 Both Sides。此处读者不要介意，在将 fluid 参数设置完毕后我们会为其添加场（VolumeAxisFiled）来使喷射火焰朝向盾牌，并将 Contents Method 选项下的 Density、velocity、temperature 与 Fuel 都设为

Dynamic，此时的 Fluid 的初步效果设置如图 12-5 所示。

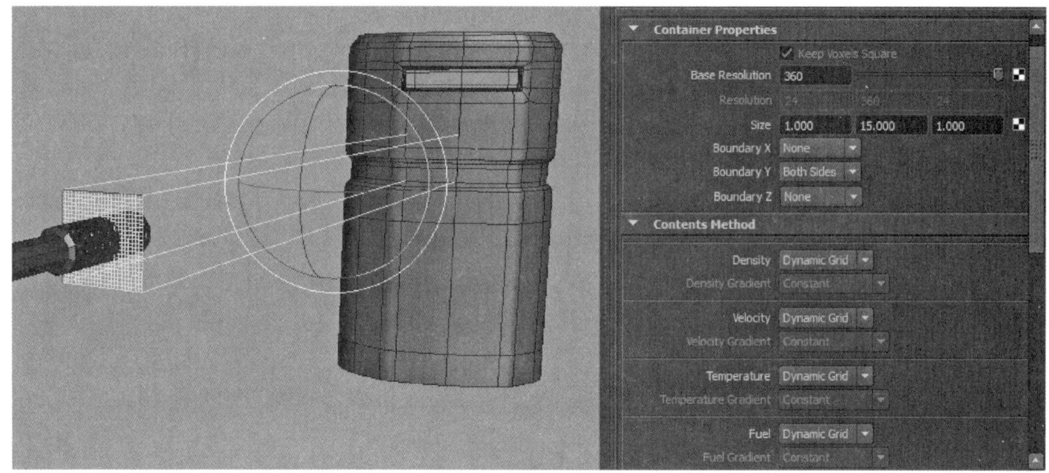

图 12-5

接下来可对 Display 卷展栏进行调整，如将 Boundary Draw 由 bottom 改为 boundingBox，但也可略过，本例中则略过。

然后进入到 Dynamic Simulation 卷展栏，将 Damp 参数 调整为 0.02，将 High Detail solve 开起为 All Grids，将 Substeps 设为 6，将 Solver Quality 设为 60，将 Simulation Rate Scale 设为 1.5，该卷展栏下的其他参数维持不变，设置效果如图 12-6 所示。

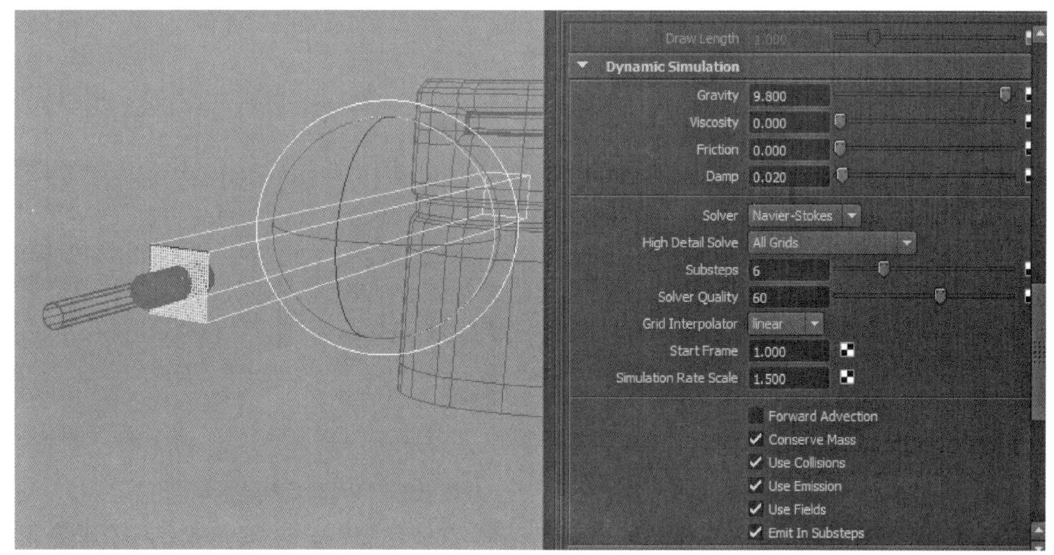

图 12-6

继续切换到 Auto Resize 卷展栏，勾选 Auto Resize 与 Resize In Substeps 两个选项，不要勾选 Resize Closed Boundaris 与 Resize To Emitter，将 Max resolution 设为 360，将 Auto Resize Threshold 设为 0.001，将 Auto Resize Margin 设为 2，此时 Auto Resize 卷展栏设置

如图 12-7 所示。

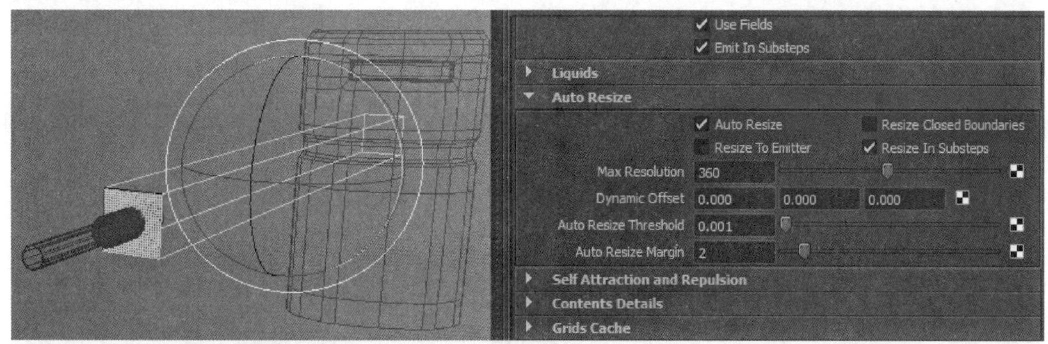

图 12-7

切换到 Contents Detail 卷展栏，在 Density 选项下进行如下设置，将 Buoyancy 设为 16.5，将 disspation 设为 1.65，将 Diffusion 设为 0.005，将 Noise 设为 0.01，将 Gradient Force 设为 25.00，维持其余参数不变，Density 选项的设置效果如图 12-8 所示。

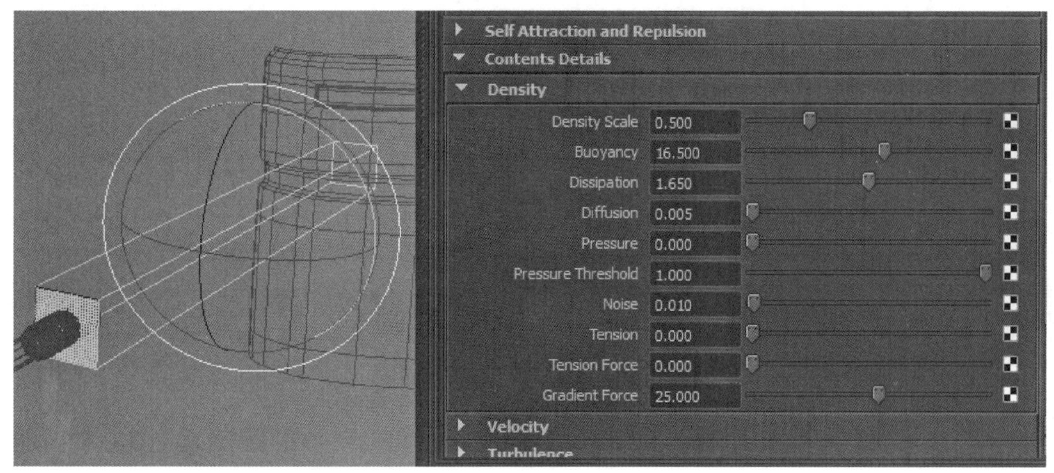

图 12-8

然后进入到 Velocity 属性中，维持 Velocity Scale 不变，讲 Swirl 设为 8，Noise 依然为 0；Turblence 属性不进行任何调整，继续进入到 Temperature 属性中，将 Buoyancy 设为 10.5，将 Dissipation 设为 2.0，将 Diffusion 设为 0.03，将 Turbulence 设为 6.0，将 Noise 设为0.25，此时 Velocity 与 Temperature 卷展栏的设置效果如图 12-9 所示。

进入 Fuel 属性卷展栏，将 Reaction Speed 设为 0.5，将 Air/Fuel Ratio 设为 8.0，将 Ignition Temperature 设为 0.1，将 Max Temperature 设为 0.5，将 Heat Released 与 Light released 均设为 1，此时 Fuel 属性卷展栏设置如图 12-10 所示。

然后切换到 Shading 卷展栏，将 Transparency 设为 0.35，将 Dropoff Shape 设为 off，在其下 color 的卷展栏下 Ramp 类型的 Color 右侧颜色设为大概是 0.35 左右的灰颜色，将左侧的颜色设为大概是 0.15 左右的深灰色，并将 Color Input 的控制模式设为 Density，再将 Input Bias 设为 0.35 左右的值，Color 属性设置如图 12-11 所示。

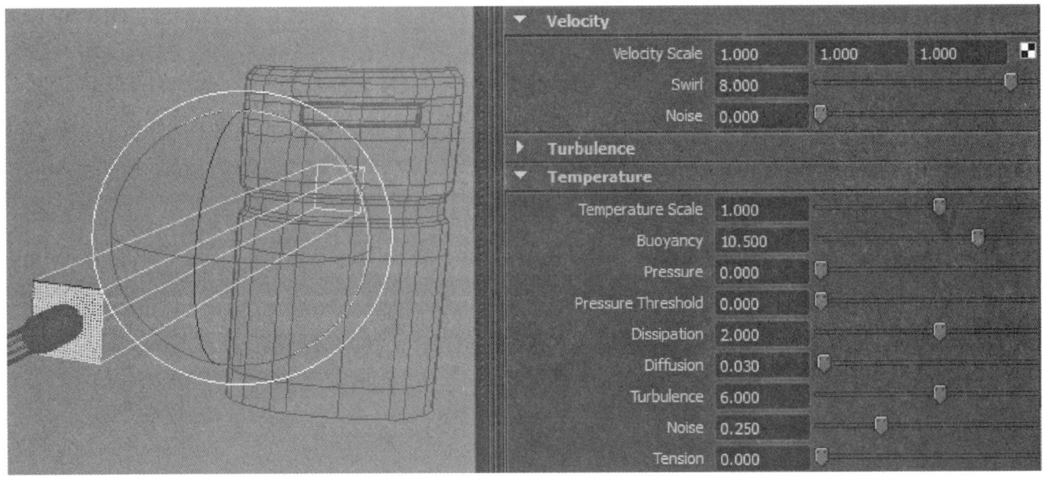

图 12-9

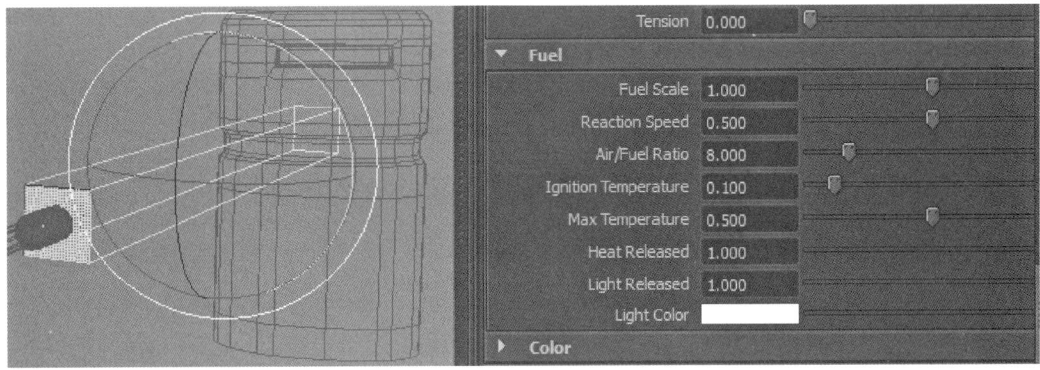

图 12-10

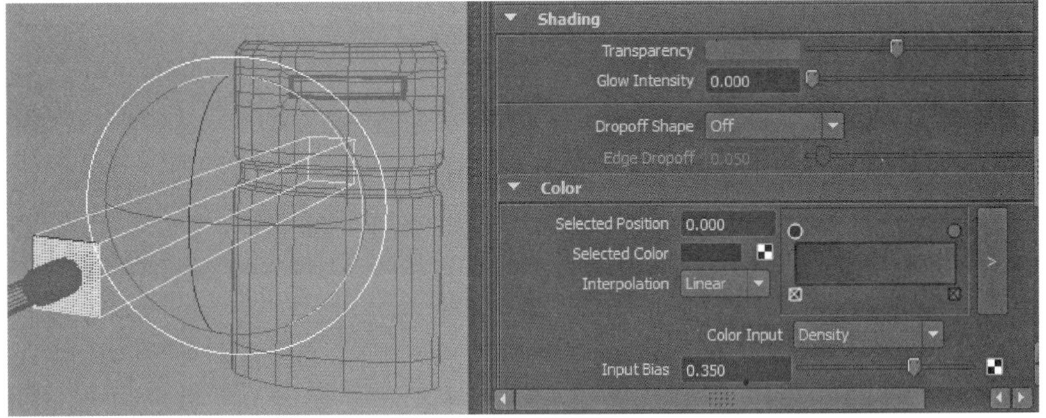

图 12-11

继续在 Shading 卷展栏中切换到 Incandescence 属性进行调节，依照图 12-12 调整 Incandescence 的颜色变化，并将 Incandescence Input 设为 Temperature，将 Input Bias 设为 0.765，关于 Incandescence 的设置效果如图 12-12 所示。

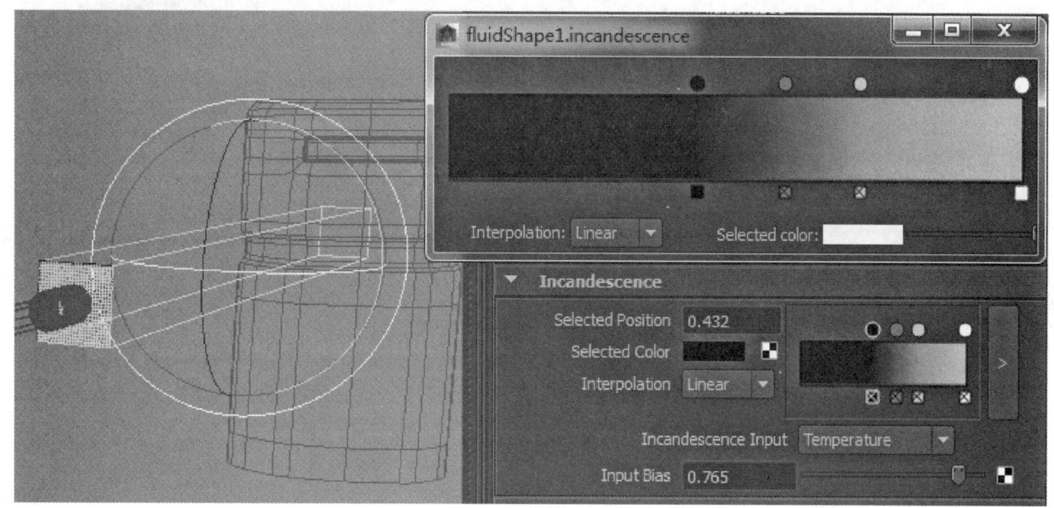

图 12-12

继续在 Shading 卷展栏中切换到 Opacity 属性进行调节，依照图 12-13 调整 Opacity 的变化。

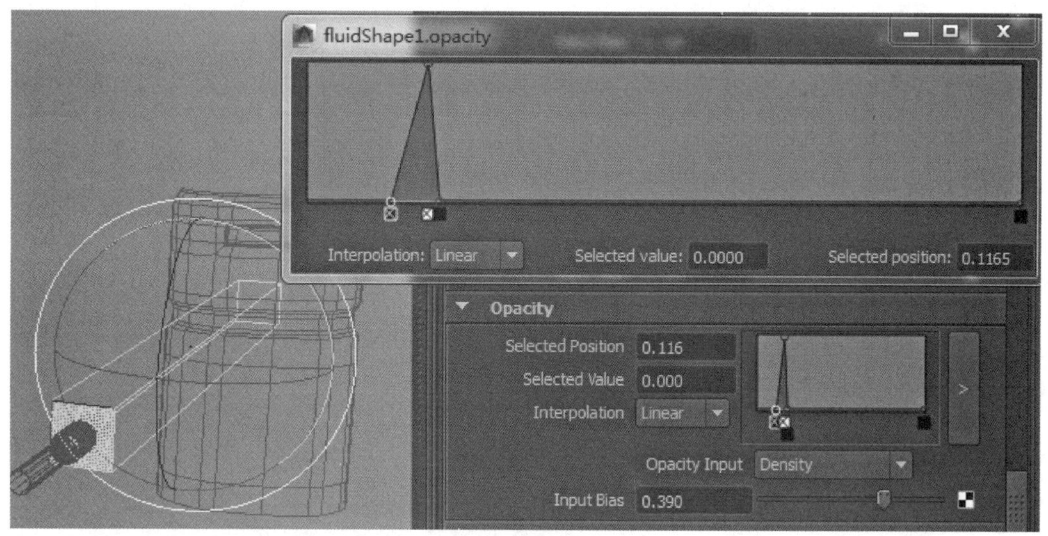

图 12-13

切换到 Shading 卷展栏，将 Quality 提高，这里设为 2，将 Render Interpolator 设为 Smooth；然后切换到 Lighting 卷展栏，开启 Self Shadow，将 Shadow Opacity 设为 1，将 Light Brightness 设为 1，color 设为白色，将 Ambient Brightness 设为 0.2，Ambient Color 也同样设为白色，由于我们现在要进行场景照明处理，故可以开启 Real Light 选项，此时

Lighting 卷展栏的设置效果设置如图 12-14 所示。

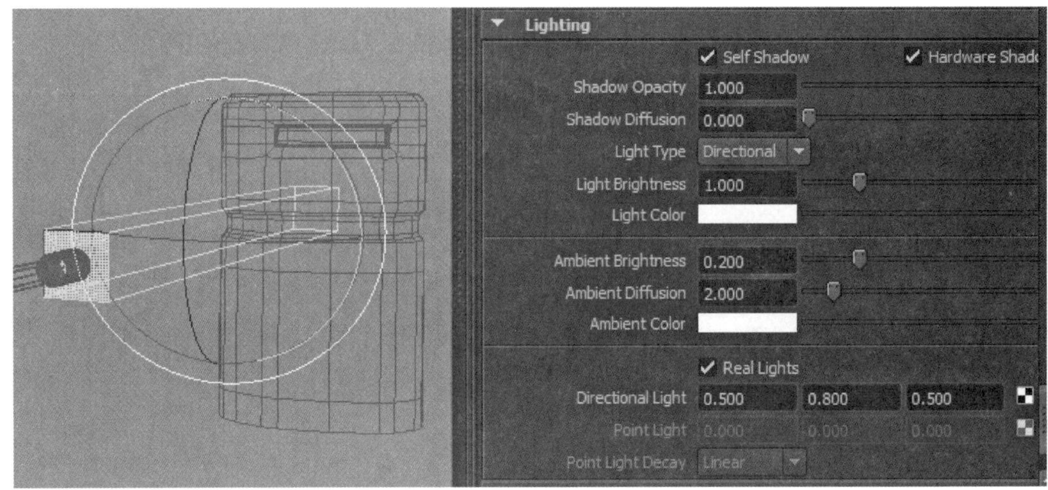

图 12-14

以上步骤是关于 fluid 的相关参数设置，接下来为 Fluid 创建发射器，首先选中 Fluid，然后执行 fluid Effects/Add/Edit Contents/Emitter，为我们已经调整好参数的 Fluid 添加发射器，添加后首先需在场景中调整其空间位置，将其房子在火焰发射器枪管略靠里的位置处，然后调整其参数。

首先切换到 fluidEmitter 的 Basic Emitter Attributes 卷展栏，将 Rate 设为 500，然后维持 Min Distance 参数为 0，但是将 Max Distance 参数设为 0.25，该卷展栏下的其余参数维持不变，设置效果如图 12-15 所示。

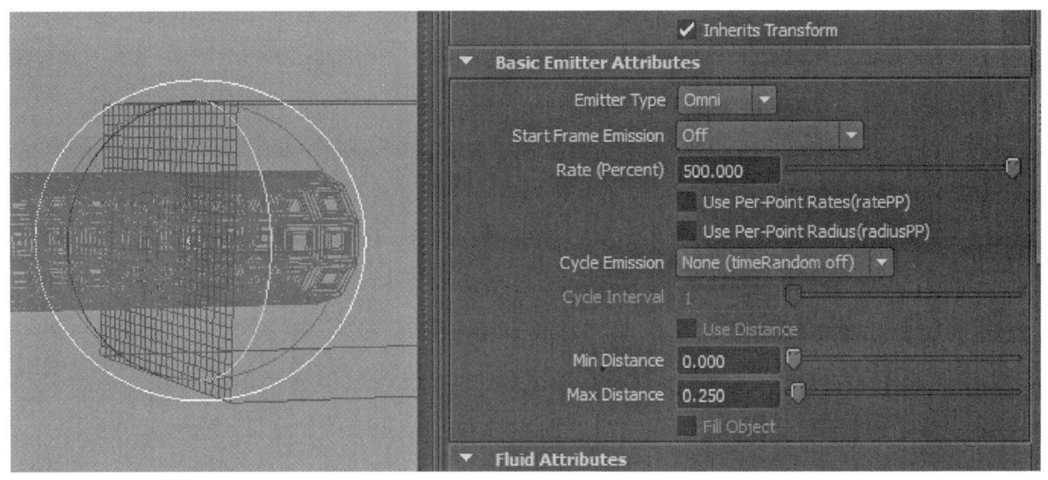

图 12-15

然后切换到 fluidEmitter 的 Fluid Attributes 卷展栏，将 Density 与 Heat 的发射率设为 5，将 Fuel 的发射率设为 3，发射方法均为 Add，该卷展栏下的其余参数维持不变，并且

fluidEmitter 的其余卷展栏下的属性参数也维持不变，关于 Fluid Attributes 的参数设置情况如图 12-16 所示。

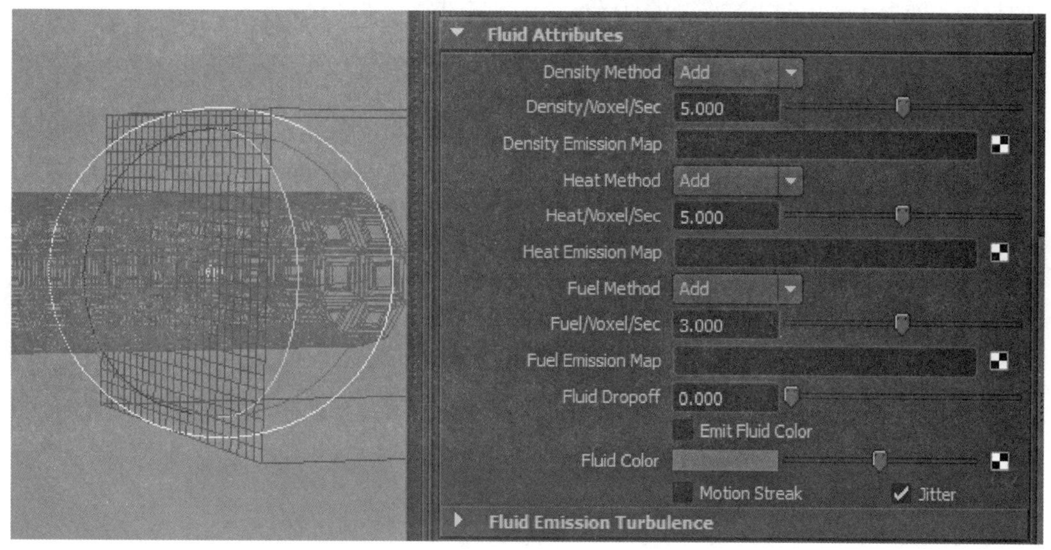

图 12-16

在完成流体发射器的属性设置后，为了在模拟中提升火焰的喷射速度，还需要为其添加 volumeAxisField 来强化模拟效果。首先选择 fluid 流体框，然后执行 Fields/Volume Axis，在创建时保持各选项不变，然后在创建完毕后进行参数修改即可。

创建完毕后首先将体积场设为 cube 模式，然后执行一些变换操作(特别注意尺寸不要过大)，使其包含 Fluid 底部，在本例中变换参数基本如图 12-17 所示。

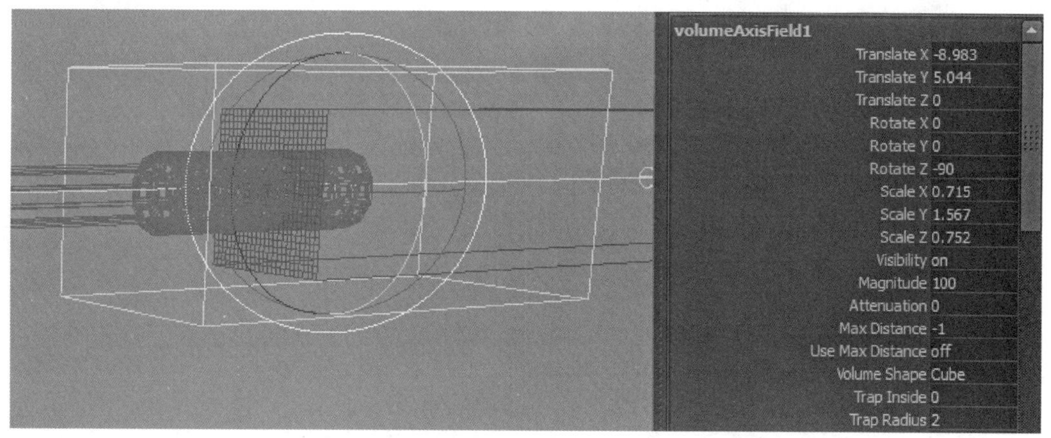

图 12-17

在 volumeAxis 的变化参数调整完毕后，需要对其动力学参数进行一些调整，打开相应的 Attribute 编辑器窗口，先在 Volume Axis Field Attributes 卷展栏中将 Magnitude 设为 100，维持 Attenuation 为 0 不变；然后在 Volume Control Attributes 卷展栏中将 Volume

Shape 设为 Cube；在 Volume Speed Attributes 卷展栏中将 Along Axis 设为 1，其余参数如 Around Axis、Direction Speed、Turbulence 等参数均关闭，只是借助该场使流体产生很强的方向性喷射效果，VolumeAxisField 的设置基本如图 12-18 所示。

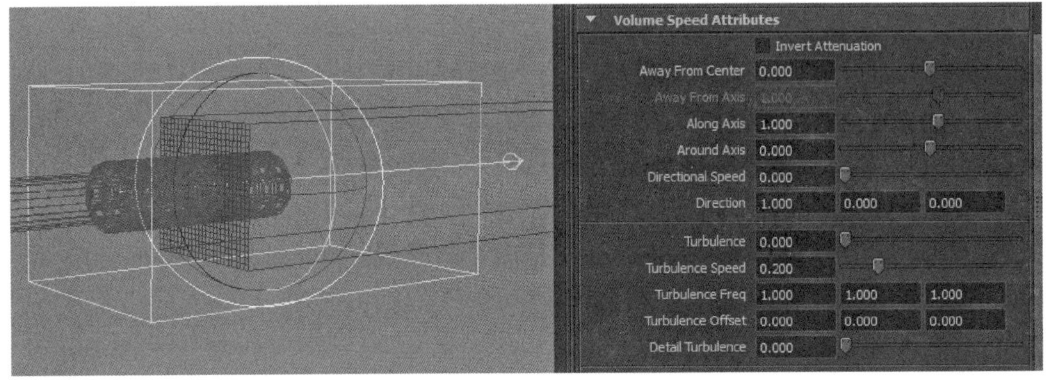

图 12-18

完成上面步骤后则有关火焰喷射效果动力学 fluid 模拟部分的设置就全部完成了，读者可进行模拟测试并进行局部参数修改，上面各参数是依据本人场景经过多次测试后的可进行最终质量渲染的参数，读者在操作上要特别注意场景大小不同对 fluid 动力学参数影响较大，图 12-19 是模拟后烘焙视频的截频效果。

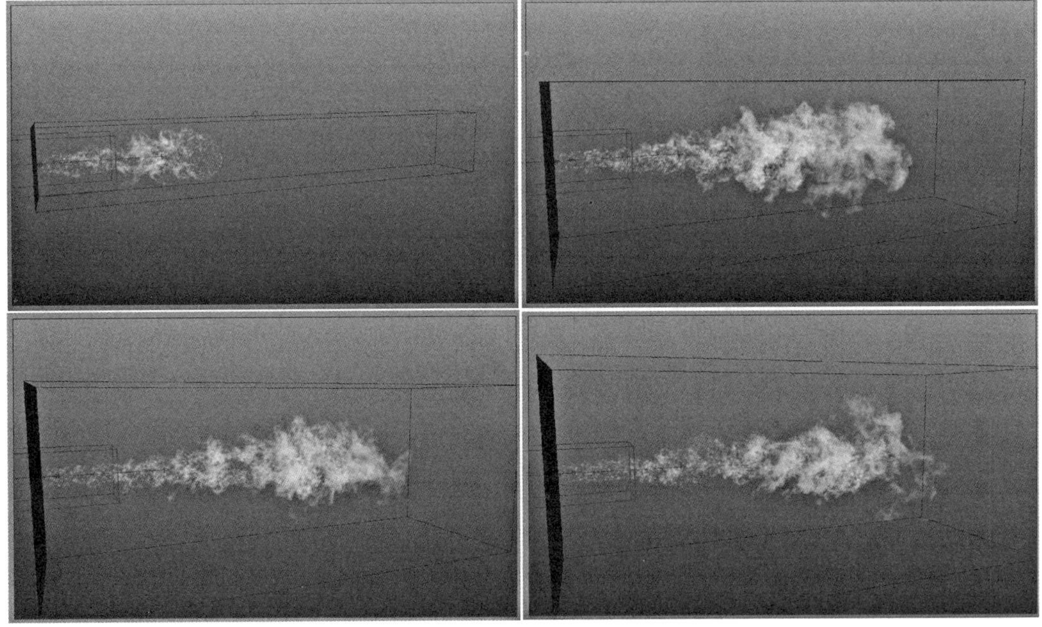

图 12-19

在完成测试后我们还需要为该 fluid 指定盾牌为碰撞体，并为其生成流体缓存，这样保证在后续渲染中能效果一致并获得较快的速度，这两个设置过程由于较简单，故略。而至于后面的渲染设置如灯光，背景等请读者参考相关教程，图 12-20 是最终测试的渲染效果，未经任何的后期修正。

图 12-20

13 第十三章 Fluid 特效制作一例——烟尘爆炸

本章主要详细阐述利用 Maya 集成的 Fluid 系统来模拟一个烟尘爆炸的效果，这种爆炸效果比较特殊，它不同于我们通常意义上的实物爆炸（如炸弹在空旷处的爆炸，这是以大量碎片为特征的），烟尘爆炸主要模拟的是爆炸物在爆炸中掀起大量烟尘的效果，而碎片等物体则不在考虑中。图 13-1 与图 13-2 是要完成的模拟场景 playBlast（烘焙）截图：

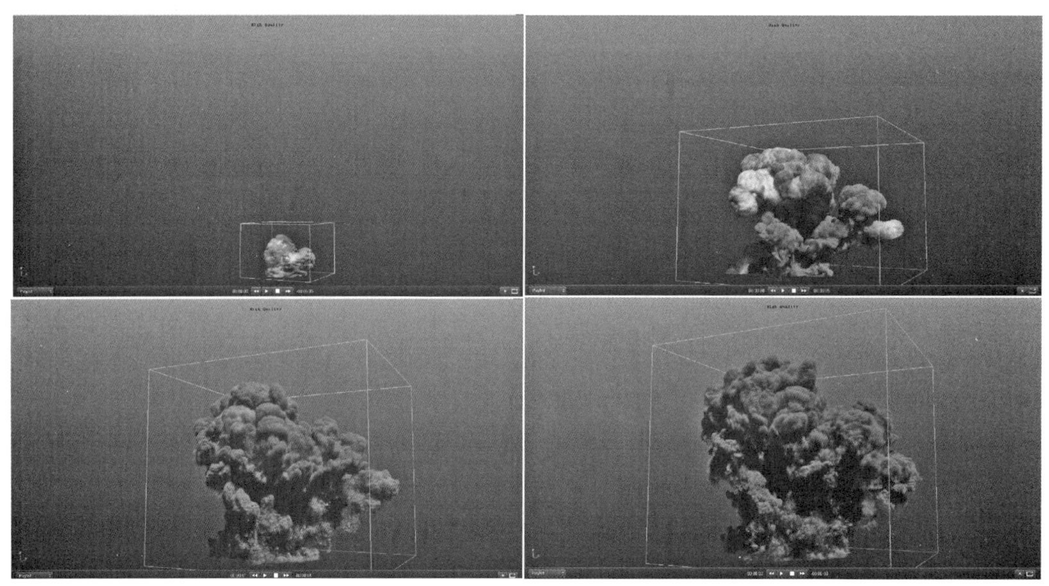

图 13-1

图 13-1 主要是爆炸效果，图 13-2 则主要是爆炸后在靠近地面高度所产生的烟尘快速扩散效果，在真正的流程中是需要两个合成的，但由于本案例重点在动力学模拟，故并没有将最后的合成效果进行展示。

在进行 Dust Explosion 爆炸模拟之前，我们需要首先完成粒子（nParticle）的动态模拟，由于粒子的运动形态控制比较方便，且 nParticle 系统与 Fluid 系统结合使用来完成一些特效效果也是使用频率较高的一种制作技巧，图 13-3 是 nParticle 的模拟状态。

在图 13-3 中粒子的渲染形态不是重点，重点是粒子的运功形态，这就需要对 emitter 的参数进行仔细调整。图 13-3 中的 Emitter 要设置为 Sphere 形态的体积发射器，并且需要在

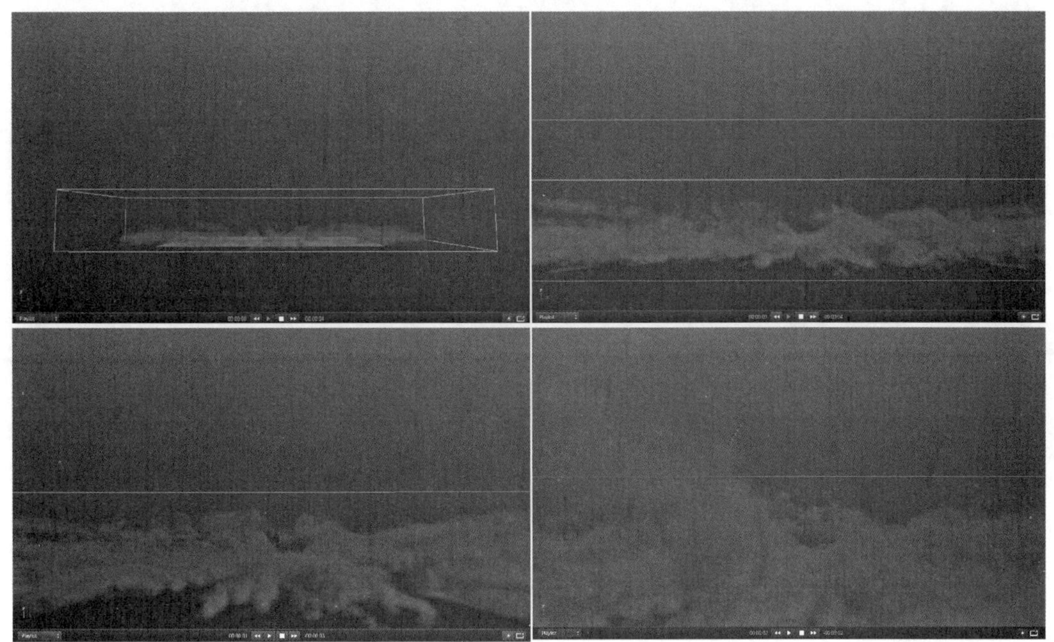

图 13-2

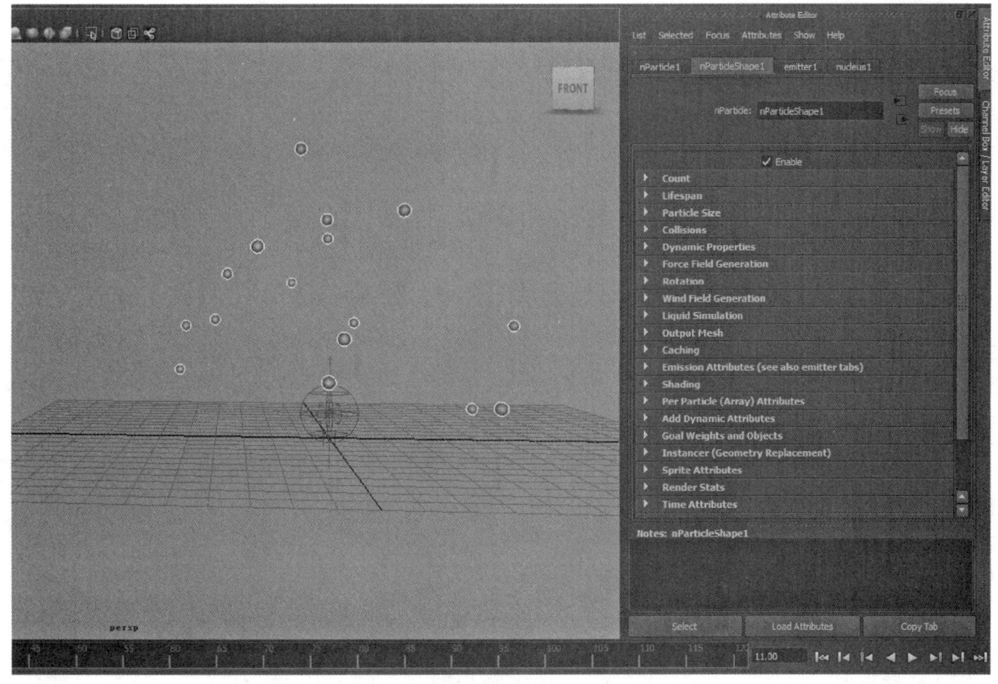

图 13-3

Rate(Particle/sec)上做关键帧处理。图 13-4 显示的是 Rate 属性的关键帧动画曲线及不同关键帧处数值设定。

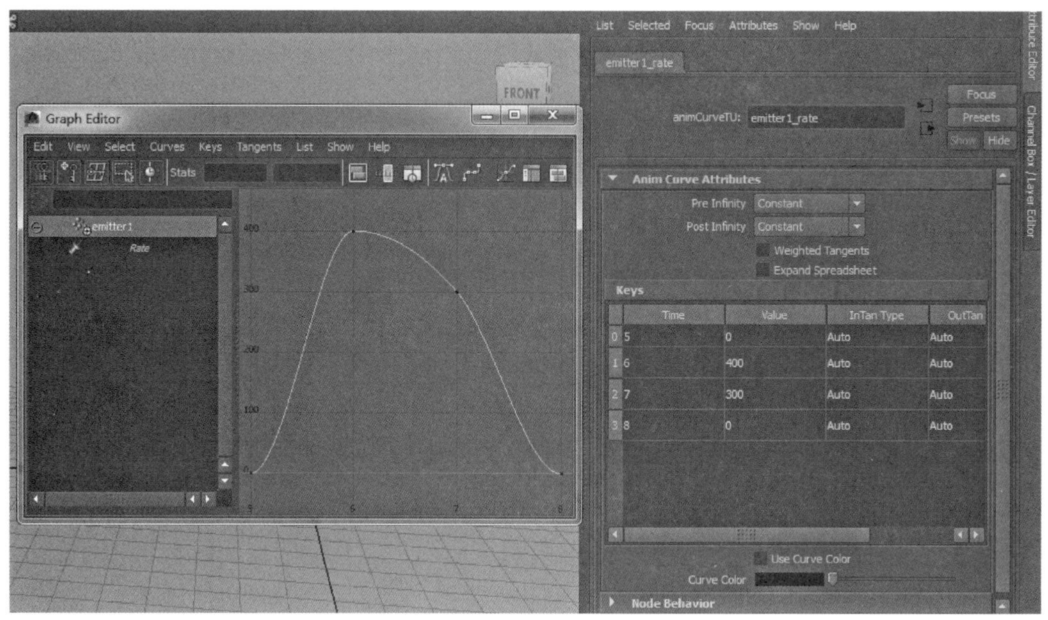

图 13-4

而发射器其余参数设置如 Volume Speed Attributes 等如图 13-5 所示。

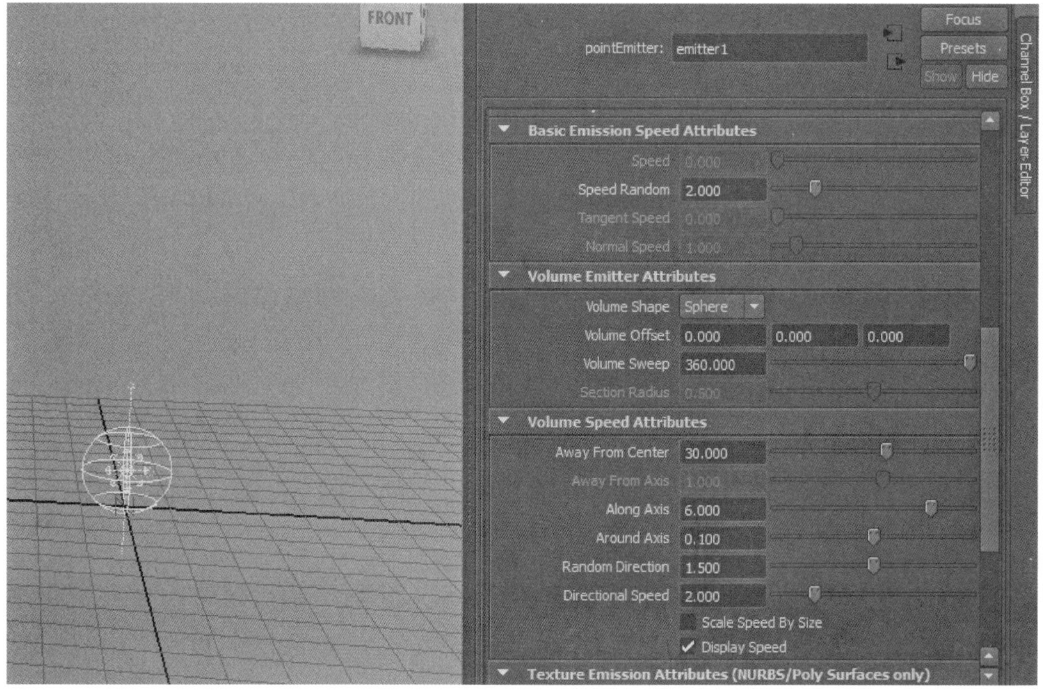

图 13-5

由于球形发射的局限性(类似于 Omit 方式),发射出的 nParticle 会朝向各个方向,在实际应用中如果粒子在 Grid 网格线以下运动则对后面的模拟没什么作用,此时我们可以利用创建表达式将发射出的一些没用粒子直接除掉,下面是所用的表达式代码:

```
vector $cusVel = nParticleShape1.velocity;
if(($cusVel.y) <= -0.15){
nParticleShape1.lifespanPP = 0;
}else{
nParticleShape1.lifespanPP = rand(0.475,0.25);
}
```

表达式的输入效果如图 13-6 所示。

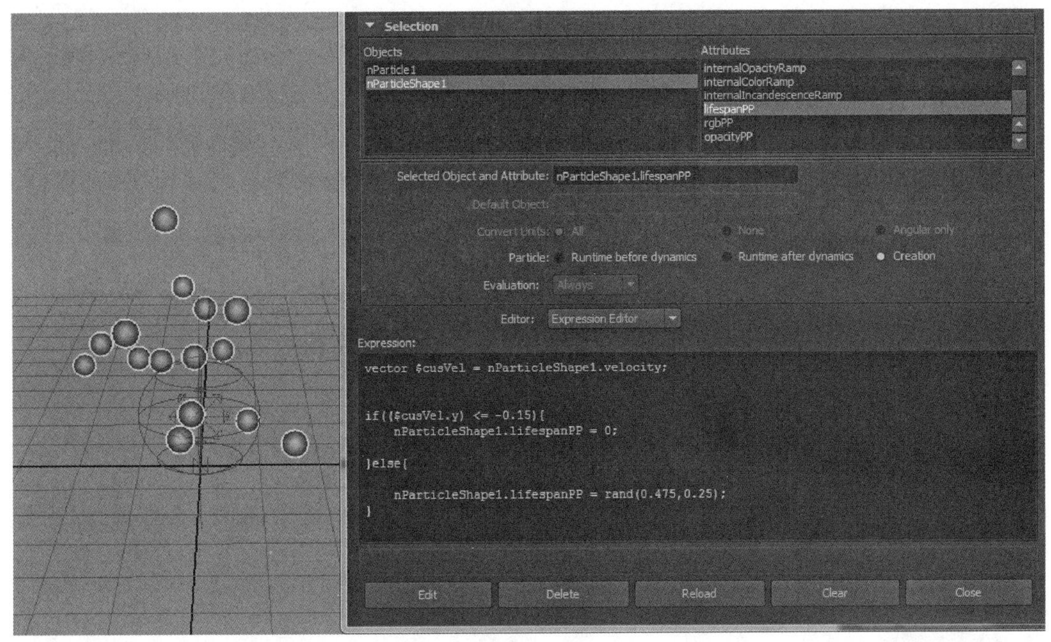

图 13-6

请读者注意在上面的表达式中 nParticle 的生命值很短,此外也可以利用碰撞等方法将 nParticle 进行约束在地面(或 Grid)上面,但此处我们使用表达式比较方便。图 13-7 是单独 nParticle 的模拟状态。

接下来我们要在场景中添加 Fluid 流体解算容器(3D Container),执行 Fluid Effects\Create 3D Container,维持默认选项即可,执行会在场景中增加一个 size 及 resolution 均为 10 的 3D 流体框(container),我们需要将其从 Container 上移大概 5 个单位,使其下端与场景网格相平,基本效果如图 13-8 所示。

然后在先选中场景中的 nParticle 粒子,然后在选中新增加的 fluid,执行 Fluid Effects\Add/Edit Container\Emit from Object,在弹出的选项中维持默认即可,执行过程及此时场

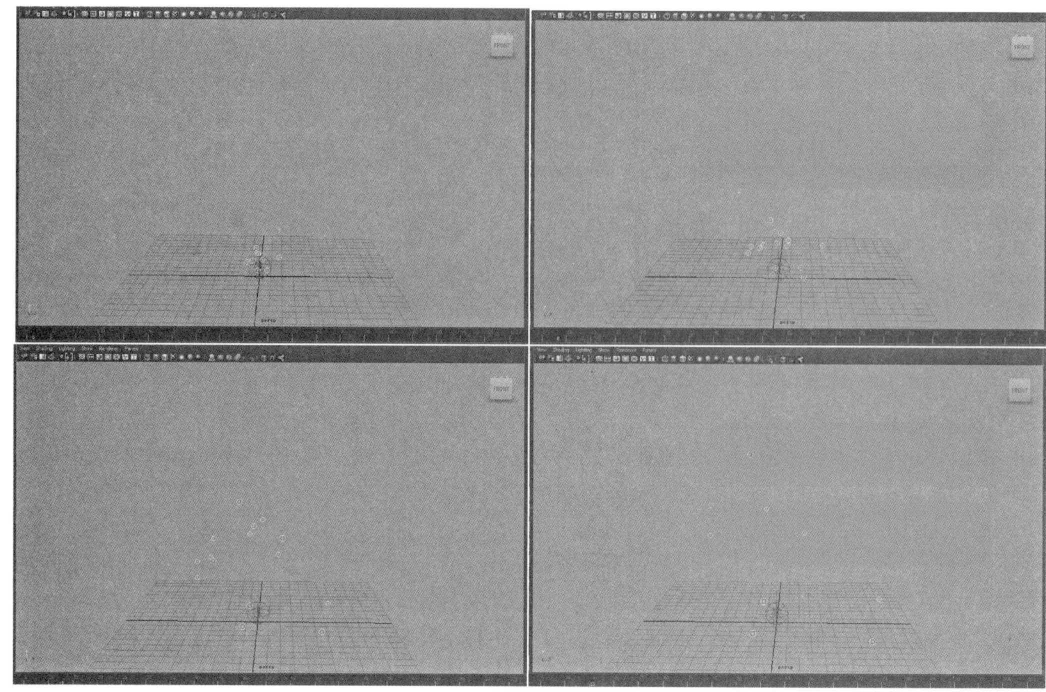

图 13-7

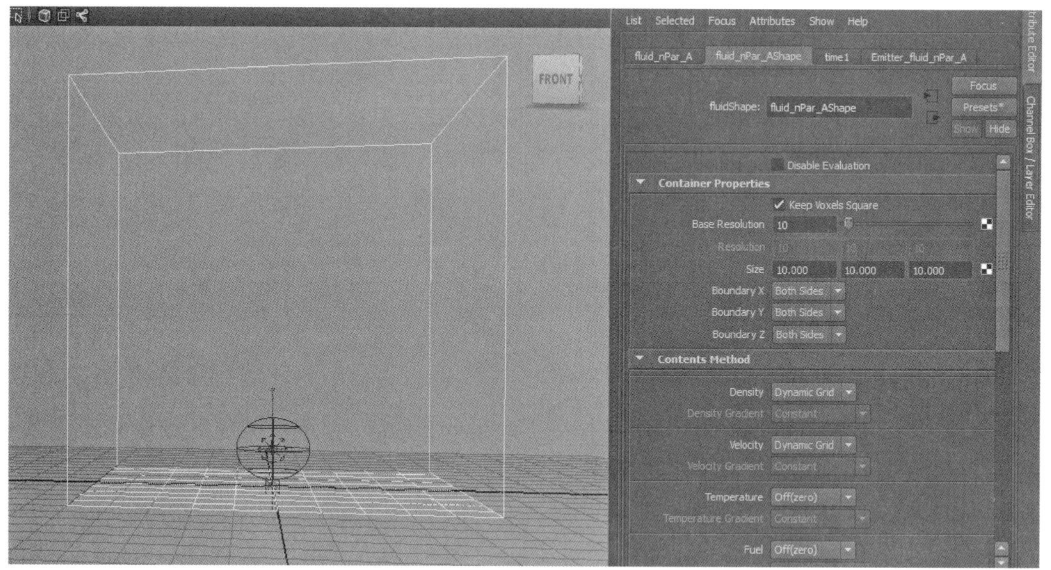

图 13-8

景效果如图 13-9 所示。

此时播放场景会发现在 Container 容器内部已经产生了烟雾状的流体，如图 13-10 所示。

接下来主要是对 Fluid 的各种参数进行调整，由于 Maya 的 fluid 模块的参数较为繁琐，因此调整中需要不断地测试与修改，并且 Fluid 的解算中会随着 resolution 参数的提高而变的异常缓慢，因此在过程上本案主要以粗调和精调两个过程来逐一地讲解参数调整。

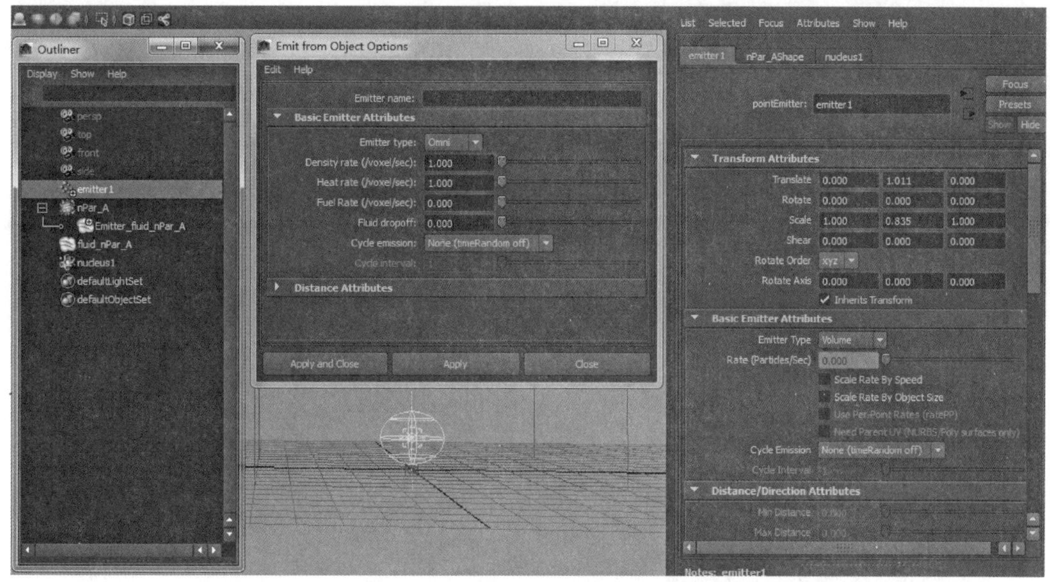

图 13-9

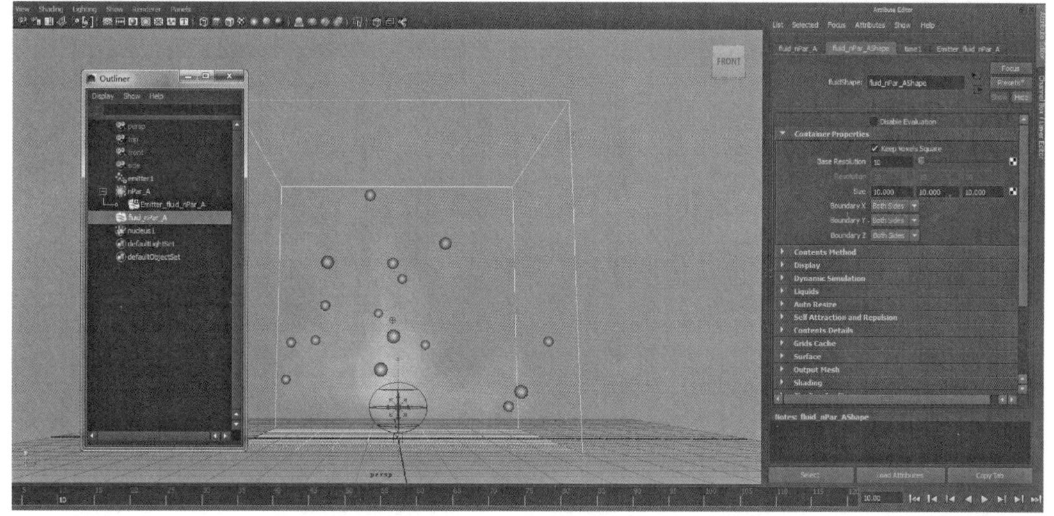

图 13-10

首先选中场景中 Container（在本例中我们已将其改名 fluid_nPar_A），在 fluid_nPar_AShape 节点下，将 Container Properties 下的 Base Resolution 设为 75，一般在 fluid 模拟中 Base Resolution 设为 60—75 是一个粗调的基础，后续阶段我们可以将其成一定倍数增加；然后将 Boundary X 与 Boundary Z 设为 none，将 Boundary Y 设为 －Y Side，Boundary 设置

的是将来 fluid 模拟时会与哪个边界框产生碰撞,我们这里预留的就是—Y,其实也可以理解为地面,但我们此处为节省模拟时间,并未创建地面模型与 Fluid 进行碰撞,只借助其自带的 Boundary — Y 实现即可;在 Contents Method 卷展栏中我们将 Density、Velocity 与 Temperature 均设为 Dynamic Grid,Fuel 设为 Off,Color Method 设为 Use Shading Color,Falloff Method 设为 Off,有关 Container Properties 与 Contents Method 的设置情况如图 13-11 所示。

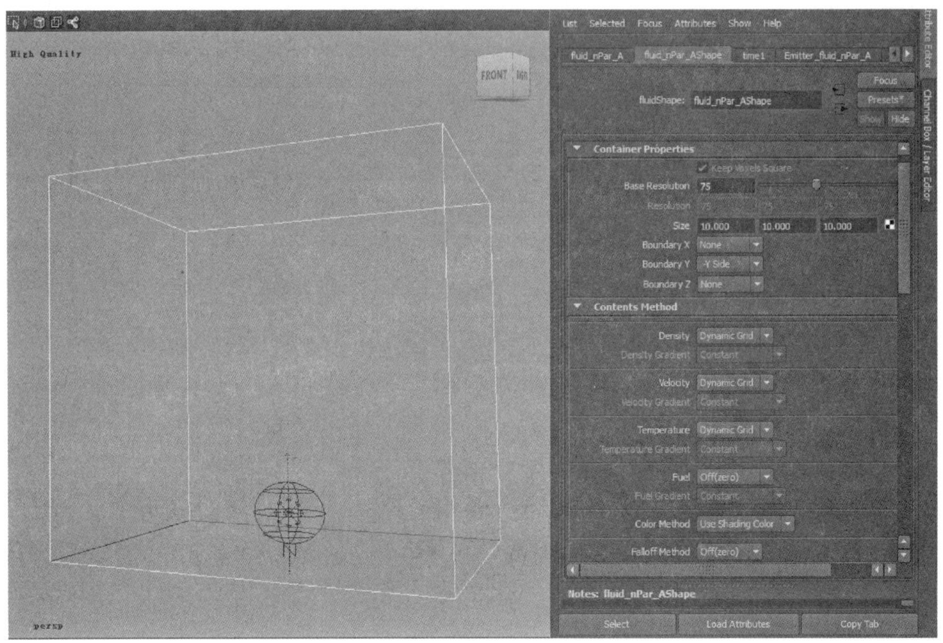

图 13-11

在图 13-11 所示的 Fluid 显示读者会发现比较特殊,这里我们将 Display 卷展栏中的 Boundary Draw 模式由原来的 Bottom 更改为 Bounding Box,设置过程如图 13-12 所示。

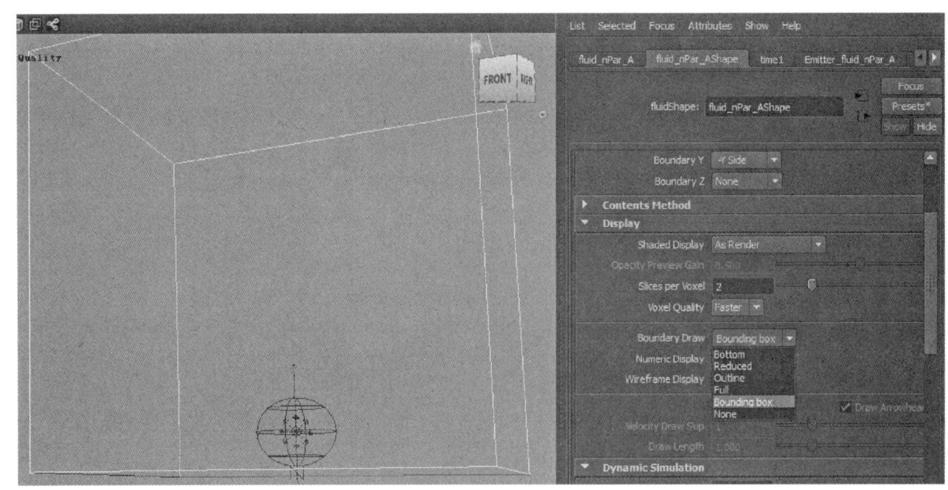

图 13-12

接下来我们来调整 Dynamic Simulation 卷展栏下的参数，该卷展栏下参数是 Fluid 模拟效果的一个总体控制参数，这些参数对 Fluid 的模拟效果的影响非常重要。在本案例模拟中我们会对需要进行调整的参数做出较详细的解释。

首先将 Damp 设为 0.015，Damp（阻尼）值的意义是在每次解算中（every substep）要速度趋向于 0，因此该值设置过大如设为 1，则 Fluid 的流动性会被彻底压抑住（suppressed，即不会运动了），但适当地为 Damp 属性设置一个较小的值对于维持开放边界框的模拟的稳定性非常有好处，我们此处的模拟可以说基本是开放边界框模拟（只有－Y Side 开启了碰撞）。

在 Solver 卷展栏中我们维持 Navier-Stokes 不变，该解算器通常用于模拟流体、空气等类型的模拟，在 High Detail Solve 卷展栏下我们要开启 All Grids，High Detail Solve 的开启对于我们解算一些效果如爆炸、翻滚的云、浓密翻滚的烟等特效非常有用，并且虽然 All Grids 会成倍地增加模拟时间，但也非常值得。

Substep 选项默认为 1，但当我们开启 High Detail Solve，或是要模拟快速运动的 Fluid，如本例中爆炸，或是使用较高网格精度时（即 Resolution 较大时），都建议增大该值，本例中我们对其做了动画处理。图 13-13 是 Substeps 的动画关键帧设置情况。

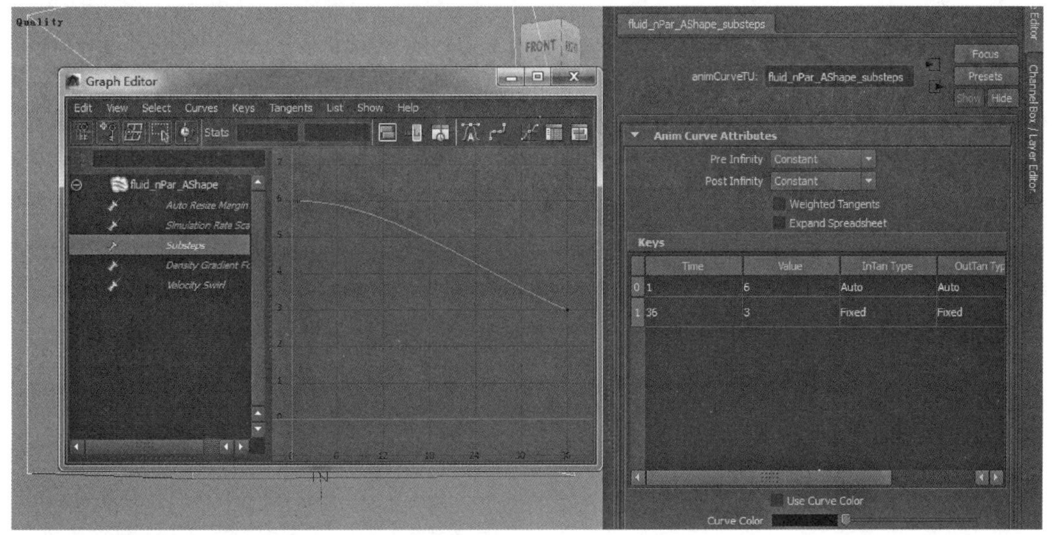

图 13-13

我们将 Solver Quality 设为 60，增加该值的实质是流体解算器（solver）提升解算步幅（increase the number of steps）来计算流动流体的不可压缩性（compute the Incompessibility of the fluid flow），而这个计算是整个流体解算环节运算强度最大的部分。

然后将 Grid Interpolator 维持 Linear 不变，注意不要开启其下的 Hermite，Hermite 会极大拖慢 Fluid 的模拟时间。维持 Start Frame 为 1 不变。

Simulation Rate Scale 又是一个非常重要的参数，在 Maya 的官方手册上只是简单地释义为缩放流体发射或解算中的时间步幅（Scales the time step used in emission and solving），从实践中增大该值会获得流体快速释放（或爆发）等效果，故在爆炸等特效上是要必须调整该值的，本例中我们对其做了关键帧处理。图 13-14 是该属性的动画曲线及关键数值设置情况。

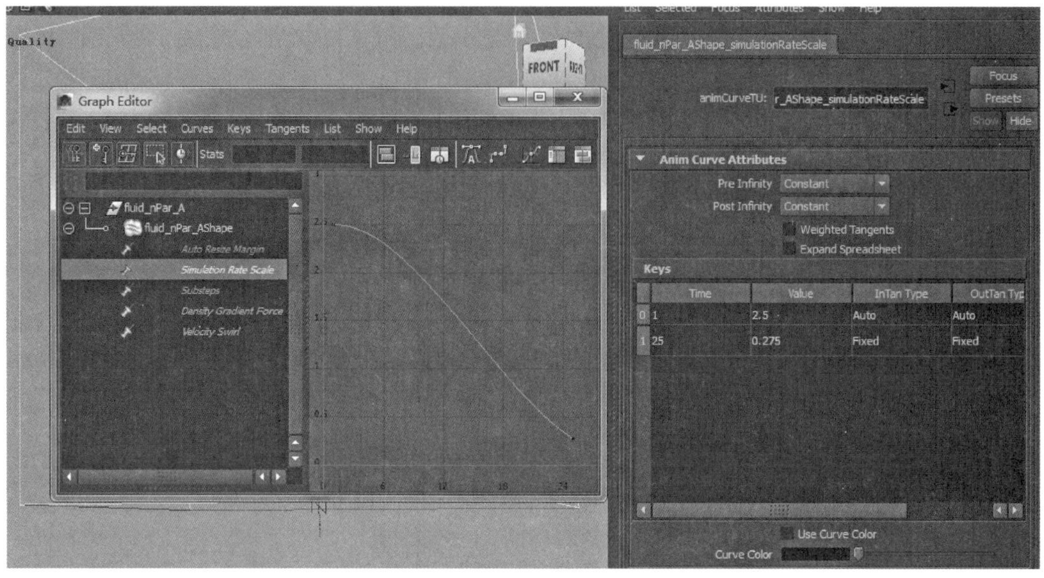

图 13-14

在 Dynamic Simulation 卷展栏中后续选项中我们需要开启 Emit In Substeps，该选项还是针对诸如爆炸等具有快速发射速度类型流体模拟的一个优化（或有用）的选项（Turning on Emit In Substeps is useful for effects that have high emission speeds such as in an explosion.）。

此时关于 Dynamic Simulation 卷展栏下的相关属性设置如图 13-15 所示。

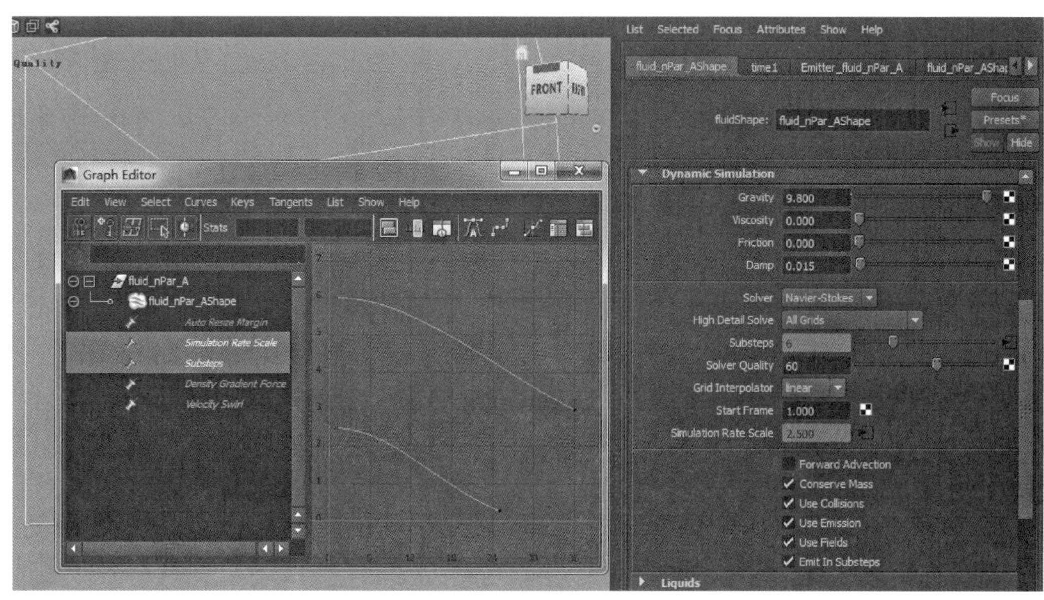

图 13-15

接下来我们对 Auto Resize 卷展栏参数进行调整，要开启 Auto Resize；要关闭 Resize Closed Boundary，这样会使 Container（流体框）只向边界框设为 None 格式的方向扩展；Resize To Emitter 则可以关闭也可以开启，在本例中影响不大，但如果 fluid Emitter 是被动画过的物体，则一定要开启该选项；为了实现更好的优化与解算效果，此处也要开启 Resize In Substeps 的选项。我们将 Max Resolution 设为 450，维持 Dynamic Offset 不变，将 Auto Resize Threshold 尽量降低，本例设为 0.002，将 Auto Resize Margin 进行了动画处理，此时整个 Auto Resize 的卷展栏设置如效果如图 13-16 所示。

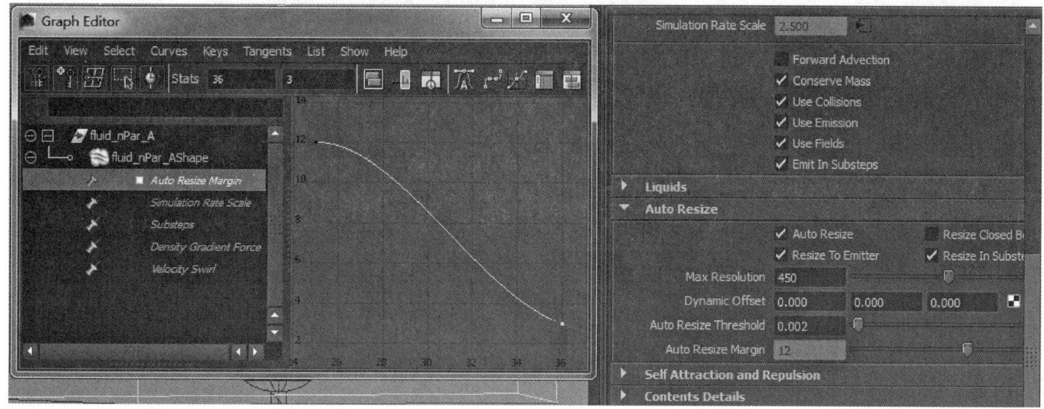

图 13-16

下面我们要对 Contents Detail 卷展栏中的相关参数进行调整，首先在 Density 选项下，要维持 Density Scale 数值 0.5 不变，至于原因请读者参考 Maya 帮助文件。将 Buoyancy 设为 2.5，将 Dissipation 设为 2，将 Noise 设为 0.125，此处要对 Gradient Force 进行动画处理，Gradient Force 是比较特殊的属性，其实质是沿着流体梯度或法线方向产生引力（A Attractive Force，Positive Values，正直）或推力（A Repelling Force，Negative Values 负值），Density 卷展栏的选项设置效果如图 13-17 所示。

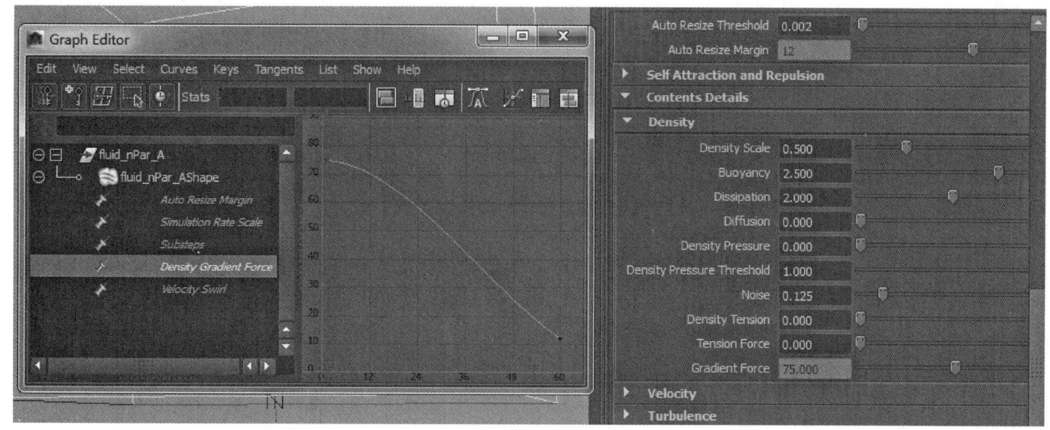

图 13-17

接下来我们设置 Velocity 与 Turbulence 两个卷展栏下的属性参数，设置结果如图13-18所示。

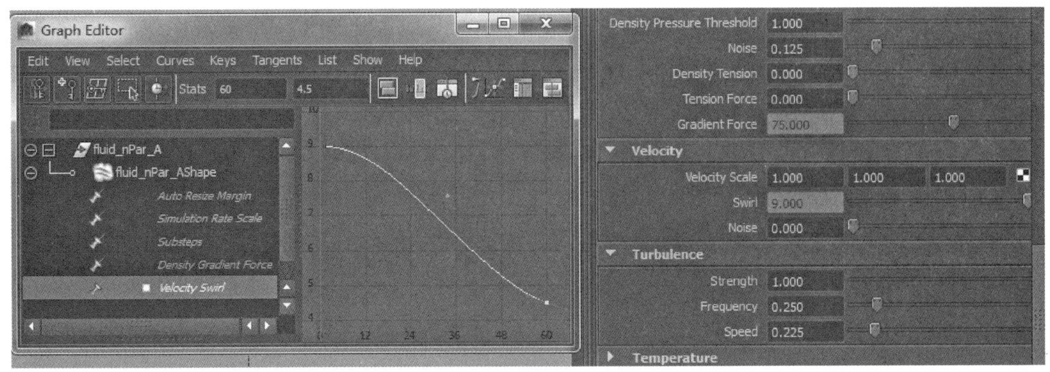

图 13-18

至于 Velocity 与 Turbulence 卷展栏下的各属性含义请读者参考 Maya 的 Manual。

然后我们继续到 Temperature 卷展栏下进行参数调整，各参数设置效果如图 13-19所示。

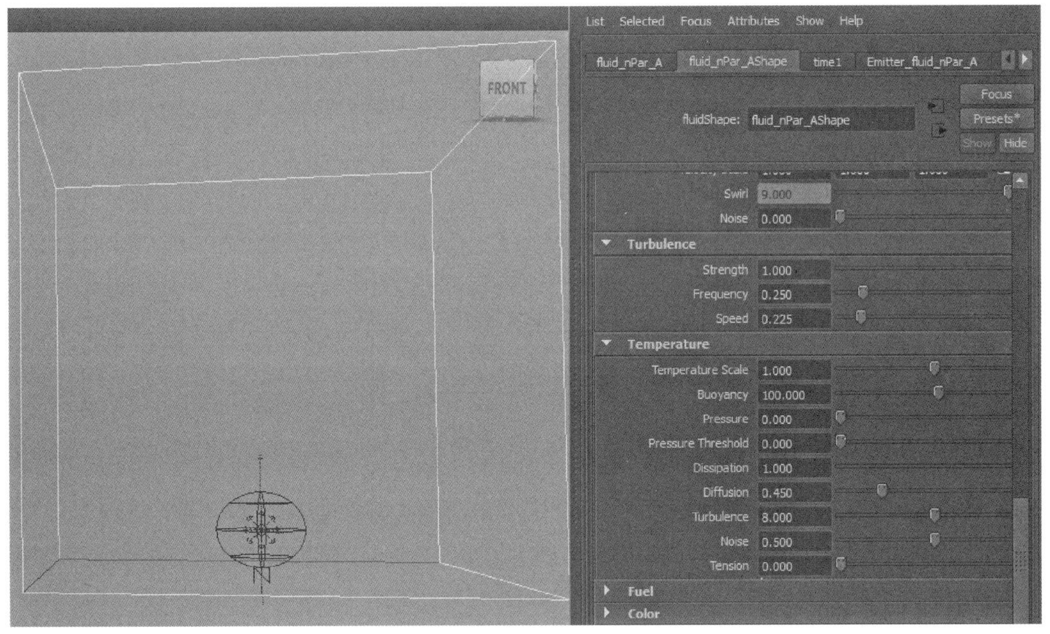

图 13-19

我们将属性栏定位到 Shading 卷展栏，将其下的 Transparency 设为 0.1，关闭 Dropoff Shape 选项，将 Color 卷展栏中的颜色褐色，H:32.256，S:0.256，V:0.468。

然后继续调整 incandescence 与 Opacity 两个卷展栏下的各属性值。各属性的详细数值设置请读者参考截图 13-21 大概进行设置即可。

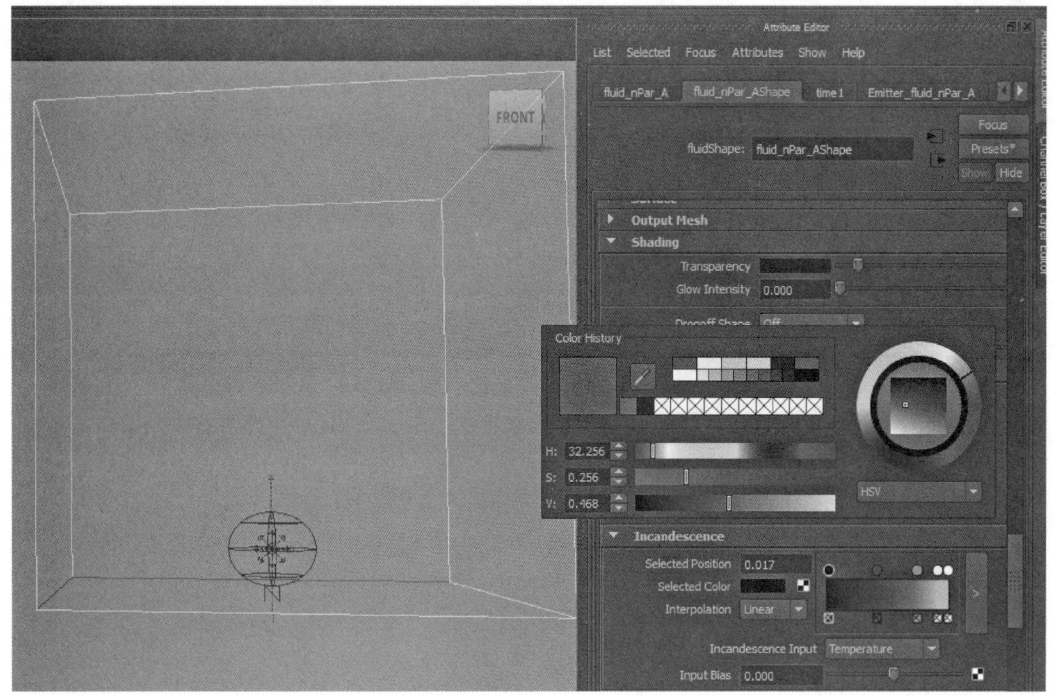

图 13-20

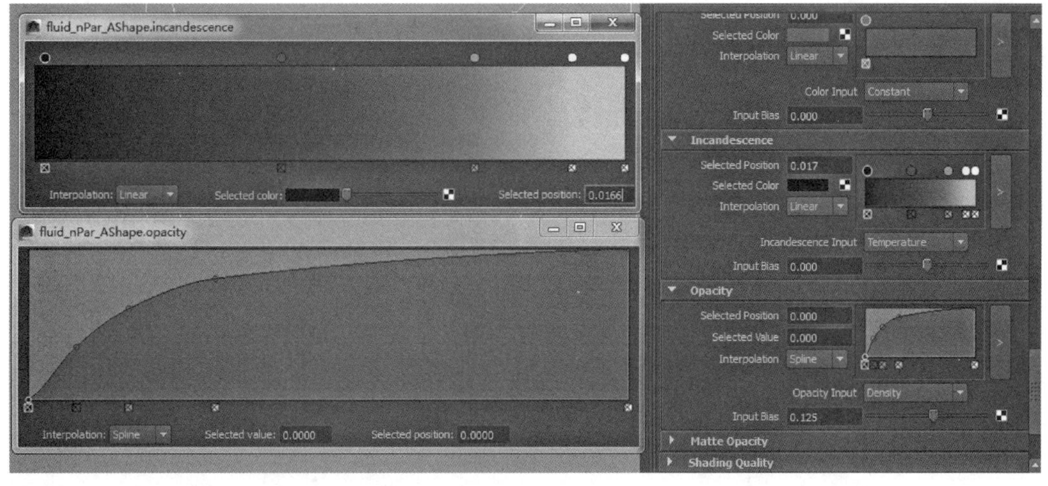

图 13-21

继续调整 Shading Quality 与 Lighting 两个卷展栏下的各属性值。各属性的详细数值设置请读者参考截图 13-22 大概进行设置即可。特别注意将 Lighting 卷展栏下的 Self Shadow 开启，这样 Fluid 的材质效果才可以在视图中能较合理地显示。

在将 FluidShape 中的各属性设置完毕后，还需对流体发射器的一些属性进行调整，在 Basic Emitter Attribute 卷展栏下维持 Emitter Type 为 Omni，将 Rate(Percent)设为 400，勾

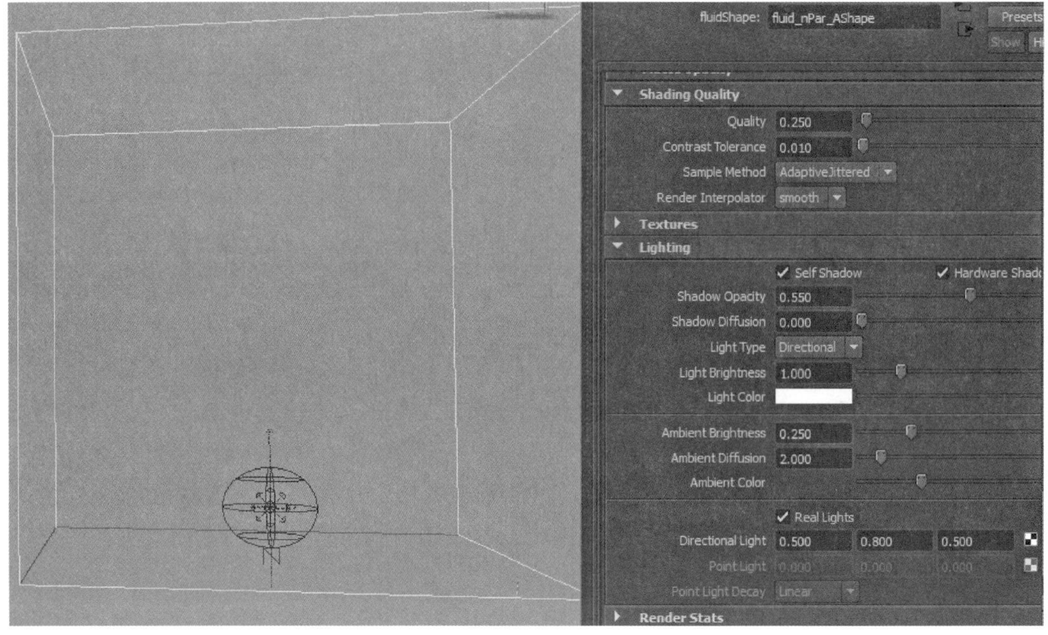

图 13-22

选 Use Per-point Radius(radiusPP),将 Max Distance 设为 0.8,该卷展栏基本设置如图 13-23 所示。

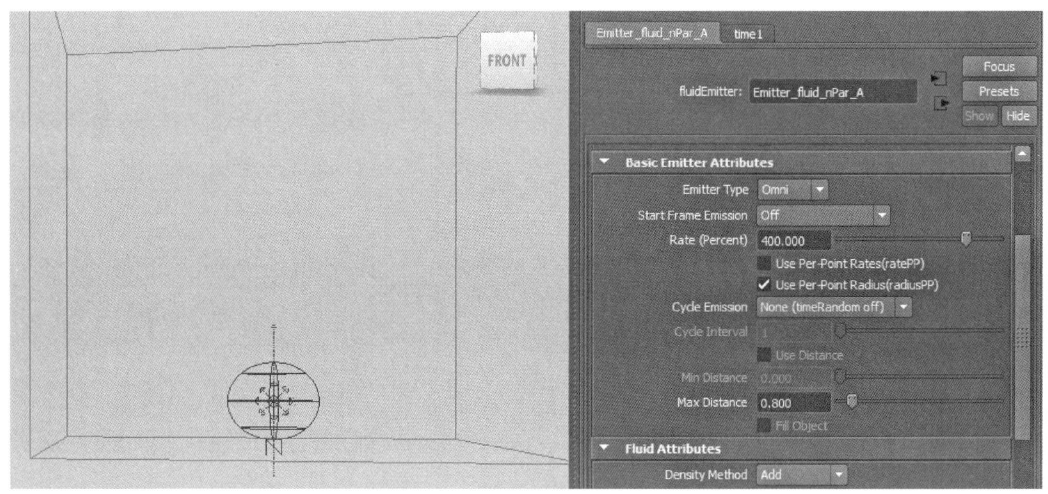

图 13-23

在 Fluid Attributes 卷展栏中我们将 Density Method 与 Heat Method 的模式均设为 Add,并将 Density/Voxel/Sec 与 Heat/Voxel/Sec 均设为 3,关闭 Fuel Method 为 No Emission,并开启 Motion Streak 选项,有关 Fluid Attributes 卷展栏的设置效果如图 13-24 所示。

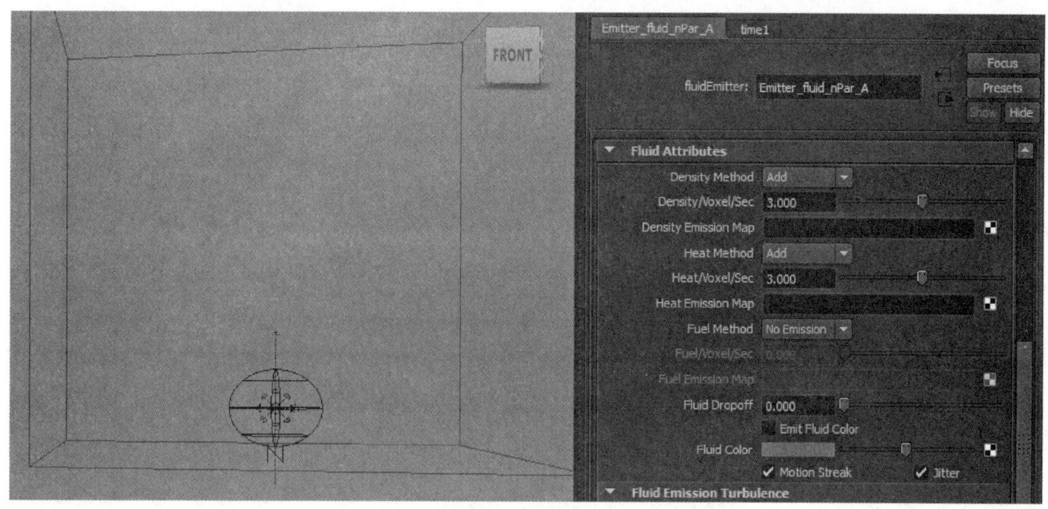

图 13-24

在 Fluid Emission Turbulence 卷展栏中将 Turbulence Type 设为 Gradient，将 Turbulence 设为 10，将 Turbulence Speed 设为 1，将 Turbulence Freq 三个轴向的大小均设为 0.2，将 Detail Turbulence 设为 1；将 Emission Speed Attributes 卷展栏中的 Speed Method 设为 Add，将 Inherit Velocity 设为 0.5 有关该两个卷展栏的参数设置效果如图 13-25 所示。

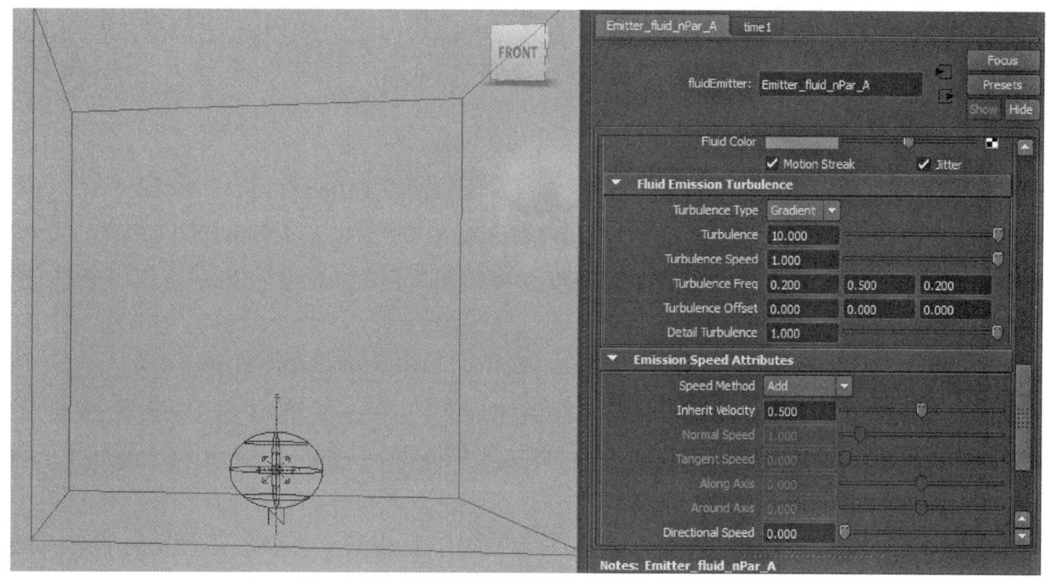

图 13-25

在上面有关 Container 与 Fluid Emitter 的参数都设置完毕后，可以对场景进行模拟并烘焙视频以观察效果，此时也可以先进行缓存处理，然后再进行视频烘培处理，具体过程略。烘焙后的视频截图效果如图 13-26 所示。

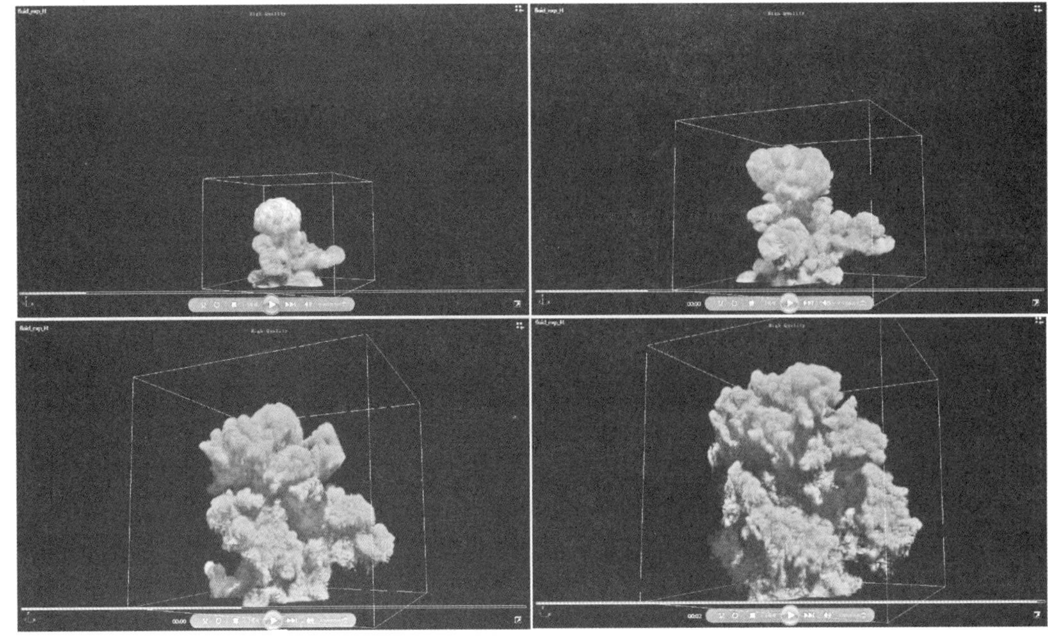

图 13-26

此时场景模拟效果基本符合预期，如果想继续调整，则主要是在模拟精度、运动形态及 Shading 质量上分别进行，调节的前提是读者要对各参数有非常精确的理解，在本例中我们只将模拟精度调高即可了，在最后的爆炸效果中我们将精度提高到了 125（即 Base Resolution 提高到了 125），具体设置过程略，在参数调整后，我们就需要对场景进行缓存处理了。

在缓存中要注意可以先对 nParticle 进行缓存，然后再对 Fluid 进行缓存。在对 Fluid 进行缓存处理时注意硬盘留有足够的缓存空间，以本例为例，场景大小仅有 100 多 KB，而最后的 Fluid 的缓存却达到了 45GB，如果继续提高模拟精度（即 Base Resolution），则缓存大小还会继续升高。

在本案例中还有一个特效模拟是关于在爆炸中地面产生的扩散烟尘的模拟，这个特效的做法与上面的案例比较相似，但注意两个关键地方：其一是使用 nParticle 进行形态控制时要使粒子尽量沿着地面的水平方向运动，其二是 Fluid 模拟中不需要开启 Temperature 模拟，也不需要 fluid Emitter 发射热量。

把握以上两点后首先在 nParticle 的发射上使用了 Cylinder 类型的体积发射器，并将发射器的 Volume Sweep 设为 200（从视觉效果出发要大于 180，但是也没有设为 360），并只朝向摄像机的方向发射；其余参数将 Away From Axis 设为 60，将 Random Direction 设为 2，发射器的摆放与参数设置情况如图 13-27 所示。

此时模拟场景观察扩散粒子的运动态势如图 13-28 所示。

在粒子运动态势模拟基本满意后即可以将其与 Fluid 流体关联 ，操作过程同爆炸环节。

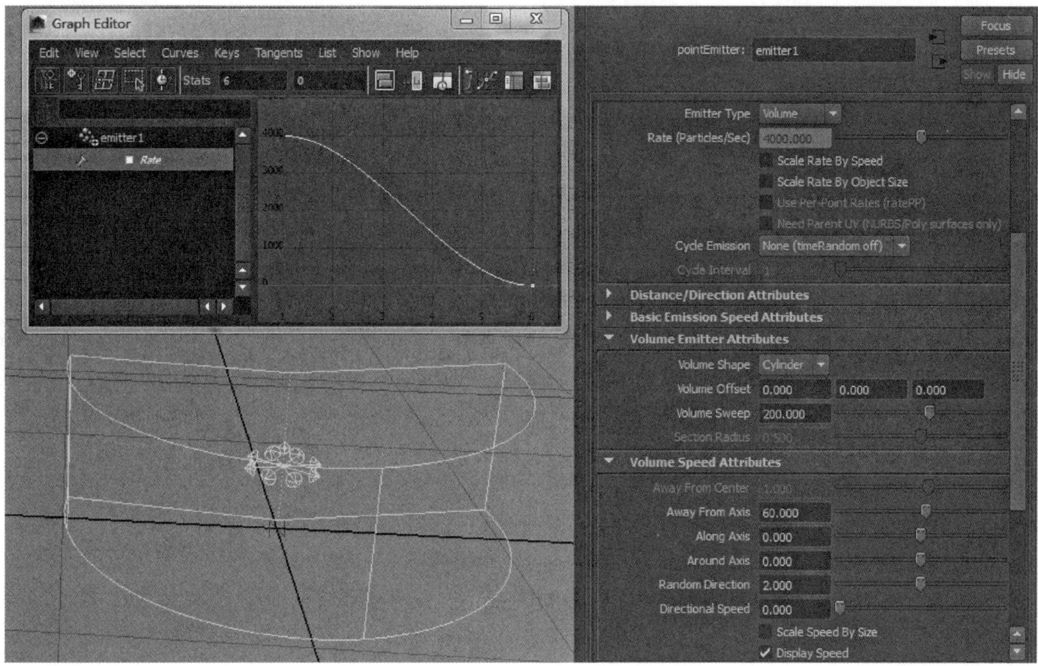
Graph Editor
Edit View Select Curves Keys Tangents List Show Help
Stats
emitter1
Rate
pointEmitter: emitter1
Focus
Presets
Show Hide
Emitter Type Volume
Rate (Particles/Sec) 4000.000
Scale Rate By Speed
Scale Rate By Object Size
Use Per-Point Rates (ratePP)
Need Parent UV (NURBS/Poly surfaces only)
Cycle Emission None (timeRandom off)
Cycle Interval
Distance/Direction Attributes
Basic Emission Speed Attributes
Volume Emitter Attributes
Volume Shape Cylinder
Volume Offset 0.000 0.000 0.000
Volume Sweep 200.000
Section Radius
Volume Speed Attributes
Away From Center
Away From Axis 60.000
Along Axis 0.000
Around Axis 0.000
Random Direction 2.000
Directional Speed 0.000
Scale Speed By Size
Display Speed

图 13-27

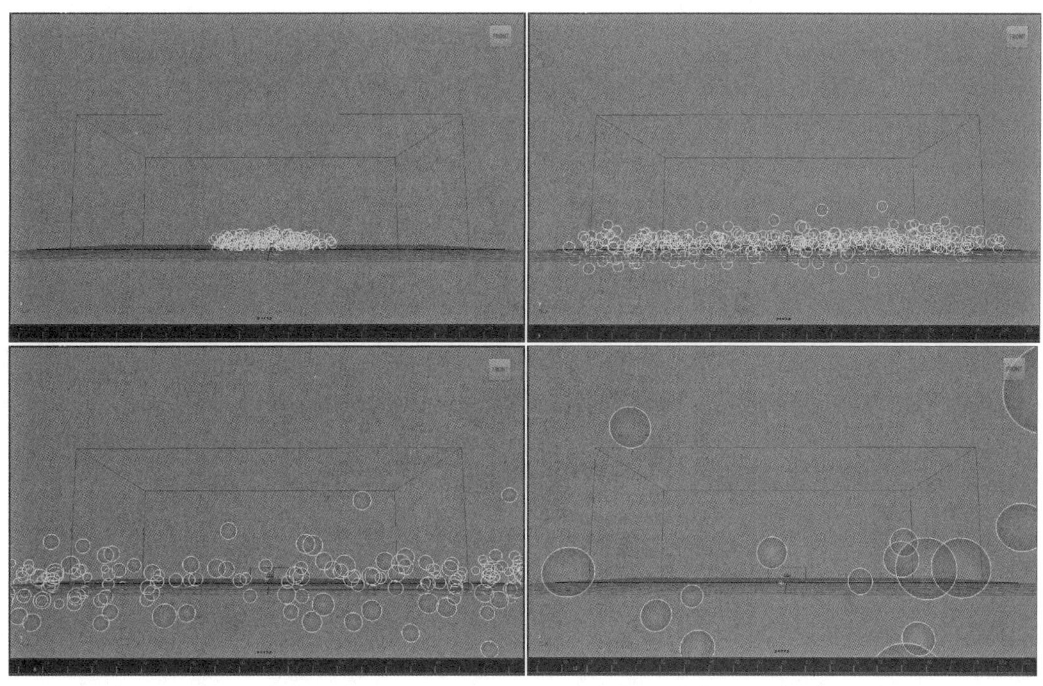

图 13-28

如我们前面分析，地面扩散烟雾是不需要开启 Temperature 模拟的，而其余参数设置主要的有以下几个方面，首先是 Base Resolution 设置为 125，同样需开启 Boundary －Y side，而其余方向保持 None；

在 Contents Method 中只开启 Density 与 Velocity 的 Dynamic Grid，关闭其余选项（Off (zero)）；

在 Dynamic Simulation 卷展栏中将 Damp 设为 0.02，开启 High Detail Solve 为 All Grids 模式，将 Substeps 设为 3，将 Solver Quality 设为 46，Simulation Rate Scale 可适当动画调整或维持不变，开启 Emit In Substeps；

在 Auto Resize 卷展栏中开启 Auto Resize 和 Resize In SubSteps，关闭 Resize Closed Boundaries 与 Resize To Emitter，将 Max Resolution 设为 400，将 Auto Resize Margin 设为 6；

在 Density 卷展栏中维持 Density Scale 0.5 不变，将 Buoyancy 设为－3，将 Noise 设为 0.05，将 Gradient Force 设为 25；

在 Velocity 卷展栏中将 Swirl 设为 5；

子 Turbulence 卷展栏中为 Strength 做关键帧动画处理，数值与时间分别是 Frame1：15 与 Frame16：0.15；将 Frequency 设为 0.2，将 Speed 设为 0.1；

在 Shading 卷展栏中需要为 Transparency 进行动画处理，数值与时间分别是 Frame1：0.9 与 Frame30：0.6；在 Color 属性卷展栏中将 Color 的数值设定与爆炸中产生烟尘相似即可，Incandescence 卷展栏可略过（本模拟中未开启）；Opacity 卷展栏的曲线设置与爆炸环节的依然相似，但本例中可能需要适当增大 Input Bias 值，本例中将其设为了 0.35；

在 Lighting 卷展栏中的设置依然与爆炸环节基本相同，最主要的是开启 Self Shadow。图 13-29 是有关 Density、Velocity 与 Turbulence 三个卷展栏设置情况与场景模拟到 11 帧时的截图。

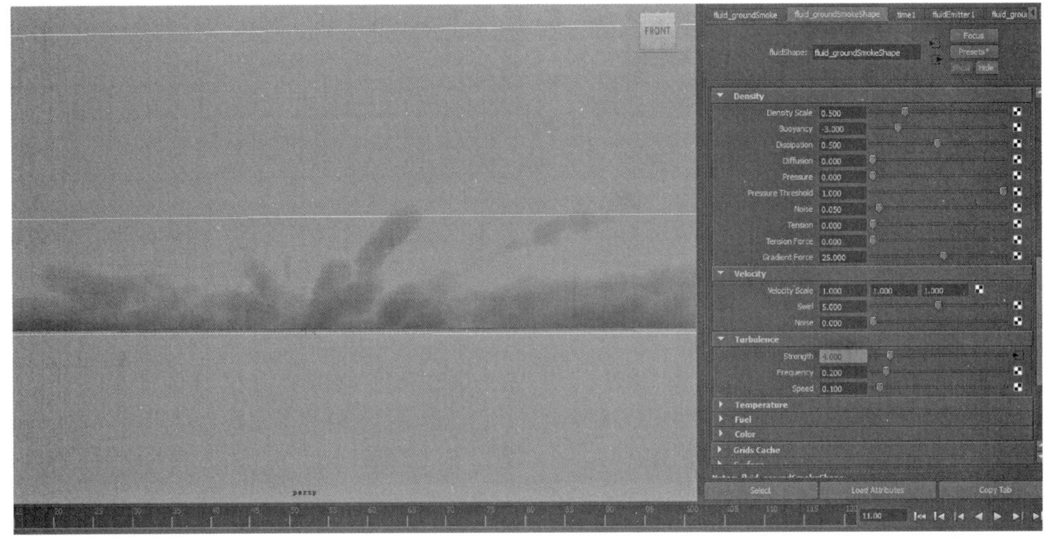

图 13-29

在对地面扩散烟雾模拟基本满意后也需要对流体进行缓存处理，当然依然要注意的是要对 nParticle 与 Fluid 分别进行缓存处理。

在爆炸烟雾与扩散烟雾模拟完毕后(并完成缓存以后)，对于一个完整的特效效果需要丰富场景并将两个特效模拟合并，图 13-30 是我们进行了简单的场景搭建后并将两个特效合并后的场景显示效果。

图 13-30

特效被合并后会自动连接缓存文件，此时可以直接渲染测试了，图 13-31 是在场景背景及灯光下的渲染效果截屏。

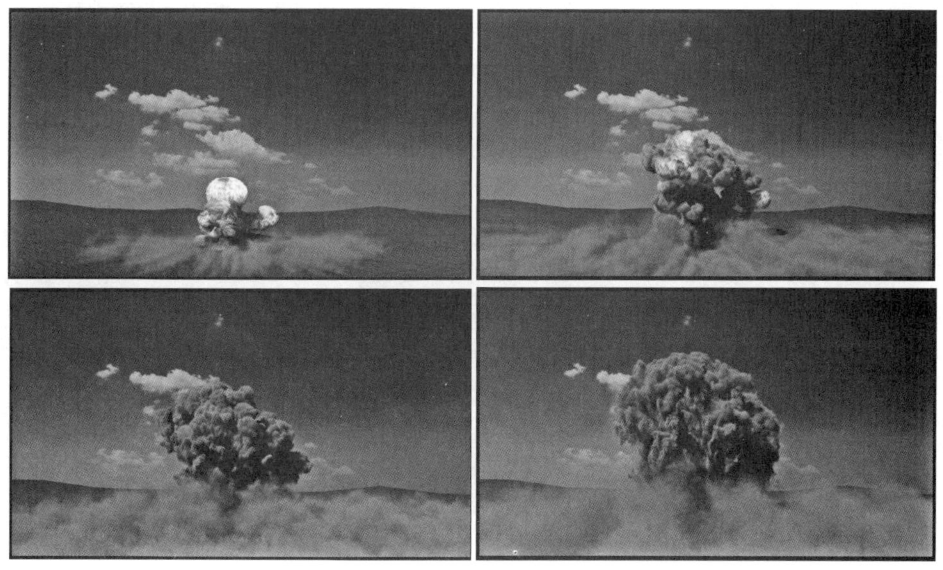

图 13-31

至此整个烟尘爆炸效果就制作完毕，在烟尘爆炸中要注意理解 Fluid 的 Density 与 Temperature 两个属性在模拟中所起的作用不同，而其余一些属性则是在流体的运动形态（Simulation Rate Scale、Buoyancy、noise、Turbulence 等）及相关质量控制（如 Resolution、All Grids、Emit In Substeps、Shading 等），以上参数请读者多看帮助文件从而了解其真实含义，这对以后快速掌握 Fluid 非常有作用。

第十四章 Bifrost 特效模拟——红酒

Maya 在新版本中集成了关于液体模拟的新模块，即 Bifrost 系统，有关 Bifrost 系统前世今生请读者查找 Maya 官方提供的相关说明，Bifrost 被集成到 Maya 后解决了 Maya 在动画中实现液体模拟必须借助第三方软件的局限，本例中我们使用了 Maya2017 版本进行了模拟，图 14-1 是我们要制作的效果演示。

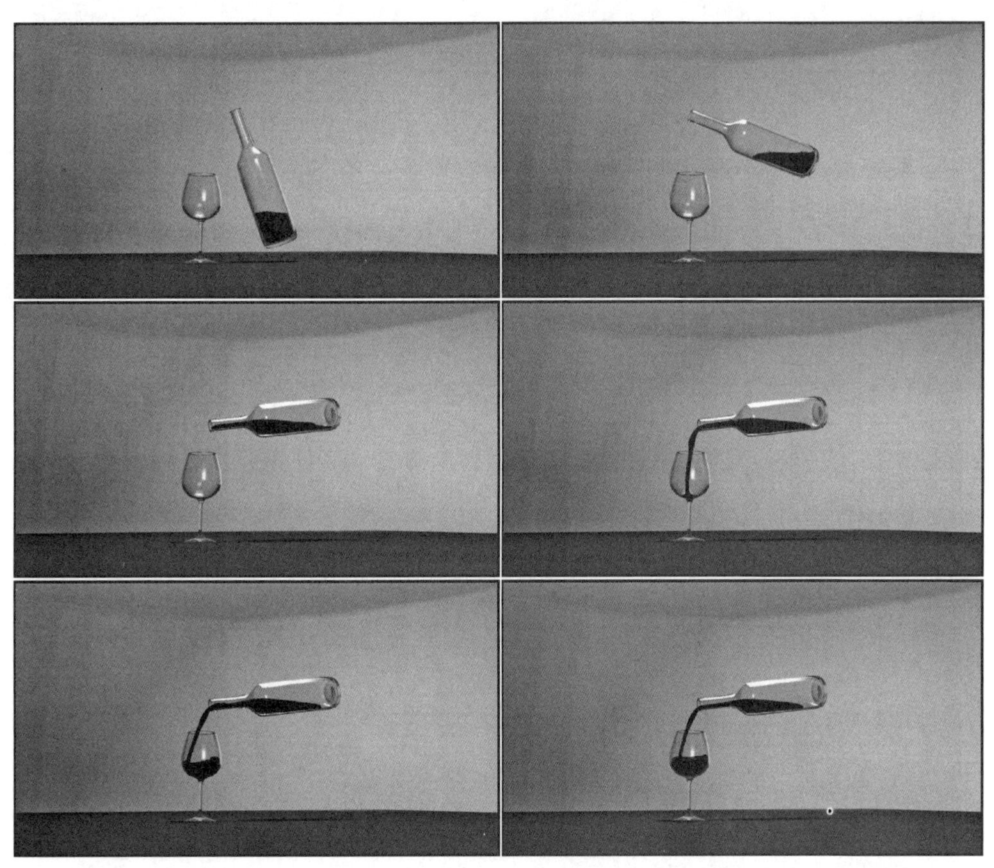

图 14-1

Maya 集成 Bifrost 的初衷主要是为了实现较大尺寸场景中液体特效如水面的模拟，但在图 14-1 中所示效果场景尺寸较小，因此在参数设置上要更为精细，由于 Bifrost 输出中需要不断生成各种 particle 缓存与 mesh 缓存，对模拟时间与硬盘的存储空间都是一个非常大的考验，故本章以一个小尺寸场景为案例进行讲解说明。在进行模拟之前还是要先准备场景，图 14-2 是我们准备的场景，是基于 cm 为单位创建的酒杯与酒瓶，如图 14-2 所示。

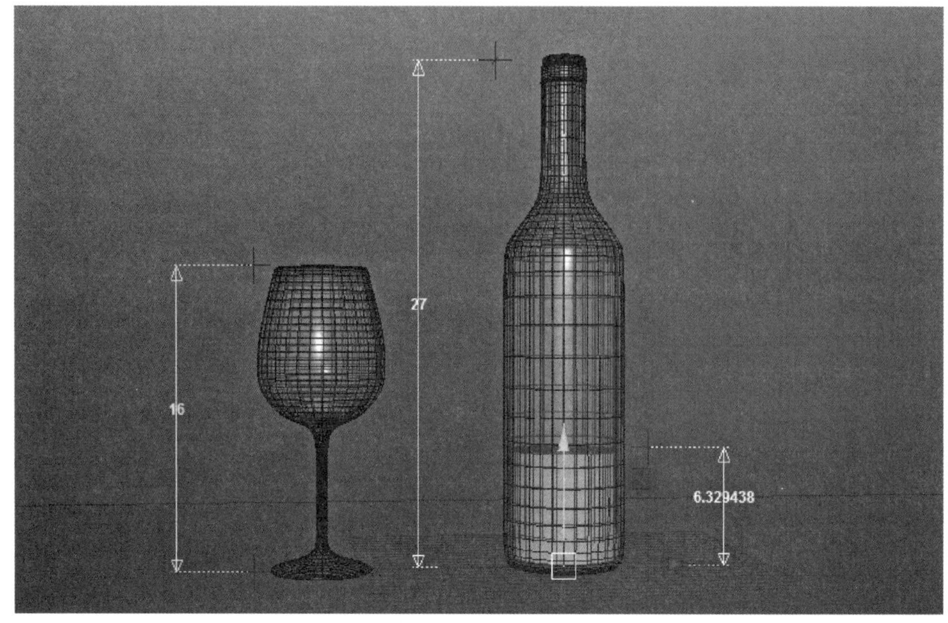

图 14-2

在图 14-2 所示的场景瓶子里面有一个圆柱小物体(bottleWine_emitter)是将来要作为 Bifrost 液体发射器的，在完成模型后还要完成酒瓶倒酒动画，图 14-3 所示的场景是完成动画后的场景显示效果。

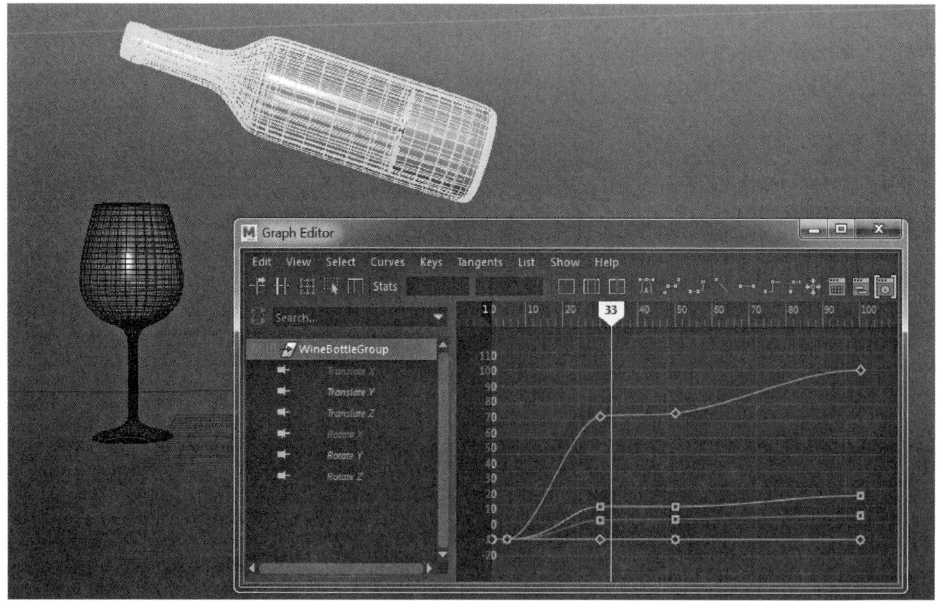

图 14-3

在场景准备完毕后开始进行 Bifrost 模拟制作，首先将 Maya2017 切换到 FX 模块，Maya 在 2017 版本中将所有的动力学模块都集中在了 FX 下，这与 Maya 以前版本的布局有很大不同。

首先选择 bottleWine_emitter，然后执行 Bifrost\Liquid，则通过大纲视图会发现场景中增加 5 个节点，分别是 BifrostLiquid、BifrostLiquidProperties、BifrostGuidProperties、BifrostLiquidMesh 与 BifrostEmitter 共五个节点，在 Bifrost 系统其绝大部分参数(对液体模拟效果有重要影响的参数)都集中在一个被称作 BifrostLiquidProperties_Container 节点里面，关于 Bifrost 在模拟中重力设置、解算精度、粒子精度设置等被集中在这个节点里面，由于在本例中我们将相关节点进行了重命名，在相关的 Bifrost 节点后面都添加了 bottleWine 后缀，因此在本例中的该节点名称就是 BifrostLiquidProperties_bottleWineContainer。

打开 BifrostLiquidProperties_bottleWineContainer 的属性编辑器，首先切换到 Solver Properties 卷展栏，这里 Gravity Magnitude 默认值为 9.8，这是由于 Bifrost 在默认情况是以 m(米)、kg(千克)等为计量单位工作的，故我们这里需要做出修改。由于 Maya 场景在默认情况下是以 cm 为单位进行建模的，那么如果想精确标注的话我们应该将其改为 980，但是在本例中我们通过模拟发现 980 数值过大，我们这里将其设为 350 比较合适；然后我们切换到 Resolution 卷展栏，将 Master Voxel Size 设为由默认值 1 改为 0.15，这将极大增加场景中的粒子数量，如果读者想获得更好的模拟效果，0.125 或 0.1 都是可以尝试的值；我们切换到 Adaptivity 卷展栏，将 Spatial 下的 Enable 选项去掉勾选，然后在 transport 设置区中将 Transport Step Adaptivity 设为 0.95，将 Min Transport Steps 设为 25，将 Max Transport 设为 1000，将 Transport Times Scale 设为 1；在 Time Stepping 属性设置区将 Time Step Adaptivity 设为 0.9，将 Min Time Steps 设为 5，将 Max Time Steps 设为 10，有关 Solver Properties Resolution 与 Adaptivity 设置效果如图 14-4 所示。

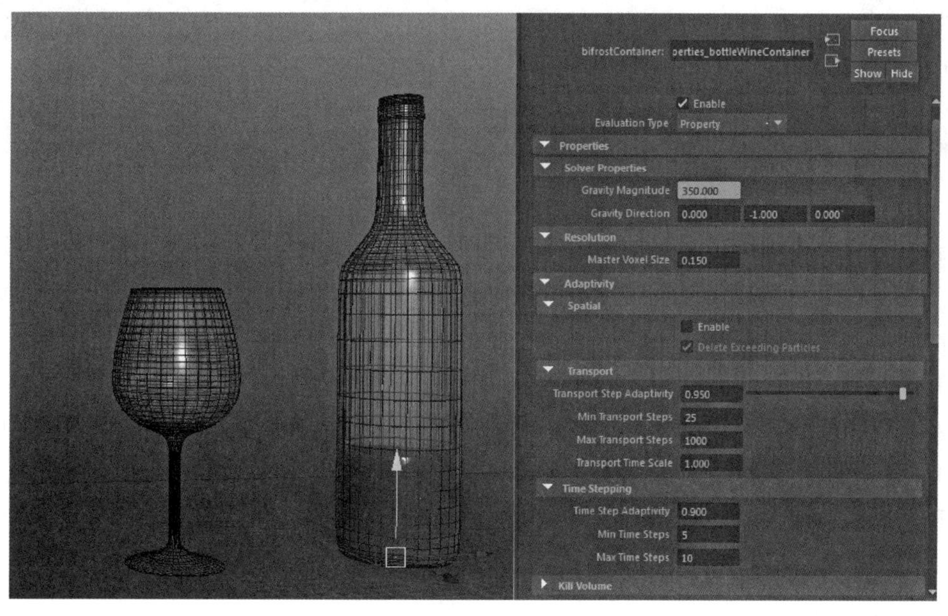

图 14-4

继续向下拖动滑条 Kill Volume 选项不进行设置，进入到 Emission 卷展栏，在该区域中维持 Droplet 两个选项 Threshold 与 Mergeback Depth 分别为 1 与 2 不变，然后打开 Particle Distribution 设置区，Surface Bandwidth 维持 1 不变，但将 Interior Particle Density 与 Surface Particle Density 均设为 2.5；略过 Vorticity 参数不设置（这里也不开启）；勾选 Surface Tension，维持其 0.072 不变，这是常温状态下水的表面张力，该参数在我们模拟小尺寸场景或小的水滴、水流时需要开启，这种情况下液体的表面张力对液体的形态会产生较强的影响。此时要开启 Viscosity，由于水的黏度较低，我们将 Viscosity 设为 0.001 即可（如果读者感兴趣，可利用百度查找一下不同液体的黏度值），然后将 Scale 设为 0.3，关闭 Erosion 选项下的两个参数，即 Factor 与 Factor Near Solids，都设为 0 即可，以上参数设置情况如图 14-5 所示。

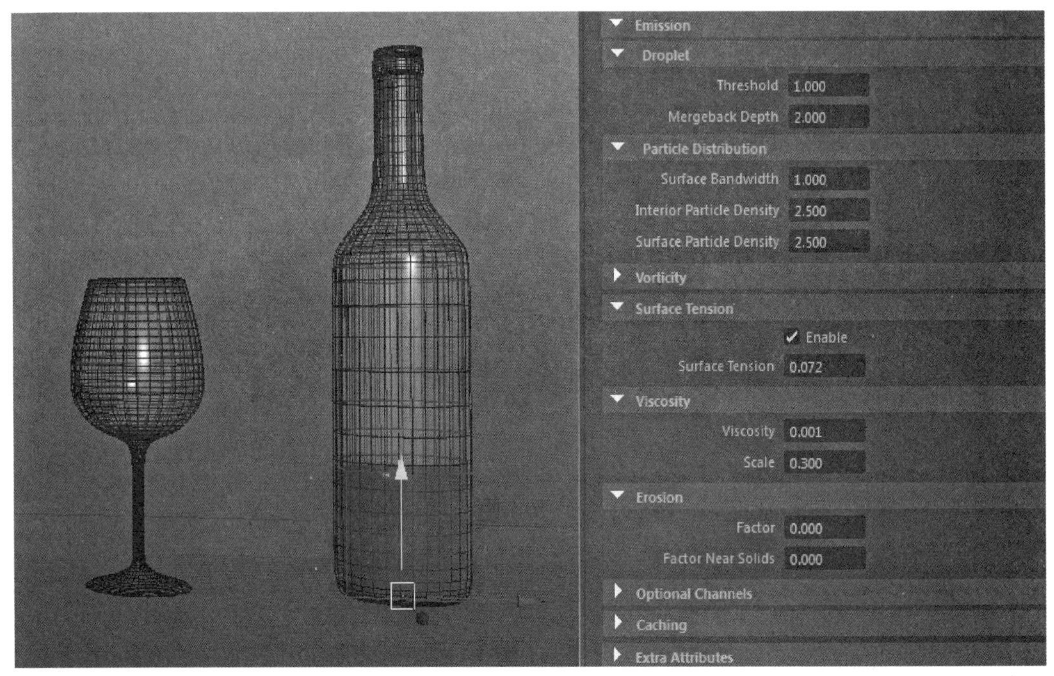

图 14-5

将以上参数设置完毕后我们还需要设置一个重要参数，就是定义水的密度，就像在 Solver Properties 中设置 Gravity Magnitude 时要考虑 Maya 的尺寸设置标准是厘米（cm）一样，此时我们也需要将当前水的密度由 1 000 改为 0.001，表示的是由原来的 1 000 kg/m^3 改变为 0.001 g/cm^3，该属性在 emitterProps 中设置，设置效果如图 14-6 所示。

将以上参数设置完毕我们可以回头设置一下粒子的显示属性，在大纲视图中选择 BifrostLiquid_bottleWine 节点，其下有一个 liquid 节点，其下的 liquidShape 节点就是控制场景中粒子显示的节点，打开其属性编辑器，在 Particle Display 卷展栏中将 Point Size 设为 3，其余设置选项如颜色、透明度等如果读者对 Maya 传统粒子比较熟悉则会非常容易理解，在此不再详细阐述，有关 particle 显示的设置如图 14-7 所示。

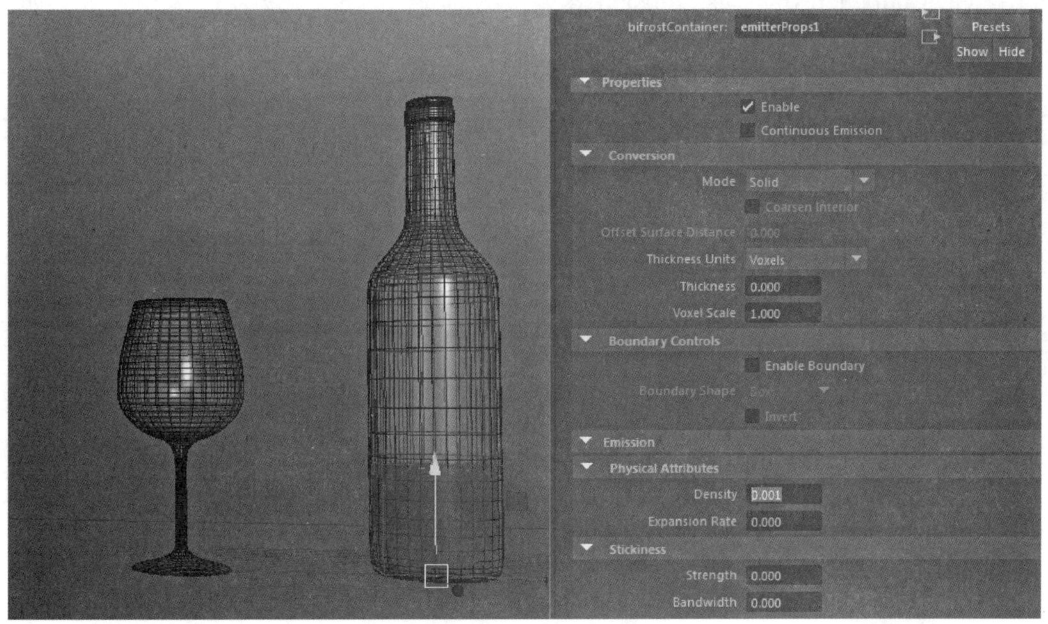

图 14-6

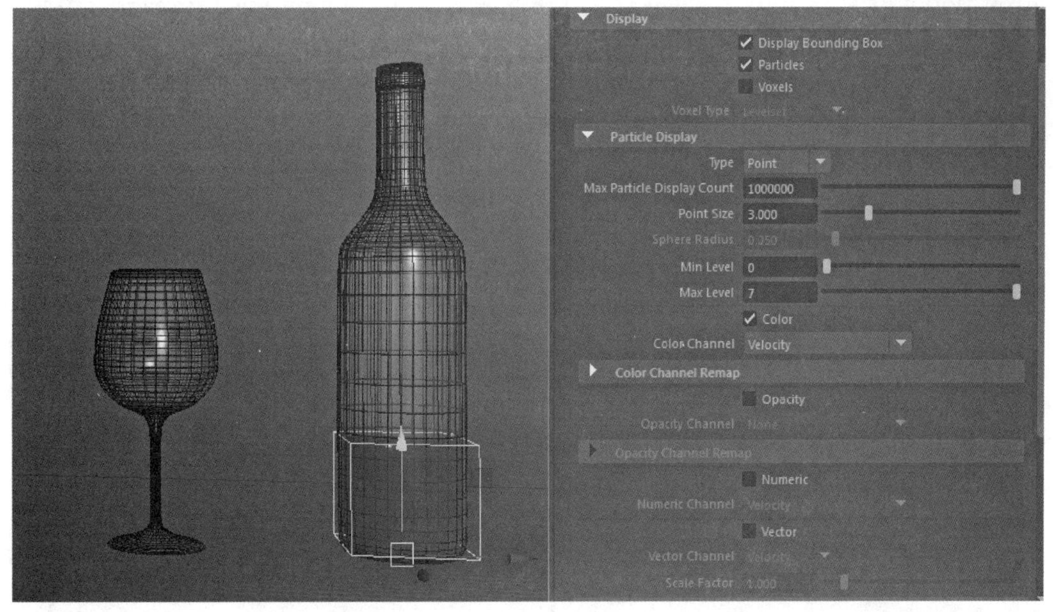

图 14-7

我们要为 Bifrost 液体添加碰撞物体，即将酒杯与酒瓶设置为 BifrostLiquid_bottleWine 的碰撞体，首先选中 BifrostLiquid_bottleWine，然后选择场景中的 WineGlass 与 WineBottle_glass，最后执行 Bifrost\Collider 即可，此时场景中会增加两个 BifrostColliderProps 节点，两个新产生的碰撞节点我们不需要设置任何参数，但是我们回到 BifrostLiquid_ bottleWineContainer 节点，将 Collision 卷展栏下的 Voxel Scale 设为 0.5，设置效果如图 14-8 所示。

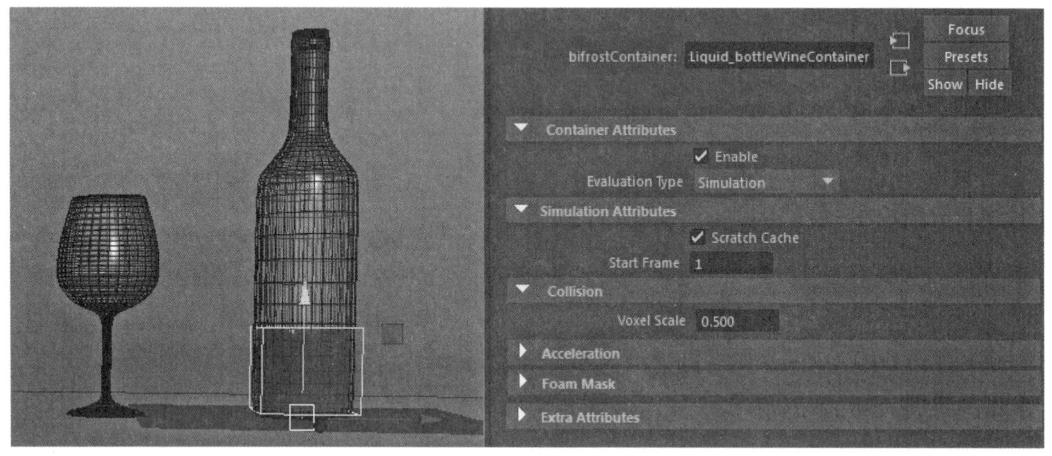

图 14-8

我们在场景中选择 BifrostLiquid_bottleWine，为其添加一个 Bifrost 内置的 MotionField，添加后在场景大纲视图中就会出现该节点，这里将其重新命名为 BifrostMotionField_botleWine，然后打开其属性编辑器，在 Motion Field Properties 卷展栏中只勾选 Drag，其余如 Direction、Noise 等类型的场全部关闭，接着继续切换到 Drag 卷展栏，将 Drag 设为 0.75，将 Normal Drag 设为 0.275，其余参数维持不变，有关 MotionField 设置效果如图 14-9 所示。

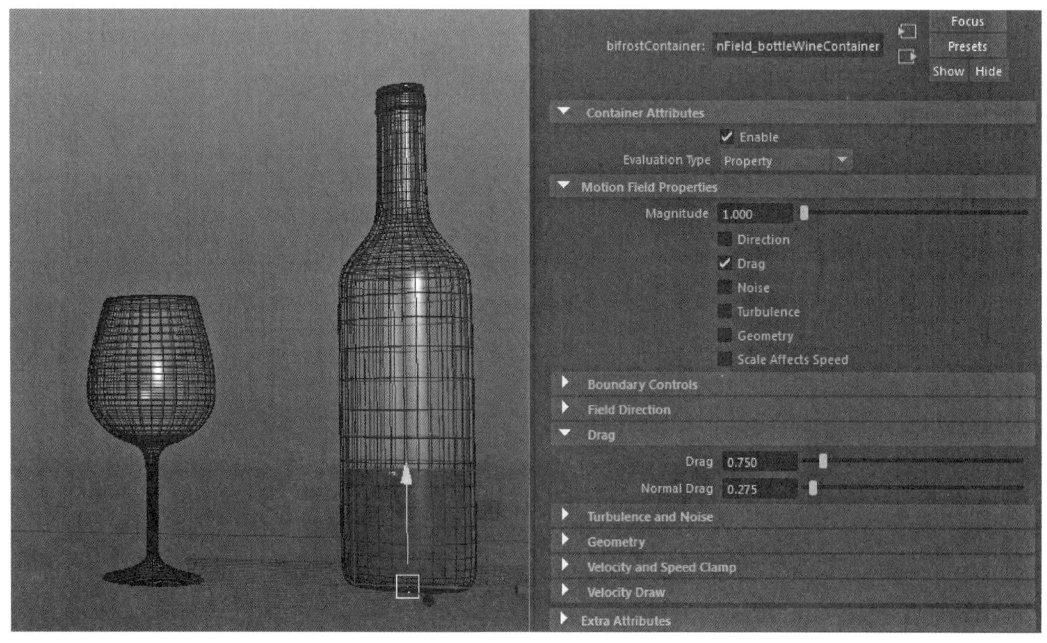

图 14-9

在这里采用 Drag(拖动场)主要是 Bifrost 粒子的模拟不要过于活跃,如果读者对 Maya 传统粒子系统(Particle)比较熟悉的话就应该对该参场的作用效果有所了解。在以上基本参数设置完毕后我们就可以进行场景模拟了。

Maya 的 Bifrost 提供了比较先进的后台模拟方式,其模拟缓存可以暂时存放在内存中,但本例中由于我们已经将粒子的数量设置得较为巨大,因此还是存储在硬盘上比较好,这需要我们对其模拟方式进行一些修改。首先打开 Bifrost Options 对话框,将 Processing Options 下的 Enable Background Processing 与 Scratch Cache Management 下的选项均关闭,设置效果如图 14-10 所示。

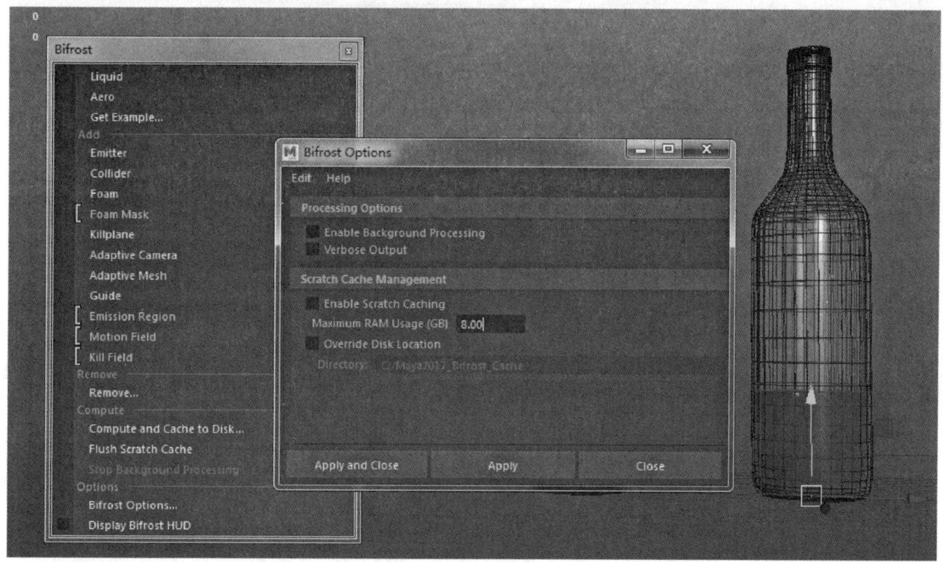

图 14-10

然后选择 BifrostLiquid 节点,执行 Bifrost\Compute and Cache to Disk,在弹出的菜单中维持默认选项即可,设置效果如图 14-11 所示。

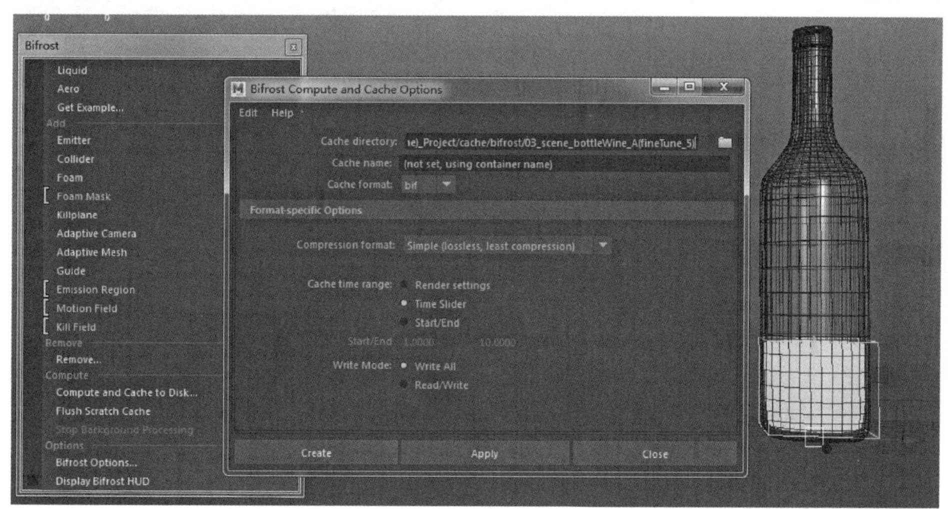

图 14-11

点击 Apply 之后，等待 Maya 将模拟的粒子输出到硬盘上，本人模拟的时间大概是 3.5 小时，在缓存计算完毕后场景中 Bifrost 显示效果如图 14-12 所示。

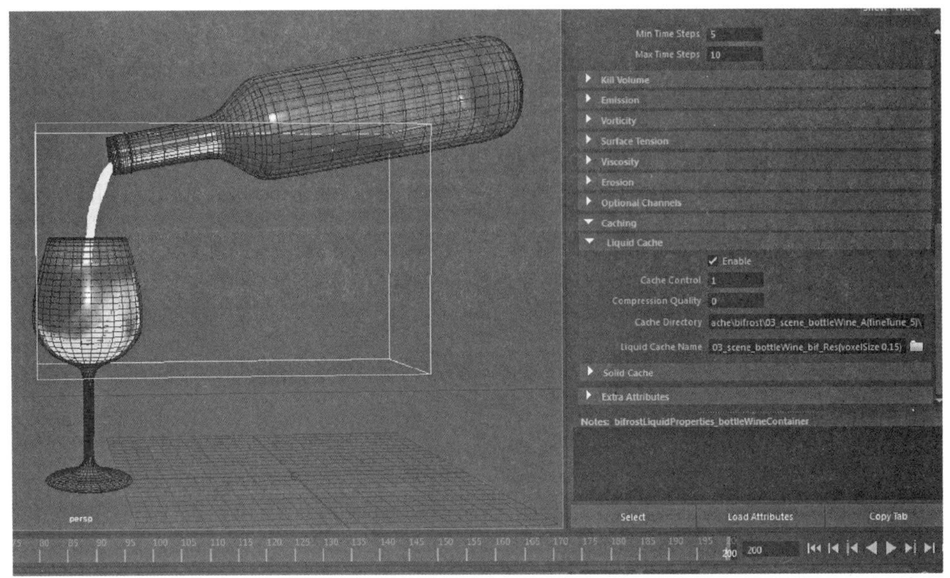

图 14-12

此时我们可点击 Playblast 场景观看模拟效果，此时的模拟动画效果如图 14-13 所示。

图 14-13

Bifrost 缓存在硬盘上生成之后我们就可以利用其来完成 Mesh 制作了，如果要想从 Bifrost 粒子生成 Mesh，则需切换到 LiquidShape 属性下并找到 Bifrost Mesh 卷展栏。首先勾选 Enable 选项，然后将 Droplet Reveal Fator 设为 3，将 Surface Radius 设为 1.5，将 Droplet Radius 设为 1.2，而 Kernel Factor 与 Smoothing 均维持原值不变，分别是 2 与 3，而将 Resolution Factor 设为 1.15，此时为了场景观察方便，我们可将 Display 卷展栏下的

Particle 显示关闭，此时场景显示如图 14-14 所示。

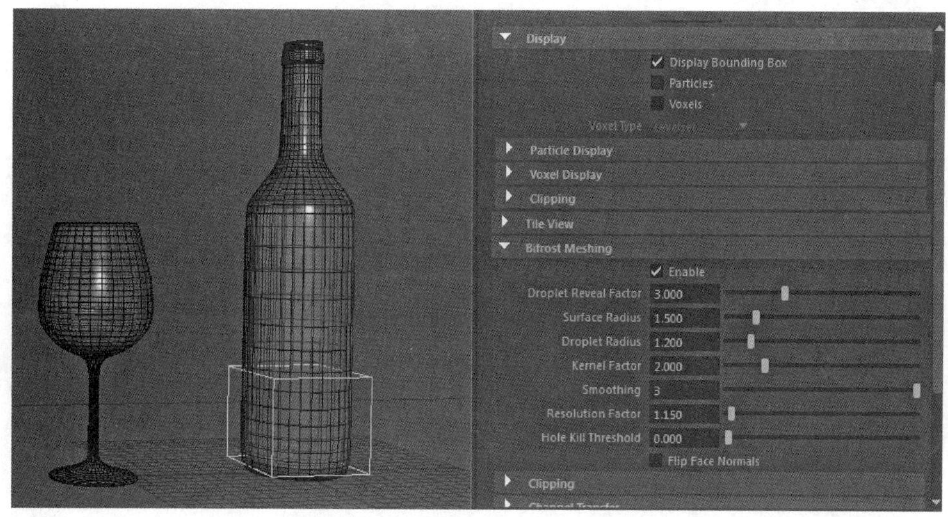

图 14-14

在 Mesh 参数设置完毕后我们需要将其导出为 Alembic 文件，在大纲视图中选中 BifrostLiquid1Mesh，然后执行 Cache\Alembic Cache\Export Selection to Alembic，在弹出的菜单中针对 Bifrost 物体我们主要勾选两个重要选项，即在 Advanced Options 卷展栏下的 UV Write 与 Write Color Sets 两个选项，这样可以在生成的 Mesh 中存储一些 Bifrost 粒子模拟中的速度等信息，从而方便我们在后期材质制作等环节进行调用，而 File Format 注意要使用 Ogama-Maya 2014 Extension1 格式，而其余参数使用默认即可，有关 Alembic 导出参数设置效果如图 14-15 所示。

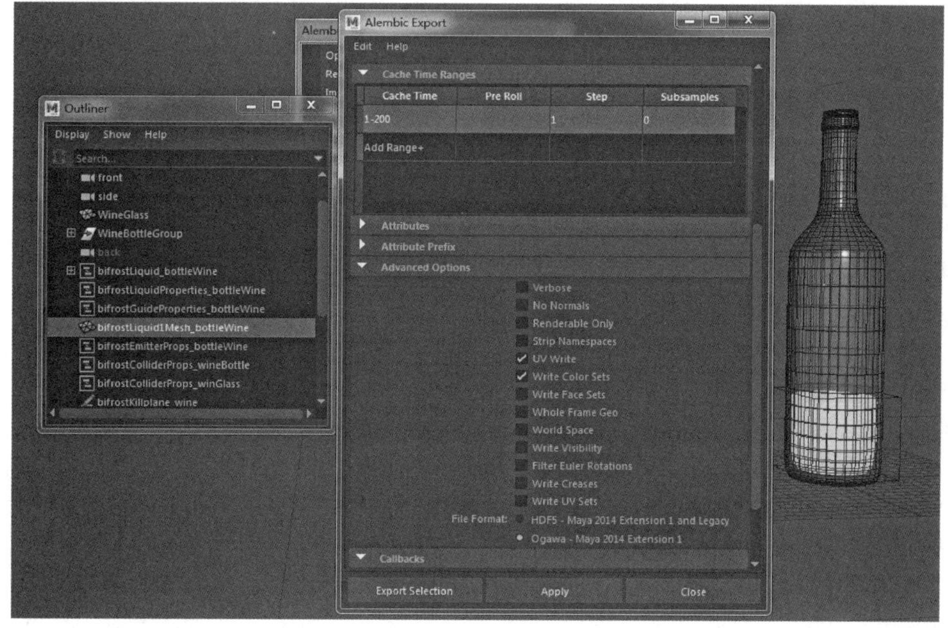

图 14-15

点击 Apply 之后我们就等待 Maya 将 BifrostMesh 输出为 Alembic 缓存文件，当输出完毕后我们可以重新打开一个只有酒瓶和酒杯的场景并将生成的 Alembic 导入回场景即可，而不再需要打开当前带有 Bifrost 节点的动力学模拟的场景文件了，图 14-16 就是我们的一个全新的场景文件，场景中不再含有 Bifrost 任何节点。

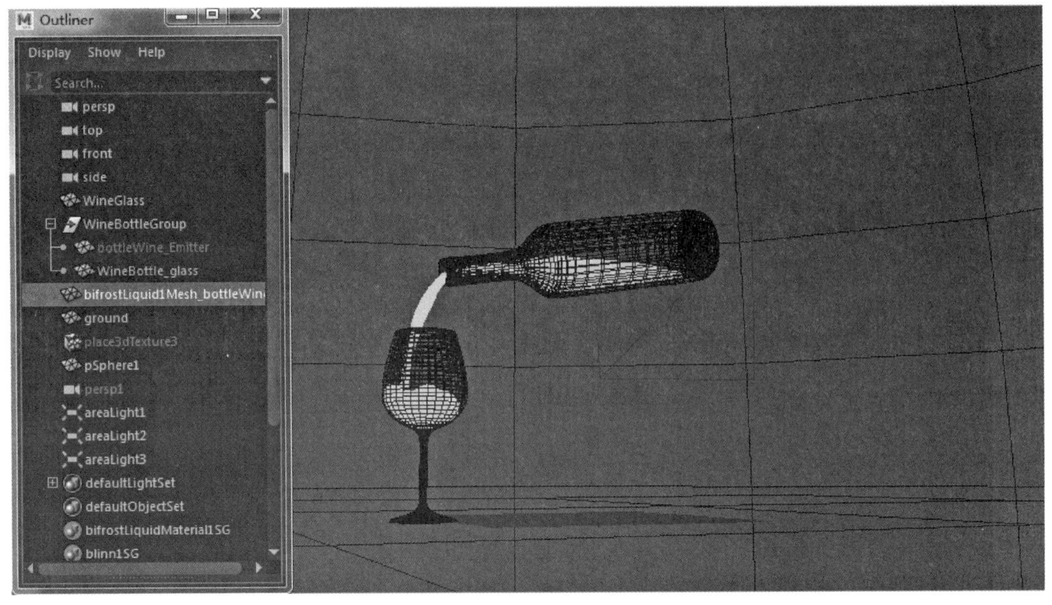

图 14-16

在接下来的环节我们为其进行材质制作就可以了，由于在 Maya2017 中集成了新的 Arnold 渲染器，但是在本人机子上出现了冲突而无法使用，故这里本人就使用了 Maya 的 SoftWare 渲染器及传统材质简单进行了材质制作，在具体材质与灯光制作上由于不是本书重点，故初步渲染效果如图 14-17 所示。

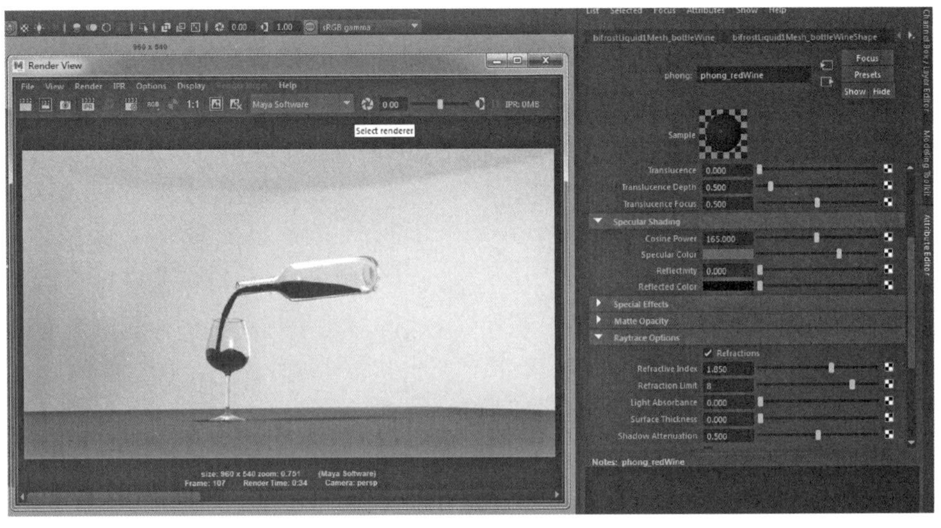

图 14-17

在这里之所以会提到 Arnold 渲染，是由于在 BifrostMesh 输出 Alembic 文件时，一些原 Bifrost 粒子的矢量信息被存储在了 Alembic 中，我们是可以在材质制作中进行调用的，但是 Maya 的 SoftWare 是做不到的，而 Arnold 可以，至于该部分内容请读者参考相关资料。

15 第十五章 MASH 应用——Futuristic HUD Element

MASH 本身是一套节点包(a suit of Maya nodes),最初研发的目的是为了艺术家能创作各种动态设计类型动画(“Motion Design” Style Animation)。MASH 从 Maya2012 开始作为一个插件存在,然后在 Maya2016.5 版本中被集成进来,在后来的 Maya2017 得到了进一步改进。如果读者对 Maya 粒子表达式比较熟悉,或是对 Houdini 比较熟悉的话,那么就会感觉到 MASH 本身非常好理解。在实际应用中,MASH 能实现的远远不止“动态图形”制作这么简单,它还能帮助我们实现一些复杂的程序化的模型制作,但本章只是对 MASH 的应用做一个简单的案例应用讲解,图 15-1 是我们将要完成的效果截屏显示。

图 15-1

在上面的 HUD Element 中主要的模型是地形、树、坦克及不断变化的大小两类方盒子(分别悬浮在空中与固定在水平面上),其中除了地形外,其余模型都是利用 MASH 提供的编辑节点进行了程序化操作。图 15-2 所示的场景是我们完成了基本模型准备的场景。

上面的地形模型稍显复杂,读者可利用 Maya 提供的 Texture Deformer 来完成制作,当然可以配合笔刷工具,但前提条件是保证分段数足够。

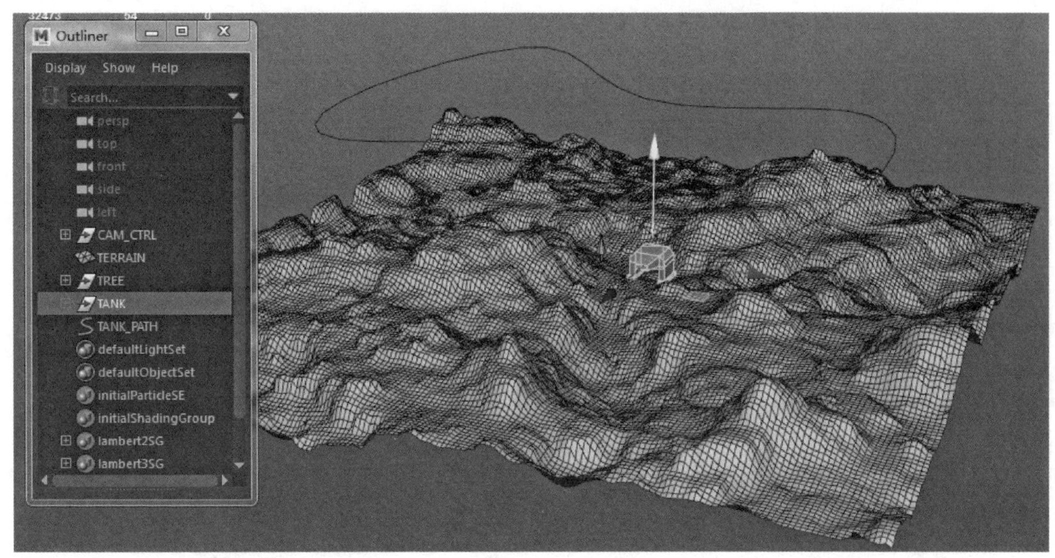

图 15-2

在完成模型准备后，我们先完成地面上树的分布制作。首先在大纲视图中选中 TREE 节点，然后点击工具架（Shelf）上 MASH 选项下的创建 MASH 网络（create MASH network）的图标，如图 15-3 所示。

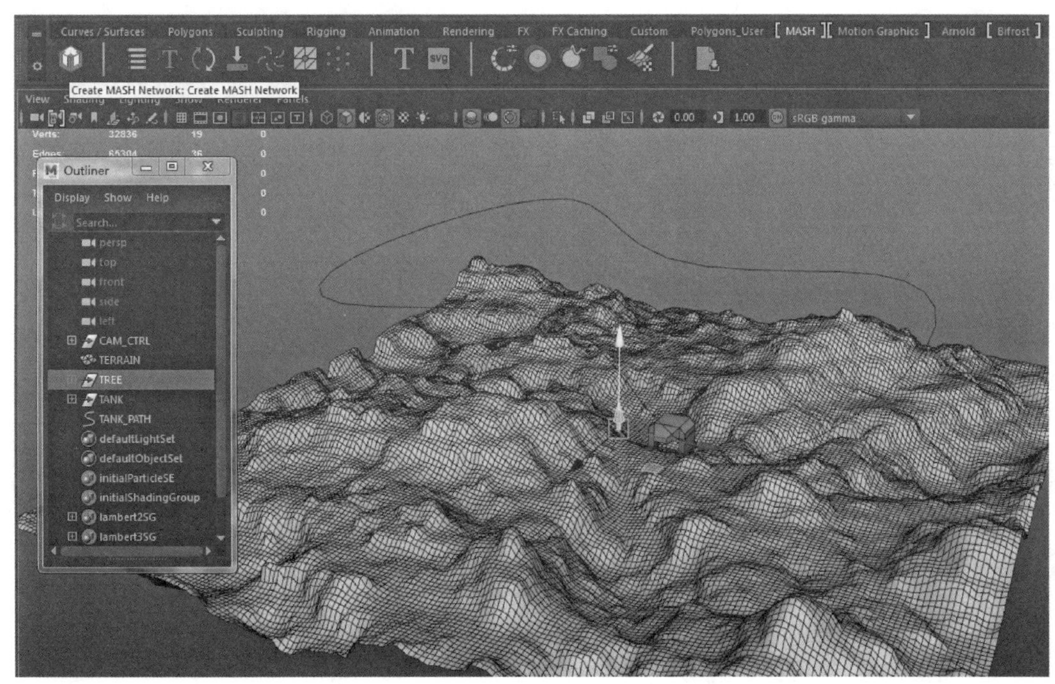

图 15-3

执行后的场景如图 15-4 所示。

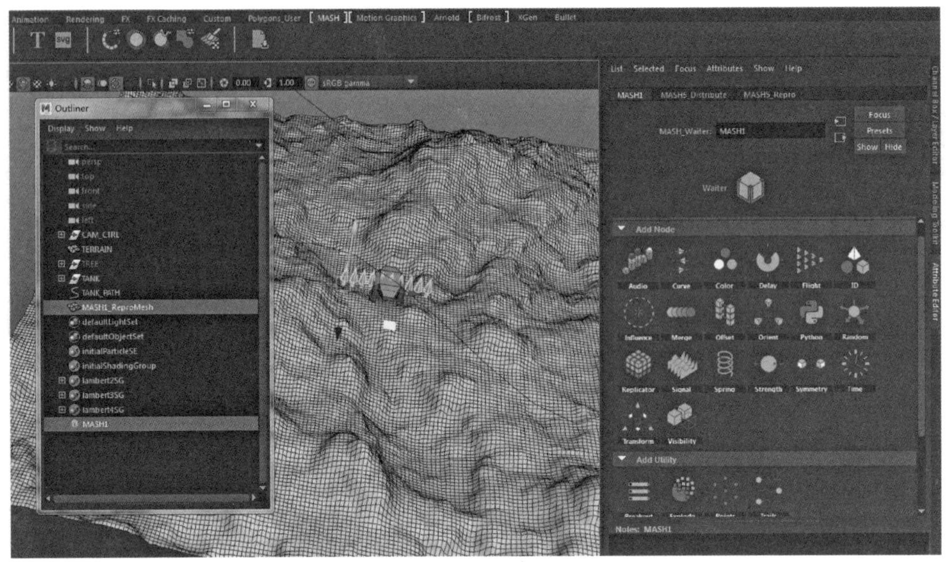

图 15-4

此时在大纲视图中产生了两个节点，一个是 MASH(network)节点，一个是其输出的 MASH_ReproMesh，MASH 自身包含的节点读者可从其属性编辑器中看到，而 MASH 与 MASH_ReproMesh 之间的关系读者可打开 Maya 的 Node Editor 查看，如图 15-5 所示。

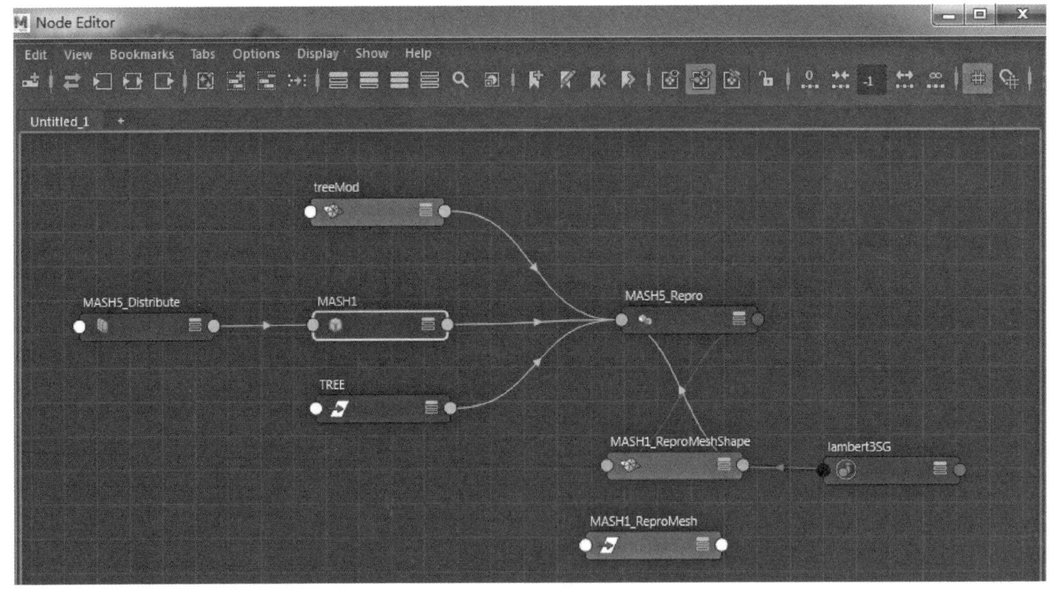

图 15-5

在上面的节点中，从左至右依次是 MASH-Distribute、MASH 和 MASH-Repro 三个节点，这也是 MASH 网络工作流程走向(也可以理解为是数据流走向)，大家如果打开 MASH-Repro 节点的属性编辑器，就会发现它与 Maya 的 instancer(粒子替代节点)节点很相像。

图 15-6 就是 MASH-Repro 节点的属性编辑器窗口。

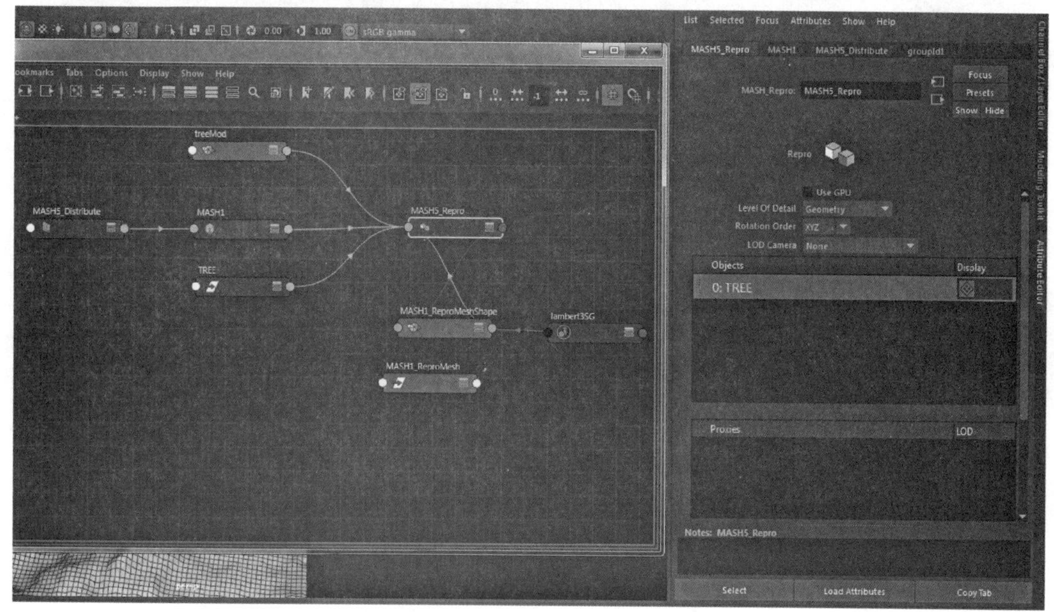

图 15-6

此时我们在 Node Editor 中选中 MASH-Distribute 节点，在其属性编辑器中将 Number of points 设为 700，将 Distribute Type 由默认的 linear 更改为 Mesh，并打开其下的 Mesh 卷展栏，效果如图 15-7 所示。

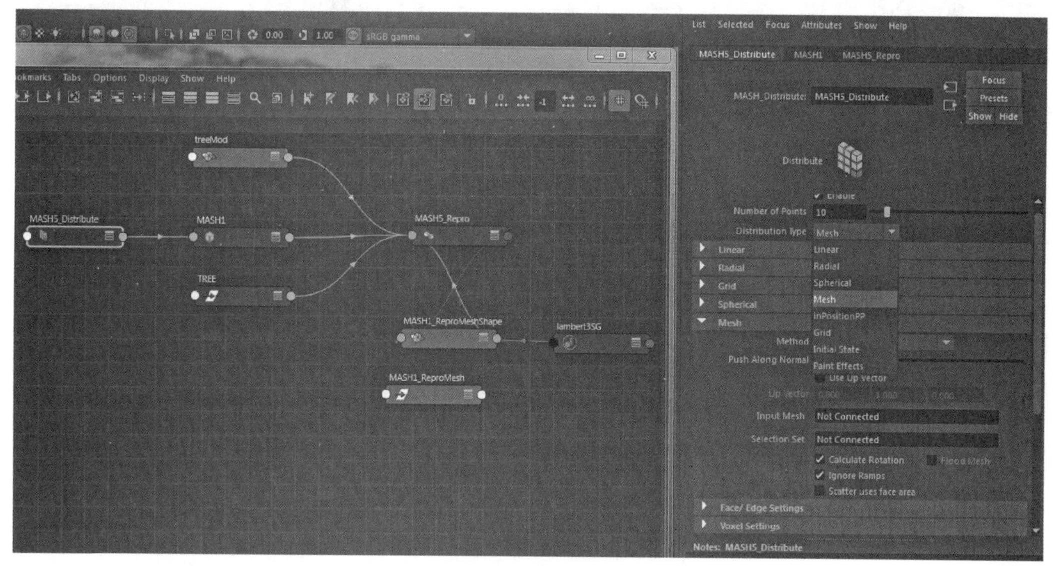

图 15-7

然后打开大纲视图，通过鼠标中键将 TERRAIN 拖入到 Input Mesh 中，此时再观察视窗，会发现视窗发生了很大变化，效果如图 15-8 所示。

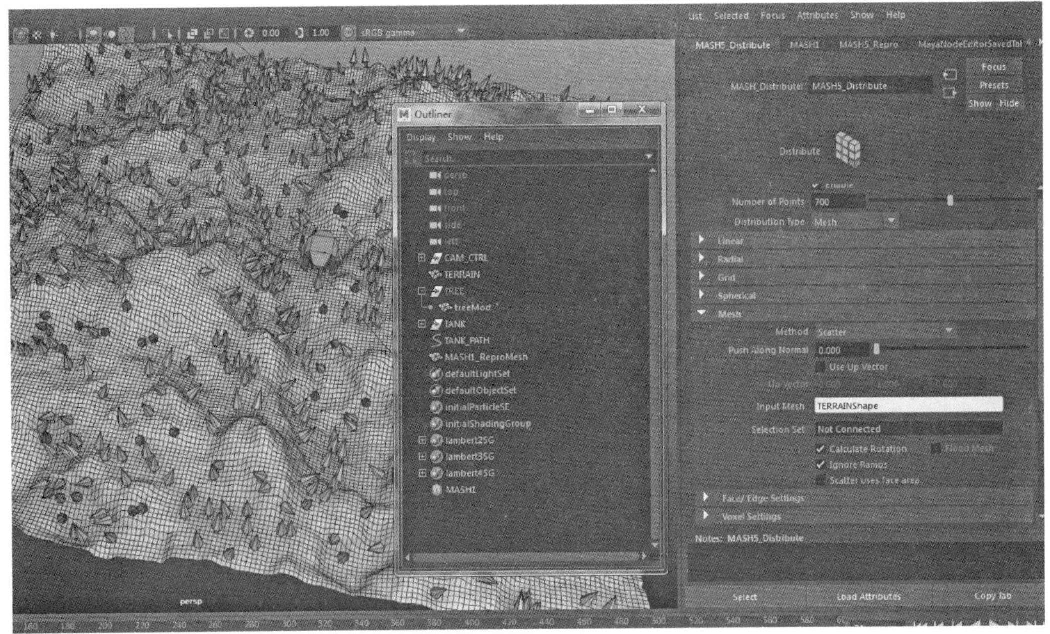

图 15-8

这时会发现重新分布的 TREE 模型不是直立的，此时需要将 Mesh 卷展栏中的 Calculate Rotation 选项关掉即可，如果读者对粒子替代比较熟悉，就知道这里原因何在了。此时场景显示如图 15-9 所示。

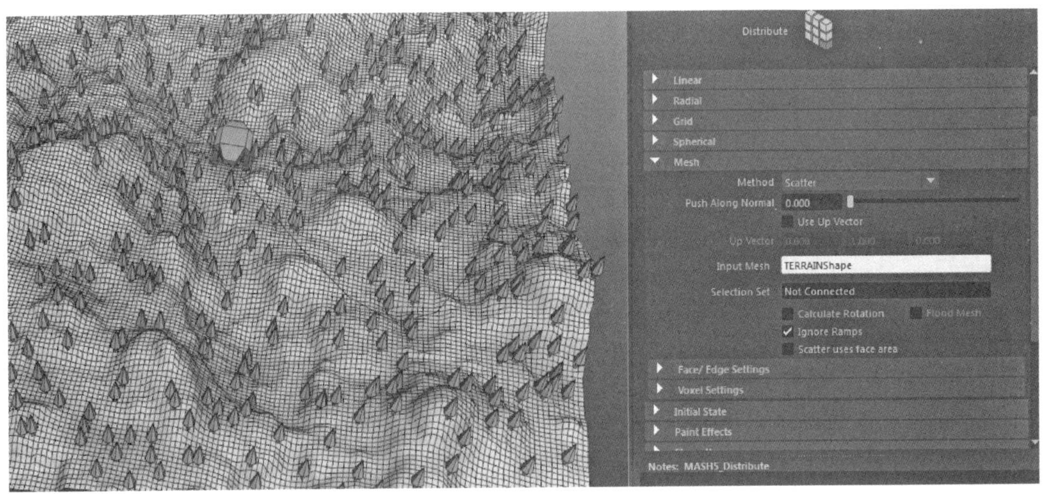

图 15-9

此时观察场景感觉树大小过于统一，因此可为其添加新的编辑节点解决问题，回到 MASH 节点，鼠标左键点击 Add Node 卷展栏下的 Random 图标，在弹出的选项中继续点击 Add Random Node，这时 Random 节点就被添加到本 MASH 节点网络中，操作过程如图 15-10 所示。

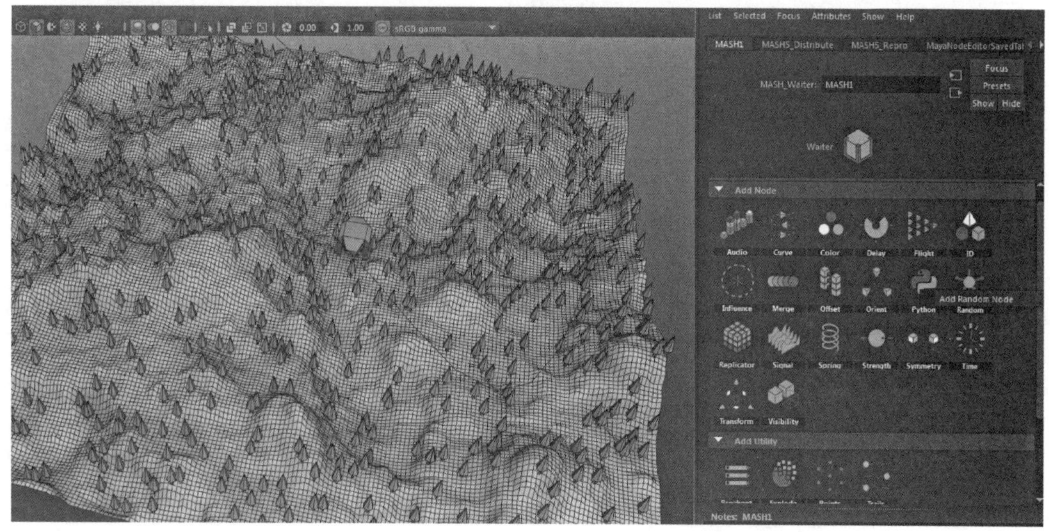

图 15-10

这时在 Node Editor 中 MASH1 的节点网络会发生变化，会增加了 Random 节点，我们也对于 Random 的参数进行一些调整，基本设置如图 15-11 所示。

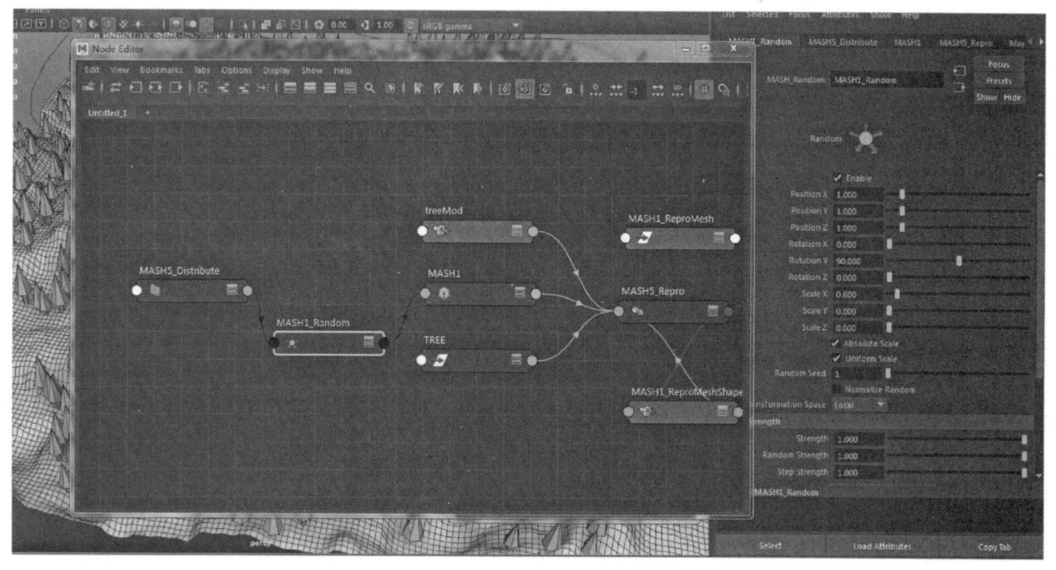

图 15-11

如果感觉 Random 节点对 Tree 的变化作用有限（只是在原有的基础上增加），可以继续添加一个 Offset 节点，将 Enable Position 与 Enable Rotation 的选项去选，只保留 Enable Scale，并将 Offset Scale 的值均设为－0.2，这样可以对 Scale 的变化产生一个小于原来的变化，Offset 节点的设置与场景显示如图 15-12 所示。

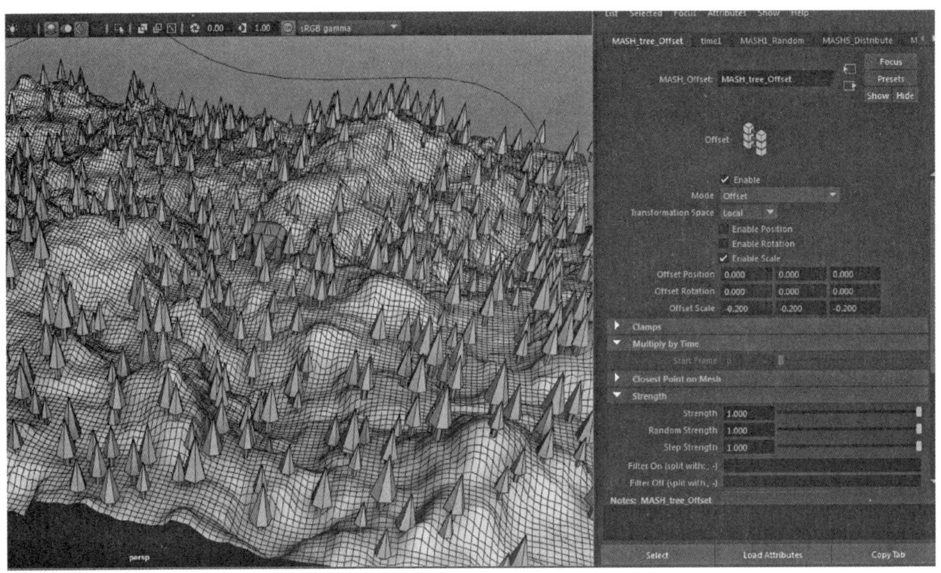

图 15-12

下面我要做坦克的巡视动画，首先制作路径。先选择场景中 TANK_PATH，然后选择 TERRAIN，并执行 Edit Mesh\Project Curve on Mesh，在弹出的菜单中注意将 Project 方向设为 ZX Plane，如图 15-13 所示。

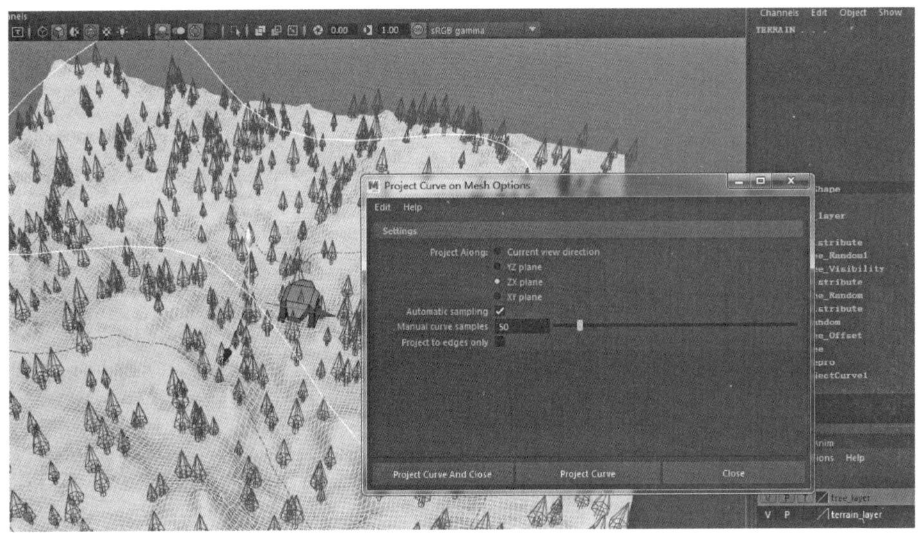

图 15-13

此时在场景中更会产生一条新曲线，名称为 polyProjectionCurve1，该曲线会完全贴合 TERRAIN 平面，但 control vertex 会非常密集。因此我们需要重建，选中该曲线，执行 Curves\Rebuild，在弹出的菜单中将 Parameter range 设为 0 to 1，将 Number of Spans 设为 100，重建之后的曲线控制点会减少，但也会基本贴合 TERRAIN 表面，重建曲线的参数设置与最终效果如图 15-14 所示。

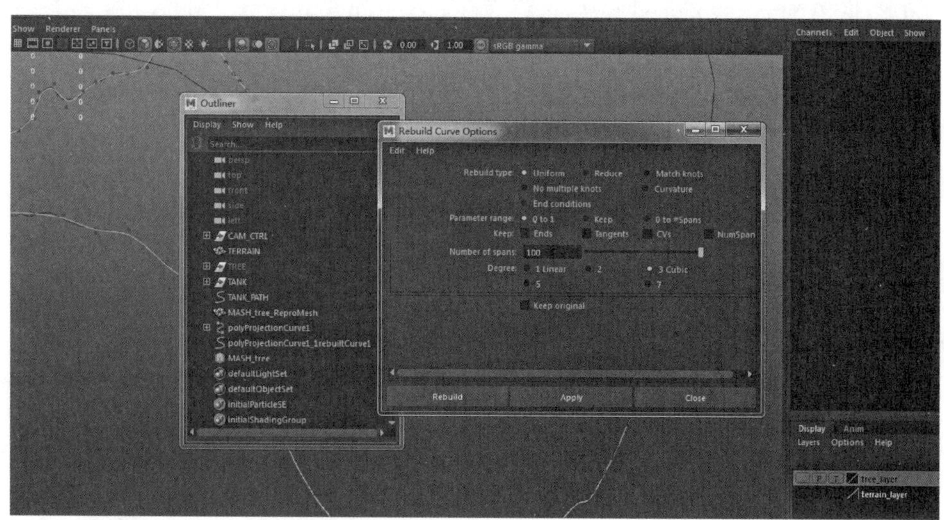

图 15-14

接下来我们要选择 TANK 模型，继续创建 MASH，注意在创建完后对新增加的 MASH 及 ReproMesh 节点进行合适的命名，这样方便后面的管理。

此时我们将 MASH_tank_Distribute 的 Distribute Type 设为 Grid，然后在 Grid 中将其只沿着 Z 轴向排列，基本设置如图 15-15 所示，注意这些参数在我们后面为其添加 Curve 编辑节点后还会更改。

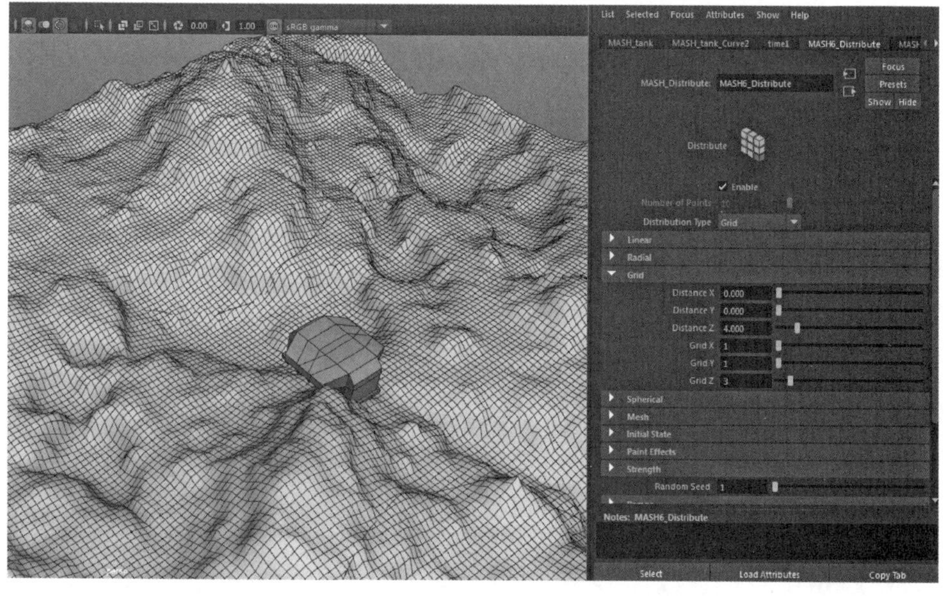

图 15-15

下一步我们为 MASH 添加一个 Curve 节点，并从大纲视图中用鼠标中键将 tank_path_on_terrain 曲线拖到 MASH_tank_Curve1 的 Input Curve 窗口中，将 curve 节点下的 step 参

数设为0.2，将 Animation Speed 设为1，将 Velocity Random 设为0.005，并播放场景，此时动画效果及 Curve 节点的输入效果如图15-16所示。现在会发现 TANK 物体在 TERRAIN 上不间断地做路径动画移动。

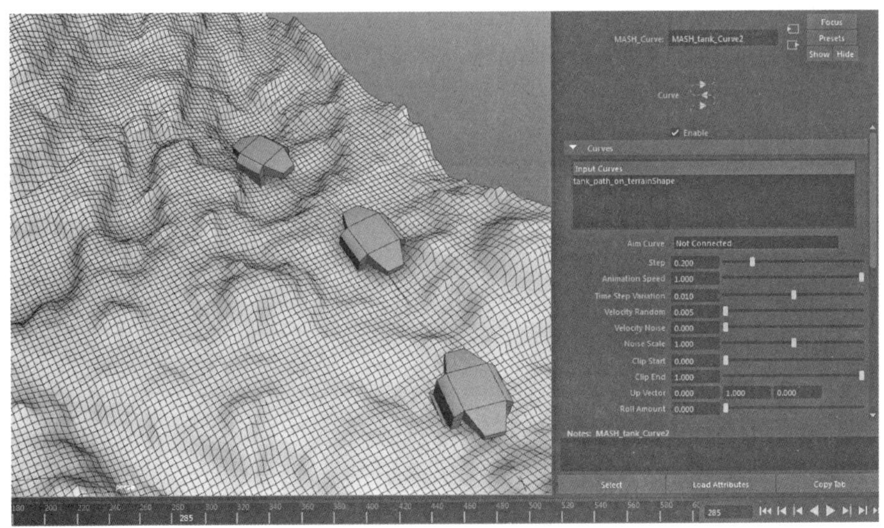

图 15-16

此时我们开启场景中树的显示，会发现在 tank 物体运动的路径上有 tree 与其穿插，我们需要将沿着 tank 运动路径上一定范围内的 tree 删掉（或隐藏，这里我们使用 MASH 提供的 Visibility 节点来修改），这需要我们回到 MASH_tree 节点上继续编辑。

此时我们开启 MASH_tree_reproMesh 的显示，并在场景中创建一个 NURBS 类型的 Circle，并按住键盘的"C"（实现曲线捕捉），将创建的 Circle 移动到 tank_path_On_Terrain 上，场景显示如图15-17所示。

图 15-17

现在要对 Circle 沿着该路径进行放样(注意要先选择 Circle,然后再选择 tank_path_on_terrain),执行 surface\Extrude,在执行菜单中我们维持默认,执行后回到新产生的 extrudeSurface1 构建历史进行修改,将 Fixed Path 设为 on,将 Use Component Pivot 切换为 Component Pivot,此时场景显示如图 15-18 所示。

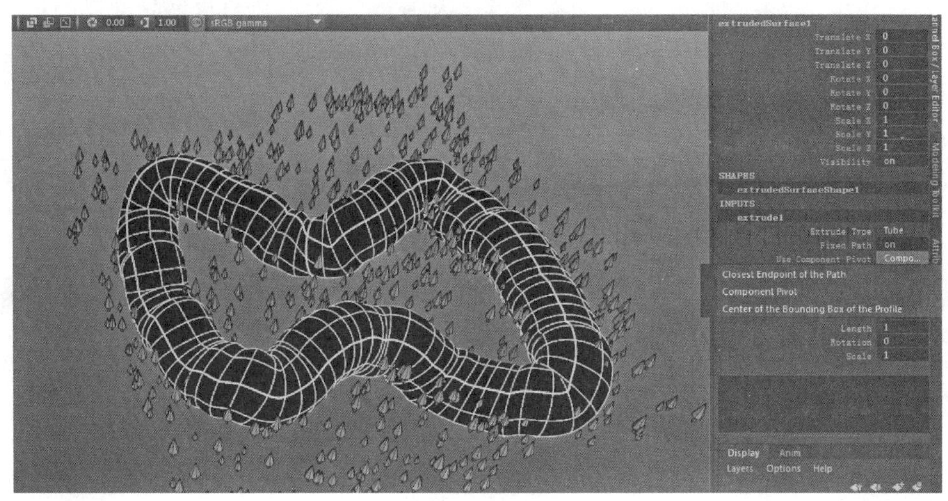

图 15-18

此时新创建的新几何体是 NURBS 类型的物体,还需将其转化为 polygon,因此在保证该物体被选择的状态下,继续执行 Modify\Convert\NURBS to Polygons,在弹出的菜单中 type 设为 Quads,并将 Tessellation method 设为 stand fit,设置过程及转换结果如图 15-19 所示。

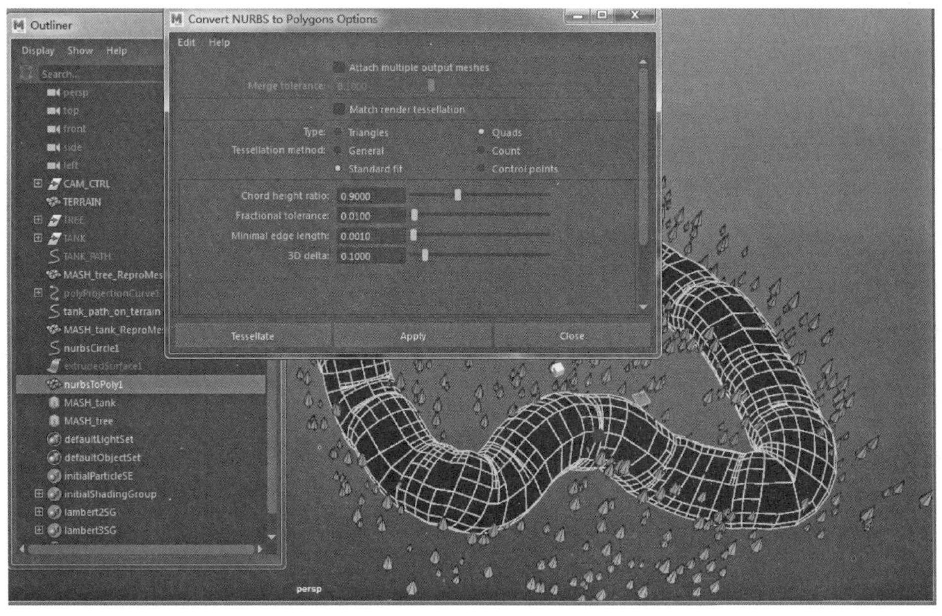

图 15-19

此时在大纲视图上产生了一个新的物体，名为 nurbsToPoly1，我们可以将其删除历史。此时读者会发现一个比较奇怪的现象，就是从我们创建 extrudeSurface1 开始，到进行 nurbsToPoly1 的转换，模型显示上都是黑色，这是由于这两个模型的法线都是朝里的原因造成的。对于我们即将进行的对 TANK 物体运动路径上的树进行隐藏来说，这样法线朝向正好符合我们的要求，因此我们在这里没有必要对其进行修改(进行反向处理以满足视觉显示要求)。我们可以将 nurbsToPoly1 重新命名为 tank_path_fallOff_poly。

我们在大纲视图中选择 MASH_tree 节点，“Ctrl＋A”打开其属性编辑器，然后在 Add nodes 卷展栏下为其添加一个 Visibility 节点，添加后会自动生成一个 MASH_tree_Visibility1 节点，然后在该节点的 Falloff Object 通过鼠标右键创建一个 Falloff_MASH_tree_visibility1Shape 节点，创建过程及结果如图 15-20 所示。

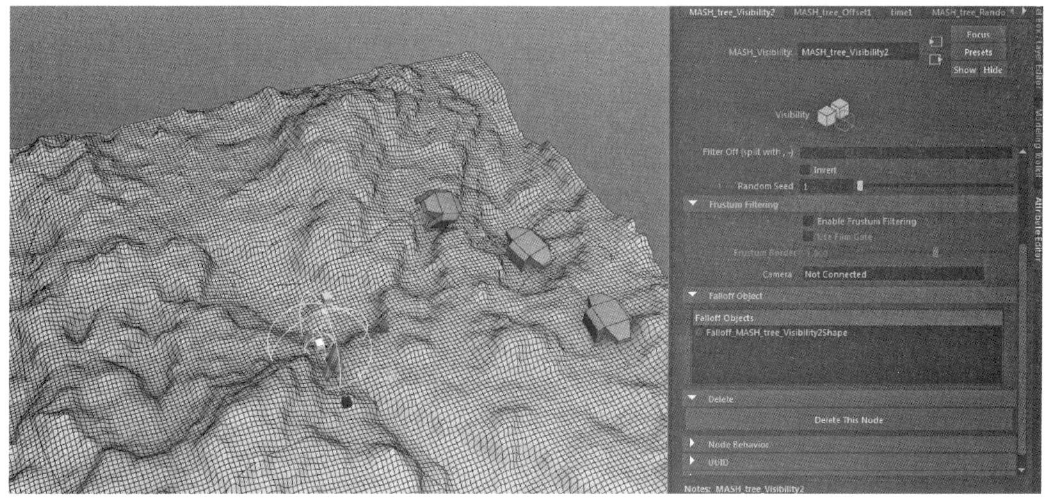

图 15-20

新生成的 falloff 在默认的情况下是一对球体，一旦创建成功，则场景中的大部分 TREE 都消失了，只有在 falloff 内部才有。此时我们只要用 tank_path_fallOff_poly 进行控制就可以实现我们想要的效果了，方法是在大纲视图中鼠标中键将 tank_path_fallOff_poly 拖到 Falloff_MASH_tree_visibility1Shape 的 connections 卷展栏下的 shape In 中，操作过程及场景显示如图 15-21 所示。

在图 15-21 显示中我们会发现还是有些树在 TANK 物体运动的路径上没有被除掉，这可能是 MASH 系统在 Maya2017 中的 bug，读者可以利用 Maya2018 尝试一下，也可以利用手动删除的方法在 MASH_tree_ReproMesh 中直接修改，但本例我们就先予以保留，往下进行另外两个 Element 的制作。

首先在场景中创建一个 pCube 物体，然后点击 Create MASH network 图标，在场景中创建一个新的 MASH 网络，并更名为 MASH_pCube。将 MASH_pCube_Distribute 的 Distribution Type 设为 Grid，将 Distance X 与 Distance Z 设为 50，Grid X 与 Grid Z 设为 7，Distance Y 设为 10，Grid Y 设为 3，创建过程与创建结果如图 15-22 所示。

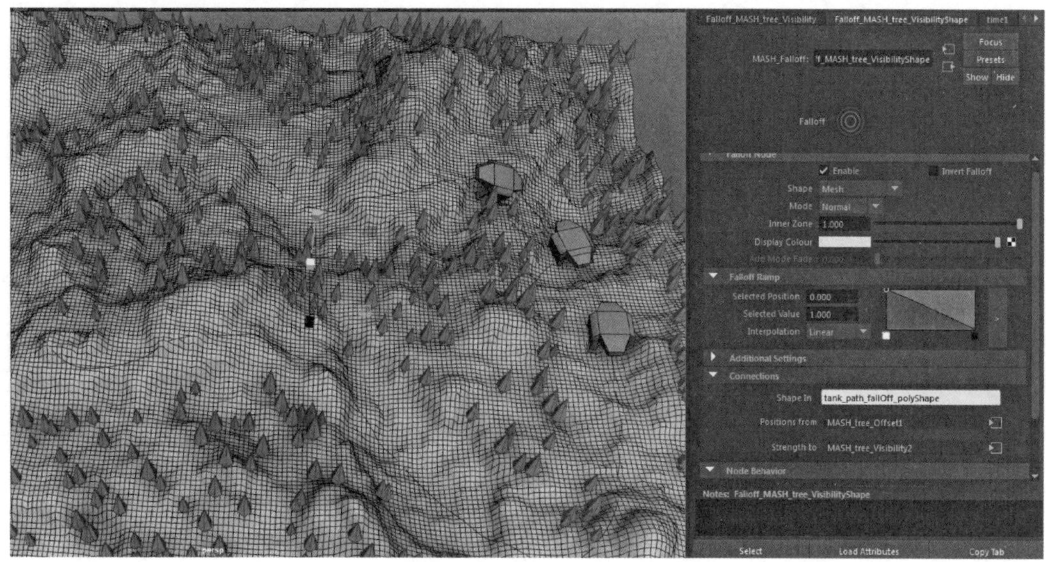

图 15-21

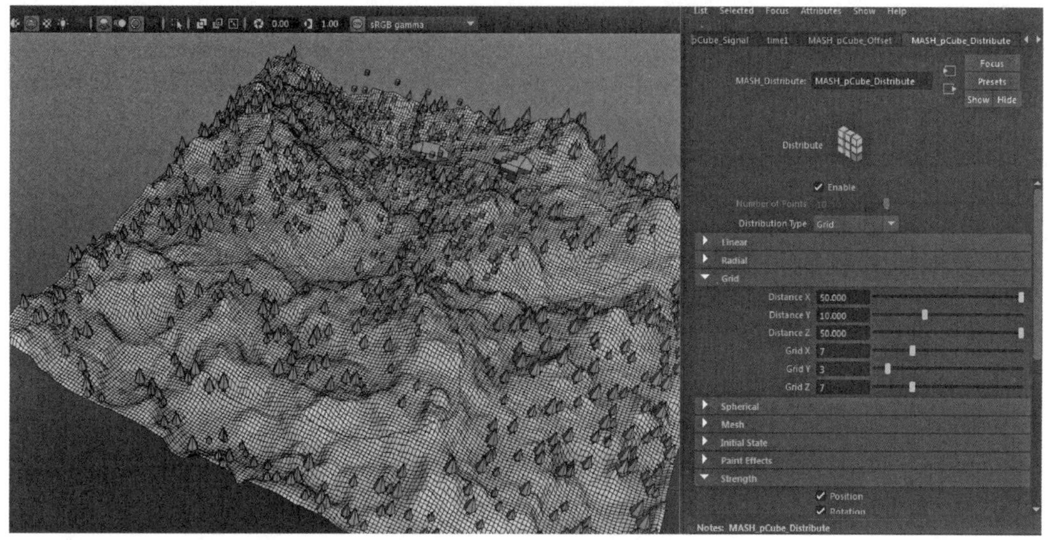

图 15-22

然后我们为其 MASH_pCube 添加一个 Offset 节点，将 MASH_pCube 整体沿 Y 轴向上偏移 25，而在 Rotation 及 Scale 上则不进行任何变动，此时场景设置与显示如图 15-23 所示。

此时 MASH_pCube 物体过于整齐，我们再为其添加一个 Signal 节点，这是 MASH 提供的一个能够产生随机噪波运动的节点，其默认的噪波运动方式是 4D Noise，并且只在位移上产生，将 Position X 与 Position Z 的强度设为 75，将 Position Y 的强度设为 30，在 Trigonometry Settings 中将 Step Amount 设为 120，将 Noise Scale 设为 0.25，有关 MASH_

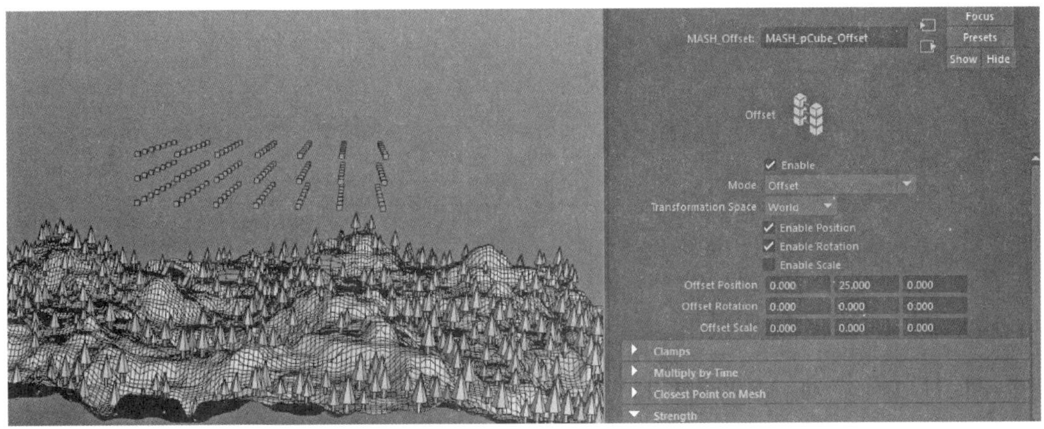

图 15-23

pCube_Signal 的节点设置以及场景显示如图 15-24 所示。

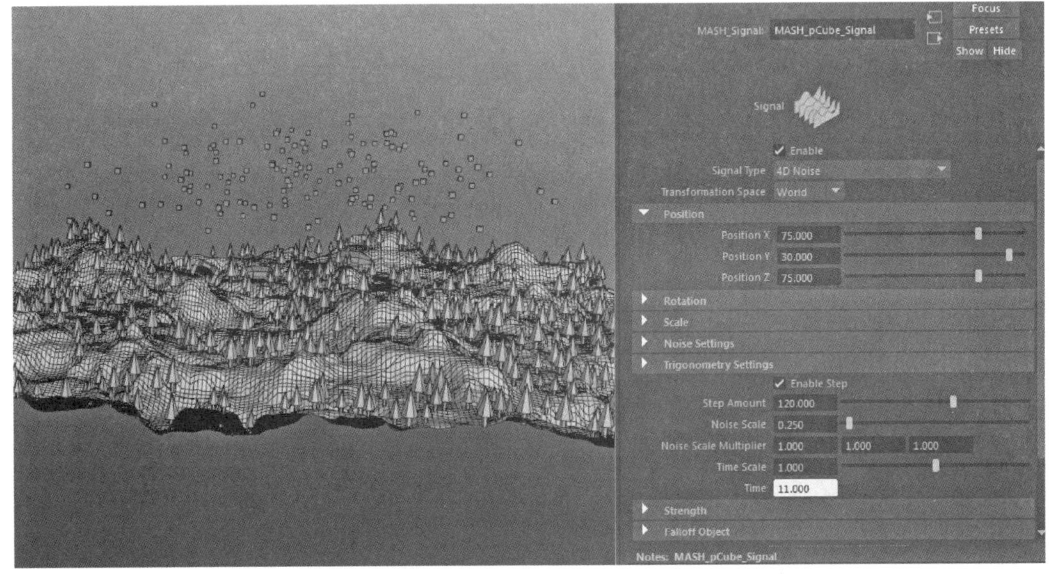

图 15-24

此时如果播放场景，会发现 MASH_pCube 在地形上方做起了不规则运动，现在我们要在不断运动的 pCube 之间产生连线效果，因此我们需要回到 MASH_pCube 节点的 Add Utility 卷展栏下创建一个新的节点 Trails，并将 Trail Mode 改为 Connect to Nearest，其余参数可以维持不变，此时 MASH_pCube_Trails 的设置与场景的显示效果如图 15-25 所示。

接下来我们完成最后一个 Element 制作，首先还是在场景中创建一个默认的 pCube，将其删除历史，并重命名为 box，然后在保证其为选择的状态，为其创建一个新的 MASH 编辑网络，将该网络重新命名为 MASH_box，将 Number of Points 设为 200，并将 Distribute Type 设为 Radial，将 Radius 设为 101，将 Radial Axis 设为 ZX，此时场景显示如图 15-26 所示。

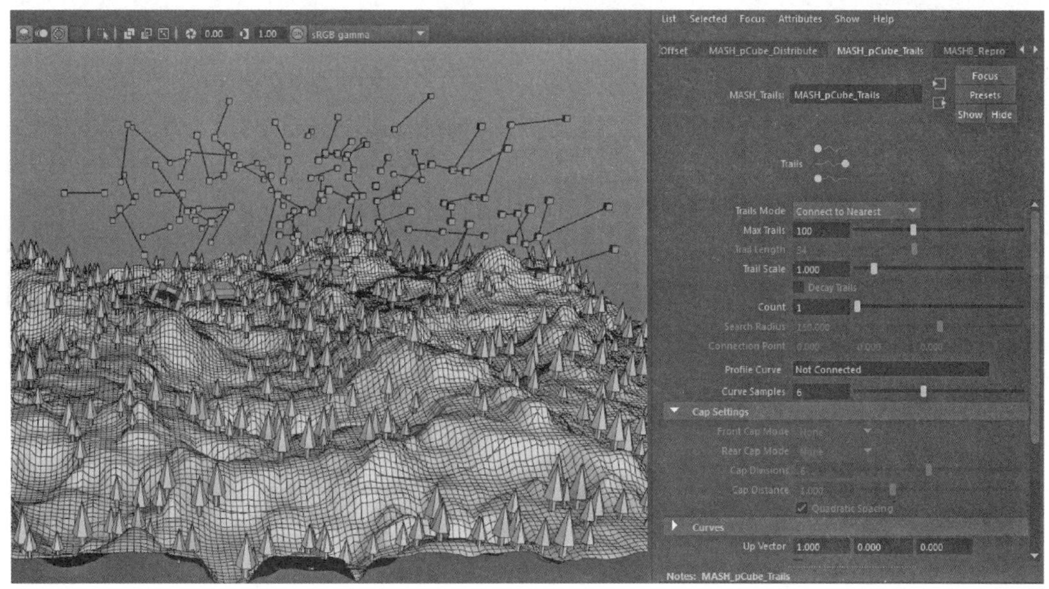

图 15-25

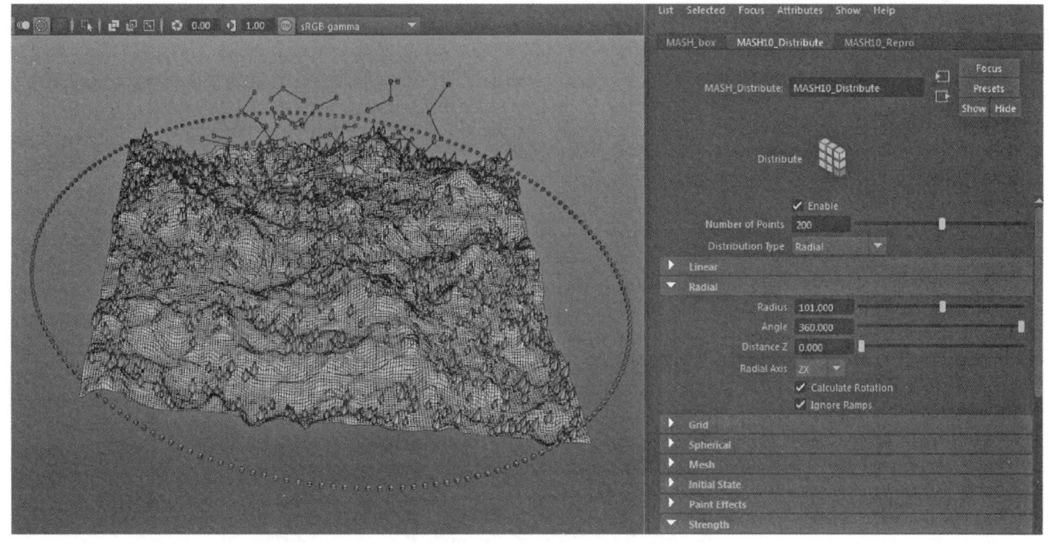

图 15-26

继续为 MASH_box 添加一个 Signal 节点，将 MASH_box_Signal 节点的 Scale 卷展栏下的参数 Scale X 设为 1，Scale Y 设为 40，Scale Z 设为 2，将 Trigonometry Settings 卷展栏下的 Step Amount 设为 100，将 Noise Scale 设为 0.5，此时场景显示如图 15-27 所示。

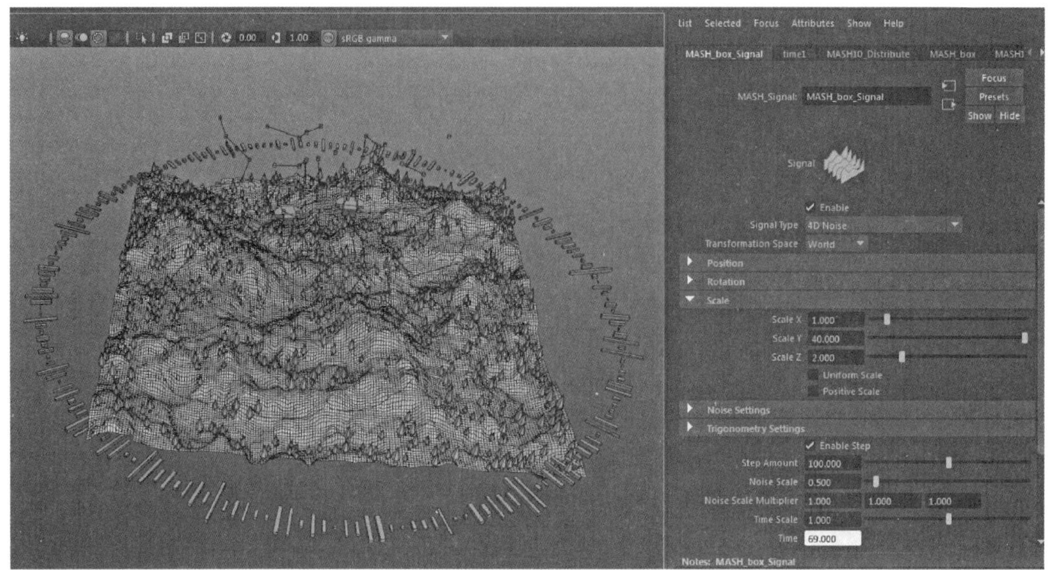

图 15-27

此时我们还可以为 MASH_box 继续添加一些节点，如 Offset 节点，从而使 MASH_box 向下位移－5 个单位，从而避免与 TERRAIN 穿插，具体添加过程略，此时场景显示如图 15-28 所示。

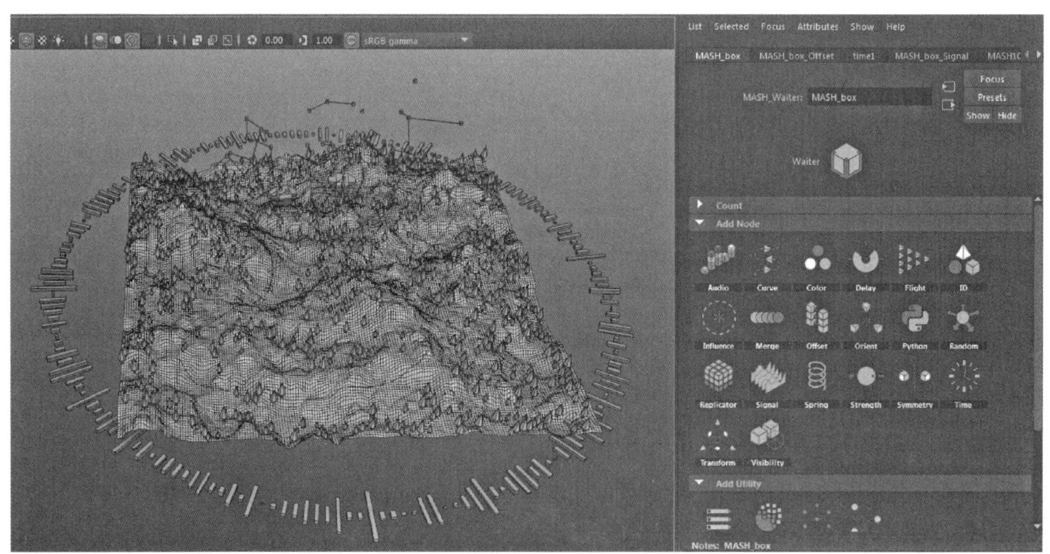

图 15-28

场景的元素物体基本创建完毕了，接下来需做一些材质及灯光的简单调整。

我们先为创建的 MASH_pCube_ReproMesh、MASH_pCube_Trails1 以及 MASH_box_ReproMesh 创建与场景中其他物体色相体系相近的 lambert 材质，并创建 directionLight，

并为 DirectionLight 开启光线跟踪投影，具体设置过程略，此时在场景开启 Viewport2.0 显示，并开启场景的所有灯光及阴影显示，此时场景显示如图 15-29 所示。

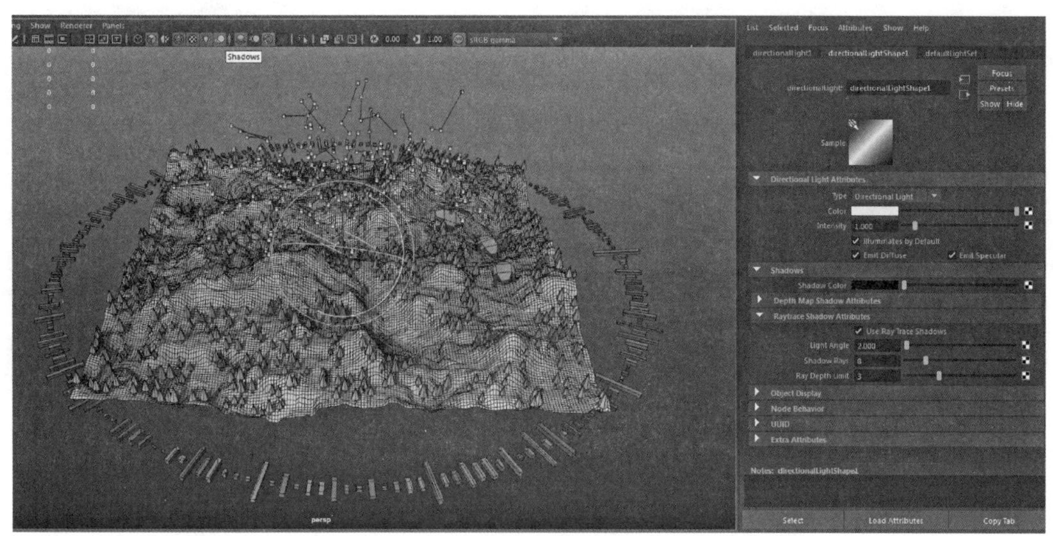

图 15-29

至此有关 MASH 的基本应用我们就操作这么多，读者想做更深的了解或应用实践，请参考相关的教程，MASH 的优势主要是程序化建模处理，这是 Maya 的不足之处。